Vertrauensfallen im internationalen Management

Robert Münscher · Julia Hormuth

Vertrauensfallen im internationalen Management

Hintergründe – Beispiele – Strategien

Robert Münscher
Heidelberg, Deutschland

Julia Hormuth
Reutlingen, Deutschland

ISBN 978-3-642-32196-2
DOI 10.1007/978-3-642-32197-9

ISBN 978-3-642-32197-9 (eBook)

Die Deutsche Nationalbibliothek verzeichnet diese Publikation in der Deutschen Nationalbibliografie; detaillierte bibliografische Daten sind im Internet über http://dnb.d-nb.de abrufbar.

Springer Gabler
© Springer-Verlag Berlin Heidelberg 2013
Das Werk einschließlich aller seiner Teile ist urheberrechtlich geschützt. Jede Verwertung, die nicht ausdrücklich vom Urheberrechtsgesetz zugelassen ist, bedarf der vorherigen Zustimmung des Verlags. Das gilt insbesondere für Vervielfältigungen, Bearbeitungen, Übersetzungen, Mikroverfilmungen und die Einspeicherung und Verarbeitung in elektronischen Systemen.

Die Wiedergabe von Gebrauchsnamen, Handelsnamen, Warenbezeichnungen usw. in diesem Werk berechtigt auch ohne besondere Kennzeichnung nicht zu der Annahme, dass solche Namen im Sinne der Warenzeichen- und Markenschutz-Gesetzgebung als frei zu betrachten wären und daher von jedermann benutzt werden dürften.

Illustrationen: Kirsten Dörr | Print- und Webdesign, Heidelberg

Gedruckt auf säurefreiem und chlorfrei gebleichtem Papier

Springer Gabler ist eine Marke von Springer DE. Springer DE ist Teil der Fachverlagsgruppe Springer Science+Business Media.
www.springer-gabler.de

Vorwort

Vertrauen ist ein äußerst wichtiges und gleichzeitig hochsensibles Managementthema. Ohne Vertrauen ließen sich in einem internationalen Konzern die Anforderungen des Managementalltags nicht bewältigen: unter Zeitdruck komplexe Projekte realisieren, dabei potenziell auftretende Konflikte beilegen und schnell gute und kreative Lösungen finden.

Gleichzeitig schafft Internationalität besondere Herausforderungen – im internationalen Vertrieb, in internen transnationalen Teams und auch in den Beziehungen zu Kooperationspartnern und Zulieferern weltweit. Diese Internationalität bedeutet konkret: Es drohen typische Vertrauensfallen.

Umso erfreulicher, dass nun ein Buch vorliegt, welches die kritischen Vertrauensfallen im internationalen Management verständlich erläutert und anschaulich illustriert. Denn das interkulturelle Management und den Umgang mit solchen Fallen kann man durchaus lernen.

Hierzu leistet dieses Buch einen wichtigen Beitrag. Systematisch aufbereitet erläutert es erst die theoretischen Hintergründe der Vertrauenseinschätzung im internationalen Management (Teil I) und anschließend die typischen 'kulturellen Vertrauensfallen' (Teil II). Damit eignet es sich nicht nur als fundiertes Überblickswerk zu den Herausforderungen der interkulturellen Vertrauensentwicklung, sondern auch als Nachschlagewerk oder schlicht zum Stöbern in den einzelnen Fallbeispielen. Die insgesamt 20 Vertrauensfallen sind nach typischen Managementaufgaben wie Führung und Delegation oder Konfliktmanagement gegliedert. Mit praktischen Hinweisen zur Identifikation der für den jeweiligen Leser persönlich wichtigsten Fallen geben die Autoren zudem Hilfestellung für einen sehr gezielten Zugang zum Thema.

Aus der Perspektive eines Managers mit Erfahrung in der Zusammenarbeit mit Menschen aus unterschiedlichen Kulturen möchte ich zum einen die Vielzahl der konkreten Praxisbeispiele aus dem internationalen Management hervorheben. Diese wurden im Rahmen umfassender Studien mit renommierten Unternehmen erhoben. Sie illustrieren die gesamte Palette typischer Vertrauensfallen ausführlich und ermöglichen auf diese Weise einen sehr lebendigen Zugang zum Thema.

Zum anderen zeichnet das Buch aus, dass die Autoren sich nicht auf einen Kulturvergleich beschränken, sondern Beispiele aus der Zusammenarbeit deutscher Manager mit Partnern aus einer Vielzahl von Ländern heranziehen. Diese Beispiele zeigen anschaulich, wie man als global agierender Manager das notwendige Vertrauen aufbaut, um mit Kollegen und Partnern aus unterschiedlichen Kulturen erfolgreich zusammenzuarbeiten.

Toulouse, im Januar 2013

Dr. Christian W. Erles

Head of Airbus Training Plan
Airbus Central Entity

Inhaltsverzeichnis

Vorwort V

Verzeichnis der Infokästen und ausgewählter Tabellen XI

Einleitung

1 **Warum Vertrauen an Kulturunterschieden scheitern kann** ...3
   1.1 Vertrauen: Warum es im internationalen Management
       so wichtig ist 3
   1.2 Kultur: Wie international tätige Manager durch
       ihre kulturellen Kontaktlinsen blicken 9
   1.3 Vertrauensfallen: Warum Vertrauen an kulturellen
       Unterschieden scheitern kann 12
   1.4 Übersicht der Kapitel 15

Teil I:
Vertrauensfallen verstehen

2 **Vertrauen im Management** 21
   2.1 Ohne Vertrauen kein Management 21
   2.2 Die beste Wirkung hat Vertrauen in einer
       Vertrauenskultur 27
   2.3 Warum sich Vertrauen unbewusst entwickeln muss 31
   2.4 Vertrauen heute: virtuell, schnell und interkulturell 34

3 **Die Vertrauensentscheidung** 37
   3.1 Das grundlegende Dilemma des Vertrauens 37
   3.2 Vertrauenswürdigkeit kann man nicht sehen 38
   3.3 Vertrauensfaktoren als Entscheidungsbasis 39
   3.4 Die Top-10 Vertrauensfaktoren im Management 42
   3.5 Das Gesamtspektrum der Vertrauensfaktoren 51

4 **Was sind Vertrauensfallen?** 67
   4.1 Betrüger: Wenn Vertrauenssignale gefälscht werden 67
   4.2 Der Autopilot: Warum wir auf Fälschungen hereinfallen ..73
   4.3 Weckmechanismen: Wie wir erkennen,
       dass getäuscht wird 74
   4.4 Vertrauensfallen: Wenn der Wecker zu früh weckt 80
   4.5 Die Praxis: Warum kleine Fallen große Wirkung haben ...85
   4.6 Hintergrund: Psychologie der Vertrauens-
       generalisierung 89

5 Wie Kulturunterschiede in die Vertrauensfalle führen 99
- 5.1 Unsere persönlichen Vertrauensmuster 100
- 5.2 Kultur: Die Prägung unserer Vertrauensmuster 103
- 5.3 Zusammenarbeit: Wie Kultur in die Vertrauensfalle führt 112
- 5.4 Achtung: In die Falle gehen Individuen, nicht Kulturen! 127
- 5.5 Zusammenfassung von Teil I 130

Teil II:
Vertrauensfallen: Beispiele und Strategien

6 Einführung 137
- 6.1 Die Fallbeispiele für Vertrauensfallen 137
- 6.2 Das Analyseraster für Vertrauensfallen 138

7 Absprachen und Regeln 141
- 7.1 Die 'War-nichts-vereinbart!'-Vertrauensfalle 142
- 7.2 Die 'Chef-war-dagegen!'-Vertrauensfalle 149
- 7.3 Die 'War-nicht-zu-machen!'-Vertrauensfalle 155
- 7.4 Fazit zum Handlungsfeld 'Absprachen und Regeln' 161

8 Führung und Delegation 165
- 8.1 Die 'Ich-regel-das-allein!'-Vertrauensfalle 166
- 8.2 Die 'Chef-hat-Vortritt!'-Vertrauensfalle 172
- 8.3 Die 'Wohl-nicht-so-wichtig!'-Vertrauensfalle 177
- 8.4 Fazit zum Handlungsfeld 'Führung und Delegation' 185

9 Informationsmanagement 189
- 9.1 Die 'Geht-ihn-nichts-an!'-Vertrauensfalle 190
- 9.2 Die 'Muss-man-doch-wissen!'-Vertrauensfalle 196
- 9.3 Fazit zum Handlungsfeld 'Informationsmanagement' ... 202

10 Aufgaben- und Projektmanagement 205
- 10.1 Die 'Werd-erstmal-konkret!'-Vertrauensfalle 206
- 10.2 Die 'Konsens-hat-Vorrang!'-Vertrauensfalle 212
- 10.3 Fazit zum Handlungsfeld 'Aufgaben- und Projektmanagement' 218

11 Konfliktmanagement 221
- 11.1 Die 'Offenheit-verletzt!'-Vertrauensfalle 222
- 11.2 Die 'Probleme-im-Griff!'-Vertrauensfalle 229
- 11.3 Fazit zum Handlungsfeld 'Konfliktmanagement' 235

12 Beziehungsaufbau und -pflege 237
- 12.1 Die 'Treffen-nicht-nötig!'-Vertrauensfalle 239
- 12.2 Die 'Schnaps-ist-Schnaps!'-Vertrauensfalle 248
- 12.3 Fazit zum Handlungsfeld 'Beziehungsaufbau und -pflege' 255

13 Umgangsformen und Facework 257
    13.1 Die 'Flexibel-sein-zählt!'-Vertrauensfalle 259
    13.2 Die 'Konstruktive-Kritik!'-Vertrauensfalle 267
    13.3 Die 'Chef-entscheidet!'-Vertrauensfalle 274
    13.4 Fazit zum Handlungsfeld 'Umgangsformen
         und Facework' 279

14 Fairplay und Kooperativität 281
    14.1 Die 'Kleiner-Schwindel!'-Vertrauensfalle 282
    14.2 Die 'Zu-viel-verlangt!'-Vertrauensfalle 289
    14.3 Die 'Loyalität-zum-Chef!'-Vertrauensfalle 297
    14.4 Fazit zum Handlungsfeld 'Fairplay und
         Kooperativität' 302

15 Zum Hintergrund der Beispiele 305
    15.1 Authentische Erlebnisse: Systematik und Quellen
         der Fallbeispiele 305
    15.2 Vom Einzelfall zum Prinzip: Der kulturallgemeine
         und der kulturspezifische Ansatz 306

Fazit und Ausblick

16 Fazit und Ausblick 313
    16.1 Vertrauensfallen verstehen: Rückblick auf Teil I 314
    16.2 Überblick der Vertrauensfallen: Rückblick auf Teil II 315
    16.3 Vertrauensfallen vermeiden oder auflösen 318
    16.4 Die Top-3 Vertrauensfallen 320
    16.5 Meine persönlichen Vertrauensfallen 326
    16.6 Nicht nur fürs internationale Management 331

Anhang

Anhang-1: Literaturverzeichnis 335

Anhang-2: Quellen für die Fallbeispiele in Kapitel 7-14 351

Die Autoren 355

Website zum Buch / Ihre Erfahrungen 357

Verzeichnis der Infokästen und ausgewählter Tabellen

Allgemeine vertrauensrelevante Kulturunterschiede

1. Direktheit des Kommunikationsstils 148
2. Umgang mit Regeln 160
3. Hierarchieverständnis 171
4. Verhältnis von Planung und Umsetzung 211
5. Sach- und Beziehungsorientierung 246
6. Zeitmanagement und Arbeitsorganisation 265
7. Die Rolle von Face und Facework 272

Kulturspezifisches Hintergrundwissen

1. Das Kastenwesen in Indien 176
2. Kolonialisierung und Großgrundbesitz in Lateinamerika 184
3. Transversalité in Frankreich 195
4. Entscheidungs- und Konsensfindung in Japan 217
5. Konfuzianismus in China, Japan und Korea 228
6. Ethnische Vielfalt in Lateinamerika 254
7. Der brasilianische Jeitinho 288
8. Die Rolle von Guan-xi in China 295

Ausgewählte Überblickstabellen

Tab. 1:   Wer liest welchen Teil des Buchs? 17
Tab. 2:   Definition von Vertrauen 24
Tab. 3:   Die Top-10 Vertrauensfaktoren 42
Tab. 4:   Die vertrauensrelevanten Handlungsfelder
          im Management 53
Tab. 5:   Gesamtüberblick der 50 Vertrauensfaktoren 54
Tab. 6:   Interkulturelle Vertrauensfaktoren I 57
Tab. 7:   Interkulturelle Vertrauensfaktoren II 58
Tab. 9:   Vertrauensfallen vs. Vertrauenstäuschungen 83
Tab. 39: Gesamtüberblick der Vertrauensfallen 316

Einleitung

1 Warum Vertrauen an Kulturunterschieden scheitern kann

Ohne Vertrauen kommt man im beruflichen Alltag nicht weit – doch möchte auch niemand zum falschen Zeitpunkt auf Vertrauen setzen. Man achtet daher auf Signale, wann man besser nicht vertrauen sollte. Doch gerade hier drohen Vertrauensfallen. Es sind typische Fehlinterpretationen, die dazu führen, dass man die Vertrauenswürdigkeit seines Gegenübers falsch einschätzt. Man bleibt misstrauisch, Vertrauen entwickelt sich viel zu langsam oder man verliert sein Vertrauen, obwohl man eigentlich *keinen* Grund hat, *nicht* zu vertrauen. Solch 'verschenktes Vertrauen' macht vieles unnötig schwer und kann Projekte oder Geschäftsabschlüsse scheitern lassen.

Besonders im internationalen Management drohen solche Vertrauensfallen. Sie sind das zentrale Thema unseres Buchs: Wann und wie sie entstehen, wie man sie entdeckt, und wie man sie entschärft oder besser gleich vermeidet. Wir berichten dazu aus unserer umfangreichen Forschung zur Vertrauensentwicklung im interkulturellen Management und unserer langjährigen Erfahrung im interkulturellen Managementtraining.

Im ersten Teil des Buchs erläutern wir, warum und wie Vertrauensfallen entstehen. Im zweiten Teil beschreiben wir die wichtigsten Typen von Vertrauensfallen anhand von Beispielen aus der Zusammenarbeit deutscher Manager mit Kollegen und Geschäftspartnern aus China, Indien, Japan, Brasilien, Argentinien, Mexiko, Russland und Frankreich. Im Folgenden beschreiben wir einleitend anhand von Beispielen aus der Praxis, warum Vertrauen im internationalen Management so bedeutsam ist, inwiefern international tätige Manager 'kulturelle Kontaktlinsen' tragen und warum Vertrauensfallen besonders in der interkulturellen Zusammenarbeit drohen.

1.1 Vertrauen: Warum es im internationalen Management so wichtig ist

Internationale Fusionen und Übernahmen, multinationale Großprojekte oder Auslandsentsendungen schaffen Herausforderungen für international tätige Manager – und können beträchtliche Folgekosten verursachen, wenn sie scheitern. Betrachten wir drei Beispiele aus der Praxis.

1.1.1 Scheitern internationaler Fusionen und Übernahmen

Praxisbeispiel 1: Die Übernahme Rovers durch BMW

Gescheiterte Übernahme kostet BMW 4,7 Milliarden

Im Jahr 2000 machte der BMW-Konzern Schlagzeilen, als die Münchner den englischen Automobilproduzenten Rover für symbolische 10 Pfund 'verschenkten'. Die BMW-Spitze zog damit die Notbremse, denn das Projekt Rover hatte intern nur noch einen Namen: „Englischer Patient".

Der Ausflug auf die Insel hat den deutschen Konzern in sechs Jahren viele Milliarden gekostet: 1994 hatte BMW Rover für stolze 800 Mio. Pfund (1,2 Mrd. Euro) gekauft und in den Folgejahren weitere 3,5 Mrd. Euro investiert. Doch der Plan, Rover vom herunter gekommenen Kleinwagenhersteller zum hochwertigen Limousinenbauer zu wandeln, schlug gründlich fehl. Veraltete Produktionsanlagen im Werk Longbridge – mit 24 000 Beschäftigten vor zehn Jahren noch einer der größten Autostandorte der Insel – sowie unterschiedliche Auffassungen über die Modellstrategie und kulturelle Differenzen zwischen Briten und Bayern ließen Rover bald in der Sackgasse stecken.

Handelsblatt vom 23.04.2004

Das Scheitern von BMW-Rover ist kein Einzelfall

Das Scheitern von BMW-Rover ist kein Einzelfall. Gerade im internationalen Kontext sind viele Fusionen und Übernahmen oder auch strategische Allianzen letztlich nicht erfolgreich. Auch beispielsweise die Integration der PC-Sparten von Siemens und Fujitsu kann nicht gerade als Paradebeispiel vorteilhafter Unternehmensentwicklung gelten. Ebenfalls publik wurde das Scheitern der strategischen Allianz von VW und Suzuki. „Vertrauensvolle Zusammenarbeit sieht anders aus" kommentierte das Manager Magazin vom 14.10.2011. Resultat ein Dreivierteljahr später: „Was als hoffnungsvolle Allianz begann, muss nun vor Gericht geschieden werden" (Handelsblatt vom 29.06.2012).

Untersuchungen von nordamerikanischen, europäischen und internationalen Fusionen und Übernahmen belegen, dass ungefähr die Hälfte bis zwei Drittel der Unternehmenszusammenschlüsse und -übernahmen scheitern (Stahl 2001, vgl. Hall & Norburn 1987, Hunt 1990, Jansen 1999). In einer Studie der 107 weltweit größten Fusionen und Übernahmen 1996-1998 erwiesen sich sogar 83% als Misserfolge, wenn man die Wertsteigerung für die Aktionäre zum Maßstab nimmt (Stahl 2001, vgl. KPMG-Studie 1999).

1.1.2 Warum scheitern internationale Fusionen und Übernahmen?

Fusionen und Übernahmen sind stürmische Zeiten, in welchen das Management vor umfassenden Herausforderungen steht. Es gilt, schnell einen glaubhaften Weg zur Erreichung der zuvor versprochenen 'Synergien' zu finden, d.h. Kosten einzusparen bzw. Marktvorteile zu realisieren. Dazu müssen nicht zuletzt auf der Steuerungsebene möglichst rasch die teilweise sehr unterschiedlichen Controlling-Systeme zusammengeführt werden. Für diese Prozesse stehen die Manager unter verschärfter Beobachtung durch Banken, Kapitalmarkt und die eigenen Aufsichtsgremien.

Zudem müssen die Manager den Stress und die Ängste der beteiligten Mitarbeiter bewältigen, denen weitgehend ihre bisherigen Gewissheiten und Zukunftsplanungen abhanden gekommen sind. Ehemals konkurrierende Einheiten sollen plötzlich eng kooperieren und vertrauensvoll kritische Informationen austauschen – obwohl jeder weiß, dass es letztlich darum geht, Stellen zu streichen und bei konkurrierenden Projektentwicklungen streng zu selektieren.

Unter solchen Bedingungen ist es eine besondere Herausforderung, Vertrauen aufzubauen. Und diese Herausforderung stellt sich noch in verschärfter Form, wenn sich die Art und Weise, wie man gewohnt ist, Vertrauen aufzubauen, in den Kulturen der beteiligten Unternehmen unterscheidet. Gerade in der Krisensituation nach einem Zusammenschluss (Post-Merger-Integration) können kulturelle Unterschiede die Vertrauensentwicklung behindern – oder sogar verhindern (zu den Problemen des Post-Merger-Integration-Prozesses bei BMW-Rover vgl. Schewe et al. 2000). Dies kann fatale Konsequenzen haben, denn Vertrauen ist ja gerade das notwendige 'soziale Schmiermittel', um einen derartigen Veränderungsprozess zum Erfolg führen zu können.

1.1.3 Mehrkosten multinationaler Großprojekte

Praxisbeispiel 2: Forschungsreaktor „ITER"

Kostenreaktor ITER: 7,2 Milliarden statt 2,7 Milliarden
Die Finanzierung des internationalen Forschungsreaktors ITER macht der EU große Schwierigkeiten. Der Reaktor soll im südfranzösischen Cadarache gebaut werden. Beteiligt sind neben den Europäern auch China, Indien, Japan, Russland, Südkorea und die USA. Ziel ist es, aus der Fusion von Wasserstoffatomen zu Helium Wärme zu erzeugen, die in Strom verwandelt wird.

Die Kostensteigerungen des ITER-Projekts sind jedoch enorm. Ursprünglich waren die Baukosten auf 2,7 Milliarden Euro taxiert worden, nun ist die Rede von 7,2 Milliarden Euro. Für den europäischen Anteil von 45 Prozent sind deshalb zusätzliche 1,3 Milliarden Euro fällig.

SpiegelOnline, 06.11.2011 / Süddeutsche Zeitung, 09.11.2011

...offenbar Missmanagement...
Ein Teil der Mehrkosten ist durch Inflation und steigende Rohstoffpreise bedingt. Weitere Gründe für die Kostensteigerungen sind neue Erkenntnisse, insbesondere zur Steigerung der Sicherheit des ITER, sowie offenbar Missmanagement.

René Röspel MdB, Rede im Bundestag am 01.12.2011

*ITER-Projekt:
4,5 Milliarden
Euro Mehrkosten*

Das ITER-Projekt ist mit seinen Problemen nicht allein. Bei einer Reihe vergleichbarer multinationaler Großprojekte liefen verschiedene Dinge 'nicht ganz rund'. Ein weiteres Beispiel ist das Nabucco-Pipeline-Projekt, initiiert im Jahr 2002 mit dem Ziel, die EU mit den kaspischen Erdgasvorkommen zu verbinden und so neue Gasquellen für Europa zu erschließen. An dem Projekt sind Unternehmen aus sechs Staaten beteiligt, nämlich aus Deutschland, Österreich, Ungarn, Rumänien, Bulgarien und der Türkei. Der Baubeginn für Nabucco wurde wiederholt verschoben. Grund sind u.a. die erheblichen Mehrkosten: Die ursprünglich geplanten Kosten von ca. 8 Mrd. Euro hatten sich auf 15 Mrd. Euro fast verdoppelt (Handelsblatt vom 17.05.2012).

1.1.4 Woraus resultieren die Mehrkosten multinationaler Großprojekte?

Zunächst einmal werden derartige Projekte auch im nationalen Rahmen in der Planungsphase systematisch unterkalkuliert, um die politischen Realisierungschancen zu erhöhen, also das Projekt überhaupt starten zu können. In der Durchführung trägt dann jedoch auch die faktische Komplexität solcher Vorhaben dazu bei, dass sich Kostensteigerungen quasi von allein ergeben. Die Komplexität derartiger Projekte steigt auch dadurch, dass häufig unterschiedliche Länder und damit kulturelle Hintergründe beteiligt sind – im Fall von ITER neben den europäischen Partnern China, Indien, Japan, Russland, Südkorea und die USA.

Bei Projekten wie ITER oder Nabucco kommen daneben natürlich weitere erschwerende Rahmenbedingungen hinzu. Im Fall von ITER muss man den Effekt der Inflation bei Verzögerungen von vielen Jahren in einem Multi-Milliarden-Projekt berücksichtigen, ebenso wie den Einfluss steigender Rohstoffpreise auf die Kosten eines gigantischen Bauvorhabens. Bei der Nabucco-Pipeline war ein grundlegendes Problem, dass feste Lieferzusagen fehlten, die sichergestellt hätten, dass die Pipeline ausreichend gefüllt werden kann. Außerdem veränderten große Gasfunde im Schwarzen Meer die Rahmenbedingungen, denn damit sank der Bedarf an Erdgas aus weiter östlich gelegenen Vorkommen rund um das Kaspische Meer.

Insgesamt gilt jedoch auch für derartige multinationale Großprojekte, dass international tätige Manager unter besonders schwierigen Rahmenbedingungen agieren, welche den Aufbau von Vertrauen nicht gerade einfach machen. Daher drohen auch hier die kulturellen Vertrauensfallen zuzuschnappen und die Zusammenarbeit weiter zu beeinträchtigen.

1.1.5 Kosten abgebrochener Auslandsentsendungen

> **Praxisbeispiel 3: Herrn Gabins Entsendung nach Tschechien**
>
> Herr Gabin, erfolgreicher Produktmanager eines französischen Nahrungsmittelkonzerns, wird für drei Jahre nach Prag entsandt, um die Einführung einer Produktgruppe in Tschechien zu verantworten. Seine Frau hatte zunächst Bedenken, da sie ihren Job als Marketing-Leiterin einer kleinen Beratungsfirma aufgeben musste. Doch war ihr die Wichtigkeit der Entsendung für die Karriere ihres Ehemanns bewusst, und daher sie willigte ein, nach Prag zu ziehen. Vor Ort wollte sie einen Job suchen und so die Auslandsjahre überbrücken.
>
> In den ersten Monaten nach dem Umzug nach Prag begann die anfängliche Euphorie des Paars in Frustration umzuschlagen. Die mit viel Energie gestarteten Initiativen zum Aufbau von Kontakten zu tschechischen Mitbürgern vor Ort liefen unerwartet ins Leere. Stattdessen kamen die Gabins mit den tschechischen Nachbarn eher schlecht zurecht, sie vermissten ihren Freundeskreis aus Paris und jeder für sich eine Reihe der zu Hause liebgewonnenen kleinen Alltagsgewohnheiten. Frau Gabin fand keinen adäquaten Job und sah sich schließlich genötigt, stundenweise als Französischlehrerin zu jobben. Zudem bekam Herr Gabin auch am Arbeitsplatz erhebliche Probleme. Er musste sich eingestehen, dass sein bisher erfolgreicher Führungsstil bei den tschechischen Mitarbeitern weitgehend versagte. Trotz seines eigenen sehr hohen zeitlichen Einsatzes engagierten sich die Mitarbeiter überhaupt nicht. Der Projektplan kam ins Wanken, es gab Qualitätsprobleme, und Herr Gabin bekam zunehmenden Druck aus der Konzernzentrale in Paris.
>
> Nach 9 Monaten brach ein zerstrittenes Ehepaar Gabin die Entsendung ab und kehrte nach Frankreich zurück – immerhin mit dem vagen Plan, es zu einem späteren Zeitpunkt mit einer Entsendung in ein anderes Land erneut zu versuchen.
>
> *Beispiel aus der Beratungspraxis der Autoren, © JHRM 2008*

Familie Gabin ist kein Einzelfall. Auch auf der rein individuellen Ebene können interkulturelle Schwierigkeiten des Vertrauensaufbaus zu Kollegen, Geschäftspartnern und Mitmenschen, zusammen mit anderen Herausforderungen der Auslandsentsendung, schwerwiegende Folgen haben. Viele Auslandsentsendungen scheitern, auch wenn dies seitens der Unternehmen in der Regel nicht publik gemacht wird. Schätzungen in der Fachliteratur reichen bis hin zu 60 Prozent vorzeitig abgebrochener Auslandsentsendungen (vgl. McNulty & Tharenou 2004, Baruch & Altman 2002, im Überblick Lindner 1999).[1]

---

[1] Die Abbruchquoten sind in verschiedenen Ländern unterschiedlich: Nach einer älteren Umfrage von Tung (1982), liegen die Abbruchquoten bei multinationalen Unternehmen aus den USA, Japan und Europa bei US-amerikanischen Unternehmen am höchsten. Ca. 70% gaben Quoten zwischen 10 und 20% an, die Angaben europäischer und japanischer Unternehmen lagen mehrheitlich bei maximal 5%. Als besonders hoch gilt die Abbruchquote bei Einsätzen in Entwicklungsländern. Eine Studie aus den 90er Jahren (Horsch 1995) zeigte bei deutschen Unternehmen eine typische Abbruchquote von maximal 5%.

Abgebrochene Auslandsentsendungen verursachen hohe Kosten

Und das kostet. Die direkt zurechenbaren Kosten einer vorzeitig abgebrochenen Entsendung werden mit dem Zwei- bis Vierfachen des Bruttojahresgehaltes des zurückkehrenden Mitarbeiters beziffert (Kühlmann 2004). Nicht eingerechnet sind die Kosten, die bei einer Fehlbesetzung aus dem Verlust von Kunden, der Demotivierung von Mitarbeitern oder der Verschlechterung der Beziehungen zu den Gastlandinstitutionen entstehen. Ebenfalls nicht beachtet sind die psychischen 'Kosten' für einen erfolgreichen High-Potential, der sich ein berufliches Scheitern eingestehen und, in leider gar nicht wenigen Fällen, zudem auf eine gescheiterte Beziehung blicken muss.

1.1.6 Warum scheitern Auslandsentsendungen?

In der Regel treffen Auslandsentsandte auf die typischen Herausforderungen des interkulturellen Managements: Führung und Delegation, Entscheidungsprozesse, Verhandlungen – vieles läuft zumindest teilweise anders als gewohnt. Dies gilt auch für den Aufbau und die Pflege von Vertrauensbeziehungen mit Vorgesetzten, Kollegen, Mitarbeitern und Geschäftspartnern im Gastland. Doch wenngleich es die zusätzliche Schwierigkeit der kulturellen Unterschiede gibt, letztlich geht es hier schlicht um typische Managementaufgaben.

Was jedoch hinzukommt, sind die Rahmenbedingungen einer Auslandsentsendung. Es sind diese typischen zusätzlichen Schwierigkeiten eines 'Expatriate'-Managers, welche die interkulturellen Management-Schwierigkeiten soweit verstärken können, dass sie auch einen erfolgsverwöhnten Manager zur Aufgabe der Entsendung treiben können: die gewöhnlich besonders hohe zeitliche Belastung im beruflichen Einsatz, die Integrationsschwierigkeiten vor Ort bzw. der mangelnde Erfolg beim Aufbau privater Beziehungen im Gastland sowie häufig auch die beruflichen Schwierigkeiten des Partners und der aus all dem resultierende Beziehungsstress (vgl. Kühlmann 2004: 23ff.).

1.1.7 Vertrauensaufbau: Herausforderung im internationalen Management

Die Gemeinsamkeit der drei Beispiele liegt darin, dass für eine anspruchsvolle Herausforderung – die Vertrauensentwicklung in *interkulturellen* Kollegen- und Geschäftsbeziehungen – ein jeweils besonders schwieriges Handlungsumfeld besteht. Doch um erfolgreich zu sein, erfordern internationale Fusionen und Übernahmen, multinationale Großprojekte oder Auslandsentsendungen funktionierende Vertrauensbeziehungen. Das gilt auch ganz generell für internationale Geschäftsbeziehungen, Vertriebsanstrengungen oder Verhandlungen. Ohne Vertrauen wird all dies sehr viel schwieriger. Doch wenn unterschiedliche kulturelle Hintergründe im Spiel sind, ist es eben auch viel schwieriger als in rein nationalen Managementkontexten, überhaupt Vertrauen aufzubauen. Warum das so ist, erläutern wir im nächsten Abschnitt.

1.2 Kultur: Wie international tätige Manager durch ihre kulturellen Kontaktlinsen blicken

Warum kann der Chef eines schwäbischen Mittelstandsunternehmens routiniert und effizient kommunizieren, verhandeln, Sitzungen leiten? Ein wichtiger Grund dafür ist, dass er in der Zusammenarbeit mit seinen schwäbischen Kollegen und Geschäftspartnern über unglaublich viele Dinge nicht mehr nachdenken muss. Sprache und Dialekt, Umgangsformen, Hintergrundwissen, Projektwissen, Kenntnisse der Firma bzw. der Branche und ihrer Geschichte etc. – all das ist Teil einer gemeinsamen Kultur. Diese ermöglicht dem schwäbischen Chef zu Hause eine Handlungseffizienz, die beim Start einer Geschäftsbeziehung mit dem Ältestenrat der Massai in Kenia völlig undenkbar wäre.

In Kenia ist vieles für Schwaben schwieriger

Wenn in der internationalen Managementforschung von 'Kultur' gesprochen wird, geht es um solche Gemeinsamkeiten des Wissens, der Konventionen und Werte, die innerhalb einer Gruppe bestehen. Es geht nicht um den Gegensatz Mensch-Natur – Fähigkeiten, die den Menschen vom Tier abgrenzen – und auch nicht um die Abgrenzung zwischen ästhetisch-geistig wertvollen Dingen wie Kunst und Theater gegenüber dem Alltag, der Unbildung oder der 'Unkultiviertheit'. Kultur bezeichnet im internationalen Management die Werte und Normen innerhalb einer sozialen Gruppe – sei es der Deutschen (Nation), der Schwaben (Region), der BMW-Mitarbeiter (Unternehmen) oder der Ingenieure (Beruf/Funktion). Immer gibt es in sozialen Gruppen geteilte Normen und Werte und viele andere Gemeinsamkeiten. Sie erleichtern die Zusammenarbeit, da man – ohne darüber nachzudenken – davon ausgeht, dass sie bestehen. Dass man über solche kulturellen Gemeinsamkeiten nicht nachdenkt, ist ja gerade der Grund dafür, dass innerhalb einer Kultur vieles einfacher, unkomplizierter bzw. effizienter vonstatten geht – und dass der Schwabe in Schwaben leichter vorankommt als in Kenia.

Ein sehr interessantes Beispiel in diesem Zusammenhang zeigt Abb. 1.

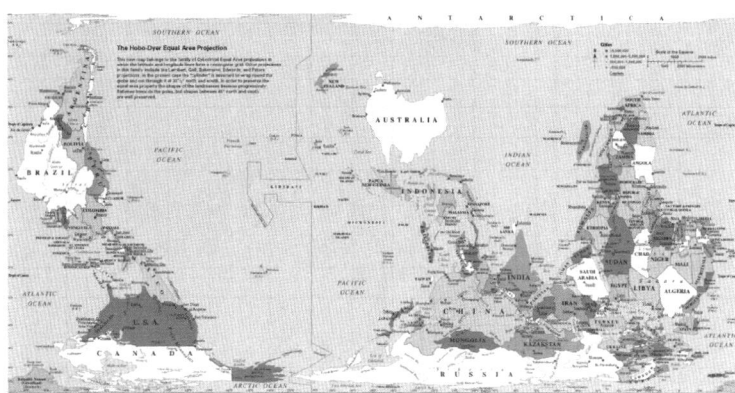

Abb. 1: Eine andere Sicht auf die Welt (© www.ODTmaps.com)

Europäische Manager in unseren Seminaren reagieren in der Regel zunächst einmal verwundert, wenn wir ihnen die australische Weltkarte präsentieren. Die meisten zögern erst einmal. Nach einem Moment wird ihnen klar, dass man von der anderen Seite des Globus mit einer anderen Perspektive auf die Welt sieht und sich diese Perspektive offenbar auch in der Darstellung der Welt in Kartenform ausdrückt. Die australische Weltkarte steht aus unserer Sicht „auf dem Kopf". Sie zeigt den Süden mit Australien oben und den Norden mit dem Rest der Welt unten. Außerdem sitzt Australien in der Mitte, der amerikanische Kontinent am linken Rand (mit Südamerika oben) und Afrika mit Europa darunter am rechten Rand.

Der Tübinger Ethnologe Bausinger berichtet von einem US-Wissenschaftler, der mit Angehörigen verschiedener Nationen in einem Wohnheim lebte (Bausinger 2000: 19). Als dieser eines Tages heimkam, berichtete ihm ein brasilianischer Mitbewohner, während seiner Abwesenheit sei nach ihm gefragt worden. Er bat den Mitbewohner um eine Beschreibung des Besuchers, was aber keine klaren Hinweise erbrachte. Schließlich fragte er, ob der Besucher ein Weißer oder ein Schwarzer gewesen sei. Der Brasilianer antwortete, das wisse er nicht, denn darauf habe er nicht geachtet – zur größten Überraschung des Nordamerikaners. Denn für diesen war die Hautfarbe ein ganz klar gesellschaftlich relevantes Merkmal, dass naturgemäß auffällt. Er kannte nicht viele Schwarze, deshalb wäre es für ihn ein entscheidender Hinweis gewesen, dass der Besucher ein Schwarzer war. Während in den USA nur etwas mehr als 10 Prozent der Bevölkerung schwarz sind und die Diskriminierungsfrage auf der Tagesordnung steht, sind in Brasilien jeweils um die 50 Prozent der Einwohner weiß bzw. farbig. Es ist hier nichts Besonderes, wenn ein Farbiger zu Besuch kommt. Der brasilianische Mitbewohner hatte daher nicht besonders auf die Hautfarbe des Besuchers geachtet.

Der Mechanismus der kulturellen Prägung, der uns einerseits eine große Handlungseffizienz in der Zusammenarbeit und im Zusammenleben mit anderen ermöglicht, schafft dies gerade dadurch, dass er ganz viele Aspekte der Wahrnehmung und des Handelns ins Unbewusste verschiebt. In der Psychologie spricht man von impliziter bzw. automatischer sozialer Kognition: viele Aspekte der sozialen Urteilsbildung und der Einschätzung von Interaktionspartnern werden ins Unbewusste verlagert, damit man sich auf anderes konzentrieren kann (Devine 2001, Greenwald & Banaji 1995, Greenwald et al. 2006). Praktisch bedeutet dies, dass wir unsere Erfahrungen stets durch die 'Linse' unserer Kultur und Persönlichkeit betrachten, wie es Harvard-Psychologe Daniel Gilbert ausdrückt (Gilbert 2008: 95). Und „wie jede Linse beeinflusst sie das, was wir wahrnehmen." Die Erfahrungen, die wir in unserem kulturellen Kontext gemacht haben, prägen uns, so dass wir *eine bestimmte* Prägung haben und keine andere. Sie schärfen unsere Linse, so dass wir etwas Bestimmtes sehen: Sobald wir lesen gelernt haben, erkennen wir den Sinn eines Textes, anstatt einen Haufen seltsamer Schnörkel auf Papier wahrzunehmen.

Kulturelle Prägungen sind unbewusst und nicht vermeidbar

Wer kurzsichtig ist, vergisst in der Regel, dass er eine Brille trägt, die ihn scharf sehen lässt. Dass er normalerweise diese Brille trägt, wird ihm dann bewusst, wenn er sie einmal nicht zur Hand hat. Was unsere kulturellen Linsen angeht, ist dieser Effekt allerdings viel stärker. Diese Linsen sind nämlich „nicht wie eine Brille, die wir auf den Nachttisch legen können, wenn uns danach ist. Sie gleichen vielmehr Kontaktlinsen, die für immer mit einem Superkleber an unseren Augäpfeln befestigt sind".[2] Einmal lesen gelernt, können wir Texte nicht mehr als seltsame Schnörkel wahrnehmen. Einmal eine fremde Sprache gelernt, können wir „bei einer Konversation neben uns am Flughafen nicht mehr staunend den fremden Lauten lauschen, ohne den Inhalt des Gesagten wahrzunehmen." Die Kategorien, die wir erlernt haben, *müssen* wir auf unsere Wahrnehmung anwenden, ob wir das wollen oder nicht – sie haben sich in Form einer Wahrnehmungsautomatik verselbständigt. Das einzige, was wir tun können, ist, uns dieser Automatismen bewusst zu werden – und dann bewusst und aktiv nach *weiteren* Interpretationsmöglichkeiten zu suchen.

Auch Manager blicken auf ihre Kollegen oder Geschäftspartner stets durch solche kulturellen Kontaktlinsen. Wenn sie sich ein Urteil bilden, ob sie dem anderen Vertrauen schenken können, folgen sie zunächst einmal unweigerlich den Bewertungsschemata ihrer Kultur – weshalb der Eindruck, dass man vertrauen kann oder dass man nicht vertrauen sollte, im internationalen Management nicht immer so zutreffend ist, wie es vielleicht zunächst den Anschein hat.

---

[2] Zitate in diesem Absatz Gilbert (2008: 95).

1.3 Vertrauensfallen: Warum Vertrauen an kulturellen Unterschieden scheitern kann

Die kulturellen Kontaktlinsen des Managers führen direkt in die Vertrauensfalle. Um das zu verstehen, muss man sich drei Dinge vergegenwärtigen:

Der soziale Autopilot

Erstens nehmen nicht nur wir unsere Mitmenschen, Kollegen oder Geschäftspartner durch die Linsen unserer eigenen Kultur wahr, sondern diese *verhalten sich* auch noch tendenziell nach den Gewohnheiten und Standards *ihrer Kultur*. Denn das Gegenstück zur kulturellen Kontaktlinse ist der soziale Autopilot: die Vielzahl unserer kulturellen Verhaltensgewohnheiten, die uns nicht bewusst sind.

Alle sozialen Gruppen müssen sich mit wiederkehrenden Herausforderungen und Problemstellungen herumschlagen. Politiker müssen medienwirksam erzählen, Manager müssen erfolgreich verhandeln und Sitzungen leiten, und Jugendliche müssen es schaffen, cool zu wirken – oder wie man das entsprechend heute nennt. Alle sozialen Gruppen entwickeln daher typische Lösungsansätze für solche wiederkehrenden Herausforderungen. Diese werden den Mitgliedern der Gruppe zur unbewussten Gewohnheit. Genau wie man auf dem Weg zur Arbeit als Autofahrer über etwas komplett anderes nachdenken kann als die Strecke, nutzen wir in der Zusammenarbeit mit anderen häufig einen 'sozialen Autopiloten'. Unser Gehirn kann wiederkehrende Handlungsmuster abspeichern und aktivieren, ohne dass wir unser Bewusstsein anstrengen müssen. Sehr effizient, denn so können wir unsere bewusste Aufmerksamkeit anderen Dingen zuwenden, etwa während wir medienwirksam erzählen oder erfolgreich die Sitzung leiten. Aus dem Zusammenspiel solcher Verhaltensgewohnheiten mit den passenden Interpretationsmustern ergibt sich die besondere Handlungseffizienz sozialer Gruppen. Das ist die Koordinations- und Orientierungsleistung von Kultur.

Kulturelle Standards für vertrauenswürdiges Verhalten

Schwierig wird es aber, wenn die Interpretationsmuster einer Kultur auf die Verhaltensgewohnheiten einer anderen Kultur treffen. Dann kann es passieren, dass ein Manager durch seine kulturellen Kontaktlinsen ganz klare Anzeichen für fehlende Vertrauenswürdigkeit wahrzunehmen glaubt, während sich der Kollege oder Geschäftspartner völlig klar an die Standards für vertrauenswürdiges Verhalten aus seiner Kultur gehalten hat.

So kann beispielsweise das Kommunikationsverhalten des deutschen Verhandlungsleiters (*direkt kommunizierte Ablehnung eines nicht-akzeptablen Vorschlags*) durch die kulturellen Kontaktlinsen des chinesischen Delegationschefs als klares Signal für fehlende Vertrauenswürdigkeit erscheinen (*Welch respektlose Unhöflichkeit – der nimmt uns überhaupt nicht ernst!*). Und das, obwohl der Deutsche unbewusst und ganz selbstverständlich nicht anders kommuniziert, als er das sonst auch sehr erfolgreich tut: nämlich gemäß dem ihm aus deutschen Verhandlungskontexten vertrauten Kommunikations- und Verhandlungsstil (*ehrlich kommunizieren, was nicht geht*).

Wir werden in diesem Buch anhand sehr viel ausführlicherer Beispiele aus dem Managementalltag zeigen, wie solche wechselseitigen Fehlinterpretationen zustande kommen und an welchen Punkten es im interkulturellen Management dadurch zu Fehleinschätzungen der Vertrauenswürdigkeit kommen kann. An dieser Stelle geht uns um den Grund, warum der Chinese ganz leicht übersieht, dass ihm hier eine kulturelle Fehlinterpretation unterläuft: Es ist am einfachsten und am angenehmsten, das Verhalten auf die gewohnte Weise zu interpretieren, ohne darüber nachzudenken. Weder verzichten wir gerne auf die Schnelligkeit und Effizienz unserer gewohnten Interpretationsmuster, noch mögen wir unklare Situationen. Denn innezuhalten und zu erwägen, dass der deutsche Verhandlungspartner gemäß den Kommunikationsstandards *seiner Kultur* ja vielleicht gar keine respektlose Unhöflichkeit begangen hat, würde für den Chinesen die Frage aufwerfen, was das denn dann für ein seltsamer Kommentar gewesen ist. Das Verhalten des anderen würde plötzlich zu einem schwer interpretierbaren Rätsel – und der Manager müsste sich plötzlich neben seiner eigentlichen Aufgabe – der Verhandlung – auch noch darum kümmern, dieses Rätsel zu lösen.

Wohlgemerkt: Diese Prozesse laufen unbewusst ab. Doch hilft es, sich klar zu machen, dass wir eine starke Tendenz haben, jegliches unklare oder rätselhafte Verhalten unserer Mitmenschen ganz schnell mithilfe unserer gewohnten Interpretationsraster aufzulösen – so dass es uns gar nicht erst rätselhaft erscheinen muss. Denn wenn wir es nicht schaffen, andere sehr schnell zu interpretieren und in ihrem Verhalten einen Sinn zu erkennen, dann steht unser allumfassendes Grundvertrauen in die Zusammenarbeit mit anderen in Frage, das uns im beruflichen Alltag handlungsfähig macht. Wir müssten uns eingestehen, dass wir den anderen nicht einschätzen können – und das macht unsicher. Bei der Einschätzung der Vertrauenswürdigkeit geht der Schluss vom Verhalten des anderen zur Einschätzung 'eher vertrauenswürdig' oder 'eher nicht vertrauenswürdig' so schnell, dass sich kaum jemand bewusst macht, dass wir hier überhaupt interpretieren und nicht die Vertrauenswürdigkeit des anderen direkt wahrnehmen.

Die kulturellen Kontaktlinsen bzw. die Interpretationsmuster einer bestimmten Kultur (*z.B. direkte Ablehnung ist respektlos und ein klares Signal gegen Vertrauenswürdigkeit*) treffen auf die Verhaltensgewohnheiten einer anderen Kultur (*ein direkter Kommunikationsstil bei notwendigen Ablehnungen ist ein Gebot der Ehrlichkeit*). Was macht dies zu

Die Falle schnappt zu: Man verallgemeinert Vertrauenseinschätzungen

einer 'kulturellen Vertrauens*falle*'? Solch kleine kulturelle Fehlinterpretationen, die uns zu unrecht den Eindruck vermitteln, wir könnten einem anderen nicht vertrauen, können aus einem einfachen Grund große Wirkung haben: Wir alle haben eine Tendenz, von Eindrücken der Vertrauenswürdigkeit *in ganz speziellen Situationen* auf die allgemeine Vertrauenswürdigkeit unseres Gegenübers zu schließen.

Dazu ist man als Manager häufig gezwungen. Denn in vielen vertrauenskritischen Situationen weiß man nicht, ob man dem anderen *in dieser Situation* vertrauen kann. Dennoch muss man handeln. Also versucht man, die Vertrauenswürdigkeit des anderen *in dieser Situation* aus den bisherigen Erfahrungen mit dem anderen *in anderen Situationen* abzuleiten. Wenn wir etwa überlegen, ob wir einen neuen Kollegen in einen vertraulichen Vorgang einbeziehen können, dann haben wir vielleicht noch keine Erfahrungen mit ihm gemacht, die uns einschätzen lassen, ob er kritische Informationen konsequent für sich behalten kann. Allerdings wissen wir vielleicht, dass er bislang alle seine Zusagen stets strikt eingehalten hat. Eigentlich können wir die Vertrauenswürdigkeit des neuen Kollegen in der fraglichen Hinsicht (vertraulicher Umgang mit Informationen) also gar nicht einschätzen. Aber wir müssen entscheiden: den Kollegen einbeziehen oder nicht? Also greifen wir auf unsere früheren Erfahrungen und Vertrauenseinschätzungen zurück: Er hat stets seine Zusagen eingehalten, er wird auch mit dieser Information vertraulich umgehen. Wir verallgemeinern unsere Vertrauenseinschätzung. Jeder hat zwar seine eigene persönliche Theorie darüber, welche Vertrauensfaktoren wichtig sind und solche Schlüsse rechtfertigen. Aber Vertrauenseinschätzungen verallgemeinern, das tun wir alle.

Wenn unsere kulturellen Kontaktlinsen uns fälschlicherweise glauben lassen, wir hätten ein Indiz dafür, dass wir einem anderen nicht vertrauen können, und wenn dann unsere psychologische Veranlagung zur Verallgemeinerung von Vertrauenseinschätzungen den Eindruck so verstärkt, dass wir misstrauisch werden – dann ist die kulturelle Vertrauensfalle zugeschnappt. Die Generalisierung eines ersten Eindrucks, man könne einem anderen nicht vertrauen, kann dazu führen, dass Projekte nicht zustande kommen oder Geschäftsbeziehungen abgebrochen werden.

Wir brauchen ein Handwerkszeug, um Vertrauensfallen zu vermeiden

Wenn aber kulturelle Unterschiede internationalen Managern solche Vertrauensfallen stellen, dann wäre ein 'Handwerkszeug' von Nutzen, das uns solche Prozesse verstehen und aktiv vermeiden lässt. Damit könnten wir Auslandsentsendungen, internationalen Fusionen und Übernahmen oder auch multinationalen Großprojekten einen Teil ihrer Schwierigkeiten nehmen. Denn wir wüssten, wie wir das 'soziale Schmiermittel' Vertrauen aktiv stärken könnten, anstatt es leichtfertig zu verspielen. Wir müssten dazu die Natur kultureller Vertrauensfallen verstehen und wirksame Strategien entwickeln, wie wir uns aus solchen Fallen befreien bzw. sie von vornherein vermeiden können. Darum geht es in unserem Buch.

1.4 Übersicht der Kapitel

In Teil I liefern wir zunächst das grundlegende theoretische 'Handwerkszeug' für ein Verständnis der Vertrauensentwicklung im Management und des Einflusses kultureller Unterschiedlichkeit auf die Vertrauensentwicklung. Nach einer Klärung der allgemeinen Bedeutung von Vertrauen im Management (2.) fassen wir die wichtigsten einschlägigen Forschungsergebnisse zusammen: Wie entscheiden Manager, ob sie einen Kollegen oder Geschäftspartner für vertrauenswürdig halten? Auf welche Aspekte achten sie dabei? (3.) Anschließend beschreiben wir die Entstehung und die Konsequenzen von Vertrauensfallen (4.). Abschließend erläutern wir, wie Kultur und Persönlichkeit uns bei unserem Umgang mit Vertrauen beeinflussen und warum wir in *kulturelle* Vertrauensfallen geraten können (5.).

Teil I: Vertrauensfallen verstehen

In Teil II stellen wir dann die 20 wichtigsten kulturellen Vertrauensfallen dar. Dabei folgen wir dem Prinzip *Lernen durch authentische Beispiele*. Nach einer kurzen Einführung (6.) präsentieren wir Vertrauenserlebnisse deutscher Manager aus der Zusammenarbeit mit chinesischen, indischen, japanischen, brasilianischen, argentinischen, mexikanischen, russischen und französischen Kollegen und Geschäftspartnern. Basis hierfür sind unsere Untersuchungen zur Entwicklung von Vertrauen in der Zusammenarbeit deutscher Manager mit Kollegen und Geschäftspartnern aus unterschiedlichen Kulturen (TRIM-Projekt, Trust Relations in Intercultural Management). Die umfassendste Studie im TRIM-Projekt ist Münscher (2011) zur Vertrauensentwicklung in der deutsch-französischen Zusammenarbeit an der Universität Bayreuth. Weitere Forschungsarbeiten entstanden am Lehrstuhl Prof. Dr. Julia Hormuth der ESB Business School der Hochschule Reutlingen (vgl. Anhang 2). Darüber hinaus greifen wir zurück auf umfangreiche Ergebnisse aus der Kulturstandardforschung von Prof. Dr. Alexander Thomas, Universität Regensburg.

Teil II: Beispiele & Strategien

Die Darstellung der Vertrauensfallen erfolgt systematisch gegliedert nach den acht wichtigsten vertrauensrelevanten Handlungsfeldern im Management (7.-14.): *Absprachen und Regeln, Führung und Delegation, Informationsmanagement, Aufgaben- und Projektmanagement, Konfliktmanagement, Beziehungsaufbau und -pflege, Umgangsformen und Facework* und schließlich *Fairplay und Kooperativität*. Den Hintergrund der Beispiele erläutern wir etwas genauer in Kapitel 15. Eine Übersicht der Vertrauensfallen und Strategien haben wir in

Tab. 39 ab S. 316 zusammengestellt, und ein genauer Quellennachweis unserer Beispiele findet sich im Anhang 2.

Fazit & Ausblick

Zum Schluss (16.) fassen wir zusammen, wie man kulturelle Vertrauensfallen im internationalen Management erkennt und richten den Fokus auf die Top-3 Vertrauensfallen. Man *kann* in internationalen Managementkontexten Vertrauensfallen umgehen und die Entwicklung von Vertrauen unterstützen. Professionelles interkulturelles 'Relationship Management' bedeutet, respektvoll und authentisch und gleichzeitig kenntnisreich mit vertrauensrelevanten Unterschieden umzugehen. Diese Fähigkeit ist bedeutsam, wenn es darum geht, Geschäftsbeziehungen oder Unternehmen zum Erfolg zu führen. Sie ist jedoch noch wesentlicher, wenn man den Blick über den Bereich der Wirtschaft hinaus auf die drängenden interkulturellen Konfliktlinien in unserer Gesellschaft richtet oder wenn man gar an internationale politische Konflikte denkt. Ein unnötiges Scheitern des Vertrauensaufbaus kann schwerwiegende Konsequenzen haben. Kulturelle Vertrauensfallen zuverlässig zu erkennen und aufzulösen, ist eine Fähigkeit der Zukunft. Die moderne interkulturelle Vertrauensforschung liefert hierfür wertvolle Einsichten. Mit diesem Buch möchten wir diese Erkenntnisse einem breiteren Kreis zugänglich machen.

Die einzelnen Teile des Buchs bauen aufeinander auf, können aber auch unabhängig voneinander gelesen werden. Eine Übersicht, welche Kapitel wir bei bestimmten Interessen empfehlen, findet sich in Tab. 1 'Wer liest welchen Teil des Buchs?' auf der nächsten Seite.

Tab. 1: Wer liest welchen Teil des Buchs?

Mich interessiert Hintergrundwissen!

THEORIE: Vertrauen und Vertrauensfallen
- Wie läuft der Prozess der Vertrauenseinschätzung ab?
- Woran erkennt man, ob jemand vertrauenswürdig ist?
- Wie entstehen Vertrauensfallen?

Lesen Sie …
Teil I: Kapitel 2-4

Für einen gezielten Zugang empfehlen wir 3.3-3.5 zu Vertrauensfaktoren und 4.4-4.5 zu Vertrauensfallen.

THEORIE: Interkulturelle Zusammenarbeit
- Inwiefern prägt uns unsere Kultur, und wie entstehen kulturelle Vertrauensfallen?

Lesen Sie …
Teil I: Kapitel 5

Mich interessieren Praxisbeispiele!

PRAXIS: Beispiele für kulturelle Vertrauensfallen
- In welche Vertrauensfallen kann man im internationalen Management geraten?
- Wie erkenne ich diese Fallen, wie kann ich sie vermeiden/auflösen?

Lesen Sie …
Teil II: Kapitel 6ff.

Als Grundlage empfehlen wir **4.4** zu Vertrauensfallen, **5.2-5.3** zu Kultur und **5.5** Zusammenfassung Teil I.

PRAXIS: Gesamtüberblick der Vertrauensfallen
- Gibt es einen Überblick der Vertrauensfallen?
- Welches sind die Vertrauensfallen, in die *speziell ich* leicht hinein geraten kann?

Lesen Sie …
Kapitel 16

Inklusive der Zusammenfassung von Teil I und II

Teil I

Vertrauensfallen verstehen

2 Vertrauen im Management

2.1 Ohne Vertrauen kein Management

Vertrauen ist nicht nur für international tätige Manager eine Grundkategorie, sondern auch im nationalen Kontext von zentraler Bedeutung – und das gilt genauso für Berufe außerhalb des Managements und für unser Privatleben. Menschen leben und arbeiten mit anderen Menschen zusammen. Mit Vertrauen geht das deutlich besser und ist außerdem deutlich angenehmer. Ohne Vertrauen wird es komplizierter. Man muss sich dann nicht nur stärker auf Kontrollmechanismen verlassen (etwa Verträge) und Handlungsfreiräume einschränken (beispielsweise Informationen zurückhalten). Manches funktioniert schlicht überhaupt nicht mehr. Das kann zum Beispiel die Lösungsfindung im Konfliktfall sein (vgl. Praxisbeispiel 4).

> **Praxisbeispiel 4: Bosch und Samsung begraben Gemeinschaftsprojekt**
>
> Am 18.03.2012 warnte das Handelsblatt:
>
> *Bosch-Samsung-Partnerschaft könnte scheitern*
>
> Der Autozulieferer Bosch schließt ein Scheitern des Gemeinschaftsunternehmens mit Samsung zum Bau von Batterien nicht aus. In Branchenkreisen werde von *Misstrauen* seitens der Koreaner als Grund für das mögliche Ende von SB Limotive gesprochen. Zudem gebe es unterschiedliche Auffassungen über die künftige Ausrichtung der Firma. 'Wir sind permanent in Gesprächen, wie die Partner künftig zusammen arbeiten wollen', sagte ein Bosch-Sprecher.
>
> Ein knappes halbes Jahr später war es soweit.
>
> Am 05.09.2012 verkündete das Handelsblatt:
>
> *Bosch und Samsung begraben Gemeinschaftsprojekt*
>
> Der Technologiekonzern Bosch und der südkoreanische Partner Samsung gehen bei ihrer Produktion moderner Batterien für Fahrzeuge *künftig getrennte Wege*. Das Joint Venture SB Limotive werde nach vier Jahren beendet. Die Zellfertigung bleibe bei Samsung, Bosch übernehme das Batteriesystemgeschäft. Beide Konzerne hätten Zugriff auf 3000 Patente aus der Zeit des Joint Venture.
>
> *Handelsblatt, 18.03.2012 und 05.09.2012*

2.1.1 Ständig vertrauen wir – und können gar nicht anders

Um es etwas drastischer zu formulieren: Ohne Vertrauen funktioniert Management nicht einmal ansatzweise – und genauso wenig unser

Privatleben. Denn unser Leben ist beruflich wie privat so voraussetzungsreich, dass wir unmöglich all das kontrollieren können, wovon wir abhängig sind. Insbesondere können wir unsere Kollegen, Geschäftspartner und Mitmenschen nicht so umfassend kontrollieren, dass wir uns nicht in Abhängigkeiten begeben müssen. Wir tun dies ständig auf unterschiedlichste Weise – ohne darüber nachzudenken, denn wir haben ja Vertrauen. Wir stehen in der S-Bahn dicht vor Menschen, die uns hinterrücks erstechen könnten, und essen zum Mittagstisch Speisen, die vergiftet sein könnten. Wir geben Kollegen oder Geschäftspartnern Informationen, die sie gegen uns oder zumindest zu ihrem eigenen Vorteil verwenden könnten. Wir delegieren kritische Jobs ohne ihre Erledigung minutiös zu kontrollieren – weil wir dem entsprechenden Mitarbeiter vertrauen, gute und fristgemäße Arbeit zu leisten.

Wer nicht vertraut muss sich ständig rundherum absichern

Der Soziologe Niklas Luhmann (1968: 27ff.) beschrieb daher Vertrauen als einen Mechanismus zur Reduktion sozialer Komplexität. Wir können gar nicht bewusst über die Vielfalt der Möglichkeiten nachdenken, wie unsere Mitmenschen unsere Abhängigkeit von ihnen ausnutzen könnten – geschweige denn könnten wir sie in all diesen Hinsichten kontrollieren. Ohne ein grundsätzliches Vertrauen in andere Menschen, dass diese uns keinen Schaden zufügen wollen, wären wir selbst, unsere Organisationen und unsere Gesellschaft komplett handlungsunfähig. Vertrauen bedeutet hier, dass man gewisse Handlungsoptionen anderer einfach grundsätzlich ausschließt, ohne weiter darüber nachzudenken. Erst so gewinnt man selbst die für Alltag und Beruf nötigen Handlungsmöglichkeiten – die man ohne Vertrauen gar nicht hätte, weil man noch lange damit beschäftigt wäre, sich rundherum abzusichern.

2.1.2 Definieren Sie doch einmal 'Vertrauen'!

Für zwischenmenschliche Grundkategorien wie Vertrauen gehört es fast schon zum guten Ton, eine eigene Definition vorzuschlagen – was jeder dann natürlich ein bisschen anders macht. Dabei ist es im Grunde ganz einfach. Es gibt sehr umfassende und gute Überblicksauswertungen, aus denen recht klar die drei Grundaspekte hervorgehen, die Vertrauen ausmachen: Vertrauen bedeutet, sich von einem anderen abhängig zu machen (1), obwohl das negative Konsequenzen haben könnte (2) – und dennoch dabei zu erwarten, dass die negativen Konsequenzen nicht eintreten (3).[3] Doch was heißt das genau?

---

[3] Basis der Meta-Analyse von McKnight & Chervany (1996) sind beispielsweise 60 eigenständige Vorschläge von Vertrauensdefinitionen in wissenschaftlichen Aufsätzen oder Monografien zu Vertrauen sowie zusätzlich die Einträge zu Vertrauen in drei Standardlexika der englischen Sprache.

1. Vertrauensbedingung: Einem anderen zu vertrauen heißt, sich in eine Situation zu begeben, in der die Frage, wie sich bestimmte für uns wichtige Dinge entwickeln, vom anderen abhängt.

Man macht sich abhängig

Betrachten wir ein Beispiel: Herr Schneider ist für einen Kundenworkshop verantwortlich, den er mit Kollegen zusammen organisiert. Er beauftragt Frau Keller, das Catering zu bestellen. Und: Er vertraut ihr, dass sie das tut.

Herr Schneider kann nun nicht sicher wissen, dass Frau Keller das nicht vielleicht doch vergessen wird. Auf Nachfrage müsste er einräumen, dass prinzipiell die Möglichkeit besteht, dass sie es vergisst. Ob das Catering bestellt wird, hängt von Frau Keller ab. Herr Schneider ist das Catering für die Kunden wichtig, aber durch sein Vertrauen macht er sich hier von Frau Keller abhängig.

Wenn es gar nicht von Frau Keller abhängen würde, dass das Catering bestellt wird, dann könnte man nicht sinnvoll davon sprechen, dass Herr Schneider Frau Keller vertraut, das Catering zu bestellen. Denn vertrauen heißt immer, dass es eine grundsätzliche Unsicherheit gibt, wie sich der andere verhalten wird.

2. Vertrauensbedingung: Man riskiert, dass die Abhängigkeit vom anderen negative Konsequenzen haben kann.

Man riskiert negative Konsequenzen

Wenn ich jemandem vertraue, habe ich eine klare Präferenz, wie der andere sich verhalten sollte. Wenn er sich anders verhielte, wäre das für mich negativ. Dass Frau Keller an die Bestellung des Catering denkt, ist Herrn Schneiders klare Präferenz. Wenn sie nicht daran denken würde, müsste er seine Kunden mittags hungern lassen. Ihr zu vertrauen, stellt also ein Risiko dar (hungrige Kunden in der Mittagspause).

Wenn es für Herrn Schneider keinerlei negative Konsequenzen hätte, wenn das Catering ausbleibt – in Bezug auf ihn selbst, seine Firma, die Kunden etc., dann würde man nicht davon sprechen, dass er Frau Keller 'vertraut', das Catering zu bestellen.

3. Vertrauensbedingung: Man erwartet, ohne groß darüber nachzudenken, dass die Sache trotz der Abhängigkeit vom anderen gut ausgeht, also die negativen Konsequenzen nicht eintreten.

Man erwartet, dass alles gut geht

Das ist der dritte Teil der Vertrauensdefinition – den man auch als ihren Kern betrachten könnte: Trotz Abhängigkeit vom anderen und obwohl diese Abhängigkeit für mich negative Konsequenzen haben könnte, gehe ich einfach davon aus, dass der andere in meinem Sinne handelt. Wenn ich vertraue, erwarte ich gerade nicht, dass die negativen Konsequenzen eintreten werden.

'Herr Schneider vertraut Frau Keller, das Catering zu bestellen' heißt, dass er davon ausgeht, dass sie das auch tun wird. Er müsste zwar auf Nachfrage einräumen, dass sie es auch vergessen *könnte*. Vertrauen heißt aber, dass er über diese Möglichkeit gar nicht mehr nachdenkt.

Man könnte jetzt noch ergänzen, dass man mit Vertrauen nicht immer ein konkretes Handeln meint. Manchmal geht es vielmehr um eine grundsätzliche Einstellung zum anderen bzw. um eine grundsätzliche Bereitschaft, dem anderen gegenüber vertrauensvoll zu handeln. Vertrauen heißt dann: *Man glaubt, gute Gründe dafür zu haben,* sich von einem anderen abhängig machen zu können, obwohl das negative Konsequenzen haben könnte – und man erwartet dabei, dass die negativen Konsequenzen nicht eintreten. Tab. 2 fasst die Vertrauensdefinition zusammen und illustriert sie an einem weiteren Beispiel.

Tab. 2: Definition von Vertrauen

Definition	Beispiel
Vertrauen bedeutet, (zu glauben, gute Gründe dafür zu haben),…	Ich vertraue meinem neuen Geschäftspartner in Bezug auf ein geschäftliches Treffen.
• sich von einem anderen abhängig zu machen,…	Ich erinnere ihn nicht noch einmal an das zugesagte Treffen, sondern buche meinen Zug und fahre hin.
• obwohl das negative Konsequenzen haben könnte (Risiko),…	Es könnte sein, dass er das Treffen vergessen hat und ich meine Reise umsonst unternehme.
• und dennoch zu erwarten, dass die negativen Konsequenzen nicht eintreten.	Auch wenn ich nicht ganz sicher sein kann, rechne ich einfach fest damit, dass er unser Treffen nicht vergessen hat.

2.1.3 Was Vertrauen bewirken kann

Um bei unserem Beispiel zu bleiben: Während Herr Schneider ein weiteres leckeres Häppchen verspeist, denkt er daran, wie lästig und aufwändig es für ihn gewesen wäre, selbst dem Caterer hinterher telefonieren zu müssen… Vertrauen zu können, kann klare Vorteile haben. Was wir dabei 'gewinnen' können, wenn wir mit anderen vertrauensvoll zusammenarbeiten, sind die Energie bzw. die 'Kosten', die wir hätten investieren müssen, um den anderen zu kontrollieren oder die Sache selbst in die Hand zu nehmen.

Vertrauen senkt Transaktionskosten

Das ist es, was Niklas Luhmann die 'Reduktion sozialer Komplexität' nannte: Indem Herr Schneider ausblendet, dass die Kollegin auch mal was vergessen könnte, gestaltet er seine Welt etwas weniger komplex. Ökonomen sprechen an dieser Stelle davon, dass die 'Transaktionskosten' sinken (Noorderhaven 1994).

Einfacher ausgedrückt: Der Aufwand für die Zusammenarbeit wird geringer. Frau Keller ist zuständig fürs Catering – und abgehakt. Weil Herr Schneider nicht während des Workshop-Vormittags bei Frau Keller per SMS nachhaken muss, ob das Catering bestellt ist, kann er sich voll und ganz auf die Kunden konzentrieren.

Es gibt aber auch Situationen, in welchen wir einem anderen in Bezug auf etwas vertrauen, das wir gar nicht selbst in die Hand nehmen könnten – etwa wenn man den Zahnarzt eine Plombe machen lässt. In solchen Situationen kommt häufig erschwerend hinzu, dass wir auch die Kontrolle des anderen kaum selbst vornehmen könnten. Immer wenn ich Produkte oder Leistungen von einem spezialisierten Anbieter kaufe, gibt es ein 'Wissensgefälle'. Wie man den Spezialisten am besten kontrollieren könnte, weiß dieser Spezialist viel besser als ich selbst. Wollte ich ihn effektiv kontrollieren, wäre das für mich sehr aufwändig. Wenn ich dem Spezialisten vertraue, dass er beispielsweise seine Dienstleistung korrekt und gut durchführt, dann spare ich den enormen Aufwand bzw. die Kosten für eine solche Kontrolle. Unterschiedliche Arten solcher Transaktionskosten beschreiben die volkswirtschaftlichen Theorien der Neuen Institutionenökonomik, aus deren Sicht Vertrauen hier die positive Konsequenz hat, dass es solche Transaktionskosten senkt und damit die Zusammenarbeit erleichtert (z.B. Dyer & Chu 2003, Ripperger 1998, Bromiley & Cummings 1993).

Neben den grundlegenden und häufig genannten positiven Konsequenzen der Reduktion von Transaktionskosten bzw. Komplexität gibt es noch viele weitere potenzielle Vorteile von Vertrauen. Ein weiteres Beispiel für einen Kontext, in welchem sich Kontrolle schwierig und aufwändig gestaltet, sind unvorhergesehene Entwicklungen. Wenn etwas Unerwartetes passiert, kann es sein, dass besonders schnelle Reaktionen vonnöten sind. Mit anderen gemeinsam lassen sich solche Situationen ohne Vertrauen nicht so gut bewältigen. Ein anderer Kontext, in welchem wir die Kontrolle aus der Hand geben, ist die Weitergabe von Informationen. Das geschieht sehr oft: Immer wenn wir einem anderen etwas erzählen, verlieren wir die Kontrolle darüber, welchen Weg diese Informationen nehmen. Wenn wir jemandem vertrauen, dann können wir ihm ungezwungener Informationen weitergeben, weshalb eine positive Konsequenz von Vertrauen verbesserter Informationsfluss ist.

Hilfe im Notfall, verbesserter Informationsfluss

Die Literatur der Vertrauensforschung beschreibt überwiegend solche positiven Konsequenzen von Vertrauen. Beispielsweise verbessere Vertrauen die Funktionsfähigkeit von Organisationen (Kramer & Tyler 1996), und zwar in Bezug auf Koordinierung und Effizienz (Bradach & Eccles 1989) oder durch eine Verminderung des Aufwands für Kontrollen (Pennings & Woiceshyn 1987, vgl. Reduktion der Transaktionskosten). Vertrauen führe dazu, dass sich Mitarbeiter und

Kollegen in stärkerem Maße gegenseitig unterstützen (Organ 1990, 1988) sowie dass sich das subjektive Wohlbefinden am Arbeitsplatz erhöhe (Stevens & Fiske 1995). Vorteile von Vertrauen werden nicht nur theoretisch begründet (Barney & Hansen 1994), sondern auch teilweise empirisch belegt (Sako 1998, Child 2001). Auch in unseren Vertrauensforschungen wurde eine große Bandbreite positiver Konsequenzen von Vertrauen deutlich. So hilft Vertrauen beispielsweise, zum Wohle der Organisation oder Firma, Eigeninteressen zurückzustellen – etwa indem ein Manager bei einer Stellenbesetzung einem besser qualifizierten Kollegen den Vortritt lässt. Vertrauen kann zudem helfen, Prozesse zu beschleunigen, die interne Koordinierung zu verbessern, Zeit zu sparen, Hilfe zu mobilisieren. Auch kann Vertrauen die Einführung neuer Produkte erleichtern oder helfen, Wettbewerbsvorteile zu realisieren.

Nachteile fehlenden oder enttäuschten Vertrauens

Ein interessanter Blick auf die Vorteile von Vertrauen ergibt sich, wenn man sich die Nachteile fehlenden oder enttäuschten Vertrauens vergegenwärtigt (Lewicki & Bunker 1996: 130). Für den Fall, dass ein Arbeitnehmer das Vertrauen in seinen Arbeitgeber verliert, listet etwa Thomas (2005c: 43) eine ganze Reihe von Konsequenzen seitens des Mitarbeiters auf, die für den Arbeitgeber von Nachteil sind (vgl. Info 1):

Info 1: Nachteile fehlenden Mitarbeitervertrauens für den Arbeitgeber

(1) Rückgang der Arbeitsmotivation
(2) Misstrauen gegenüber allem, was der Arbeitgeber sagt und tut
(3) Abwendung, Nichtbeachtung
(4) Dienst nach Vorschrift, innere Kündigung
(5) Arbeitsverweigerung (Krankmeldung, Fernbleiben etc.)
(6) Flucht in die Privatsphäre
(7) negative Propaganda gegen den Arbeitgeber nach innen/nach außen
(8) Kündigung
(9) gezielte Versuche der Schädigung des Arbeitgebers

Nach Thomas (2005c: 43)

Vertrauen im Angestelltenverhältnis kann also eine ganze Reihe äußerst relevanter positiver Wirkungen haben, derer sich manch Arbeitgeber erst bewusst wird, wenn das Vertrauen verloren ging.

2.2 Die beste Wirkung hat Vertrauen in einer Vertrauenskultur

2.2.1 Wenn Vertrauen nötig wäre: Das Dilemma der Gefangenen

Vertrauen kann zwar positive Wirkungen haben, ist aber immer mit einem Risiko verbunden. Wann sollte man also vertrauen? Man kann sich dieser Frage nähern, indem man den Kontext untersucht, in welchem sich die Vertrauensfrage stellt. Wer sind denn die anderen, denen man vertrauen könnte?

Die interessantesten Einsichten darin, in welchen Kontexten vertrauensvolles Handeln vorteilhaft ist, verdanken wir interessanterweise der Evolutionsbiologie. Hier untersuchten Forscher mit sogenannten 'populationsgenetischen Modellen', wann sich bestimmte Eigenschaften oder Verhaltensweisen in großen Gruppen von Individuen ('Populationen') über längere Zeit durchsetzen. So ließ sich auch testen, unter welchen Umständen die Strategie, anderen zu vertrauen, erfolgversprechend ist.

Kern dieser Forschungen ist eine klassische Vertrauenssituation: das sogenannte Gefangenendilemma. Zwei Gefangene sind eines schlimmen Verbrechens angeklagt und sitzen in Einzelhaft. Jedem wird folgendes Angebot gemacht: „Für euer Verbrechen stehen normalerweise *sechs Jahre* Gefängnis. Wenn ihr aber ein Geständnis ablegt, erhaltet ihr für die Zusammenarbeit mit den Behörden Strafermäßigung und kommt nur für *vier Jahre* ins Gefängnis. Ohne Geständnis können wir euch nicht voll verurteilen, aber unsere Indizien reichen für eine Verurteilung für *zwei Jahre*. Jetzt pass gut auf: Wenn dein Kompagnon nicht gesteht, du aber ein Geständnis ablegst, dann bekommst du im Rahmen unserer Kronzeugenregelung die Strafe erlassen, und wir können deinen Kompagnon mit der Höchststrafe, also sechs Jahren, verurteilen. Überleg es dir gut..."

Das Dilemma der zwei Gefangenen

Damit stecken die Gefangenen in einem echten Dilemma (vgl. Info 2): Was sollen sie tun? Aus der rational übergeordneten Sichtweise wäre es für die beiden Gefangenen natürlich wünschenswert, sich gegenseitig zu vertrauen und miteinander zu kooperieren. Denn so entgingen sie gemeinsam der Höchststrafe (1). Aus einer individuell-egoistischen Perspektive führt die Situation jedoch dazu, dass die beiden *nicht* miteinander kooperieren (2). Das liegt daran, dass es individuell betrachtet – egal was der andere macht – besser ist, *nicht* zu kooperieren.

- Entweder der andere kooperiert nicht und sagt gegen mich aus. Dann bin ich mit *nicht* kooperieren natürlich besser dran als mit

kooperieren: vier Jahre statt der Dumme mit der 6-Jahre-Höchststrafe.
- Oder der andere kooperiert und hält dicht. Dann bin ich mit *nicht* kooperieren aber auch besser dran. Denn wenn ich dann aussage, komme ich ja durch die Kronzeugenregelung ganz frei. Das ist besser als zwei Jahre Gefängnis für gemeinsam dicht halten.

Info 2: Das Gefangenendilemma

1. Halten beide dicht, dann können sie nur wegen kleinerer Delikte verurteilt werden und erhalten jeder eine geringe Haftstrafe: **2 Jahre**.

2. Verraten sie sich gegenseitig, werden beide verurteilt, aber sie erhalten wegen ihres Geständnisses nicht die volle Strafe, sondern nur **4 Jahre**.

3. Hält nur einer dicht und der andere verrät ihn, so kommt der Geständige (Verräter) als Kronzeuge frei, und der andere erhält die vollen **6 Jahre**.

So stellt sich die Situation für beide dar. Also sagen sie gegeneinander aus und wandern gemeinsam für vier Jahre in den Knast. Sieht man von möglichen externen Einflussfaktoren ab wie etwa Freundschaft bzw. Liebe (Bonnie und Clyde!) oder Mordandrohungen für Verräter (die Mafia!), dann ist es aus individueller Sicht immer klüger, man sagt aus. Damit kommt es für beide zusammen betrachtet zu einem suboptimalen Ergebnis. Die Gefangenen kooperieren nicht – und anstatt zwei Jahren Haft bekommen sie vier Jahre.

Das Dilemma der beiden Gefangenen ist nur ein konkretes Beispiel für eine Situation, die den Beteiligten individuelle Anreize bietet, sich gegen vertrauensvolles Handeln zu entscheiden und stattdessen gegeneinander zu handeln – mit dem Ergebnis, dass der für beide günstigere Fall der Kooperation nicht zustande kommt. Solche Situationen finden sich in vielen Praxiskontexten.

In einem Rüstungswettstreit zwischen Staaten wie etwa im kalten Krieg wäre es für beide günstiger (wortwörtlich), sich an eine Rüstungs-Stopp-Vereinbarung zu halten. Aus individueller Sicht eines Staats ist es jedoch für beide Handlungsalternativen des anderen Staats (Rüstungs-Stopp oder weiter rüsten) besser, wenn man selbst weiter rüstet. Ergebnis ist ein Rüstungswettstreit. Ähnliches gilt für eine Vereinbarung der (konkurrierenden!) OPEC-Staaten, die Fördermengen für Rohöl zu begrenzen.

Wenn zwei Tankstellen an einer Straße im Wettbewerb stehen, machen sie am meisten Profit, wenn sie beide den Preis höher setzen. Jeder einzelne für sich hat aber einen Anreiz, den Preis niedriger zu setzen, um mehr Kunden zu sich zu ziehen. Gut für die Kunden: so tankt man letztlich bei beiden zu niedrigeren Preisen.

2.2.2 Wann Vertrauen hilfreich ist: Strategische Lehren aus dem Gefangenendilemma

Das Gefangenendilemma wurde zum Modellproblem für die Frage, wie unter egoistischen Akteuren Kooperation entstehen kann, oder anders ausgedrückt: Was beeinflusst, wann man anderen Vertrauen kann oder sollte. Interessant wird das Dilemma dann, wenn man sich Kontexte ansieht, in welchen die Beteiligten *wiederholt* in die gleiche Situation geraten. Denn dann weiß man ja, wie sich der andere in der ersten Runde verhalten hat und kann darauf reagieren. Beispielsweise kann man sagen: Ein zweites Mal legt der mich nicht rein! Und genauso ist es ja beim Vertrauen. Die Erfahrung lehrt: Man sieht sich immer zweimal...

Genau dieses wiederholte Gefangenendilemma liegt den populationsgenetischen Modellen zugrunde, welche untersuchen, welche Verhaltensstrategien sich gegen andere durchsetzen können. Zum Meilenstein dieser Forschung wurde ein klassisches 'Computerturnier'. Der US-Politologe Robert Axelrod ließ Anfang der 1980er Forscher Strategien einreichen, wie man sich am besten verhalten solle, wenn man in einer Population von Individuen ständig gegen andere 'Gefangenendilemma' spielen müsste (Axelrod 2005, Axelrod & Hamilton 1981). Bekannt wurde das Turnier, weil es trotz kompliziertester Stra-

Die klassische Strategie: Tit-for-tat! bzw. Wie-du-mir-so-ich-dir!

tegien einen überlegenen Gewinner gab, der ganz einfach gestrickt war: Tit-for-tat oder Wie-du-mir-so-ich-dir. Diese Strategie beginnt immer mit Kooperation (vertrauensvolles Handeln!) und macht in allen Folgebegegnungen einfach das, was der andere das letzte Mal gemacht hat. Sie kommt also mit kooperationswilligen Gegenüber von vornherein 'ins Geschäft' (*Ich beginne vertrauensvoll*). Sie lässt sich nicht längerfristig ausbeuten (*Wer mich reinlegt, mit dem kooperiere ich nicht mehr*). Aber sie ist auch nachsichtig (*Wenn jemand dann doch wieder mit mir kooperiert, dann fange ich auch wieder an, mich kooperativ zu verhalten*).

Auch Tit-for-tat ist nicht immer die beste Strategie

Robert Axelrod veröffentlichte seine Turnierergebnisse und schrieb ein zweites Computerturnier aus. Nun wurden verbesserte Strategien eingereicht – und doch siegte wieder das einfache Tit-for-tat! Allerdings fiel der Sieg diesmal deutlich knapper aus als im ersten Turnier. Axelrod hatte eine umfangreiche Forschung angestoßen, die dann im Lauf der Zeit immer deutlicher zeigte, dass auch Tit-for-tat nicht immer die beste Strategie ist. Das ist zum Beispiel der Fall, wenn die anderen Mitspieler einfach nie kooperieren ('blinde Strategie'). Tit-for-tat versucht es stets mit einem freundlich-kooperativen Beginn. Unterm Strich vorteilhafter ist es hier aber, auch nie zu kooperieren – denn dann ist man auch nie der 'ganz Dumme', der sechs Jahre hinter Gitter muss.

Die Forschung über Strategie in Gefangenendilemma-Situationen zeigt ganz klar: Die Frage, ob man eher vertrauen sollte oder nicht, hängt von den jeweiligen Kollegen und Geschäftspartnern bzw. Mitmenschen ab. Die kritische Frage ist, mit welchem Schlag Leute man zusammen arbeitet: Sind das überwiegend vertrauenswürdige Zeitgenossen? Oder sind viele eher auf den eigenen Vorteil bedacht und bereit, andere eiskalt reinzulegen, wenn sie sich auf diese Weise besser positionieren können ('Verräter')? Wenn man von anderen vertrauenswürdigen Mitmenschen umgeben ist, dann wird man mit der Regel: 'Sei von Anfang an vertrauensvoll!' langfristig erfolgreich sein. Weniger gut fährt man mit dieser Regel, wenn man auf Verräter trifft, die Vertrauen ausnutzen. Doch auch die sind damit nur solange erfolgreich, wie sie genug vertrauensvolle Zeitgenossen um sich herum ausnutzen können. Fangen diese an, unkooperatives Verhalten konsequent zu erwidern (Tit-for-tat!), gleichzeitig aber mit den anderen vertrauenswürdigen Partnern weiter zu kooperieren, dann wird der Vorteil des Vertrauen-Ausnutzens zum klaren Nachteil (Dixit & Nalebuff 1997).

Aus der Perspektive eines Unternehmens ist vertrauensvolles Handeln als Strategie also insbesondere unter den Vorzeichen einer 'Vertrauenskultur' von Vorteil: Wenn Vertrauensbeziehungen gelebt werden und Vertrauensbrüche tabu sind, dann lassen sich die beschriebenen vorteilhaften Konsequenzen von Vertrauen realisieren.

Man kann nun sogar noch einen Schritt weiter gehen und die Frage der 'Vertrauenskultur' für Nationalkulturen bzw. ganze Kulturräume aufwerfen. Der US-Politikwissenschaftler Francis Fukuyama spricht hier vom Gegensatz zwischen 'vertrauensreichen' und 'vertrauensarmen' Kulturen (high trust vs. low trust cultures, Fukuyama 1995). Er beschreibt damit letztlich den 'Radius einer Person', innerhalb dessen sie in ihrer Kultur relativ leicht sichere Vertrauensbeziehungen aufbauen kann. In vertrauensarmen Gesellschaften ist dies nur im engeren Umfeld bzw. innerhalb verwandtschaftlicher Beziehungen möglich. In diesen Kreisen kann Vertrauen seine Vorteile ausspielen, darüber hinaus weniger. In vertrauensreichen Gesellschaften hingegen ist Vertrauen auch unter Fremden leichter möglich. Dies wiederum erleichtert nach Fukuyama den Aufbau größerer Organisationen oder Unternehmen und verschafft vertrauensreichen Gesellschaften einen Wettbewerbsvorteil.[4]

Der Erfolg vertrauensreicher Kulturen

2.3 Warum sich Vertrauen unbewusst entwickeln muss

Was lernen wir aus der Tit-for-tat-Diskussion? Man muss herausfinden, wie die anderen 'ticken'. Wird der Wert vertrauenswürdigen Handelns hochgehalten? Oder gilt Ellbogen-Mentalität? Um das herausfinden, müssen wir allerdings erst einmal anfangen, aktiv über Vertrauen nachzudenken. Denn das Entscheidungsdilemma der Gefangenen ist in einer bestimmten Hinsicht sehr untypisch für Vertrauen: Normalerweise entwickelt sich Vertrauen *unbewusst*.

2.3.1 Vertrauen hilft nichts, wenn man über Vertrauen nachdenken muss

Im Alltag denkt man gewöhnlich nicht darüber nach, wie sich Vertrauen entwickelt. Viele Aspekte der sozialen Urteilsbildung und der Einschätzung anderer laufen weitgehend unbewusst ab. Die Entwicklung von Vertrauen gehört zu den Phänomenen, welche die moderne Sozialpsychologie als 'automatische soziale Kognition' bezeichnet. Wir *können* hier etwas, ohne dass wir darüber nachdenken müssen (Devine 2001, Greenwald & Banaji 1995, Greenwald et al. 2006).

---

[4] Vgl. Fukuyama (1995); ein ähnliches Beispiel für die unterschiedlichen Vorteile von Vertrauen in unterschiedlichen (unternehmens-)kulturellen Kontexten liefern Barney & Hansen (1994: 181). Sie verglichen in einer Studie die Zuliefererbeziehungen von Toyota und General Motors.

Wir können das, da wir durch vielfältige Erfahrungen gelernt haben, die Vertrauenswürdigkeit anderer recht zuverlässig einzuschätzen. Unser Erfahrungsschatz im Umgang mit anderen ermöglicht uns, im Alltag gleichsam mit einem 'Vertrauens-Autopiloten' zu fahren und die Vertrauenswürdigkeit anderer einfach nebenbei einzuschätzen – und das relativ treffsicher.

Der Vertrauens-Autopilot

Das hat einen großen Vorteil: Wir können mit Kollegen oder Partnern zusammenarbeiten, ohne ständig bewusst darüber nachdenken zu müssen, ob und inwiefern wir ihnen vertrauen können. Wir müssen nicht ständig bewusst alle möglichen Vertrauensfaktoren im Kopf haben, um unsere Vertrauenseinschätzung zu überprüfen und fortzuentwickeln. Stattdessen können wir uns auf die Inhalte der Zusammenarbeit konzentrieren. Wir können ein angeregtes Gespräch mit dem Beifahrer führen, während wir per Autopilot unsere gewohnte Strecke entlang düsen.

Nur durch diesen Vertrauens-Autopiloten, über den man nicht nachdenken muss, kann Vertrauen seine oben beschriebene Funktion erfüllen: Komplexität reduzieren bzw. Transaktionskosten senken. Wie einen der Autopilot von der Notwendigkeit entlastet, die volle Aufmerksamkeit auf den Verkehr zu richten, so entlastet uns unserer unbewusster Umgang mit Vertrauen – und wir haben den Kopf frei, um in der vertrauensvollen Zusammenarbeit mit unseren Kollegen erfolgreich unsere diversen Managementaufgaben zu erfüllen.

Unser Vertrauens-Autopilot hat eine Weck-Funktion

Eine wichtige und interessante Funktion unseres Autopilotens beim Autofahren ist das Aufwecken bei Gefahr. Welcher Autofahrer kennt nicht die Situation, dass man völlig in Gedanken eine bekannte Strecke fährt und einen plötzlich eine unerwartete Situation hochschrecken lässt: Obwohl die Ampel noch 500 Meter entfernt ist, bremst plötzlich der Vordermann – und ruck zuck bin ich wieder bei 100% Aufmerksamkeit. Einen ganz ähnlichen Mechanismus bietet auch der Vertrauens-Autopilot. Wir können wunderbar vertrauensvoll mit einem Partner zusammenarbeiten und nicht den geringsten Gedanken an die Frage verschwenden, ob wir ihm zu Recht vertrauen. Doch sobald es plötzlich ein kleines Signal dafür gibt, dass der Partner möglicherweise doch nicht vertrauenswürdig ist, wird einem genau diese Frage plötzlich wieder voll bewusst. Das passiert gleichsam ohne unser Zutun. Der Vertrauens-Autopilot lässt uns aufmerken, wenn getäuscht wird oder Intrigen gesponnen werden. Die Signale, die Vertrauenswürdigkeit in Frage stellen, haben wir gespeichert (vgl. die Anmerkungen in 5.1 zur 'impliziten Vertrauenstheorie') und für den ständigen Abgleich des Verhaltens unsere Kollegen und Partner mit diesen Signalen für und gegen Vertrauenswürdigkeit ist der Vertrauens-Autopilot zuständig (vgl. 4.3 Weckmechanismen). Dass der uns normalerweise in Ruhe arbeiten lässt und nur bei 'Gefahr' aufweckt, ist Teil der beeindruckenden Funktionsweise von Vertrauen: Dies ist der effizienteste Weg, die Vorteile einer vertrauensvollen Zusammenarbeit zu nutzen, ohne sich von nicht vertrauenswürdigen Zeitgenossen hereinlegen und ausnutzen zu lassen. Müsste man dazu ständig aktiv darüber nachdenken, ob man dem anderen noch vertrauen kann, wären alle Vorteile reduzierter Komplexität oder geringerer Transaktionskosten sofort dahin. Vertrauen hilft nichts, wenn man darüber nachdenken muss.

2.3.2 Manager reden nicht über Vertrauen

Nun könnte man aber einwerfen: Es hilft auch nichts, wenn man über Vertrauen nicht nachdenkt. Nicht nur bringt der heutige berufliche Managementalltag eine ganze Reihe widriger Verkehrsumstände mit sich, welche die Zuverlässigkeit unseres Vertrauens-Autopiloten einschränken können. Wir haben auch etwas aus der Diskussion um Titfor-tat und die richtige Vertrauensstrategie gelernt: Um die klaren Vorteile, die Vertrauen haben kann, am besten zu nutzen, brauchen wir eine Vertrauenskultur um uns herum – in unserem Team und in unseren Kollegen- und Geschäftsbeziehungen. Machen wir uns also die unbewussten Prozesse der Vertrauensentwicklung bewusst und kümmern uns aktiv um den Aufbau einer solchen förderlichen Vertrauenskultur. Zu dumm nur, dass wir dabei nicht über Vertrauen reden dürfen. Denn Vertrauen im Management ist ein Tabu-Thema: Manager reden nicht ohne weiteres offen über Vertrauen.

In früheren Forschungen konnten wir zeigen, dass Manager insbesondere das Thema des aktiven Vertrauensaufbaus vermeiden. Denn der einfache Sachverhalt, dass man in einer beruflichen Beziehung aufrichtig und ehrlich daran interessiert sein kann, wechselseitiges Vertrauen aufzubauen, ist im beruflichen Kontext kaum zu thematisieren, ohne auf Skepsis zu stoßen. Dies betrifft insbesondere die Perspektive, dass man selbst aktiv im Sinne vertrauensbildender Maßnahmen handeln kann. Manager geben nicht gerne zu, dass sie wissen oder darüber nachdenken, wie man signalisiert, dass man vertrauenswürdig ist. Am ehesten spontan auskunftsbereit sind hier Kundenbetreuer oder Vertriebsverantwortliche. Sie nehmen möglicherweise an, dass man von ihnen ohnehin aufgrund ihrer beruflichen Rolle annimmt, dass sie mit diesem Thema bewusst umgehen (Münscher 2011: 494).

Diese Sensibilität des Vertrauensthemas liegt daran, dass hinter vertrauensbildenden Maßnahmen nicht nur der ehrenwerte Wille stehen kann, gerechtfertigtes gegenseitiges Vertrauen aufzubauen. Es kann sich dahinter auch der Versuch verbergen, ungerechtfertigterweise Vertrauen zu erschleichen. Wenn man grundsätzlich unhinterfragt davon ausgeht, dass der andere gute Absichten hat (vgl. Tit-for-tat: Man startet mit einem Vertrauensvorschuss), dann bringt derjenige, der sich aktiv für Vertrauen interessiert, das Thema überhaupt erst auf die Tagesordnung – und kann so ungewollt in Manipulationsverdacht geraten. So erklärt etwa ein Manager eines internationalen Industriekonzerns zu der Frage, wie er wichtigen neuen Kollegen oder Geschäftspartnern zeige, dass diese ihm vertrauen können:

> Zitat 1: Ein Manager erklärt, warum man andern nicht aktiv zeigen darf, dass man vertrauenswürdig ist:
>
> *"Ich werde das dem anderen nicht zeigen. Denn nach einer solchen Logik zu handeln, heißt, dass ich ein strategisches Interesse habe, das zu tun. Also bin ich nicht mehr vertrauenswürdig, wenn ich das mache! ... Wenn ich mich so verhalte, wenn ich strategisch das, das und das tue, damit er mir vertraut, dann wird der andere das interpretieren: 'Soso, der macht also strategische Aktionen.'"*
>
> Münscher 2011: 494

Wer sich offen dafür interessiert, was man tun kann, um Vertrauen aufzubauen, der interessiert sich möglicherweise auch dafür, wie man Vertrauen manipulieren kann. Um von vornherein auszuschließen, in einen solchen Manipulationsverdacht zu geraten, wird das Thema Vertrauensaufbau häufig dezent ausgeklammert. Manager tendieren dazu, Vertrauen als eine Beziehungsqualität darzustellen, deren Entwicklung man gleichsam passiv beobachtet, aber die man nicht aktiv zu beeinflussen sucht. Ob ein Kollege oder Partner mir vertraut, ist allein seine Entscheidung. Ich tue selbstverständlich nichts, um ihn hierin zu beeinflussen – und kann damit auch nicht in Manipulationsverdacht geraten. Auch wenn aktiver Vertrauensaufbau vielfach professionell praktiziert wird (vgl. Münscher 2011: 177ff.), bleibt er als Gesprächsthema tabu. Denn allein wenn man darüber redet, begibt man sich in eine gefährliche Nähe zu Manipulation und Täuschung. Das bedeutet: Wenn man über Vertrauen redet, gefährdet man Vertrauen.[5]

2.4 Vertrauen heute: virtuell, schnell und interkulturell

Würde unser Vertrauens-Autopilot stets zuverlässig funktionieren, müssten wir eigentlich gar nicht über Vertrauen nachdenken. Doch

---

[5] Zur Problematik des Umgangs mit dem Tabuthema Vertrauen vgl. auch Münscher 2011: 494-496, 2008: 185f.

treffen den heutigen Manager bei der Entwicklung von Vertrauensbeziehungen erschwerende Bedingungen, welche die Zuverlässigkeit des Vertrauens-Autopiloten einschränken können: Der Vertrauensaufbau muss heute virtuell, schnell und interkulturell vonstatten gehen.

Durch E-Mail, Intranet, Shared Workspace, Videokonferenzen und Arbeit im Homeoffice sinken nicht nur Pendelzeiten und Reisekosten, sondern auch der Anteil der direkten Face-to-Face-Kommunikation mit Kollegen und Partnern. Die virtuelle Zusammenarbeit erschwert die gemeinsame Kaffeepause und die kurze Klärung zwischen Tür und Angel. Was bedeutet diese zunehmende 'Virtualisierung' beruflicher Zusammenarbeit für Vertrauensaufbau? Vertrauen heißt, darauf zu bauen, dass der andere bestimmte Dinge tun und andere nicht tun wird. Vertrauen ist gerechtfertigt, wenn man den anderen richtig einschätzt. Viele der Aspekte, die für eine erfolgreiche Einschätzung anderer hilfreich sind, stehen in der virtuellen Zusammenarbeit nicht zur Verfügung, und man kann daher vieles weniger leicht einschätzen: Wie ist der andere heute 'drauf'? Ist er gerade verärgert oder gestresst? Erklärt das vielleicht, warum er sich mir gegenüber unhöflich verhält? Was sagen mir seine Mimik, Gestik, Körperhaltung oder auch seine Stimmlage? Deuten diese darauf hin, dass er gerade vielleicht nicht ganz die Wahrheit sagt?

Je besser Videokonferenzsysteme werden, desto mehr Einschätzungsaspekte können sie transportieren. Doch die Masse der virtuellen Arbeitskontakte (E-Mail!) transportiert sehr wenig von diesen Einschätzungsfaktoren und macht Einschätzungsfehler sehr viel wahrscheinlicher (vgl. Jarvenpaa & Leidner 1999, Rusmann et al. 2010, Tyler 2003).

Die Erfahrung lehrt es, und die Praxis der 'Kick-off-Workshops' bestätigt es: Virtuelle Zusammenarbeit klappt besser, wenn sich die Beteiligten zunächst einmal persönlich treffen können, abends mal noch einen zusammen trinken können – und das Ganze möglichst sogar mehrfach. Vertrauen wächst mit der Zeit. Das persönliche Kennenlernen und das zurückliegende gemeinsam Erlebte und Geleistete in einer Arbeitsbeziehung erleichtern die Entwicklung von Vertrauen. Allerdings ist genau dies in heutigen Projektteams immer weniger möglich – nicht nur aufgrund der Reisekosten, sondern auch aufgrund des Zeitdrucks. Die moderne Projektwelt würfelt Experten in Projektteams zusammen, welche unmittelbar beginnen sollen, vertrauensvoll zusammenzuarbeiten – nur um sich 'ein Projekt später' wieder in unterschiedliche neue Projektkontexte zu zerstreuen. Besonders Spezialisten-Teams, die für eine eng umrissene Aufgabe eingeflogen werden, brauchen das, was Meyerson und Kollegen „Swift Trust in temporary groups" nennen: Schnelles Vertrauen in zeitlich

'Schnelles Vertrauen' in zeitlich befristeten Teams

befristeten Teams. Ein Beispiel sind professionelle Filmaufnahmen. Hier finden sich Darsteller und Techniker für eine begrenzte (da teure) Drehzeit irgendwo auf der Welt zusammen und sollen möglichst ganz schnell eine enge vertrauensvolle Zusammenarbeit beginnen. Denn diese ist die Voraussetzung für einen erfolgreichen Dreh (vgl. Grabher 2002, Meyerson et al. 1996). Ein solches 'schnelles Vertrauen' in Projektteams aufbauen zu müssen, stellt Manager heute vor neue Herausforderungen.

Bei Kulturunterschieden streikt der Vertrauens-Autopilot

Dass die Mitglieder der Film-Crew unterschiedlichste kulturelle Hintergründe mit an den Drehort bringen, braucht nicht extra betont zu werden. Ins Spiel kommen dann unterschiedliche Gewohnheiten und Erwartungen bezüglich Arbeitsabläufen, Kommunikation oder Beziehungsmanagement. Das kann für die Beteiligten trotz allen Spezialistentums und klarer Rollenzuweisungen ein so unbekanntes Gelände darstellen, dass ihr Vertrauens-Autopilot streikt und sie 'mit Handsteuerung' fahren müssen. Die Einschätzung der anderen in arbeitsintensiven befristeten Teams, insbesondere wenn sie weitgehend virtuell zusammenarbeiten und unterschiedliche kulturelle Prägungen vereinen, stellt hohe Herausforderungen an das Vertrauensmanagement der Führungskräfte wie der Teammitglieder. In solchen Kontexten ist es besonders hilfreich, wenn man weiß, wie sich Vertrauen entwickelt und wie man bei der wechselseitigen Einschätzung der Vertrauenswürdigkeit 'in die Falle tappen' kann. Darum geht es bei den 'Vertrauensfallen', die wir im zweiten Teil dieses Buchs vorstellen. Betrachten wir aber zunächst einmal etwas genauer die Frage, wie man eigentlich entscheidet, ob man einem Kollegen oder Partner vertrauen kann.

3 Die Vertrauensentscheidung

3.1 Das grundlegende Dilemma des Vertrauens

Die Entscheidung, ob ich Kollegen oder Partnern vertrauen soll, bringt ein ganz grundlegendes Dilemma mit sich. Vertrauen bedeutet immer einen Verzicht auf Kontrolle. So ermöglicht es Handlungsweisen, die ohne einen solchen Kontrollverzicht gar nicht denkbar wären. Vertrauen wird daher häufig als das 'Schmiermittel' sozialer Beziehungen bezeichnet. Mit Vertrauen läuft es einfach besser. Mit *gerechtfertigtem* Vertrauen, muss man allerdings einschränkend hinzufügen. Denn jedes konkrete vertrauensvolle Handeln beinhaltet ein Risiko: Der andere kann immer auch zu meinem Nachteil handeln. Er kann mein Vertrauen enttäuschen – was ich gerne ausschließen würde. Konsequent ausschließen könnte ich dieses Risiko allerdings nur dadurch, dass ich grundsätzlich niemandem vertraue. Dann jedoch müsste ich logischerweise auch stets auf alle Vorteile des 'Schmiermittels' verzichten. Vertrauensvorteile gibt es nicht ohne Risiko, das ist das grundlegende Dilemma des Vertrauens.

Der Ausweg aus diesem Dilemma führt über die erfolgreiche Einschätzung der Vertrauenswürdigkeit anderer. Um effizient handlungsfähig zu bleiben, muss man erfolgreich einschätzen können, ob und inwiefern man einem konkreten Kollegen oder Partner vertrauen kann. Die Natur des Vertrauens zwingt uns also dazu, die Vertrauenswürdigkeit anderer einzuschätzen – was nicht immer ganz leicht ist, vgl. Praxisbeispiel 5.

Praxisbeispiel 5: Betrüger erleichtert LBBW um Millionen

Die Einschätzung der Vertrauenswürdigkeit ist nicht immer ganz einfach. Am 27.08.2007 berichtete die Wirtschaftsnachrichtenagentur dpa-AFX von einem Fall, bei dem Manager der Landesbank Baden-Württemberg einem 34-Jahre alten Österreicher zu Unrecht vertraut hatten. Er war als Geschäftsmann aus der Schweiz aufgetreten und hatte der Bank millionenschwere Forderungen gegen deutsche Großunternehmen verkauft, die sich als „Totalfälschungen" erwiesen. Die angeblichen Rechnungen erwiesen sich als vollständig gefälscht, einschließlich der Unterschriften der vermeintlichen Schuldner. In allen Fällen hatte er die frei erfundenen Forderungen sogar gegen einen Ausfall versichert. Bei der Bank entstand ein Schaden von 3,4 Millionen Euro.

> Nach dem Coup in Stuttgart versuchte es der Österreicher erneut bei der LBBW und bei einer Düsseldorfer Filiale der KBC-Bank. Dort wollte er 12,3 Mio. Euro mit gefälschten Forderungen etwa gegen den Stromkonzern RWE erbeuten. Doch ein KBC-Banker fragte bei RWE nach und stellte fest, dass die Forderungen nicht existierten. Daraufhin wurde der Österreicher in Düsseldorf festgenommen.
>
> *Wirtschaftsnachrichtenagentur dpa-AFX, 27.08.2007*

3.2 Vertrauenswürdigkeit kann man nicht sehen

Neben dem grundsätzlichen Risiko, das mit Vertrauen einher geht, gibt es einen ganz banalen Grund dafür, dass die Einschätzung der Vertrauenswürdigkeit anderer schwirig ist: Man kann Vertrauenswürdigkeit nicht sehen. Die Aspekte, welche begründen, warum man jemandem vertrauen kann – dass er etwa ehrlich ist, dass er einen respektvoll behandelt oder dass er seine Zusagen einhält – sind in der Regel nicht direkt sichtbar.

Natürlich könnte jemand über einen anderen sagen: „Bei dem habe ich gleich gesehen, dass er ein ehrlicher Mensch war." Doch auch wenn er selbst diesen Eindruck hat: Gesehen hat er vermtlich nur den direkten offen-ehrlichen Blick des anderen. Denn was tatsächlich passiert, ist Folgendes: Man nimmt unterschiedliche Aspekte im Aussehen und Verhalten des anderen wahr und *interpretiert* diese als Zeichen für Ehrlichkeit.

Der betrügerische Geschäftsmann wirkte ehrlich

Der betrügerische Geschäftsmann im Praxisbeispiel 5 im letzten Abschnitt konnte offenbar glaubhaft vermitteln, dass er verbürgte Forderungen in Millionenhöhe zu verkaufen hätte. Er hatte sogar die Versicherungsdokumente für die gefälschten Forderungen zur Hand, die er sich in einem ersten Schritt erschlichen hatte. Vermutlich hatten seine Verhandlungspartner den Eindruck, es mit einem 'ehrlichen' Geschäftsmann zu tun zu haben.

Doch tatsächlich ist ein solcher Eindruck der Ehrlichkeit *über Zeichen vermittelt*. Der eigentliche Vertrauensfaktor – Ehrlichkeit – ist nicht direkt sichtbar (Bacharach & Gambetta 1997: 157). Dass man dennoch den Eindruck hat, man würde direkt wahrnehmen, dass der andere ehrlich ist oder nicht, liegt an unserem 'Vertrauens-Autopiloten': Wir sind uns der Interpretationsprozesse im Rahmen einer Vertrauenseinschätzung in der Regel nicht bewusst. Meist machen wir uns noch nicht einmal bewusst, dass wir vertrauen. Wir handeln einfach vertrauensvoll, und das auch in der Regel erfolgreich.

Was passiert also bei einer Vertrauenseinschätzung? Betrachten wir den Eindruck der Ehrlichkeit noch einmal genauer. Ehrlichkeit ist ein Vertrauensfaktor. Denn wer nicht ehrlich ist, bei dem fällt es mir schwer, davon auszugehen, dass er im Zweifelsfall auf meine eigenen Befindlichkeiten Rücksicht nimmt und sich nicht lieber um sich selbst kümmert. Wer nicht ehrlich ist, dem kann ich nicht so leicht vertrauen.

Wie lässt sich nun feststellen, ob der andere ehrlich ist? Vielen Leuten fällt es beispielsweise nicht leicht, so zu schauen wie jemand, der die Wahrheit sagt, wenn sie lügen. Die Veränderung im Blick fällt einem dann auf und damit man hat einen Hinweis darauf, dass der andere nicht die Wahrheit sagt. Wer lügt, vermeidet es daher auch gerne, dem anderen offen in die Augen zu sehen. Dies wiederum verleitet aber zu einem Umkehrschluss: Wenn einem der andere ganz offen in die Augen sieht, ohne dass man den Eindruck gewinnt, dass er lügt, dann ist der andere wohl ehrlich. Man interpretiert in diesem Fall den offenen direkten Blick *als ein Zeichen für* Ehrlichkeit.

Wichtig ist: Man hat nicht direkt gesehen, dass der andere ehrlich ist. Stattdessen hat man ein Zeichen für Ehrlichkeit wahrgenommen – den offenen Blick – und man hat auf Basis dieses Zeichens auf Ehrlichkeit geschlossen. Ein solcher Schluss wird oft richtig sein, er kann aber auch falsch sein. Erfolgreiche Betrüger sind Profis darin, einen offen und ehrlich anzusehen, wenn sie tatsächlich gar nicht offen und ehrlich sind. Man kann 'Vertrauenszeichen' fälschen und auch falsch interpretieren. Dies muss man sich bewusst machen, wenn man verstehen will, wie 'Vertrauensfallen' entstehen.

3.3 Vertrauensfaktoren als Entscheidungsbasis

Mit unseren vorangehenden Überlegungen zur Ehrlichkeit haben wir zwei wichtige Zutaten für eine gute Vertrauensentscheidung identifiziert: Erstens muss man wissen, welches überhaupt 'vertrauenswürdig machende Eigenschaften' sind. Ehrlichkeit spielt offenbar eine Rolle – doch was noch? Welches ist das Spektrum der für den Managementberuf und die Zusammenarbeit mit Kollegen und Geschäftspartnern relevanten Vertrauensfaktoren? Neben *Nichts vortäuschen* sind beispielsweise auch *Respekt und Interesse zeigen* und *Zusagen einhalten* wichtige Vertrauensfaktoren.

Zweitens muss ich aber auch wissen, wie ich einen solchen Vertrauensfaktor identifizieren kann: Woran erkenne ich, dass jemand nichts vortäuscht? Woran genau kann ich eigentlich erkennen, dass mich jemand respektvoll behandelt? Welche Zeichen im Verhalten eines Kollegen und Geschäftspartnern helfen mir bei der Einschätzung, ob ich ihm bestimmte 'vertrauenswürdig machenden' Eigenschaften unterstellen kann?

Hilfsmittel zur Einschätzung der Vertrauenswürdigkeit

Vertrauensfaktoren sind unsere 'Hilfsmittel' zur Einschätzung der Vertrauenswürdigkeit anderer: Sie helfen uns dabei, vertrauensrelevante Informationen über einen Kollegen oder Partner zu sammeln.

Wenn man einem anderen gegenüber vertrauensvoll handelt und sich damit in gewisser Hinsicht von ihm abhängig macht, dann geht man damit immer ein Risiko ein: Man kann nie sicher sein, wie der andere sich tatsächlich verhalten wird. Die Einschätzung, ob man ihm vertrauen kann, ist daher immer auch eine Einschätzung dieses Risikos. Wenn man ein solches Risiko einschätzt, dann liegt es nahe, möglichst viele einschlägige Informationen heranzuziehen. Doch welche Informationen sind einschlägig, wenn man als Manager das Risiko einschätzen möchte, einem Kollegen oder Geschäftspartner zu vertrauen?

Auf diese Frage antwortet das in diesem Buch vorgestellte System der Vertrauensfaktoren im Management. Die Präsentation des ganzen Spektrums der in der beruflichen Zusammenarbeit relevanten Vertrauensfaktoren ist ein wichtiger Teil unseres Buchs – und eine Voraussetzung dafür, die Vertrauensfallen im internationalen Management entschlüsseln zu können.

Info 3: „Diagnose: Vertrauenswürdig!"

Wenn man von Vertrauensfaktoren wie *Zusagen einhalten* oder *Respekt und Interesse zeigen* redet, dann übersieht man leicht, dass man solche Vertrauensfaktoren nicht direkt wahrnehmen kann. Stattdessen muss man für die Einschätzung der Vertrauenswürdigkeit eines Kollegen oder Partners bestimmte Aspekte seines Verhaltens *als Vertrauensfaktor interpretieren*.

Es geht hier um einen für die interkulturelle Vertrauensentwicklung sehr wichtigen Punkt: den Umstand, dass Vertrauensfaktoren keine objektiv feststellbaren Indikatoren sind. Man kann einen Vertrauensfaktor nicht am Verhalten einer Person direkt ablesen. Vielmehr geht es darum, wie in der Medizin anhand wahrnehmbarer Symptome auf etwas zu schließen, das eben nicht direkt wahrnehmbar ist: Ärzte schließen vom Symptom oder Krankheitsbild auf die Krankheit.

Wir nennen den Prozess des individuellen Schließens von beobachtetem Verhalten auf Vertrauensfaktoren 'Vertrauensfaktor-Diagnose'. Und genau wie man in der Medizin für die Diagnose oft Kombinationen von Symptomen heranziehen muss, so achtet man im Management oft auf unterschiedliche konkret wahrnehmbare Aspekte im Verhalten der Kollegen und Partner, um einen bestimmten Vertrauensfaktor zu 'diagnostizieren'.

Die Vertrauensfaktoren bilden die Brücke zwischen den verfügbaren Informationen über einen Kollegen oder Partner und der Einschätzung seiner Vertrauenswürdigkeit. Es handelt sich um abstrakte Vertrauensbedingungen oder 'vertrauenswürdig machende Eigenschaften', auf welche man ausgehend von beobachtetem Verhalten oder anderen

Informationen schließt. Es sind diejenigen Aspekte, auf welche man verweisen würde, wenn man begründen müsste, warum man jemandem vertraut.

Größtenteils schließt man auf Vertrauensfaktoren anhand bestimmter Verhaltensweisen, welche man in der Zusammenarbeit mit einem Kollegen oder Partner bei diesem beobachten kann. Hilfreich sind aber natürlich auch Informationen, die einem andere Kollegen berichten. So erfährt man beispielsweise, wie sich der Betreffende ihnen gegenüber verhalten hat. Oder man erfährt Dinge, die Rückschlüsse auf das Verhalten des Kollegen in weiteren Situationen erlauben. Schließlich gewinnt man auch dann wertvolle Informationen, wenn es sich ergibt, dass man selbst den Betreffenden dabei beobachtet, wie er sich anderen Kollegen gegenüber verhält.

Vertrauensfaktoren sind grundsätzlich neutral konzipiert. Ein Vertrauensfaktor kann den anderen als vertrauenswürdig oder als nicht vertrauenswürdig ausweisen. Und man kann sich im eigenen Handeln an Vertrauensfaktoren orientieren, um die eigene Vertrauenswürdigkeit zu demonstrieren. Es ist hilfreich, diese unterschiedlichen Perspektiven auseinanderzuhalten, wenn man Vertrauensfallen analysiert.

Ein offensichtlicher Vertrauensfaktor ist beispielsweise *Zusagen einhalten*. Wenn mir ein Geschäftspartner etwas zusagt und diese Zusage einhält, dann interpretiere ich dies als Hinweis darauf, dass er vertrauenswürdig ist. Hält er sie nicht ein, erscheint er mir eher nicht vertrauenswürdig. Im ersten Fall liefert der Vertrauensfaktor einen Grund, dem anderen zu vertrauen – man könnte sagen, einen 'Vertrauensgrund'. Im anderen Fall hält mich der Vertrauensfaktor davon ab, dem anderen zu vertrauen. Er fungiert gleichsam als Warnung. In diesem Fall sprechen wir von einer 'Vertrauenswarnung'.

Vertrauensfaktoren werden aber nicht nur zur Einschätzung von anderen herangezogen, sondern sie bieten auch Orientierungspunkte für das eigene Handeln. Angenommen in einer neuen Geschäftsbeziehung steht viel für mich auf dem Spiel und ich habe großes Interesse an einer effizienten und erfolgreichen Zusammenarbeit. Dann wäre es ungünstig, wenn mir mein neuer Geschäftspartner zunächst einmal längere Zeit mit größerem Misstrauen begegnet. Ich muss mich also bemühen, schnell klar zu stellen, dass er mir vertrauen kann. Das hat nichts mit Manipulation zu tun. Wenn mir eine berufliche Beziehung wirklich wichtig ist, dann bin ich gut beraten, aktiv einen Beitrag dazu zu leisten, dass sich Vertrauen entwickelt. In Bezug auf den Vertrauensfaktor *Zusagen einhalten* hieße dies, dass ich mich bemühe, meine Zusagen klar und strikt einzuhalten. Für diese Perspektive auf Vertrauensfaktoren verwenden wir den Begriff 'Vertrauensmaßnahme'.

Vertrauensmaßnahmen: wie zeige ich, dass man mir vertrauen kann?

3.4 Die Top-10 Vertrauensfaktoren im Management

Was sind die wichtigsten Vertrauensfaktoren im Management? Die im Folgenden dargestellten Top-10 Vertrauensfaktoren im Management sind das Ergebnis unserer Untersuchungen zur Entwicklung von Vertrauen in der Zusammenarbeit deutscher Manager mit Kollegen und Geschäftspartnern aus unterschiedlichen Kulturen im TRIM-Projekt (Trust Relations in Intercultural Management, vgl. Anhang 2).

Tab. 3: Die Top-10 Vertrauensfaktoren

1. Respekt und Interesse zeigen	2. Nichts vortäuschen
Begegnet mir der andere respektvoll? Nimmt er mich ernst? Erkennt er meine Leistungen an? Ist er höflich? Zeigt er Verständnis für mich und meine Situation?	Sagt der andere die Wahrheit? Verfolgt er keine 'hidden agenda' und hat nicht irgendwelche Hintergedanken? Täuscht er mich nicht in Bezug auf die Qualität eines Produkts oder einer Leistung?
3. Zusagen einhalten	**4. Sympathisch erscheinen**
Hält der andere seine Zusagen oder Absprachen ein? Hält er Wort, wenn er etwas versprochen hat?	Ist mir der andere sympathisch, entwickelt sich Sympathie? Sind wir auf gleicher Wellenlänge? Stimmt die Chemie?
5. An Wissen teilhaben lassen	**6. Ziele / Einschätzungen offen legen**
Lässt mich der andere an Wissen bzw. Know-how teilhaben? Gibt er mir Informationen, die für mich (wie auch für ihn oder für andere) wertvoll sind?	Legt der andere mir gegenüber – in einer Art freiwilligen Kommunikation über sich selbst – seine Ziele, Hintergründe, Beweggründe, Erwartungen etc. offen?
7. Kontakt pflegen / viel kommunizieren	**8. Ähnlich denken / vorgehen**
Bemüht sich der andere aktiv um Kontaktaufbau bzw. Kontaktpflege? Bemüht er sich um persönlichen Kontakt und kommuniziert häufig und regelmäßig mit mir?	Ist mir der andere ähnlich im Denken bzw. Vorgehen? Läuft die Zusammenarbeit reibungslos? Können wir in schwierigen Situationen Kompromisse finden?
9. Fehler / Schwächen eingestehen	**10. Helfen / unterstützen**
Gesteht der andere Fehler oder Schwächen ein, anstatt sie zu vertuschen? Gibt er es zu, wenn er auf Schwierigkeiten stößt bzw. etwas nicht so gut hinbekommt wie geplant?	Hilft mir der andere aktiv beim Erreichen von Zielen oder beim Bewältigen von Problemen? Unterstützt er mich? Hilft er mir im Notfall? Hilft er mir mit Tipps und guten Ratschlägen?

Die Vertrauensfaktoren basieren auf der qualitativen Intensivauswertung authentischer Falldarstellungen deutscher Manager der oberen und mittleren Führungsebenen internationaler Konzerne zu ihren Erfahrungen mit der Vertrauensentwicklung in interkulturellen Managementkontexten. In diesen Interviews beschreiben unsere Interviewpartner, wie sie zu bestimmten Kollegen und Geschäftspartnern Vertrauen aufgebaut oder auch Vertrauen verloren haben. Insgesamt haben wir für das vorliegende Buch knapp 1000 authentische Fallbeispiele aus der interkulturellen Zusammenarbeit deutscher Manager mit Kollegen und Geschäftspartnern aus China, Indien, Japan, Brasilien, Argentinien, Mexiko, Russland und Frankreich im Hinblick auf interkulturelle Schwierigkeiten der Vertrauensentwicklung ausgewertet.

1000 authentische Fallbeispiele aus der interkulturellen Zusammenarbeit

In Tabelle 3 stellen wir die zehn am häufigsten beschriebenen Vertrauensfaktoren vor. Weitere Informationen zum Gesamtspektrum der Vertrauensfaktoren finden sich in Abschnitt 3.5.

3.4.1 Respekt und Interesse zeigen

Es ist ein sehr deutliches Ergebnis unserer Forschung: Damit sich Vertrauen entwickeln kann, muss man Kollegen und Geschäftspartnern mit aufrichtigem Respekt gegenüber treten. „Fehlender Respekt ist ein Vertrauenskiller. Auf jeder Ebene. In der Hierarchie nach unten und in der Hierarchie nach oben", wie es der Geschäftsführer eines internationalen Nahrungsmittelkonzerns im Interview ausdrückte (Münscher 2011: 236).

Respekt kommt vom lateinischen 'respectus', das bedeutet 'Rücksicht'. Diese für Vertrauen zentrale Rücksichtnahme auf den anderen drückt sich in unterschiedlichen Verhaltensweisen aus. Die Auswertung unserer Interviews zeigt, dass Manager für Vertrauen fünf Aspekte respektvollen Verhaltens wichtig sind:

1. *Akzeptanz*: den anderen ernst nehmen
2. *Wertschätzung*: den anderen für seine Arbeit anerkennen
3. *Höflichkeit*: gegenüber dem anderen die Umgangsformen einhalten
4. *Interesse*: sich für den anderen als Person interessieren
5. *Verständnis*: sich in den anderen und seine Probleme/Situation hineindenken

Es leuchtet ein, dass es schwierig ist, zu einem Vorgesetzen oder Kollegen Vertrauen aufzubauen, wenn es dieser im Umgang mit einem selbst an genau diesen fünf Aspekten mangeln lässt. Vergegenwärtigt man sich die Liste, möchte man gleich zustimmen, dass man sicherlich mit anderen so umgehen sollte. Doch wie sieht unser Alltag aus? Inwieweit verhält man sich tatsächlich stets so – in der Hierarchie nach unten und nach oben und im Kontakt nach außen? Gemäß unseren

Fehlender Respekt ist ein Vertrauenskiller

Forschungen muss man jeden kleinen Verstoß gegen diese fünf Prinzipien als potenzielle kleine 'Vertrauenswarnung' sehen – als ein kleines Signal an den anderen, dass er uns gegenüber vielleicht doch vorsichtig sein sollte, dass er uns vielleicht doch nicht voll Vertrauen schenken kann.

3.4.2 Nichts vortäuschen

Eine zentrale Frage für Vertrauenswürdigkeit ist, ob der andere aktiv etwas vortäuscht oder nicht. Positiv formuliert geht es darum, dass der andere die Wahrheit sagt. Doch der Vertrauensfaktor wird von unseren Interviewpartnern meist als Vertrauenswarnung beschrieben. Der zentrale Punkt wird daher am besten in der Benennung *Nichts vortäuschen* erkennbar.

Eine wichtige Bedeutung von Ehrlichkeit: nichts Falsches für wahr ausgeben

Es geht hier um eine wichtige Bedeutung von Ehrlichkeit: Der andere ist ehrlich, indem er *nicht etwas vortäuscht, was nicht der Fall ist*. Er sagt die Wahrheit, er lügt nicht. Er gibt nicht etwas Falsches für etwas Wahres aus. Das heißt auch: Er behauptet keine 'Halbwahrheiten' und verschweigt oder verheimlicht nichts. Er gibt mir „die komplette Information" (Interviewpartner, vgl. Münscher 2011: 249). Zwei Aspekte sind hier für Vertrauen in der beruflichen Zusammenarbeit besonders wichtig:

- *Hidden agenda*: Erstens ist wichtig, dass mein Gegenüber keine Hintergedanken bzw. verdeckte Pläne verfolgt, keine 'hidden agenda'. Er täuscht mir gegenüber nicht vor, andere Ziele zu verfolgen als die, welche er tatsächlich verfolgt. Er spielt kein falsches Spiel.
- *Produktqualität*: Zweitens zählt, dass der andere nicht vortäuscht, bei seinem Produkt bzw. seiner Leistung sei alles wunderbar, wenn es tatsächlich Risiken, Schwächen oder Probleme gibt. Vertrauenswürdig ist ein Partner, der die Schwächen seines Vorschlags oder Angebots offenlegt, der Bedenken offenbart und offen über Risiken redet, anstatt diese zu vertuschen.

Wenn man sich die Sache genauer überlegt, fällt hier jedoch eine Schwierigkeit auf: Man will gerade dann nicht getäuscht werden, wenn einem keine anderen Wege offen stehen, die Wahrheit herauszubekommen. Um jedoch eine Täuschung zu bemerken, muss genau dies der Fall sein: Man muss auf einem anderen Weg die Wahrheit herausbekommen.

Da man also Täuschungen in der Regel nicht direkt erkennen kann, achten Manager auf Verhaltenskonsistenz: Sie vergleichen das Handeln des anderen *ihnen gegenüber* damit, wie er sich *Dritten gegenüber* verhält. Wenn ich beobachte, dass der andere Dritten gegenüber anders redet und handelt, als er mir gegenüber redet und handelt, ist er nicht vertrauenswürdig. Es ist ein Hinweis darauf, dass er ein 'falsches Spiel' spielt, dass er eine 'hidden agenda' verfolgt. Jemand, der 'mit zwei Zungen redet', ist nicht vertrauenswürdig.

Man hat jedoch nicht immer die Gelegenheit zu beobachten, wie sich der andere Dritten gegenüber verhält. Die von uns interviewten Manager achten daher noch auf eine zweite Art von Verhaltenskonsistenz: Ist die Art und Weise, wie *der andere* mir gegenüber bestimmte Sachverhalte darstellt, die gleiche, wie *Dritte* mir gegenüber die gleichen Sachverhalte darstellen? Stimmt *sein Handeln mir gegenüber* damit überein, *wie Dritte mir gegenüber* handeln?

> Zitat 2: Ein deutscher Manager, Chef des Bereichs Forschung & Entwicklung in einem Industriekonzern, erläutert den Vertrauensfaktor *Nichts vortäuschen*:
>
> „*Wenn man zu Strategien, Geschäftsvorfällen, Planungen etc. sehr unterschiedliche Meinungen hört, dann denkt man: Na, der erzählt mir nicht die ganze Geschichte. ... Aber wenn von verschiedenen Leuten zu einem Themengebiet die gleiche Message kommuniziert wird – dann entsteht ein konsistentes Bild, und dann entsteht Vertrauen. ... Denn das, was gesagt wird, wird von mehreren Stellen gleichzeitig kommuniziert – in der gleichen Überzeugung, in der gleichen Richtung, in der gleichen Wertigkeit. Und diese Konsistenz führt zu Vertrauen. Wenn ein Bild mehrfach kommuniziert das Gleiche ist. Also wenn ich keinen Ansatzpunkt habe, Verdacht zu schöpfen, dass Unehrlichkeit, Unvollständigkeit, Strategie, Taktik im Spiel ist.*"
>
> Münscher 2011: 251

3.4.3 Zusagen einhalten

Der dritte zentrale Faktor für Vertrauen ist, dass man seine Zusagen einhält und sich an Absprachen hält. 'Zusage' bedeutet, dass der andere sich mir gegenüber verpflichtet hat, etwas zu tun. Wenn man Wort hält, wenn man tut, was man versprochen hat, dann ist dies ein klarer Vertrauensgrund.

Von 'Absprache' oder 'Vereinbarung' spricht man, wenn man gemeinsam etwas beschlossen hat. Dann hat man sich *gegenseitig* etwas zugesagt. Wie bei Zusagen schafft dies die Erwartung, dass der andere sich an seinen Teil der Absprache hält. Dies nicht zu tun, ist eine klare Vertrauenswarnung.

In einem ähnlichen Sinne ist es Vertrauensgrund, wenn der andere eine Absprache oder einen gefundenen Konsens nicht erneut in Frage stellt. Dass er also eine Position, auf die man sich geeinigt hat, konsistent weiter vertritt und auch entsprechend handelt – anstatt mit Dritten etwas anderes zu vereinbaren.

Eine wichtige Art von Zusagen im Management sind Terminzusagen. Der Vertrauensgrund ist hier, dass der andere etwas *rechtzeitig* tut – spätestens zum vereinbarten Termin. Weil das nicht immer klappen kann, ist es auch ein Vertrauensgrund, wenn man nur zusagt, was man einhalten kann. Die von uns interviewten Manager beschreiben es als Vertrauensgrund, dass der andere sich bemüht, nichts zu versprechen, was er später nicht einhalten kann. Etwa indem er Forderungen oder Bitten mit dem Hinweis ablehnt, er könne sie nicht rechtzeitig erfüllen.

Bei Nicht-Einhalten von Zusagen informieren

Auch wenn man sich sehr bemüht, nichts zu versprechen, was man nicht einhalten kann, kommt man unweigerlich in Situationen, in welchen man gegebene Zusagen oder Absprachen nicht – oder nicht rechtzeitig – einhalten kann. Dies heißt jedoch nicht, dass man automatisch Vertrauen verliert. Es kommt vielmehr darauf an, wie man sich in dieser Situation verhält. Es spricht aus Sicht der von uns interviewten Manager dafür, einem Geschäftspartner oder Kollegen zu vertrauen, wenn dieser sie in einem solchen Fall *rechtzeitig* und *von sich aus* darüber informiert, dass er die Zusage nicht einhalten kann. Darüber hinaus ist es vertrauensförderlich, wenn der andere von sich aus plausible Erklärungen oder Gründe dafür angibt, warum er seine Zusage nicht einhalten kann, und wenn er sich dafür entschuldigt.

Selbst wenn man bei einer nicht eingehaltenen Zusage nicht proaktiv von sich aus Bescheid geben konnte, hat man Möglichkeiten, den negativen Effekt auf Vertrauen abzuschwächen. Man kann dann, wenn man darauf angesprochen wird, besonders bereitwillig reagieren und die Sache erklären – und sich gegebenenfalls dafür entschuldigen, dass man noch nicht von sich aus auf die Sache zu sprechen kam. Eine Bankmanagerin im TRIM-Projekt beschrieb dieses Verhalten bei einem Kollegen als Vertrauensgrund: „Wenn ich ihn darauf angesprochen habe, dann kam: 'Oh, sorry!' Und dann kam auch wirklich die Erklärung dazu" (Münscher 2011: 187).

3.4.4 Sympathisch erscheinen

Einem Kollegen oder Geschäftspartner zu vertrauen, heißt anzunehmen, dass er in meinem Sinne handelt und nicht – obwohl er das könnte – zu meinem Nachteil. Wann kann ich das annehmen? Wenn mir der andere sympathisch ist, wenn zwischen uns 'die Chemie stimmt', wenn wir 'auf einer Wellenlänge' sind – dann habe ich *das Gefühl*, dass der andere in meinem Sinne handeln wird.

Sympathie lässt sich nicht nach Belieben herstellen. Doch der Eindruck 'Es gibt sie oder eben nicht' täuscht. Erfahrene Manager betonen, man solle sich für die Einschätzung, ob man vertrauen kann, nicht auf den ersten Eindruck verlassen. In manchen Fällen entdeckt man erst nach und nach, dass man entgegen dem ersten Eindruck

Sympathie entwickeln kann. Man könnte auch sagen: Der Eindruck, dass der 'erste Eindruck' zuverlässig sei, ist selbst nicht zuverlässig. Der Grund dafür liegt darin, dass es eine systematische Verzerrung unserer Erinnerungen an 'erste Eindrücke' gibt. In einer Beziehung, die sich wider erwarten gut entwickelt hat, tendiert man zu der Annahme, dass man die gemeinsamen Aspekte schon zu Beginn der Beziehung wahrgenommen hat.

Sympathie ist ein Phänomen, das in der Praxis einfach erscheint, aber in der Theorie kompliziert ist: Woran genau liegt es, dass einem jemand sympathisch erscheint? In unserer Forschung zu Vertrauensfaktoren kristallisierte sich heraus, dass es hier um eine 'gefühlte' bzw. 'gefühlsmäßige' Übereinstimmung mit dem anderen geht. Man hat den Eindruck, dass man irgendwie vom Typ her zueinander passt. Mit dem anderen 'stimmt die Chemie' bzw. man ist 'auf der gleichen Wellenlänge'. Die Zusammenarbeit macht Spaß, man 'versteht sich gut' miteinander. Dahinter steht die unspezifische Einschätzung, dass man auf einem relativ grundlegenden Niveau zueinander passt (passende Chemie, sich verstehen) bzw. sich ähnlich ist (einen Draht zueinander haben, auf der gleichen Wellenlänge sein).

Sympathie ist eine gefühlte Übereinstimmung

3.4.5 An Wissen teilhaben lassen

Könnten Sie jemandem vertrauen, der Ihnen wenig oder keine Informationen gibt bzw. stets mit Informationen hinterm Berg hält – und nicht bereit ist, Sie an seinem Wissen und Know-how teilhaben zu lassen? Was, wenn Sie merken, dass jemand Informationen zurückhält, wenn sich herausstellt, dass sie unvollständige Informationen bekommen haben? Sie würden sich fragen, warum der andere das tut.

Stellen Sie sich umgekehrt vor, jemand gibt Ihnen wichtige und wertvolle Informationen, gewährt Einblicke, weiht Sie in Vertrauliches ein, erzählt Ihnen mehr, als er eigentlich müsste – das beschreiben Manager als einen Vertrauensgrund. Nicht zuletzt deshalb, weil sich der andere damit vielfach auch angreifbar macht – ein Vertrauensbeweis, der es wiederum Ihnen leichter macht, Vertrauen zu entwickeln.

3.4.6 Ziele und Einschätzungen offen legen

Seine Ziele oder Einschätzungen offen zu legen, ist zweifellos ein Aspekt von Offenheit. Dass Aspekte von Offenheit zu den Vertrauensfaktoren zählen, ist keine Überraschung. Auch in der Vertrauensforschung gehört 'Offenheit' zu den stets genannten Vertrauensbedingungen. Viel zu oft bleibt dabei allerdings unklar, was genau mit 'Offenheit' oder 'Transparenz' gemeint ist. Es bleibt im Unklaren, dass es im beruflichen und privaten Alltag eine Vielzahl voneinander unabhängiger Aspekte von Offenheit gibt – und entsprechend viele unterschiedliche Wege, selbst gegenüber einem Partner 'offen' zu sein (vgl. Tab. 8 Präzise Analyse der Relevanz von Offenheit für Vertrauen auf S. 61).

Die Karten auf den Tisch legen: offen spielen

Ein für Vertrauen wichtiger Aspekt ist dabei zweifellos, dass man gegenüber einem Partner freiwillig über seine Ziele und Pläne berichtet. Dass man seine Hintergründe, Entscheidungsgrundlagen, Bewertungsmaßstäbe oder Verhandlungsspielräume offen legt. Und dass man die eigenen Erwartungen und Einschätzungen bzw. die eigene Meinung kund tut. Anders ausgedrückt: Man legt die Karten auf den Tisch und spielt ein offenes Spiel.[6]

Ein Teilaspekt dieses Vertrauensfaktors ist, dass man seine Karten *direkt* auf den Tisch legen kann – also ohne größere Umwege direkt sein Ziel klar macht: dass man geradeaus und ganz offen und direkt sagt, was man will.

Seine eigenen Absichten, Beweggründe, Erwartungen oder Meinungen gegenüber anderen frei heraus offen zu legen, ist in beruflich-geschäftlichen Zusammenhängen nicht unbedingt üblich. Aus verschiedenen Gründen ist es oft auch einfach nicht möglich. Vielleicht gerade deshalb wird es als Vertrauensgrund gesehen, wenn der andere diese berufliche 'Panzerung' einfach beiseite lässt und 'Klartext' redet – über das eigentliche Problem spricht, über die Aufgabe, den Job, die Situation oder das, was man seiner Ansicht nach eigentlich tun müsste.

3.4.7 Kontakt pflegen und viel kommunizieren

Nach Ansicht vieler der interviewten Manager ist es ein Vertrauensgrund, wenn der andere sich aktiv um Kontaktaufbau bzw. Kontaktpflege kümmert, wenn er sich um persönlichen Kontakt mit mir bemüht und wenn er intensiv mit mir kommuniziert.

Das heißt zum einen, dass der andere in unsere Beziehung 'investiert', dass er sich Zeit nimmt – über die konkreten Anforderungen der Zusammenarbeit hinaus. Dazu zählt auch, dass er versucht, unsere berufliche Beziehung auszubauen, indem er sich aktiv darum bemüht, weitere Möglichkeiten der Zusammenarbeit zu finden bzw. zu entwickeln. Bsp.: „Dass dann nach langer Zeit wieder spontan ein Anruf kam, und er sagte dann: Ja, hier, Herr Kollege, ich habe hier was. Hätten Sie nicht Lust hier, dass man hier zusammen irgendwie das oder jenes macht?" (Münscher 2011: 219).

---

[6] Die Kartenmetapher betrifft Vertrauen in zwei Verwendungsweisen. Hier geht es ums 'Karten auf den Tisch legen' – und nicht darum, dass der andere 'nicht mit gezinkten Karten spielen' soll. Darum dreht es sich beim Vertrauensfaktor *Nichts vortäuschen*.

Ein weiterer Aspekt ist, dass der andere sich darum bemüht, mich persönlich zu treffen bzw. näher kennenzulernen, und dafür auch Reiseaufwand und -kosten in Kauf nimmt. Oder dass er mir die Gelegenheit gibt, umgekehrt ihn als Person kennenzulernen, beispielsweise indem er mich einlädt, ihn zu besuchen. Ein verwandter Aspekt ist, dass der andere intensiv, das heißt viel und regelmäßig, mit mir kommuniziert. Er sucht die regelmäßige Kommunikation mit mir. Es gibt einen umfangreichen und reichhaltigen kommunikativen Austausch zwischen uns.

Die interviewten Manager berichten auch davon, dass der andere 'Beziehungspflege' betreibt, indem er den Kontakt gezielt aufrecht erhält: Er kontaktiert oder trifft mich, auch wenn es keinen konkreten aufgabenspezifischen Anlass dafür gibt.

> Zitat 3: Ein deutscher Manager (Senior Manager in einer Geschäftsbank) erläutert den Vertrauensfaktor *Kontakt pflegen / viel kommunizieren*:
>
> *„Der hat mir gesagt, er würde mich gern noch mal treffen zum Mittagessen, aber wir sollen nicht über Geschäftliches reden. Einfach nur so. Wir hätten uns schon sechs Monate nicht getroffen. Wie wäre es denn, wenn wir uns noch mal treffen könnten. – Und da stellt man schon fest: ihm liegt daran, die Basis, die man angefangen hat aufzubauen, weiter zu entwickeln – dass es ihm Spaß macht."*
>
> Münscher 2011: 219

Umgekehrt berichten die von uns interviewten Manager davon, dass sie es als Vertrauenswarnung wahrnehmen, wenn der andere nicht bereit ist, in die gemeinsame Beziehung zu 'investieren'. Er bemüht sich nicht, unsere Zusammenarbeit zu entwickeln. Er hält den Kontakt nicht von sich aus aufrecht. Er kontaktiert oder trifft mich nicht auch einmal einfach so, sondern jeweils nur, wenn es einen konkreten aufgabenspezifischen Anlass dafür gibt. Wir haben keinen persönlichen Kontakt. Er gibt mir keine Gelegenheit, ihn als Person kennenzulernen.

3.4.8 Ähnlich denken und vorgehen

Wenn Manager spezifisch beschreiben, welche Art von Ähnlichkeit den Eindruck der Vertrauenswürdigkeit befördert, ist der für die Zusammenarbeit im Management wichtigste Aspekt, dass der andere in ähnlicher Weise Sachverhalte analysiert („Er denkt genauso wie ich. Wir schätzen Situationen gleich ein. Wir haben dieselbe Art und Weise, Dinge zu strukturieren und zu bewerten.") und ähnlich an Arbeitsaufgaben herangeht („Er handelt genau so, wie ich handeln würde.").

Anzeichen einer solchen Ähnlichkeit ist, dass die Zusammenarbeit mit dem anderen gut bzw. reibungslos läuft und dass man mit dem anderen in schwierigen Situationen Kompromisse finden kann.

Umgekehrt beschreiben es die interviewten Manager als Vertrauenswarnung, wenn sie bemerken, dass sie mit dem anderen *nicht* übereinstimmen – hinsichtlich Arbeitsweise, Vorgehensweisen, Denken, Bewerten etc.

Zitat 4: Ein deutscher Manager, Abteilungsleiter in einem Industriekonzern, erläutert den Vertrauensfaktor *Ähnlich denken / vorgehen*:

„Wir hatten in Bezug auf das Problem einen gewissen Approach, wie wir das lösen. Und diese beiden Kollegen, die hatten halt eine andere Auffassung, wie man dieses Problem lösen könnte. Wir sind mehr in Richtung 'der pragmatische Weg' gegangen, möglichst zielorientiert. Und sie kamen halt mehr von der Forschungsseite her, um das Problem zu lösen. Und da sind natürlich Welten aufeinander geprallt."

Münscher 2011: 231

3.4.9 Fehler und Schwächen eingestehen

Fehler oder Schwächen einzusehen und einzugestehen, anstatt sie zu vertuschen, wird als wichtiger Vertrauensgrund gesehen. Der andere gibt es zu, wenn er auf Schwierigkeiten stößt bzw. wenn er etwas nicht so gut hinbekommt, wie man erwarten könnte. „Dass er da, wo er einen Fehler findet, den auch einfach zugibt oder akzeptiert und sagt: Oh ja, ist mir durch die Lappen gegangen. Habe ich nicht bemerkt. Muss ich korrigieren", wie es uns der Produktionsleiter eines Nahrungsmittelkonzerns beschrieb (Münscher 2011: 213). Eine solche grundsätzliche Bereitschaft, Fehler oder Schwächen einzugestehen, wird auch als Hinweis gesehen, dass der andere einen bei kritischen Problemen auch informiert.

Dieser Aspekt von Vertrauenswürdigkeit drückt sich auch darin aus, dass jemand außerhalb der konkreten Zusammenarbeit offen über Probleme und Schwierigkeiten spricht, die er im beruflichen Kontext hat, dass er Bedenken oder Unsicherheiten offenbart. Er macht quasi 'die Deckung auf', gibt sich eine Blöße, fragt um Rat. „Das ist ja so eine gewisse Art von Risiko, indem ich jemand sozusagen eine offene Flanke gebe, in dem Sinne, dass ich sage: 'Ich weiß jetzt hier was nicht', öffne ich mich ja jemandem gegenüber und zeige eine Schwäche", so beschrieb es uns eine Bankmanagerin (ebd.).

Dieser Vertrauensfaktor zeigt sich auch, wenn es darum geht zuzugeben, dass man etwas nicht verstanden hat oder etwas nicht kann. Genau dies beschreiben Manager als wichtigen Vertrauensgrund: dass der andere sich traut zu sagen, dass er etwas nicht verstanden hat oder etwas nicht kann. Dass er dies zugibt, anstatt es zu verschweigen oder zu überspielen.

3.4.10 Helfen und unterstützen

Es spricht dafür, einem Kollegen oder Geschäftspartner zu vertrauen, wenn dieser einem aktiv beim Erreichen von Zielen oder beim Bewältigen von Problemen hilft oder hilfreiche Ratschläge gibt. Der andere hilft mir aktiv und tatkräftig, er greift mir unter die Arme. Er steht mir zur Seite, er tut etwas für mich. „Gerade in Terminsituationen hat er mir dann auch mal geholfen, beispielsweise sagte er: Ich komme am Samstag rein, helfe euch, also meinem Team", charakterisiert einer der interviewten Manager einen vertrauenswürdigen Kollegen (Münscher 2011: 263).

Unterstützung als Vertrauensgrund wurde in unseren Interviews häufig beschrieben als Hilfe, auf dem eigenen Karriereweg voranzukommen: Der andere schlägt mich für eine Stelle vor, er protegiert mich, er fördert mich. Was genauso zählt, ist die Hilfe in Notfällen. Hilft mir der andere, wenn ich ihn wirklich brauche? Ist er im Notfall da und unterstützt mich? Hilft er mir kurzfristig, wenn ich einmal überraschenderweise in eine schwierige Lage gerate?

> Zitat 5: Ein deutscher Manager, Vertriebsmitarbeiter in einer Geschäftsbank, erläutert den Vertrauensfaktor *Helfen / unterstützen*:
>
> *„Wenn ich zum Beispiel weiß: 'Okay, bei mir steht das Wasser jetzt wirklich gerade Unterkante Oberlippe! Bei mir ist jetzt wirklich Schicht im Schacht! Ich habe zu viel zu tun, ich komme nicht rum.' Und wenn der Kollege dann vielleicht auch freiwillig mit einspringt und sagt: 'Du, pass mal auf, ich kann dir da noch ein bisschen unter die Arme greifen.' ... Also ich hatte einen Fall, da hatte ich, weil eine Kollegin im Urlaub war, zwei Bereiche gleichzeitig zu verantworten und musste dann entsprechenden Umsatz auch generieren. Das war tödlich. Da war ich wirklich 12 Stunden in der Bank und konnte danach dann eigentlich erst anfangen zu arbeiten. Und dann war es so, dass eine Kollegin dann wirklich stark mitgezogen hat. ... Sie hat mitgezogen, hat mich wirklich stark unterstützt und hat mir auch richtig Arbeit abgenommen. Das war brutal. Alleine hätte ich es nicht geschafft. Mit ihr war das super. Und das hätte sie nicht machen müssen. Weil sie stand vorher auch gut da. Sie hatte in dem Sinne nichts zu verantworten."*
>
> Münscher 2011: 263

3.5 Das Gesamtspektrum der Vertrauensfaktoren

Vertrauensentwicklung ist ein sensibles Thema, und von den besonderen Vertrauensherausforderungen heutiger Manager – temporäre Projektteams, virtuelle Zusammenarbeit, unterschiedlichste kulturelle Hintergründe – war bereits die Rede. Sich an den Top-10 Vertrauensfaktoren zu orientieren, ist damit so etwas wie die 'Pflicht'. Die 'Kür' des professionellen Umgangs mit Vertrauen nimmt eine deutlich breitere Perspektive ein und betrachtet das Gesamtspektrum relevanter Faktoren. In unseren Untersuchungen zur Entwicklung von Vertrauen in der Zusammenarbeit deutscher Manager mit Kollegen und Geschäftspartnern aus unterschiedlichen Kulturen im TRIM-Projekt (Trust Relations in Intercultural Management) zeigte sich, dass sich Manager an insgesamt 50 wichtigen Vertrauensfaktoren orientieren – sowohl für die Einschätzung ihrer Kollegen und Geschäftspartner als auch in ihrem eigenen Handeln. Diese Systematik der Vertrauensfaktoren basiert auf der umfassendsten Studie aus dem TRIM-Projekt (Münscher 2011) und wurde anhand der Ergebnisse aus weiteren Studien adaptiert und ergänzt (v.a. Beck 2012: Deutschland-Polen, Ho 2012: Deutschland-Vietnam, Larina 2012: Deutschland-Russland, Mild 2012: Deutschland-Indien, Zapf 2012: Deutschland-China, sowie der Ergebnisse der Kulturstandardforschung von Alexander Thomas und Kollegen zu bislang 37 Kulturen, publiziert bei Vandenhoeck & Ruprecht in der Reihe „Beruflich in…"; vgl. 15.1 sowie Anhang 2).

3.5.1 Vertrauensrelevante Handlungsfelder im Management

Die Frage, ob man einem Partner vertrauen kann, stellt sich in ganz unterschiedlichen Kontexten und Situationen – von der Aufgabendelegation über die Weitergabe von Informationen bis hin zum Fairplay in Verhandlungen oder bei Vertragserfüllung. Um in diesen unterschiedlichen Kontexten die Vertrauenswürdigkeit von Kollegen und Partnern einzuschätzen, helfen Managern jeweils andere Vertrauensfaktoren. Aus diesem Grund lassen sich die Vertrauensfaktoren in Handlungsfelder gruppieren, je nachdem für welche Managementkontexte sie besonders wichtig sind.

Die im Management relevanten Vertrauensfaktoren verteilen sich auf acht Handlungsfelder. Jedes Handlungsfeld beschreibt eine grundlegende berufliche Aufgabe oder Herausforderung, mit der sich Manager in ihrem Arbeitsalltag konfrontiert sehen – beispielsweise Führung oder Konfliktmanagement.

Tab. 4 zeigt die acht vertrauensrelevanten Handlungsfelder mit einer Kurzcharakterisierung. Für jedes Handlungsfeld stellen wir in Teil II dieses Buchs typische Vertrauensfallen vor. Dort geben wir dann auch für jedes Handlungsfeld eine Einführung und erläutern, inwiefern es für die Vertrauensentwicklung relevant ist.

Tab. 4: Die vertrauensrelevanten Handlungsfelder im Management

Handlungsfeld	Leitfrage
Absprachen und Regeln	Trifft der andere mit mir Absprachen? Hält er diese ein – bzw. gibt er Bescheid, wenn das nicht geht?
Führung und Delegation	Wie erledigt der andere (Mitarbeiter) Anweisungen? Lässt er (Vorgesetzter) mir Freiräume?
Informationsmanagement	Wie geht der andere mit Informationen von mir um? Gibt er mir Informationen – und welche?
Aufgaben- und Projektmanagement	Wie bewältigt der andere Aufgaben, die er im Rahmen unserer Zusammenarbeit erledigen muss?
Konfliktmanagement	Wie geht der andere an Konflikte heran? Wie selbstbewusst begegnet er auftretenden Schwierigkeiten?
Beziehungsaufbau und -pflege	Leistet der andere einen Beitrag zu unserer Beziehung, der über die reine Aufgabenerledigung hinausgeht? Haben wir eine gute Beziehung?
Umgangsformen und Facework	Begegnet mir der andere mit Respekt und Höflichkeit? Betreibt er 'Facework'?
Fairplay und Kooperativität	Inwiefern verhält sich der andere fair und kooperativ? Unterstützt er mich bei gemeinsamen Aufgaben und gegenüber Dritten?

3.5.2 Gesamtüberblick der Vertrauensfaktoren

Jedes Handlungsfeld umfasst die 4-9 wichtigsten Faktoren, an denen sich Manager im Rahmen des jeweiligen Managementkontexts orientieren, um Vertrauen einzuschätzen.

Insgesamt zeigt die Auswertung unserer Vertrauensinterviews, dass sich besonders die 50 im Folgenden aufgeführten Vertrauensfaktoren (Tab. 5) in den Darstellungen der in unseren Studien interviewten Manager immer wieder bestätigen. Die Übersicht dieser 50 wichtigsten Vertrauensfaktoren macht deutlich, wie unterschiedlich für Manager aus unterschiedlichen Firmen und Branchen die Einschätzung der Vertrauenswürdigkeit von Kollegen oder Geschäftspartnern funktioniert.

Tab. 5: Gesamtüberblick der 50 Vertrauensfaktoren in 8 Handlungsfeldern

1. Absprachen und Regeln	
Leitfrage: Trifft der andere mit mir Absprachen? Hält er diese ein – bzw. gibt er Bescheid, wenn das nicht geht?	
1.1 Absprachen treffen / Regeln vereinbaren	Kann ich mit dem anderen Absprachen treffen / Regeln vereinbaren / ein gemeinsames Vorgehen beschließen etc.?
1.2 Zusagen einhalten	Hält der andere seine Zusagen oder Absprachen ein? Hält er Wort, wenn er etwas versprochen hat?
1.3 Bei Nicht-Einhalten von Zusagen informieren	Informiert mich der andere, wenn er eine Zusage *nicht* einhalten kann? Tut er es rechtzeitig? Gibt er mir eine Erklärung dafür, warum er die Zusage *nicht* einhalten kann? Ist sie plausibel?
1.4 Absprachen / Regeln flexibel handhaben	Zeigt der andere die Bereitschaft, Absprachen oder Regeln auch einmal flexibel zu handhaben? Kann ich mit ihm auch einmal den 'kurzen Dienstweg' nehmen?

2. Führung und Delegation	
Leitfrage: Wie erledigt der andere (Mitarbeiter) Anweisungen? Lässt er (Vorgesetzter) mir Freiräume?	
2.1 Anweisungen umsetzen	Setzt er Anweisungen um? Kommt er Aufforderungen, Bitten oder Ratschlägen nach?
2.2 Selbständig arbeiten	Arbeitet er selbständig, d.h. kümmert sich um seine Arbeit allein und eigenverantwortlich?
2.3 Regelmäßig berichten	Berichtet er mir regelmäßig, wie es bei ihm läuft? Hält er mich über positive wie negative Entwicklungen auf Stand?
2.4 Bei kritischen Problemen informieren	Informiert er mich bei kritischen Problemen, welche die Umsetzung einer Anweisung gefährden?
2.5 Freiheit lassen / Zuständigkeiten übertragen	Wenn er sich an mich wendet: Lässt er mir Freiräume? Überträgt er mir Zuständigkeiten?

3. Informationsmanagement	
Leitfrage: Wie geht der andere mit Informationen von mir um? Gibt er mir Informationen – und welche?	
3.1 An Wissen teilhaben lassen	Lässt mich der andere an Wissen bzw. Know-how teilhaben? Gibt er mir Informationen, die für mich (wie auch für ihn oder für andere) wertvoll sind?
3.2 Mitdenken und individuell informieren	Denkt er für mich mit und informiert mich, wenn er etwas weiß / erfährt, das für mich relevant ist?
3.3 Informationen vertraulich behandeln	Behandelt er Informationen von mir vertraulich?
3.4 Informationen nicht ausnutzen	Nutzt er Informationen, die ich ihm gebe, nicht etwa zu seinem Vorteil (oder sogar gegen mich)?

4. Aufgaben- und Projektmanagement	
Leitfrage: Wie bewältigt der andere Aufgaben, die er im Rahmen unserer Zusammenarbeit erledigen muss?	
4.1 Kompetent sein / sich auskennen	Ist er fachlich gut? Kennt er sich in seinem Fachgebiet aus? Weiß er wovon er spricht?
4.2 Qualitativ hochwertige Arbeit machen	Macht er seine Arbeit gut, qualitativ hochwertig und professionell?
4.3 Ergebnisse liefern	Liefert er Ergebnisse, anstatt nur Pläne zu machen oder sich in Details zu verlieren? Ist er produktiv? Kommt etwas 'dabei heraus'?
4.4 Arbeitseinsatz / Motivation zeigen	Zeigt er Arbeitseinsatz / Motivation? Arbeitet er sehr viel, lange, besonders schnell oder intensiv?
4.5 Organisiert und klar vorgehen	Geht er organisiert, geplant und klar vor? Geht er gewissenhaft, strukturiert und methodisch vor?
4.6 Taktisch / strategisch vorgehen	Geht er taktisch / strategisch geschickt vor? Gewinnt er Dritte für die Umsetzung seiner Ziele?
4.7 Initiative und Kreativität zeigen	Geht er von sich aus über seinen definierten Rahmen hinaus? Geht er seine Aufgaben kreativ an?

5. Konfliktmanagement

Leitfrage: Wie geht der andere an Konflikte heran? Wie selbstbewusst begegnet er auftretenden Schwierigkeiten?

5.1	Konflikte offen und proaktiv managen	Geht er Konflikte offen und proaktiv an? Spricht er Konflikte von sich aus an? Kann ich mit ihm 'darüber reden'?
5.2	Eigeninteressen zurückstellen	Ist er bereit, bei Konflikten nicht ausschließlich sein Eigeninteresse, sondern auch andere (meine) Interessen zu berücksichtigen?
5.3	In Diskussionen sachlich bleiben	Bleibt er in Diskussionen sachlich, d.h. bleibt er auf der sachlich-inhaltlichen Ebene – anstatt emotional oder laut zu werden?
5.4	Fehler / Schwächen eingestehen	Gesteht er Fehler oder Schwächen ein, anstatt sie zu vertuschen? Gibt er es zu, wenn er auf Schwierigkeiten stößt bzw. etwas nicht so gut hinbekommt wie geplant?
5.5	Auf Fehler / Defizite hinweisen	Traut sich der andere, es mir zu sagen, wenn ich einen Fehler mache, bzw. mich auf Defizite aufmerksam zu machen, die er bei mir erkennt?
5.6	Gegen Widerstand zu seiner Überzeugung stehen	Steht er zu seiner Überzeugung oder seiner Entscheidung auch wenn es Widerstand gibt bzw. wenn 'der Wind etwas stärker weht'?
5.7	Entschieden und selbstbewusst auftreten	Tritt er entschieden und selbstbewusst auf? Ist er entscheidungsfreudig? Traut er sich, es zu sagen, wenn er anderer Meinung ist?

6. Beziehungsaufbau und -pflege

Leitfrage: Leistet der andere einen Beitrag zu unserer Beziehung, der über die reine Aufgabenerledigung hinausgeht? Haben wir eine gute Beziehung?

6.1	Kontakt pflegen / viel kommunizieren	Bemüht sich der andere aktiv um Kontaktaufbau/-pflege? Kommuniziert er häufig und regelmäßig mit mir?
6.2	Privates erzählen	Redet er auch über Nicht-Geschäftliches? Erzählt er mir von (halb-)privaten Dingen?
6.3	Sich privat treffen	Trifft er sich mit mir in persönlich-privaten Kontexten?
6.4	Teamgeist / gemeinsame Ziele entwickeln	Schafft er Teamgeist / Zusammengehörigkeitsgefühl? Entwickelt er gemeinsame Ziele?
6.5	Freundlich und aufgeschlossen sein	Ist er freundlich und nett? Ist er aufgeschlossen, kontaktfreudig, offen gegenüber anderen?
6.6	Locker sein / Humor haben	Ist er locker, cool, relaxed und nimmt nicht alles so genau? Hat er Humor? Versteht er Ironie?
6.7	Sympathisch erscheinen	Ist mir der andere sympathisch, entwickelt sich Sympathie? Sind wir auf gleicher Wellenlänge? Stimmt die Chemie?
6.8	Gemeinsamkeiten haben	Hat er mit mir private oder biographische Gemeinsamkeiten?
6.9	Ähnlich denken / vorgehen	Ist mir der andere ähnlich im Denken bzw. Vorgehen?

7. Umgangsformen und Facework

Leitfrage: Begegnet mir der andere mit Respekt und Höflichkeit? Betreibt er 'Facework'?

7.1	Respekt und Interesse zeigen	Begegnet mir der andere respektvoll? Nimmt er mich ernst? Ist er höflich? Zeigt er Verständnis für meine Situation?
7.2	Kritik / Widerspruch höflich-indirekt äußern	Äußert er Kritik gar nicht oder nur höflich-indirekt?
7.3	Bescheiden auftreten / nicht angeben	Tritt er bescheiden auf und gibt nicht an?
7.4	Zuständigkeiten respektieren	Respektiert er Zuständigkeiten? Hält er die Führungslinien ein?
7.5	In Entscheidungen einbeziehen	Bezieht er mich in seine Entscheidungen ein?

8. Fairplay und Kooperativität	
Leitfrage: Inwiefern verhält sich der andere fair und kooperativ? Unterstützt er mich bei gemeinsamen Aufgaben und gegenüber Dritten?	
8.1 Ziele / Einschätzungen offenlegen	Legt der andere mir gegenüber seine Ziele, Hintergründe, Beweggründe, Erwartungen etc. offen?
8.2 Nichts vortäuschen	Sagt der andere die Wahrheit? Verfolgt er keine 'hidden agenda' und täuscht nichts vor?
8.3 Die Zusammenarbeit ernst nehmen	Kooperiert er ernsthaft? Lässt er sich auf die gemeinsame Aufgabe wirklich ein?
8.4 Anerkennung / Belohnungen fair verteilen	Bemüht er sich um eine faire 'Verteilung' von Anerkennung und Belohnungen?
8.5 Anständig / korrekt handeln	Handelt er moralisch anständig bzw. korrekt?
8.6 Entgegenkommen / disponibel sein	Kommt er mir in der Sache entgegen? Ist er für mich erreichbar? Nimmt er sich Zeit für mich?
8.7 Schnell reagieren bei Anfragen / Bitten	Reagiert er schnell, wenn ich mich an ihn wende – von sich aus, ohne dass ich nachhaken muss?
8.8 Helfen / unterstützen	Hilft er mir / unterstützt er mich? Gibt er mir gute Ratschläge?
8.9 Sich loyal verhalten	Verhält er sich (Dritten gegenüber) loyal zu mir?

Bereits unsere Basis-Studie im TRIM-Projekt zur Vertrauensentwicklung im internationalen Management lieferte mit über 830 einzelnen Falldarstellungen eine sehr umfassende Basis, um die relevanten Vertrauensfaktoren im Management zu identifizieren. Durch die Prüfung auf wiederholte Beschreibung durch unterschiedliche Manager aus unterschiedlichen Unternehmen und Branchen konnten gesicherte Annahmen zur Relevanz der Vertrauensfaktoren getroffen werden (zur Methodik unseres Vertrauensforschungsansatzes vgl. Münscher 2011: Kapitel 2 sowie Münscher & Kühlmann 2012). Wir fanden in unseren Interviewanalysen im TRIM-Projekt (vgl. Anhang 2) zwar auch noch weitere Vertrauensaspekte. Doch diese Aspekte spielten lediglich aus der individuellen Perspektive von relativ wenigen der interviewten Manager eine Rolle, so dass kein eigenständiger Vertrauensfaktor identifiziert wurde.

Die eigenen Prioritäten kennenlernen

Der in Handlungsfelder strukturierte Überblick der 50 Vertrauensfaktoren liefert ein brauchbares Instrument, um seine eigenen Prioritäten der Vertrauensentwicklung kennenzulernen und seine Vertrauenseinschätzungen zu verbessern. Ergänzend möchten wir auf zwei Dinge hinweisen.

Interkulturelle Vertrauensfaktoren: In der interkulturellen Zusammenarbeit gibt es typische interkulturelle Vertrauensfaktoren, welche für die Zusammenarbeit innerhalb einer Kultur eher selten bzw. nur eingeschränkt eine Rolle spielen. In diesen spiegelt sich die zweifache Herausforderung des Umgangs mit kultureller Differenz, die für Manager in interkulturellen Arbeitskontexten besteht: Erstens gilt es, einen Weg zu finden, wie man mit bestehenden kulturellen Unterschieden umgeht (vgl. zu kultureller Prägung 5.2). Die Frage, wie man dies tut, kann die Vertrauensentwicklung fördern oder hemmen (Tab. 6).

Tab. 6: Interkulturelle Vertrauensfaktoren I

Vertrauensfaktoren des Umgangs mit kultureller Differenz	
1 Kulturelle Differenz akzeptieren	Erkennt und akzeptiert er kulturelle Unterschiede? Akzeptiert er, dass ich anders bin als er?
2 Anpassungsbereitschaft zeigen	Ist er bereit, sich an meine kulturelle Andersartigkeit anzupassen? Passt er sich tatsächlich an?
3 Fremdsprache beherrschen / anwenden	Kann er meine Sprache gut sprechen? Spricht er mit mir in meiner Sprache?
4 Fremdkulturinteresse/ -wissen zeigen	Zeigt er, dass er (zumindest grundlegende) Kenntnisse über meine Kultur hat? Zeigt er Interesse an meiner Kultur?
5 Kulturelle Tabus respektieren	Respektiert er Tabus meiner Kultur? Macht er keine Witze über meine Kultur (z.B. über Persönlichkeiten, historische Entwicklungen etc)?
6 Eigene Arbeitsweisen/ Werte erläutern	Spricht er mit mir über seine eigenen Arbeitsweisen und Werte? Erklärt er mir seine bevorzugten Vorgehensweisen, Vorlieben und Maßstäbe?
7 Interkulturelle Unterstützung leisten	Hilft er mir bei Schwierigkeiten, die sich für mich im Zusammenhang mit seiner Kultur ergeben (z.B. indem er Wichtiges für mich übersetzt)?
8 Nationale Interessen zurückstellen	Ist er bereit, bei Konflikten nicht ausschließlich seine nationalen Interessen, sondern auch die Interessen meiner Nation zu berücksichtigen?

Umgang mit Stereotypen: Zweitens muss man auch mit den auf beiden Seiten unweigerlich vorhandenen – negativen wie auch positiven – Stereotypen, Klischees und Vorurteilen umgehen. Unabhängig davon, welche Funktion man ihnen zuschreibt und welchen Umgang mit ihnen man befürwortet, sind Stereotype und Vorurteile über andere Kulturen fester Bestandteil einer Kultur (Förster 2010, 2007, Schlöder 1994). Wir werden auf Stereotype ausführlicher in Abschnitt 4.6.2, S. 92 eingehen. An dieser Stelle beschränken wir uns darauf, auf die beiden Vertrauensfaktoren des Umgangs mit Stereotypen zu verweisen (Tab. 7.)

Tab. 7: Interkulturelle Vertrauensfaktoren II

Vertrauensfaktoren des Umgangs mit Stereotypen	
1. Positivem Fremdbild entsprechen	Erfüllt er die positiven Erwartungen, die ich an ihn als Angehörigen seiner Kultur habe?
2. Negativem Fremdbild nicht entsprechen	Erfüllt er die negativen Erwartungen, die ich an ihn als Angehörigen seiner Kultur habe, gerade nicht?

Da wir hier bislang keine kulturellen Vertrauensfallen gefunden haben, gehen wir auf diese Faktoren in Teil II dieses Buchs nicht weiter ein (ausführlichere Informationen in Münscher 2011: 267ff.).

3.5.3 Weitere Einflussfaktoren auf Vertrauen

Die Basis der Vertrauenseinschätzung sind die Vertrauensfaktoren. Sie liefern uns Informationen, die dafür oder dagegen sprechen, jemandem zu vertrauen. Doch es gibt daneben eine Reihe weiterer wichtiger Einflussfaktoren auf Vertrauen.

Bestätigung durch wiederholtes Erleben / durch Berichte Dritter

Um mithilfe von Vertrauensfaktoren das Verhalten eines anderen als vertrauensrelevant zu beurteilen, nutzen wir Informationen über das Verhalten des anderen. Eine erste für die Vertrauenseinschätzung wichtige Frage ist nun, ob sich solche Informationen bestätigen. Dabei gibt es zum einen die *Bestätigung durch wiederholtes Erleben*. Wenn ich nicht nur einmal erlebt habe, dass der andere seine Zusagen einhält, sondern wenn dies konsequent immer wieder so war, dann verstärkt sich der Eindruck der Vertrauenswürdigkeit. Zum anderen gibt es die Möglichkeit einer *Bestätigung durch Berichte Dritter*. So verstärkt sich die Vertrauenseinschätzung, wenn Kollegen berichten, wie sich der andere in der Zusammenarbeit mit ihnen genauso verhalten hat wie gegenüber mir. Sofern ich solche Informationen von dritter Seite im Vorfeld meiner Zusammenarbeit mit dem anderen erhalte, spricht man von Ruf bzw. Reputation ('Er hatte den Ruf, dass er seine Abteilung im Griff hat'). Reputation spielt insbesondere in der frühen Entwicklungsphase einer beruflichen Beziehung eine wichtige Rolle. Denn wenn man noch keine eigenen Erfahrungen mit jemandem gemacht hat, haben für die Vertrauenseinschätzung die Berichte Dritter einen höheren Stellenwert.

Eine wichtige Rolle für die Entwicklung von Vertrauen spielt zudem das Prinzip der Gegenseitigkeit, die Reziprozität. Es gibt zwei für Vertrauen wichtige Arten von Reziprozität. Genau wie Vertrauen sich einerseits auf ein bestimmtes Handeln beziehen kann ('Ich kontrolliere ihn nicht') und andererseits auf eine Einstellung ('Ich bin bereit, vertrauensvoll zu handeln', vgl. zur Definition von Vertrauen S. 22f.) gibt es auch eine Reziprozität des Handelns ('…und er hat mir dann eben auch geholfen) und eine Reziprozität der der Einstellung ('... und ich habe gesehen, dass er auch mir vertraut').

Beim *Handeln des anderen als Ausdruck von Gegenseitigkeit* geht es darum, dass sich eine Balance des Gebens und Nehmens einstellt. Der andere gibt mir zurück, was ich ihm gebe. Unsere Beziehung beruht auf Gegenseitigkeit. „Das ist ein Geben und Nehmen: Ich sage irgendwie eine Kleinigkeit, dann vertraut er mir irgendwie eine Kleinigkeit an", wie es uns der Projektleiter eines Industriekonzerns im Interview beschrieb (Münscher 2011: 285). Das *Handeln des anderen als Ausdruck von Vertrauen* nennt man auch 'Vertrauensbeweis'. Wenn der Eindruck eines Vertrauensbeweises entsteht, interpretiere ich nicht nur das Handeln des anderen als Vertrauensfaktor, also als Aspekt, der ihn vertrauenswürdig macht. Darüber hinaus interpretiere ich dies als Ausdruck dessen, dass *er mir* Vertrauen schenkt.

Eine Balance des Gebens und Nehmens herstellen

Nach unseren Analysen eignen sich insbesondere folgende Vertrauensfaktoren für Vertrauensbeweise:

Typische Vertrauensbeweise

- *An Wissen teilhaben lassen*: dem anderen Geheimnisse bzw. sensible Informationen mitteilen
- *Fehler / Schwächen eingestehen*: dem anderen offen von Problemen erzählen bzw. Bedenken oder Unsicherheiten offenbaren, sich eine Blöße geben
- *Privates erzählen* – insbesondere wenn man dies in der Regel gegenüber Kollegen oder Geschäftspartnern eher nicht tut
- *Freiheit lassen / Zuständigkeiten übertragen*: dem anderen Aufgaben oder Entscheidungsbefugnisse übertragen, auf Kontrolle verzichten

Schließlich gibt es eine Reihe von Einflussfaktoren der Situation, welche keine eigentlichen Vertrauensfaktoren sind, aber die Entwicklung von Vertrauen maßgeblich beeinflussen können. Insbesondere zwei Faktoren sind hier relevant. Obwohl wir in den Interviews für unsere Forschung stets ausdrücklich nach einer Beschreibung *des Verhaltens* des jeweiligen Kollegen oder Partners im Verlauf der beruflichen Beziehung fragen, verweisen unsere Interviewpartner in ihren Darstellungen auch immer wieder auf Situationsumstände und die institutionelle Zugehörigkeit des anderen.

Ein grundsätzlich wichtiger Faktor für die Vertrauensentwicklung sind die *Situationsumstände der Zusammenarbeit*: Die Situation bzw. Rollenkonstellation kann die Entwicklung von Vertrauen begünstigen oder erschweren. Ganz offensichtlich ist es leichter, Vertrauen aufzubauen, wenn man die gleichen Zielvorgaben oder Zielsetzungen hat, 'im gleichen Boot sitzt' und keine offene Konkurrenzsituation besteht – als im umgekehrten Fall. Auch die Tatsache, dass der andere 'echte Ent-

Offene Konkurrenz oder Zielkollisionen erschweren Vertrauen

scheidungsbefugnisse' hat, wird als vertrauensförderlicher Rahmenfaktor genannt.

Ein zweiter wichtiger Rahmenfaktor ist die *institutionelle Zugehörigkeit des Partners*. Ein guter Ruf des Unternehmens, für welches der andere tätig ist, oder ein guter Eindruck von diesem Unternehmen und seinen Mitarbeitern, kann die Vertrauensentwicklung erleichtern. – Für eine ausführliche Darstellung und Diskussion von Vertrauensfaktoren im Management vgl. Münscher (2011).

3.5.4 Ein präzises Analyseinstrument

Erst mit dem Blick auf das gesamte Spektrum der 50 Vertrauensfaktoren wird es möglich, vertrauensrelevante Situationen präzise zu analysieren. Erst mithilfe dieses Werkzeugs können Vertrauensfallen des beruflichen Alltags nachvollziehbar analysiert und passende Handlungsstrategien beschrieben werden. Denn die in der Vertrauensforschung vielfach üblichen Listen von zwischen drei und zehn allgemeinen Vertrauensbedingungen[7] kämpfen notorisch mit einer Reihe typischer Mehrdeutigkeiten der Vertrauensbegrifflichkeit.

Die Auswertung unserer Interviews offenbarte diese Mehrdeutigkeiten in vielfacher Hinsicht. Mit unserer Interviewtechnik der gezielten Konkretisierungsnachfragen konnten wir zeigen, dass die interviewten Manager die Begrifflichkeit der häufig angeführten 'Standard-Vertrauensbedingungen' – wie beispielsweise Offenheit, Ehrlichkeit oder Zuverlässigkeit – in einer sehr großen Bandbreite *unterschiedlicher* Bedeutungen verwenden. Die Aspekte und Verhaltensweisen, auf welche sich Manager mit diesen Begriffen beziehen, stehen in unterschiedlichen Handlungszusammenhängen ihres Arbeitskontexts. Eine präzise Analyse zwischenmenschlicher Vertrauensentwicklungsprozesse und die Identifikation von Vertrauensfallen sind daher mithilfe solcher abstrakt gefassten Vertrauensbedingungen kaum möglich. Denn offenbar beziehen sich Manager mit diesen Begriffen auf durchaus unterschiedliche konkrete Vertrauensfaktoren. Am Beispiel der allgemeinen Vertrauensbedingung 'Offenheit' illustriert dies auf Basis unserer Interviews Tab. 8.

---

[7] Vgl. die Übersicht in Münscher (2011: 63).

Tab. 8: Präzise Analyse der Relevanz von Offenheit für Vertrauen

Verwendungsweise von „Offenheit" zur Begründung von Vertrauenswürdigkeit	Vertrauensfaktor
1. Der andere ist offen: Er lässt mich an wertvollem Wissen teilhaben. Er hält Wissen nicht vor mir geheim, sondern er gibt mir Informationen/ Ideen/ Know-how.	An Wissen teilhaben lassen
2. Der andere ist offen: Er kehrt Konfliktthemen nicht unter den Teppich, sondern er geht Konflikte offen und proaktiv an.	Konflikte offen und proaktiv managen
3. Der andere ist offen: Er redet über Privates. Er erzählt von persönlich-privaten Dingen. Er erzählt auch Dinge, die man formal in Meetings nicht sagt. Er gibt mir gegenüber auch persönliche Bedenken/Sorgen preis. Er öffnet sich als Person.	Privates erzählen
4. Der andere ist offen: Er ist allgemein aufgeschlossen, prinzipiell interessiert an Neuem. Er ist jemand, der auf die Leute zugeht.	Freundlich und aufgeschlossen sein
5. Der andere ist offen für meine Belange. Er interessiert sich für mich. Er versteht mich. Er zeigt Verständnis für meine Situation/ meine Probleme.	Respekt und Interesse zeigen
6. Der andere ist offen: Er redet mir gegenüber offen über seine Einschätzungen eines Sachverhalts, seine Ziele, seine Pläne – anstatt dies nicht zu tun. Er legt die Karten auf den Tisch.	Ziele / Einschätzungen offen legen
7. Der andere ist offen: Er redet mir gegenüber offen über Einschätzungen eines Sachverhalts bzw. einer Entwicklung – anstatt mir etwas anderes vorzutäuschen.	Nichts vortäuschen
8. Der andere ist offen: Ich kann jederzeit (mit Fragen/ Problemen) zu ihm kommen / ihn anrufen. Er hat jederzeit ein offenes Ohr für mich. Ich kann mich bei Problemen an ihn wenden, er ist dann für mich da.	Entgegenkommen und disponibel sein
9. Der andere ist offen… gegenüber kultureller Andersartigkeit: Er interessiert sich für sie. Er interessiert sich für Neuartiges aus einer fremden Kultur.	Fremdkulturinteresse/-wissen zeigen
10. Der andere ist offen… gegenüber kultureller Andersartigkeit: Wenn etwas anders ist, akzeptiert er das.	Kulturelle Differenz akzeptieren
11. Der andere ist offen: Er erzählt mir von seinen Werten/ Gewohnheiten/ Vorgehensweisen/ von seinen Erwartungen in Bezug auf die gemeinsame berufliche Zusammenarbeit. Er erzählt von seiner Kultur.	Eigene Arbeitsweisen/-werte erläutern

Wenn also der neue Chef sagt: 'Am wichtigsten ist mir, dass Sie offen sind!', und der Mitarbeiter sich daraufhin besonders um Offenheit bemüht, dann ist noch lange nicht gesagt, dass der Chef zufrieden ist. Der Grund liegt darin, dass für Vertrauen unterschiedliche Aspekte von Offenheit wichtig sein können und für jeden der beiden ein anderer Aspekt im Vordergrund stehen könnte. Wenn man nicht klärt oder auf kluge Weise herausfindet, was der andere eigentlich genau unter der geforderten Offenheit versteht, dann entstehen leicht Missverständnisse – und zwar Missverständnisse der Art, die wir 'Vertrauensfallen' nennen (vgl. nächstes Kapitel). Dies ist umso gravierender, als solche Missverständnisse aller Wahrscheinlichkeit nach gar nicht als Vertrauensmissverständnisse erkannt werden. Denn jeder glaubt ja, dass eigentlich alles klar ist. So tappt er in die Falle und glaubt, er könne den anderen mit Fug und Recht verurteilen. Es kommt zu gegenseitigen (latenten) Vorwürfen und eine Negativspirale kann sich in Gang setzen. Vertrauen steht dann auf dem Spiel, oder es wird schwierig, Vertrauen überhaupt aufzubauen.

Diese Mehrdeutigkeit vieler Vertrauensbegrifflichkeiten ist jedoch nicht der einzige Grund, warum wir in unserer Forschung streng darauf geachtet haben, Vertrauensfaktoren stets möglichst präzise herauszuarbeiten. Es ist auch gerade deshalb notwendig, weil man den Vertrauensfallen in der *interkulturellen* Zusammenarbeit nur mit einem präzisen Beschreibungsinstrument auf die Schliche kommt. Denn die üblicherweise vorgeschlagenen Vertrauensbedingungen fassen Faktoren zusammen, die im Kulturvergleich möglicherweise unterschiedlich gewichtet werden oder anhand unterschiedlicher Verhaltensbeobachtungen oder Informationen 'diagnostiziert' werden. Solche Unterschiede können dann gar nicht als möglicherweise vertrauensrelevant erkannt werden, weshalb man die aus ihnen resultierenden kulturellen Vertrauensfallen weder identifizieren noch beschreiben kann.

Verhaltensnahe Definition der Vertrauensfaktoren

Wir haben daher Vertrauensfaktoren stets möglichst nah an der Ebene der konkreten Verhaltensbeobachtung definiert. Dies entspricht dem verhaltensorientierten Ansatz zur Bestimmung von Vertrauensbedingungen im Sinne von „managerial trustworthy behaviors" (Whitener et al. 1998, Korsgaard et al. 2002, Cardona & Elola 2003). Um eine möglichst verhaltensnahe Definition der Vertrauensfaktoren zu entwickeln, gaben wir soweit möglich dem konkreten verbalen oder adverbialen Modus den Vorzug und griffen nur in Ausnahmefällen (z.B. wenn es die Interviewpartner überwiegend so formulierten) auf den abstrakteren adjektivischen oder substantivischen Modus zurück (Graumann 1960, Semin & Fiedler 1991).

Diese handlungsnahe Bestimmung der Vertrauensfaktoren ist auch aus praktischer Perspektive vorteilhaft, denn sie ermöglicht eine

Konzeption vertrauensrelevanter Attribute als beeinflussbare Verhaltensweisen, welche die Anschlussfähigkeit der Forschungsergebnisse für die Managementpraxis oder für Trainingsmaßnahmen verbessert.

3.5.5 Wann sind welche Vertrauensfaktoren relevant?

Es gibt eine so große Zahl unterschiedlicher Vertrauensfaktoren, weil es eine so große Bandbreite vertrauensrelevanter Handlungssituationen gibt. Zwar kann man insgesamt dazu bereits sein, einem bestimmten Partner in Bezug auf eine Vielzahl unterschiedlicher Dinge zu vertrauen. Aber wenn es konkret wird, dann vertraut man einem Kollegen normalerweise in Bezug auf etwas Bestimmtes. In Bezug worauf? Vertraue ich, dass mein Kollege seinen Teil des gemeinsamen Jobs gut macht? Oder dass er mir nicht den Geldbeutel klaut, den ich auf dem Schreibtisch liegen gelassen habe? Vertraue ich ihm, dass er im Kundengespräch einen guten Auftritt hinbekommt? Oder dass er mir tatkräftig hilft, wenn es bei mir hart auf hart kommen sollte?

Unsere Auswertung von knapp 1000 Berichten über Schwierigkeiten der Vertrauensentwicklung und der Zusammenarbeit in interkulturellen Managementkontexten zeigt die Vielfalt der Vertrauenssituationen im Management. Vertrauensentscheidungen werden getroffen, wenn es darum geht, ob Absprachen und Regeln eingehalten werden, ob Informationen weitergegeben oder auch bewusst nicht weitergegeben werden oder ob Aufgaben zuverlässig erledigt werden. In all diesen Kontexten stellt sich die Frage, wann und inwiefern ich mich von einem anderen abhängig machen darf, obwohl das für mich negative Konsequenzen haben könnte – weil ich darauf bauen kann, dass der andere in meinem Sinne handeln wird. Vertrauensfaktoren sind diejenigen Aspekte, die mir in solchen Entscheidungssituationen helfen, Rückschlüsse auf die Vertrauenswürdigkeit des anderen zu ziehen. Je nach Handlungskontext und Verfügbarkeit von Informationen sind es unterschiedliche Vertrauensfaktoren, die helfen, sich ein Bild der Vertrauenswürdigkeit des Kollegen oder des Partners zu machen.

3.5.6 Die Dynamik der Vertrauensentwicklung

Vertrauen ist ein dynamisches Phänomen: Es bleibt über den Verlauf einer Beziehung nicht gleich, sondern es entwickelt sich. Es kann wachsen, stärker werden, oder es kann in Frage gestellt werden, schwächer werden oder verloren gehen. Um diese Entwicklungsdynamik von Vertrauen zu beschreiben, wurde in der Forschungsliteratur eine große Zahl von Modellen der Vertrauensentwicklung vorgeschlagen.

Doch der wichtigste Punkt der Vertrauensentwicklung ist letztlich ganz einfach: Je länger und je intensiver man zusammenarbeitet, desto besser kann man einschätzen, ob bzw. inwiefern man dem anderen vertrauen kann.

Kühl berechnendes Vertrauen

Das lässt sich sehr gut an einem der populärsten Vertrauensentwicklungsmodelle sehen, das von Shapiro et al. (1992) vorgeschlagen und später von Lewicki & Bunker (1996) weiterentwickelt wurde. Nach diesem Modell beginnen wir Vertrauen immer zunächst auf eine eher kühl berechnende Art und Weise – als 'kalkulatorisches Vertrauen': Wir überlegen, welche Interessen der andere verfolgt und nach welchen Vorgaben er sich richten muss. Auf dieser Basis können wir einschätzen, wann und inwiefern wir auf ein bestimmtes Verhalten des anderen bauen können. Wir überlegen dann also, ob es aus Sicht des anderen rational ist, sich so zu verhalten, wie ich es erwarte. Wenn das so ist, dann 'vertraue' ich dem anderen, sich so zu verhalten. Manche Autoren sind zögerlich, ob man diese kühl berechnende Einschätzung anderer überhaupt 'Vertrauen' nennen sollte, aber das Konzept des 'kalkulatorischen Vertrauens' zu Beginn einer Beziehung ist sehr verbreitet.

Wissensbasiertes Vertrauen

Durch die fortlaufende Zusammenarbeit lernen wir dann immer mehr über den anderen und können ein 'wissensbasiertes Vertrauen' entwickeln: Wir wissen einfach, wie der andere sich in der Regel verhält. Daher können wir sein zukünftiges Verhalten besser einschätzen und entscheiden, wann und wie wir ihm vertrauen können.

Identifikationsbasiertes Vertrauen

Später dann baut sich durch die gemeinsame Zusammenarbeit und die gemeinsamen Erfahrungen eine Beziehung auf, was jeden in gewissem Maße ein bisschen dazu verpflichtet, auch den anderen und seine Interessen in seinem Handeln zu berücksichtigen. Einen langjährigen Geschäftspartner und Freund werde ich nicht einfach mal so aus kurzfristigem Opportunismus reinlegen. Das hängt damit zusammen, dass man durch die Zusammenarbeit mit einem Partner eine ganz spezifische Form des Wissens über den anderen entwickelt: das Wissen darum, welche grundlegenden Werte und Ziele das Verhalten des anderen prägen und wo dies mit unseren eigenen Werten und Zielen übereinstimmt. Hinzu kommt, dass es auch sein kann, dass man sich wechselseitig über den Verlauf der Zusammenarbeit Werte und Ziele des anderen teilweise zu eigen macht. Unser Vertrauen beruht dann auf dem Wissen darüber, wo und inwiefern wir uns wechselseitig mit den Werten und Zielen des anderen identifizieren. Diese dritte Stufe des Vertrauens nennen Lewicki & Bunker daher 'identitätsbasiertes Vertrauen'.

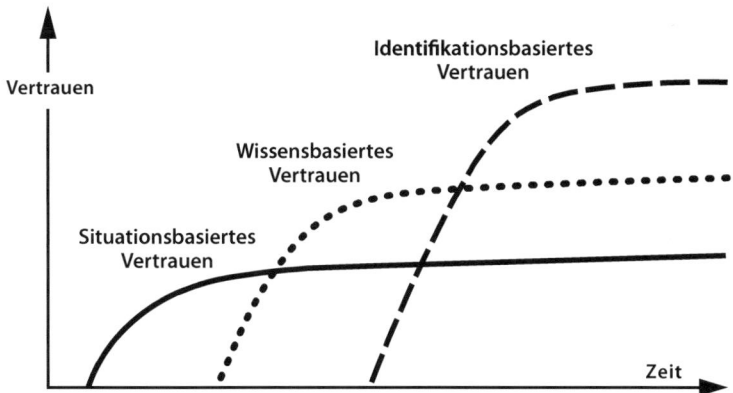

Abb. 2: Vertrauensentwicklung nach Lewicki & Bunker (1996)

Der Schlüssel für die Entwicklung der unterschiedlichen Vertrauensformen in diesem Modell (wie auch in vielen anderen Modellen) ist die mit der Dauer und Intensität der Zusammenarbeit wachsende Möglichkeit, den anderen hinsichtlich unterschiedlicher Vertrauensfaktoren einschätzen zu können. Dabei sind natürlich bestimmte Vertrauensfaktoren zu Beginn einer beruflichen Beziehung wichtiger als zu späteren Zeitpunkten der Zusammenarbeit und umgekehrt. Ein Beispiel wäre der Stellenwert von Reputation für Vertrauenswürdigkeit. Es ist leichter, zu einem neuen Geschäftspartner Vertrauen aufzubauen, wenn ihm ein tadelloser Ruf vorauseilt. Gleiches gilt für den Fall, dass er ein Unternehmen repräsentiert, das einen hervorragenden Ruf hat. Wenn ich zu Beginn einer Geschäftsbeziehung noch sehr wenige eigene Erfahrungen mit dem neuen Geschäftspartner gemacht habe, ist sein Ruf ein wichtiger Faktor. Sobald ich jedoch über stabile eigene Erfahrungswerte verfüge, ist es weniger wichtig, was andere über ihn erzählen bzw. welchen Ruf sein Unternehmen hat. Denn dann weiß ich selbst aus eigener Erfahrung, mit wem ich es zu tun habe.

Man kann den Stellenwert von Reputation für Vertrauen auch allgemeiner ausdrücken. Es ist für die Entwicklung meines Vertrauens in einen anderen generell förderlich, wenn mich Dritte in meiner Wahrnehmung von Vertrauensgründen bestätigen: Auch mir gegenüber hat diese Person stets Wort gehalten. Auch mir gegenüber ist sie immer sehr höflich und respektvoll. Allerdings ist diese Information eben am Anfang, wenn ich noch nicht so oft selbst mit dem anderen zu tun hatte, in der Regel wichtiger für mich als später in der Beziehung, wenn ich viele eigene Erfahrungen mit dem anderen gemacht habe.

Prinzipiell sind für uns für die Einschätzung der Vertrauenswürdigkeit von Kollegen oder Geschäftspartnern jedoch Informationen über alle Vertrauensfaktoren hilfreich – und zwar je nach dem vertrauensrelevanten Handlungskontext, um den es geht. Dabei sind den meisten Managern manche Faktoren tendenziell wichtiger als andere (vgl. Liste der Top-10 Vertrauensfaktoren S. 42). Aber jeder hat hier auch gemäß seiner individuellen Biografie und Persönlichkeit eigene Gewichtungen. Der Zugang zu solchen vertrauensrelevanten Informationen ist insbesondere am Anfang einer Beziehung nicht einfach. Wenn wir über die Zeit und den Verlauf einer Zusammenarbeit immer mehr Informationen über Vertrauensfaktoren gewinnen, dann können wir unsere Vertrauenseinschätzung weiterentwickeln und bestätigen oder anpassen.

Für die berufliche Vertrauensentwicklung ist es daher hilfreich, wenn man die relevanten Vertrauensfaktoren in ihrer Bandbreite gut kennt. Man kann dann auch besser einschätzen, welchen Kollegen oder Partnern welche Vertrauensfaktoren wichtig sind – und auch, wann ein Vertrauensfaktor tatsächlich gegeben ist und man nicht schlicht *getäuscht* wird. Denn wenn getäuscht wird – bzw. man sich täuscht, dann drohen Vertrauensfallen.

4 Was sind Vertrauensfallen?

Man entwickelt Vertrauen, wenn man den Eindruck gewinnt, ein Kollege oder Partner sei vertrauenswürdig. Vorsichtig bleibt man, wenn man glaubt, der andere sei nicht vertrauenswürdig. Bei dieser Einschätzung orientiert man sich an einer Vielzahl von Vertrauensfaktoren – und kann dennoch daneben liegen. Denn es drohen Vertrauensfallen, die einen die Vertrauenswürdigkeit des anderen *falsch* einschätzen lassen. Insbesondere im internationalen Management kommt es vor, dass man misstrauisch bleibt oder sein Vertrauen verliert, obwohl man eigentlich *keinen* Grund hat, *nicht* zu vertrauen. Solch 'verschenktes Vertrauen' kann Projekte oder Geschäftsabschlüsse scheitern lassen.

In diesem Kapitel geben wir eine Einführung in das Konzept der Vertrauensfallen und erläutern, warum auch kleine Fallen große Wirkung haben können. Wir beginnen mit einem aufschlussreichen Vergleichspunkt: dem Vertrauensbetrug. Denn wenn man versteht, wie Betrüger Vertrauen erschleichen, versteht man auch, wie man in Vertrauensfallen geraten kann (4.1). Eine wichtige Rolle spielt dabei, dass man Vertrauenseinschätzungen weitgehend unbewusst vornimmt. Wir beschreiben das mit dem Bild des 'Vertrauens-Autopiloten' (4.2). Allerdings gibt es einen Mechanismus, der uns aus dem unbewussten Umgang mit Vertrauen gleichsam 'aufweckt', wenn Betrug oder Täuschung drohen (4.3). Leider funktioniert dieser Weckmechanismus nicht zuverlässig, wenn wir mit Kollegen oder Partnern aus einer anderen Kultur zusammenarbeiten. Insbesondere weckt er uns dann zu oft: Wir gewinnen den Eindruck, nicht vertrauen zu können – und sind in die kulturelle Vertrauensfalle gegangen (4.4). Was dies so gefährlich macht, ist unsere Tendenz, Vertrauenseinschätzungen zu verallgemeinern (4.5). Dazu liefern wir am Ende des Kapitels Hintergrundinformationen aus der psychologischen Forschung (4.6).

4.1 Betrüger:
Wenn Vertrauenssignale gefälscht werden

Man kann sehr viel über Vertrauensfallen lernen, wenn man analysiert, wie sich Betrüger Vertrauen erschleichen. Beginnen wir daher mit einem klassischen Fall: Ein Betrüger erschleicht sich das Vertrauen einer alten Dame – wie beispielsweise die Augsburger Allgemeine in einer Meldung vom Frühjahr 2012 beschreibt.

> **Praxisbeispiel 6: Vertrauensbetrug in Augsburg**
>
> **Vertrauen erschlichen und ausgeraubt**
> *Ein Unbekannter beobachtet eine alte Frau beim Besuch des Friedhofs. Er erschleicht sich ihr Vertrauen und raubt sie aus.*
>
> Eine über neunzigjährige Frau war am Samstagnachmittag gegen 14.30 Uhr zu Fuß auf dem Heimweg von Westfriedhof im Augsburger Stadtteil Kriegshaber. In der Reinöhlstraße wurde sie von einem ihr unbekannten Mann mit ihrem Namen angesprochen. Als die Seniorin erwiderte, den Mann nicht zu kennen, sagte der Unbekannte, dass er ihren verstorbenen Mann, dessen Grab sie kurz zuvor besucht hatte, gut kannte. Offensichtlich hatte er die Seniorin beim Besuch des Friedhofs beobachtet. Auf diese Weise kam der Betrüger nach Angaben der Polizei mit der Frau ins Gespräch. Daraufhin begleitete er die Frau nach Hause und bat dort um etwas zu trinken. [...] Er gab vor, sich für Möbel zu interessieren und fing an, die Schränke zu durchstöbern. Nachdem der Täter die Wohnung wieder verlassen hatte, stellte die Frau fest, dass wertvoller Schmuck aus einer Schmuckschatulle im Schlafzimmerschrank fehlte.
>
> *Augsburger Allgemeine (Lokalnachrichten), 10.04.2012*

Vertrauen bedeutet immer, ein Risiko einzugehen: Der andere *kann* unser Vertrauen ausnutzen. Und ein Betrüger wird genau dies tun. Betrüger erschleichen Vertrauen und nutzen es anschließend aus.

Wie funktionierte dies im Augsburger Beispiel mit der alten Dame? Naturgemäß begegnet man Leuten, die man überhaupt nicht kennt, erst einmal mit gesundem Misstrauen. In einer solchen Situation hält man dann aber nach Informationen Ausschau, die sich aus der Situation heraus oder aus dem Verhalten des anderen ergeben und es einem ermöglichen, eine grundsätzlich vertrauensvolle Haltung einzunehmen.

Der Betrüger bemüht sich, dass alles normal erscheint

Zunächst einmal geht es dabei um die Frage, ob alles 'normal' ist, d.h. ob es sich um einen Typ von Situation handelt, den wir kennen. Erscheint hier alles normal? Wenn jemand andere Ziele hat, als er den Anschein erwecken möchte, merken wir dies oft unspezifisch daran, dass irgendetwas nicht normal erscheint. Denn ein Betrüger hat sich die schwierige Aufgabe gestellt, sich in jeglicher Hinsicht genau für die Situation entsprechend 'normal' zu verhalten. Wer nur nach dem Weg fragen möchte, muss eben nach einer entsprechenden Auskunft dann auch diesen Weg einschlagen – oder aber sich einen guten Grund einfallen lassen, warum er das Gespräch fortsetzt. Um in die Wohnung zu kommen, schützt der Betrüger Durst vor und bittet um ein Glas Wasser. Um an die Schränke zu kommen, in denen er den Schmuck vermutet, gibt er vor, sich für Möbel zu interessieren. Beides Maßnahmen, um sein Verhalten in einen 'normalen' Kontext einzubetten, der nicht den Verdacht hervorruft, irgendetwas ginge nicht mit rechten Dingen zu.

Interessant ist allerdings sein allererster Schritt. Hier spielt der Betrüger die 'Gemeinsamkeiten-Karte'. Er sei ein guter Bekannter ihres Mannes gewesen, versichert er und kommt so mit der Seniorin ins Gespräch. Gemeinsamkeiten aller Art fördern prinzipiell die Entwicklung von Vertrauen (Vertrauensfaktor *Gemeinsamkeiten haben*'). Denn je mehr man gemeinsam hat, desto weniger muss man befürchten, dass der andere im Zweifelsfall ganz anderen Zielen oder Werten folgt, als man selbst – und Vertrauen hintergeht. Im Fall der alten Dame wird eine solche Gemeinsamkeit vorgetäuscht: er habe ihren Mann gut gekannt. Der Betrüger hat hier ein Signal für einen wichtigen Vertrauensfaktor aktiv 'gefälscht'.

Der Betrüger spielt die Gemeinsamkeiten-Karte

Dass man sicherstellen muss, dass alles 'normal' erscheint, ist eine notwendige Randbedingung, um nicht Misstrauen hervorzurufen. Das eigentliche Vertrauen erschleicht man sich dann, indem man Vertrauensfaktoren fälscht. Um zu verstehen, wie das funktioniert, müssen wir uns eine Beobachtung ins Gedächtnis rufen, die wir weiter oben diskutiert haben: Vertrauenswürdigkeit kann man nicht sehen. Auch wenn man jemandem seine Ehrlichkeit direkt anzusehen glaubt, achtet man tatsächlich nur auf ein *Zeichen für Ehrlichkeit*. Und dieses Zeichen kann gefälscht sein. Wenn man vom offen-ehrlichen Blick des potenziellen Geschäftspartners auf Ehrlichkeit schließt, dann hat man eben nicht direkt gesehen, dass der andere ehrlich ist, sondern man hat dies auf Basis seines offenen Blicks geschlossen. Ein solcher Schluss wird oft richtig sein, er kann aber auch falsch sein. Erfolgreiche Betrüger sind Profis darin, einen offen und ehrlich anzusehen, wenn sie tatsächlich gar nicht offen und ehrlich sind.

Wenn die Einschätzung der Vertrauenswürdigkeit anderer letztlich eine 'Signalinterpretation' ist, d.h. wenn man von bestimmten Verhaltensweisen und anderen Signalen (z.B. offener Blick) auf die abstrakteren Vertrauensfaktoren (z.B. *Nichts vortäuschen*) schließt, dann kann man Vertrauensbetrug mithilfe der Signalisierungstheorie analysieren. Die Signalisierungstheorie wurde im Zusammenspiel der Disziplinen der Ökonomie und der Biologie entwickelt (Spence 1974, Zahavi 1975). Sie beschreibt, vereinfacht gesagt, wie man einem Gegenüber signalisieren kann, dass man eine bestimmte Eigenschaft hat, wenn der Gegenüber nicht direkt sehen kann, dass man diese Eigenschaft hat. Wie kann ich also meinem Kollegen oder Partner zeigen, dass ich nichts vortäusche? Und wie können meine Partner herausfinden, ob meine Signale gute und glaubwürdige Signale dafür sind, dass ich vertrauenswürdig bin?

4.1.1 Signale für Vertrauenswürdigkeit

Um Vertrauensbetrüger systematisch zu entlarven, braucht man drei Hilfsmittel: Erstes muss man wissen, welches überhaupt die relevanten Aspekte von Vertrauenswürdigkeit sind: die *Vertrauensfaktoren*. Zweites muss man diese Aspekte erkennen können: Man muss wissen, welches die *Signale für Vertrauensfaktoren* sind. Drittens schließlich muss man im konkreten Fall herausfinden können, ob ein Vertrauenssignal echt ist oder nur vorgetäuscht wird.

Bevor wir über gefälschte Vertrauenssignale nachdenken können, muss erst einmal klar sein, was überhaupt relevante Vertrauensfaktoren sind. Anhand welcher Faktoren kann ich einschätzen, ob für mein Gegenüber nur eigennützige Motive zählen und er Vertrauen ausnutzen wird? Woran kann ich feststellen, dass er mich nicht reinlegen wird? Woran kann ich mich orientieren um herauszubekommen, ob für ihn Werte oder Verhaltensgewohnheiten zählen, die ihn davon abhalten, opportunistisch zu handeln? – Die Antwort auf diese Frage nach Vertrauensfaktoren findet sich in der Tabelle der Vertrauensfaktoren im Management auf S. 54ff.: Sie listet für unterschiedliche Handlungsfelder die relevanten Vertrauensfaktoren auf. Ein Beispiel für einen sehr wichtigen Vertrauensfaktor ist *Respekt und Interesse zeigen*. Die Antwort auf die Frage, ob mir jemand mit Respekt und Interesse begegnet, kann mir dabei helfen, seine Vertrauenswürdigkeit einzuschätzen. Denn wer mich nicht ernst nimmt und respektlos behandelt, der wird sich im Zweifelsfall auch nicht unbedingt für meine Bedürfnisse und Ziele einsetzen.

> Rauch verweist auf Feuer, ein offener Blick auf Ehrlichkeit

Wenn klar ist, was relevante Vertrauensfaktoren sind, dann kann man auf einer zweiten Ebene fragen, wie sich feststellen lässt, ob ein Vertrauensfaktor tatsächlich gegeben ist. Welches sind Zeichen bzw. Signale für einzelne Vertrauensfaktoren? So wie Rauch ein Zeichen für Feuer ist, ist ein offener Blick ein Zeichen für Ehrlichkeit oder ein kurzes Zögern ein Hinweis auf fehlende Aufrichtigkeit.

Was etwa wären Signale dafür, dass mir jemand mit Respekt und Interesse begegnet? Die für unsere Forschungen interviewten Manager verweisen hier darauf, dass der andere Interesse an ihrer Person zeigt und Verständnis für ihre spezifischen Probleme äußert. Dass er sich für *ihre* Situation oder *ihre* Ziele und Vorhaben interessiert – indem er nachfragt, sich Zeit nimmt, bei der Sache ist. Respekt äußert sich auch darin, dass der andere ihre Kompetenz, ihre Meinung, ihre Ideen, oder ihre Fragen ernst nimmt und sie nicht als unsinnig abtut. Er fragt ernsthaft nach, nimmt sich dafür Zeit – und berücksichtigt all dies in seinem Handeln. Dies sind Signale für Respekt und Interesse.

Drittens lässt sich nun die spannende Frage stellen: Betrug oder nicht? Sind die Signale 'echt' oder nur gefälscht? Ist das Interesse des anderen an meiner Person echt? Wenn es ein ernsthaftes, echtes Interesse ist, dann kann ich es als Hinweis auf den Vertrauensfaktor *Respekt und Interesse zeigen* interpretieren. Wenn es nur vorgetäuscht ist, dann gibt es mir keinen Grund dafür anzunehmen, dass der andere mir wirklich mit Respekt und Interesse begegnet. Das ist die Ebene, auf der Vertrauensbetrug stattfindet: Die Ebene der Signale für Vertrauensfaktoren (vgl. Abb. 3).

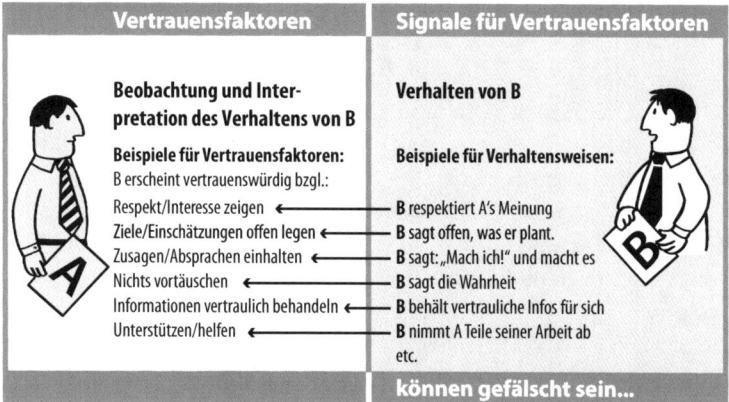

Abb. 3: Vertrauensfaktoren und Signale für Vertrauensfaktoren

4.1.2 Wann muss man mit gefälschten Signalen rechnen?

Doch wie bekomme ich nun heraus, ob Signale für Vertrauenswürdigkeit gefälscht sind oder nicht? Wie kann ich vermeiden, einem Vertrauensbetrüger auf den Leim zu gehen? Wie stelle ich sicher, dass ich Vertrauenszeichen richtig deute? – Für diese Fragen liefert uns die Signalisierungstheorie eine Reihe wichtiger Hinweise (vgl. Bacharach & Gambetta 1997, Conelly et al. 2011).

Die Signalisierungstheorie fragt danach, wann Signale zuverlässige Signale sind. Auf der Showbühne ist Rauch kein zuverlässiges Zeichen für Feuer, denn oft sind künstliche Rauch-Erzeuger im Einsatz. Die meisten Signale, egal für was, sind keine zu hundert Prozent zuverlässigen Signale. Die Kunst besteht daher darin herauszufinden, ob ein Signal im konkreten Fall tatsächlich das anzeigt, wofür es steht.

Der wesentliche Punkt, den wir aus der Signalisierungstheorie lernen können, ist, dass ein Signal für Vertrauen genau dann ein *gutes* Signal ist (also mit geringer Wahrscheinlichkeit gefälscht ist), wenn:

1. ein echt Vertrauenswürdiger das Signal ohne Aufwand geben kann, aber
2. ein Betrüger das Signal nur mit größerem Aufwand fälschen kann.

Vertrauenssignale sind zuverlässiger, wenn es für Betrüger kostspielig ist, sie zu fälschen. Ein gutes Zeichen für die Vertrauenswürdigkeit eines Geschäftspartners im Hinblick darauf, dass er wirklich in eine gemeinsame Geschäftsbeziehung eintreten möchte, wäre demnach, dass er umfangreiche Vorleistungen erbringt und in die gemeinsame Geschäftsbeziehung umfassend investiert. Für einen Betrüger wäre das relativ aufwändig, aber für einen ernsthaften Geschäftspartner, der eine längerfristige Geschäftsbeziehung aufbauen möchte, ist es das, was er ohnehin tut.

In ein drastisches Beispiel gekleidet: Wer jemanden vergiften möchte, demonstriert seine Ehrlichkeit in der Regel nicht dadurch, dass er selbst einen Schluck aus dem vergifteten Kelch trinkt.

Aber diese Bedingungen sind noch nicht ausreichend, um zuverlässige Vertrauenssignale zu beschreiben: Signale sind sicher, wenn sie für Betrüger *im allgemeinen* zu teuer sind. Dies schließt nicht aus, dass es sich unter bestimmten Umständen doch lohnen kann, bestimmte Vertrauenssignale zu imitieren, auch wenn dies recht kostspielig ist: nämlich genau dann, wenn dem Betrüger der Gewinn, den er aus dem erschlichenen Vertrauen ziehen kann, noch größer erscheint als der Fälschungsaufwand.

Das Signal muss für den Betrüger kostspielig sein

Stellen wir uns – nur kurz – einmal als Selbstmord-Attentäter einen 'Selbstmord-Vergifter' vor, der jemanden mit einem Gift ermorden will, das mit verzögerter Wirkung eintritt: Der würde tatsächlich selbst einen Schluck aus dem vergifteten Kelch nehmen, um seine Täuschung zu perfektionieren. Das Gedankenexperiment zeigt, welche Bedingung für ein wirklich zuverlässiges Signal hinzukommen muss: Es reicht nicht aus, dass das Signal für den tatsächlich vertrauenswürdigen Zeitgenossen viel einfacher zu geben ist als für einen Betrüger. Darüber hinaus müssen die für den Betrüger durch die Signalfälschung entstehenden *Kosten* schwerwiegender sein als sein *Gewinn* durch erfolgreiches Vertrauenserschleichen.[8] In all den Situationen, in welchen die Fälschung eines Vertrauenssignals für einen Betrüger lediglich Kosten verursacht, die *geringer* sind als sein möglicher Gewinn durch Betrug, sollte man mit Betrügern rechnen.[9]

Was muss man also tun, um zu erkennen, wo Betrug droht? Man muss den Aufwand, den es für einen Vertrauensbetrüger macht, ein bestimmtes Vertrauenssignal zu fälschen, mit dem potenziellen Vorteil vergleichen, den er mit seinem Betrug erreichen kann. Für den Augs-

---
[8] Als zweite Bedingung kommt hinzu, dass es für den Vertrauenswürdigen kostspieliger sein muss, als nicht vertrauenswürdig wahrgenommen zu werden, als das Signal zu produzieren.
[9] Das beschreibt natürlich nur die Basis-Analyse. Ein weiterer wichtiger Aspekt in beruflichen Kontexten ist beispielsweise der Ruf, den es zu verlieren gibt, wenn ein Betrug auffliegt oder bekannt wird.

burger Seniorenbetrüger stand einem relativ geringen Aufwand (Beobachten der alten Dame auf dem Friedhof und Vortäuschen einer Bekanntschaft mit dem Ehegatten) ein lukrativer Gewinn gegenüber (Aussicht auf Zugang zur Wohnung und Möglichkeit zum Schmuckdiebstahl). Genau deshalb sollten Senioren in solchen Fällen misstrauisch sein.

4.2 Der Autopilot: Warum wir auf Fälschungen hereinfallen

Wie konnte die Augsburger Seniorin nur so leichtfertig auf den Betrüger hereinfallen? – Namen wie Bernard Madoff oder Jürgen Schneider erinnern uns daran, dass längst nicht nur altersgutgläubige Senioren Vertrauensbetrügern aufsitzen. Madoff hatte das Vertrauen von knapp 5000 Finanzanlegern gewonnen, obwohl sein New Yorker 'Fonds' nichts anderes war als ein großes illegales Schneeballsystem. Das brach Ende 2008 zusammen, und Madoff gab zerknirscht zu, es sei eine „einzige große Lüge". Ergebnis: Ein Schaden von rund 50 Milliarden Euro. Dagegen erscheinen die 3,5 Milliarden Euro Kredite, mit denen Baulöwe Schneider Mitte der 1990er in Deutschland insolvent ging, fast wie 'Peanuts'. Er hatte gegenüber namhaften Banken mit geschönten Immobilienangaben deren Hypothekenwert gesteigert und – offenbar glaubhaft – völlig unrealistische Renditen versprochen.

Doch wir wissen nun, dass sich ökonomisch-spieltheoretisch genau aufzeigen lässt, wann man mit Vertrauensbetrügern rechnen muss. Warum aber tun wir das dann nicht konsequent? Warum fallen wir auf gefälschte Vertrauenssignale herein?

Es hängt damit zusammen, dass Betrüger einen dem Vertrauen eigenen Funktionsmechanismus ausnutzen. Wir haben weiter oben gesehen, warum sich Vertrauen weitgehend unbewusst entwickelt (vgl. 2.3). Dieses unbewusste Ablaufen von Prozessen der Vertrauenseinschätzung ist in der Regel ein großer Vorteil. Es ist viel wert, dass wir mit Kollegen oder Partnern zusammenarbeiten können, ohne ständig bewusst darüber nachdenken zu müssen, ob und inwiefern wir ihnen vertrauen können. Wir müssen nicht ständig bewusst alle möglichen Vertrauensfaktoren im Kopf haben, um unsere Vertrauenseinschätzung zu überprüfen und fortzuentwickeln. Vertrauen reduziert Komplexität, senkt Transaktionskosten. Wir lassen unseren Autopiloten fahren und können uns auf das Gespräch mit dem Beifahrer konzentrieren.

Wie funktioniert ein Vertrauens-Autopilot? Wie können wir unbewusst die Vertrauenswürdigkeit unserer Kollegen und Geschäftspartner einschätzen? Einen wichtigen Teil der Antwort liefert der Psycho-

Wie funktioniert ein Vertrauens-Autopilot?

loge Martin Schweer unter dem Stichwort „implizite Vertrauenstheorie" (Schweer 1996, 1997, Schweer & Thies 2003).[10] Erfahrene Manager verfügen über eine eigene unbewusste Vorstellung vom „Prototypen des vertrauenswürdigen bzw. des vertrauensunwürdigen" Kollegen oder Partners (Schweer & Thies 2003: 8). Ihre bisherigen beruflichen Erfahrungen mit Vertrauen haben sich zu einer Theorie der zentralen Eigenschaften vertrauens(un)würdiger Partner verdichtet. In der Zusammenarbeit mit einem neuen Partner machen sie dann (unbewusst) kleine mentale Häkchen, wenn sie Eigenschaften oder Verhaltensweisen feststellen, die ihrem Prototypen des vertrauenswürdigen Partners entsprechen. Und weil erfahrene Manager sehr gute implizite Vertrauenstheorien entwickelt haben, funktioniert das in der Regel ziemlich gut.

Dass diese Prozesse weitgehend unbewusst ablaufen, bedeutet jedoch auch, dass eventuelle Fehleinschätzungen leicht unentdeckt bleiben und nicht bewusst korrigiert werden können. Wenn ein Betrüger gut ist, dann schlüpft er erfolgreich unter die Oberfläche und entgeht unserer bewussten Prüfung und Kontrolle. Solange alles 'normal' erscheint, solange es sich im Rahmen der üblichen Standards bewegt, die auch wir in unserer impliziten Vertrauenstheorie verinnerlicht haben, bleiben wir im Modus des Autopiloten und schöpfen keinen Verdacht.

Doch führt uns diese Überlegung nicht in ein grundsätzliches Problem? Wenn die Vertrauenseinschätzungsprozesse stets unbewusst ablaufen, dann müssten wir doch ständig blindlings Betrügern in die Arme laufen – oder?

4.3 Weckmechanismen: Wie wir erkennen, dass getäuscht wird

Praxisbeispiel 7: Wenn Vertrauen plötzlich in Frage steht...

Der Inhaber einer Anwaltskanzlei in Paris berichtet: „Ich habe immer wieder Fälle, in welchen Experten bzw. Gutachter bestellt werden, bevor das Gericht entscheiden kann. Man bestellt dann einen Experten, der für seine Fachkompetenz ausgewiesen ist und auf einer entsprechenden Liste des Gerichtsbezirks steht. In den bestellten Gutachter muss man als Anwalt natürlich Vertrauen haben, sonst hat man ein Problem. Man kann zwar einen Antrag stellen, den Gutachter wegen Befangenheit durch einen anderen zu ersetzen. Aber da muss es schon schwerwiegende Verwicklungen des Gutachters mit einer dritten Partei geben, die Interesse in der Streitsache hat.

---

[10] Zugrunde liegt die sogenannte „implizite Persönlichkeitstheorie" (Bruner & Tagiuri 1954, Cronbach 1955, Schneider 1973), die Schweer hier auf die spezifische Fragestellung der Entwicklung von Vertrauen überträgt.

> Ich erzähle Ihnen das nur deshalb, weil ich da einen ganz konkreten Fall erlebt habe. Da ging es um Mängel am Bau, und es war ein Baugutachter bestellt. Ich fuhr dann morgens zu der Anhörung des Gutachters vor Gericht. Als ich da hinfuhr, war ich eine halbe Stunde zu früh dran und entschied mich spontan, noch einen Kaffee zu trinken. Das war in einem Pariser Vorort. Ich hielt also, parkte mein Auto und ging zu einem Café. Und in dem Moment sehe ich plötzlich, wie der Gutachter zusammen mit dem Anwalt der Gegenseite und dessen Mandanten aus dem Café kommt. Völlig klar, dass das mein Vertrauen in den Gutachter und genauso in die Professionalität meines Kollegen total erschüttert hat."
>
> *TRIM-Projekt / R. Münscher & J. Hormuth*

Der von uns zu seinen Vertrauenserfahrungen interviewte Pariser Anwalt (s. Praxisbeispiel) sieht zufällig den vom Gericht bestellten Gutachter zusammen mit dem Anwalt der Gegenseite und dessen Mandanten aus einem Café kommen. Mit dieser Beobachtung steht sein Vertrauen in den Gutachter (genau wie in den Anwaltskollegen) auf einen Schlag radikal in Frage – auch wenn er ihm vorher vertraut hat, ohne überhaupt bewusst darüber nachzudenken, da er vom Gericht benannt worden war.

Das erstaunt uns nun nicht sonderlich, sondern es leuchtet unmittelbar ein. Allerdings ist es auf den zweiten Blick eigentlich sehr interessant, dass einem durch eine solche Beobachtung die Frage der Vertrauenswürdigkeit, die zuvor überhaupt kein Thema war, ganz plötzlich sehr bewusst wird. Um unser Vertrauen in einen Kollegen zu hinterfragen, müssen wir nicht aktiv überlegen, ob wir eigentlich noch vertrauen können. Es ist vielmehr so, dass wir etwas beobachten oder eine Information bekommen, die uns aus dem unhinterfragten Vertrauensmodus herausreißt. Plötzlich steht Vertrauen in Frage, plötzlich ist man sich der Sachlage bewusst, dass man nicht uneingeschränkt vertrauen kann. Offenbar liegt unser Unbewusstes im Hintergrund auf der Lauer und sucht in den Informationen, die wir erhalten, nach Hinweisen auf fehlende Vertrauenswürdigkeit. Wir nehmen unbewusst nicht nur einen Abgleich mit den für uns prototypischen Eigenschaften für vertrauenswürdige Partner vor, sondern genauso mit den Eigenschaften für *nicht* vertrauenswürdige Partner. Wenn unser unbewusster Vertrauensprüfer dabei auf 'Vertrauenswarnungen' stößt, ist Vorsicht angesagt. Dann werden wir aus dem unbewussten Autopiloten-Modus aufgeweckt. Es erfolgt gleichsam die Übergabe an den bewussten Entscheider. Die Sache kommt auf den Tisch, und wir müssen uns bewusst damit befassen, ob wir eine gute, gleichsam entschuldigende, Erklärung für den Sachverhalt finden – oder ob wir vorsichtig sein müssen.

Offenbar liegt unser Unbewusstes im Hintergrund auf der Lauer

4.3.1 Der Betrüger-Entdeckungs-Mechanismus

Warum läuft unsere implizite Vertrauenstheorie normalerweise als unbewusster 'Prüfer' im Hintergrund und weckt uns, wenn Intrigen oder Vertrauensbetrug drohen?

Normalerweise entwickelt sich Vertrauen im beruflichen Kontext auf äußerst praktische Weise 'nebenher'. Nach einer Anfangsphase der Zusammenarbeit schaltet sich die bewusste kalkulatorische Rationalität weitgehend aus und der Vertrauens-Autopilot ein. Man kümmert sich nicht mehr bewusst darum, Informationen zu sammeln und auszuwerten und die Einschätzung eines Kollegen oder Geschäftspartners weiter zu verfeinern und anzupassen. Stattdessen vertraut man einfach – und das Vertrauen wächst unbewusst weiter. Vertrauen entlastet so das Bewusstsein und reduziert Komplexität. Wenn man dann plötzlich misstrauisch wird, dann hat in gewisser Weise jemand auf einen Knopf gedrückt, das Bewusstsein wieder eingeschaltet, und die bewusste Routine zur Vertrauenswürdigkeitseinschätzung aktiviert. Wir verfügen also scheinbar über einen Mechanismus, der die Einschätzungsprozesse der Vertrauenswürdigkeit plötzlich wieder ins Bewusstsein rückt, der aber selbst offenbar nicht bewusst ist.

Warum wir über diese praktische Fähigkeit verfügen, erklärt die Sozialpsychologin Leda Cosmides. Sie entwickelte bei Forschungen an der Harvard-Universität die Theorie vom 'Betrüger-Entdeckungs-Mechanismus' (Cheater Detection Algorithm). Ihr Ausgangspunkt waren die erstaunlichen Ergebnisse eines Pioniers der Denkpsychologie, Peter Wason. Der hatte systematisch nachgewiesen, dass Menschen im Umgang mit ganz einfachen logischen Schlussfolgerungsregeln meist völlig daneben liegen. Speziell die Überprüfung der einfachen logischen Wenn-dann-Beziehung ist für viele Menschen schwierig (Wason 1983, 1966, Wason & Johnson-Laird 1972). Der folgende Kasten zeigt Wasons Aufgabenstellung zum logischen Schließen, an der die meisten Versuchspersonen scheitern.

Info 4: Basis-Version des Wason Selection Task

Aufgabe: Prüfen Sie Dr. Buchners Regel zur Ebbinghaus'schen Krankheit!

Mediziner studieren die neu entdeckte aber noch wenig verstandene Ebbinghaus-Krankheit. Diese hat eine Reihe von Symptomen wie Nasenbluten, Kopfweh u.a. Die Diagnose ist sehr schwer, da ein erkrankter Patient nicht immer alle Symptome zeigt. Auf einem Kongress behauptet Dr. Buchner, dass folgende Regel zutreffe:

„Wenn jemand die Ebbinghaus'sche Krankheit hat,
dann ist er vergesslich."

Allerdings könnte Dr. Buchner damit falsch liegen. Sie interessieren sich dafür, ob es irgendwelche Patienten gibt, auf welche die Regel nicht zutrifft, welche also Dr. Buchners Regel 'verletzen'.

> Die im Folgenden abgebildeten vier Karten stehen für vier Patienten. Jede Karte hat zwei Seiten, eine Seite ist sichtbar, die andere verdeckt. Jede Karte ist so aufgebaut, dass ihre eine Seite besagt, ob der Patient Ebbinghaus'sche Krankheit hat, und ihre andere Seite, ob er vergesslich ist.
>
> Von den folgenden Karten: Welche Karte(n) müssen Sie unbedingt umdrehen, um sicher herauszubekommen, ob irgendeine der Karten die von Dr. Buchner behauptete Regel verletzt? Drehen Sie nicht mehr Karten um, als absolut notwendig sind, um die behauptete Regel zu überprüfen.
>
>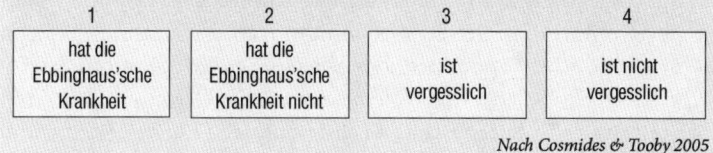
>
> *Nach Cosmides & Tooby 2005*

Die Zahl der Leute, welche diese Aufgabe korrekt bewältigen, bewegt sich in allen bis heute durchgeführten Experimenten lediglich zwischen 5% und 30% (Cosmides 1989, Wason 1983, 1966, Manktelow & Evans 1979, Sugiyama et al. 2002). Die logisch korrekte Lösung der Aufgabe: Drehen Sie (nur) die Karten 1 und 4.

Das logische Prinzip, um das es hier geht, ist die sogenannte 'Wenn-dann-Beziehung'. Diese besagt, dass bei einer Bedingung (krank) eine bestimmte Konsequenz gegeben sein muss (vergesslich). Das einzige, was man logisch daraus schließen kann, ist Folgendes: Wenn die Konsequenz *nicht* gegeben ist (nicht vergesslich), dann kann auch die Bedingung nicht gegeben sein (krank). Denn das ist ja gerade die behauptete Wenn-dann-Beziehung: Wenn krank, dann vergesslich. Um zu sehen, ob die Wenn-dann-Beziehung gilt, muss man also genau zwei Dinge überprüfen: 1. Ist, wer krank ist, auch vergesslich? (Karte 1 umdrehen). 2. Ist, wer nicht vergesslich ist, nicht doch etwa krank? (Karte 4 umdrehen).

Wichtig ist: Die beiden anderen Karten sind für die Überprüfung der Wenn-dann-Beziehung logisch betrachtet irrelevant. Das ist aber für die meisten Menschen nicht intuitiv einleuchtend. In Versuchen mit dieser Aufgabe wählen die meisten Leute entweder nur Karte 1 oder aber die Karten 1 und 3. Sie vergessen also stets die notwendige Überprüfung der Karte 4, und manche prüfen stattdessen die irrelevante Karte 3. Interessanterweise bleiben die Ergebnisse der Versuchspersonen nachweislich sogar dann schlecht, wenn sie direkt zuvor einen Logikkurs besucht haben (Cheng et al. 1986).

Studien zeigen: Die meisten Leute liegen daneben

Forschung wäre jedoch langweilig, würde man nichts Neues entdecken. In einer Reihe von Studien (vgl. Cosmides 1989, 1985, Cosmides & Tooby 2005, 1992) fiel auf, dass sich die logische Denkleistung plötzlich sprunghaft verbessert, wenn man die Aufgabenstellung anders formuliert – und zwar auf bis zu 95% korrekter Lösungen (Cosmides & Tooby 2005). Leda Cosmides suchte daraufhin nach einer Erklärung für dieses Phänomen. Ihre Theorie, die sich anschließend in einer ganzen Reihe von Studien erfolgreich gegen Alternativerklärungen durchsetzte, ist die 'Theorie der sozialen Verträge' (Social Contract Theory). Sie erklärt das Phänomen durch die Annahme eines Denkmechanismus, den Cosmides den 'Betrüger-Entdeckungs-Mechanismus' nannte. Denn beim Vergleich der verschiedenen Formulierungsvarianten der Aufgabe fiel ihr auf, dass es einen ganz bestimmten sozialen Kontext gibt, bei dem es von großem Vorteil ist, erfolgreich Betrüger entdecken zu können: die gegenseitige Kooperation. Erfolgreiche Kooperation beruht auf dem Prinzip der Gegenseitigkeit, und eine solche Vereinbarung zur wechselseitigen Leistungserbringung lässt sich als 'Sozial-Vertrag' beschreiben: Wenn ich dir helfe, hilfst du mir. Weil sich praktisch alle unsere Vorfahren in der menschlichen Entwicklungsgeschichte mit diesem Problem konfrontiert sahen, haben wir den Betrüger-Entdeckungs-Mechanismus, der uns hilft, zu prüfen, ob 'soziale Verträge' eingehalten werden.

Unser Betrüger-Entdekkungs-Mechanismus

Doch aus Effizienzgründen ist dieser Mechanismus unbewusst. Cosmides brachte ihre Überlegungen mit dem einfachen ökonomischen Grundprinzip zusammen, das die Evolution steuert: Setze Ressourcen möglichst effizient ein. In anderen Worten: Achte nur auf das, auf das du wirklich achten musst. Spar dir deine Aufmerksamkeit für wirklich Wichtiges. Es ist gut, einen Betrüger-Entdeckungs-Mechanismus zu haben, aber es ist noch besser, wenn er sich nur dann aktiviert, wenn wir tatsächlich Betrug fürchten müssen.

Cosmides entwickelte also die Theorie, dass wir ein 'kognitives Programm' zur Entdeckung von Kooperationsbetrügern entwickelt haben, dass evolutionär effizient ist: Es schlägt nur dann an, wenn es wirklich nötig ist. Nämlich dann, wenn es um einen möglichen Kooperationsbetrug geht – und nicht bei Fragen zur Ebbinghaus'schen Krankheit etc. Cosmides konnte zeigen, dass wir im Kontext sozialer Verträge eine für genau diesen Kontext spezialisierte Logikkompetenz aktivieren. In ihrem Forschungsprogramm konnte sie allein durch die Umformulierung von Wasons Aufgabe als 'Sozial-Vertrag' die Quote der erfolgreichen Lösungen dramatisch erhöhen. In einer Formulierungsvariante wie sie beispielsweise Info 5 wiedergibt, springt uns die Lösung geradezu ins Auge: Man muss eben nach potenziellem Betrug suchen, und dafür kommen genau zwei Karten in Frage.

> Info 5: Variante des Wason Selection Task als 'Sozial-Vertrag'
> **Aufgabe: Hat der Sohn das Auto wie abgemacht wieder getankt?**
>
> Teenager, die noch kein eigenes Auto haben, leihen sich gerne bei ihren Eltern das Auto aus. Herr Meyer hat daher seinen vier Söhnen folgende Regel gegeben:
>
> „Wenn du mein Auto ausleihst,
> dann musst du es hinterher wieder betanken."
>
> Aber natürlich sind Teenager manchmal nicht sonderlich verantwortungsbewusst. Sie sollen nun herausfinden, ob einer der Meyer-Söhne die Regel verletzt hat. Die im Folgenden abgebildeten vier Karten stehen für die vier Meyer-Söhne. Jede Karte hat zwei Seiten, eine Seite ist sichtbar, die andere verdeckt. Jede Karte ist so aufgebaut, dass ihre eine Seite besagt, ob der Meyer-Sohn das Auto geliehen hatte, und ihre andere Seite, ob er das Auto getankt hat.
>
> Welche Karte(n) müssen Sie unbedingt umdrehen, um sicher herauszubekommen, ob eine der Karten eine Regel-Verletzung abbildet? Drehen Sie nicht mehr Karten um, als absolut notwendig sind, um Regelverletzer zu finden.
>
> | 1 | 2 | 3 | 4 |
> |---|---|---|---|
> | hatte das Auto ausgeliehen | hatte das Auto nicht ausgeliehen | hat wieder aufgetankt | hat nicht wieder aufgetankt |
>
> *Nach Cosmides & Tooby 2005*

4.3.2 Der Vertrauensbetrüger-Entdeckungs-Mechanismus

Für Cosmides ist der Betrüger-Entdeckungs-Mechanismus nur ein Modul von vielen innerhalb eines ganzen 'Werkzeugkastens' von Sozialvertrags-Mechanismen (Cosmides & Tooby 2005: 594). Doch genau wie die ganz allgemeinen sozialen Austauschbeziehungen, die Cosmides untersucht hat, lassen sich auch Vertrauensbeziehungen als soziale Verträge verstehen: Wenn ich dir gegenüber vertrauensvoll handle, darfst du mein Vertrauen nicht ausnutzen. Kooperieren und vertrauensvoll handeln sind eng verwandte Begrifflichkeiten. Nicht zuletzt hat die spieltheoretische Forschung zur Kooperation im Gefangenendilemma eine wichtige Tradition der Vertrauensforschung begründet (vgl. 2.2).

Daher bezieht sich der von Cosmides umfassend untersuchte Betrüger-Entdeckungs-Mechanismus nicht nur auf das logische *Wen-muss-ich-prüfen?*, sondern er hilft uns darüber hinaus mit dem *Wann-und-wie-muss-ich-prüfen?*. Es gibt Weckmechanismen, die mögliche Fälle von Vertrauenstäuschung bewusst machen – sei es in Bezug auf die *logische* Frage, wann jemand in einem Sozialkontrakt überhaupt betrügen kann, oder in Bezug auf die *inhaltliche* Frage, woran ich bei der entsprechenden Person im konkreten Fall erkennen kann, ob sie

Wir haben einen Vertrauensbetrüger-Entdeckungs-Mechanismus

mich täuscht. Bei Wasons Kartenauswahlaufgabe, bei welcher die meisten Leute im allgemeinen logisch völlig daneben liegen, wird durch die Umformulierung in einen Sozialvertrag der Betrüger-Entdeckungs-Mechanismus aktiviert. In gleicher Weise funktioniert die Entdeckung von Vertrauensbetrügern. Wir verfügen über einen speziellen Mechanismus, der unbewusst arbeitet und uns ermöglicht, nicht ständig über Vertrauen nachdenken zu müssen – aber der uns dennoch 'weckt', wenn Vertrauensbetrug droht. Mithilfe dieses Mechanismus achten wir unbewusst auf Signale für vertrauens-*un*-würdiges Verhalten. Es ist ein evolvierter kognitiver Mechanismus ganz im Sinne der Forschungen von Cosmides und Kollegen. Er erklärt das Phänomen, wie wir aus einem unbewussten vertrauensvollen Kooperationsverhalten 'geweckt' werden, wenn wir Gefahr laufen, ausgenutzt zu werden. Wir nennen ihn den 'Vertrauensbetrüger-Entdeckungs-Mechanismus'.

Auch wenn Vertrauenseinschätzungen unbewusst ablaufen, ist Vertrauensbetrug also gar nicht so einfach. Denn wir haben unseren gut trainierten Weckmechanismus und merken relativ zuverlässig, wenn ein Betrüger uns reinlegen will. Allerdings gibt es ein ganz anderes Problem. Was uns eigentlich interessiert, sind Vertrauensfallen – und in die gerät man, wenn der andere einen gar nicht betrügen will.

4.4 Vertrauensfallen: Wenn der Wecker zu früh weckt

Resümieren wir: Vertrauensbetrüger fälschen Vertrauenssignale, um Vertrauen zu erschleichen. Man nimmt bei einem Betrüger Vertrauenssignale wahr (z.B. 'Offener Blick', 'Kein Ausweichen auf Fragen') und interpretiert diese als Hinweis auf einen Vertrauensfaktor wie beispielsweise *Nichts vortäuschen*. Daher glaubt man, einen Grund zu haben, vertrauen zu können. Faktisch läuft das meist unbewusst ab: Unser Vertrauens-Autopilot glaubt sich auf sicherer Strecke, der Weckmechanismus schlägt nicht an, und wir reden munter weiter mit dem Beifahrer. Wenn wir diesen Vorgang im Detail rekonstruieren, verstehen wir auch, wie Vertrauensfallen entstehen.

4.4.1 Was Vertrauensbetrug und Vertrauensfallen gemeinsam haben

Wenn man auf einen Vertrauensbetrüger hereinfällt, dann glaubt man fälschlicherweise, gute Gründe dafür zu haben, ihm vertrauen zu können. Der erfolgreiche Vertrauensbetrüger verleitet uns zu einem 'Interpretationsfehler'. Wir interpretieren sein gefälschtes Vertrauenssignal so, als ob es ein echtes Zeichen für Vertrauenswürdigkeit wäre. Ergebnis: Wir vertrauen, obwohl wir eigentlich *keinen* guten Grund dafür haben, zu vertrauen.

Für das internationale Management ist jedoch ein ganz ähnlicher Fall der Vertrauenstäuschung viel wichtiger. Denn anstatt auf Täuschungen hereinzufallen, laufen international tätige Manager vielmehr Gefahr, Vertrauen zu verspielen und eine Misstrauensspirale in Gang zu setzen, obwohl sie eigentlich *keinen* guten Grund dafür haben, *nicht* zu vertrauen. Das sind Situationen, die wir 'kulturelle Vertrauensfallen' nennen. Hier geht es nicht darum, dass ein Betrüger aktiv unseren Vertrauensbetrug-Wecker sabotiert, indem er Vertrauenssignale so glaubhaft fälscht, dass wir darauf hereinfallen. Vielmehr geht es darum, dass sich ein Kollege oder Geschäftspartner aus einer anderen Kultur in einer solchen Weise anders verhält, dass wir glauben, klare Zeichen für fehlende Vertrauenswürdigkeit zu sehen. Tatsächlich sind das aber gar keine Zeichen für fehlende Vertrauenswürdigkeit, sondern der andere verhält sich lediglich an einer bestimmten Stelle gemäß den für ihn selbstverständlichen Werten und Gewohnheiten seines kulturellen Bezugssystems. Wenn man dieses Bezugssystem nicht gut genug kennt und stattdessen das Verhalten des anderen so interpretiert, wie man es normalerweise – erfolgreich – innerhalb der eigenen Kultur macht, dann wird man natürlich misstrauisch. *Zu recht*, wie man glaubt. Genau wie die Augsburger Seniorin glaubte, einen alten Bekannten ihres verstorbenen Gatten kennengelernt zu haben, dem sie *zu recht* vertrauen konnte.

Wir haben es also mit zwei Arten von Vertrauenstäuschungen zu tun: Im Fall des Vertrauensbetrügers falle ich auf eine aktive Täuschung herein, denn er fälscht bewusst Vertrauenssignale, um mein Vertrauen zu erschleichen. Bei den kulturellen Vertrauensfallen im internationalen Management geht es in der Regel darum, dass mir ein Interpretationsfehler unterläuft, den der andere gar nicht beabsichtigt: Ich sehe sein Verhalten als Zeichen für fehlende Vertrauenswürdigkeit, obwohl diese Einschätzung eigentlich gar nicht gerechtfertigt ist. Ich täusche mich.

Wenn man Vertrauensbetrüger entlarven möchte, interessiert man sich dafür, wie man *aktiv gefälschte* Vertrauenssignale erkennt. Wenn man sich für den Einfluss kultureller Unterschiede auf die Entwicklung von Vertrauen interessiert, kommt eine ganz andere Art von 'Falle' in den Blick: die *unabsichtliche* Fehlinterpretation von Vertrauenssignalen – die man vermeiden möchte. In beiden Fällen entsteht eine ungerechtfertigte Vertrauensüberzeugung durch eine Fehlinterpretation des anderen. Nur hat im ersten Fall der Betrüger genau dies vor – und der andere tappt in die Falle. Im zweiten Fall aber hat keiner der Beteiligten vor zu betrügen – und doch schnappt die Falle zu.

Niemand will betrügen – und doch gehen wir in die Falle

4.4.2 Das Konzept der 'Vertrauensfalle'

Wir werden uns im zweiten Teil des Buchs ausgiebig mit *kulturellen* Vertrauensfallen beschäftigen und anhand einer Vielzahl von Beispielen aus unterschiedlichen Kulturen erläutern, in welche kulturellen Vertrauensfallen Manager in internationalen Arbeitskontexten typischerweise geraten können. Im nächsten Abschnitt werden wir genauer erläutern, warum und auf welche Weise unterschiedliche *kulturelle* Hintergründe im internationalen Management Vertrauensfallen entstehen lassen (vgl. 5.3). Bleiben wir an dieser Stelle jedoch erst einmal beim Konzept der Vertrauensfalle. Denn es ist hilfreich, sich zu vergegenwärtigen, dass kulturelle Differenz nur einer der Gründe ist, weshalb Vertrauensfallen entstehen.

Vertrauensfallen aus Unachtsamkeit

Neben *kulturellen* Vertrauensfallen gibt es beispielsweise auch Vertrauensfallen, die *aus Unachtsamkeit* entstehen. Denn natürlich hat man nicht immer die Zeit, den 'freien Kopf' oder die nötige Aufmerksamkeit, sich gegenüber allen Kollegen, Geschäftspartnern und Mitmenschen gleichermaßen so zu verhalten, dass man in angemessener und gerechtfertigter Weise als vertrauenswürdig wahrgenommen wird. Umgekehrt ausgedrückt: Wenn es hart auf hart kommt, man gestresst ist, schlecht geschlafen hat oder einfach nur unaufmerksam ist, dann verhält man sich möglicherweise gegenüber einem Kollegen oder Geschäftspartner in einer Weise, die dieser als Anzeichen für fehlende Vertrauenswürdigkeit interpretiert. Er nimmt beispielsweise ein äußerst geringes Interesse für seine Person und Situation wahr oder es fällt ihm auf, dass ich ihm nicht proaktiv Informationen weitergebe. Sein Vertrauen in mich kann Schaden leiden – obwohl mein Verhalten eigentlich nur eine Ausnahme bzw. Unachtsamkeit war.

Vertrauensfallen durch die Beziehungskonstellation

Genauso können Vertrauensfallen auch *durch die Beziehungskonstellation* entstehen. Ein Beispiel wäre, dass Herr Schmitz wegen der Vertraulichkeit gewisser Informationen gezwungen ist, mit dem Kollegen Zimmermann weniger offen zu reden als mit Frau Hofmann. Trifft er nun auf Herrn Zimmermann und Frau Hofmann gemeinsam, dann kann er Frau Hofmann bestimmte Dinge nicht sagen, da ja Herr Zimmermann dabei ist. Diese unterlassene Informationsweitergabe kann später dazu führen, dass Frau Hofmann sein Verhalten als Vertrauenswarnung bezüglich *An Wissen teilhaben lassen* interpretiert. Erfahrene Manager erkennen solche Vertrauensfallen und lösen sie rechtzeitig auf, bevor Vertrauen schaden nehmen kann. Oder Sie erkennen im vorhinein, dass solche Situationen entstehen können, und bemühen sich, sie zu vermeiden. – Einen Überblick des Spektrums unterschiedlicher Gründe für ungerechtfertige Vertrauensüberzeugungen gibt Tab. 9.

Tab. 9: Vertrauensfallen vs. Vertrauenstäuschungen

Ungerechtfertigte Vertrauensüberzeugung von A...	
... beruht auf Absicht von B:	Vertrauenstäuschung/-betrug
... entsteht ohne Absicht von B:	Vertrauensfalle – aus Unachtsamkeit – durch Beziehungskonstellation – aufgrund kultureller Unterschiede o. a.

Im einen Fall entsteht – mit Absicht, aber ungerechtfertigterweise – Vertrauen (Vertrauensbetrug), im anderen Fall geht Vertrauen – ohne Absicht und ungerechtfertigterweise – verloren (Vertrauensfalle).

Es kann auch Vertrauensfallen geben, die zu einem ungerechtfertigten Vertrauen führen. Wir könnten sie 'positive' Vertrauensfallen nennen, denn sie führen dazu, dass Vertrauen tatsächlich entsteht, obwohl es eigentlich keinen Anlass zu einer positiven Vertrauenseinschätzung gibt. Es ist dann fast wie beim Vertrauensbetrug, nur eben ohne Täuschungsabsicht. Betrachten wir ein Beispiel: Wie Frau Werner und Herr Krause in der Cafeteria in eine 'positive' Vertrauensfalle geraten (s. Praxisbeispiel).

> **Praxisbeispiel 8: Die positive Vertrauensfalle in der Cafeteria**
>
> Frau Werner arbeitet seit kurzer Zeit mit einem neuen Kollegen zusammen, Herrn Krause. Bei einem ihrer ersten gemeinsamen Gespräche in der Cafeteria reden sie relativ offen miteinander. Herr Krause erzählt Frau Werner dabei eine ganze Reihe vertraulicher Dinge aus seiner ehemaligen Abteilung. Frau Werner interpretiert diese Offenheit im Hinblick auf den Vertrauensfaktor *An Wissen teilhaben lassen* und damit als Hinweis darauf, dass sie dem neuen Kollegen Krause vertrauen kann. Sie gewinnt außerdem den Eindruck, es habe sich zwischen ihnen eine Vertrauensbeziehung etabliert und Herr Krause würde ihr vertrauen. Auch das ist ein Vertrauensfaktor! – Was Frau Werner jedoch nicht weiß, ist, dass Herr Krause in seinem Umgang mit Informationen prinzipiell äußerst offen ist und sehr viel eher als Frau Werner dazu bereit ist, Informationen an andere weiterzuerzählen. Sein Gesprächsverhalten in der Cafeteria ist daher auch kein Ausdruck eines besonderen Vertrauens in Frau Werner.
>
> *TRIM-Projekt / R. Münscher & J. Hormuth*

An dem Cafeteria-Beispiel mit Frau Werner und Herrn Krause kann man recht gut sehen, wie Kollegen den Zusammenhang zwischen Verhalten und Vertrauensfaktoren ganz unterschiedlich sehen können: Während Frau Werner das Verhalten von Herrn Krause gemäß dem Vertrauensfaktor *An Wissen teilhaben lassen* interpretiert, gibt aus Herrn Krauses Sicht seine Gesprächigkeit in der Cafeteria keinen besondern Anlass, ihn gemäß diesem Vertrauensfaktor als besonders vertrauenswürdig einzuschätzen. Auf diese Idee würde er gar nicht kommen. Da Frau Werner dieser Vertrauensfaktor aber sehr wichtig ist, liegt die Interpretation aus ihrer Sicht viel näher (vgl. auch 5.1 Unsere persönlichen Vertrauensmuster).

Im günstigen Fall entsteht eine positive Vertrauensspirale

Bei einer solchen positiven Vertrauensfalle kann das ungerechtfertigterweise entstehende Vertrauen zweierlei bewirken. Im günstigen Fall kann es eine positive Spirale des gegenseitigen Vertrauens in Gang setzten, welche dazu führt, dass sich tatsächlich ein 'echtes' begründetes Vertrauen entwickelt.[11] Zwar bin ich dann ursprünglich aufgrund einer Fehlinterpretation zu der Ansicht gelangt, der Kollege sei vertrauenswürdig. Weil ich aber aus diesem Grund selbst gegenüber dem Kollegen vertrauensvoll handle, hat dieser wiederum Anlass, mir Vertrauen zu schenken. Dies beeinflusst ihn in seinem Verhalten mir gegenüber, was ich wiederum als Vertrauensfaktor wahrnehme und woran ich möglicherweise dann begründet erkennen kann, dass ich ihm tatsächlich vertrauen kann. Denn es ist auch ein Vertrauensfaktor, dass der andere einem selbst gegenüber vertrauensvoll handelt – man denke an 'Vertrauensbeweise' (vgl. S. 59).

Die 'positive' Vertrauensfalle kann sich allerdings für Frau Werner auch weit weniger positiv auswirken. Wenn sie sich Herrn Krause gegenüber öffnet und auch ihm von aus ihrer Sicht vertraulichen Dingen erzählt, dann kann sie bei einer solchen 'Plaudertasche' wie Herrn Krause – der gerade in dieser Hinsicht nicht vertrauenswürdig ist – ganz gehörig auf die Nase fallen.

Der Grund, warum solche 'positiven' Vertrauensfallen jedoch für international tätige Manager weit weniger wichtig sind, liegt darin, dass bei Vertrauensfallen keiner eine Betrugsabsicht hat. Hier geht es darum, dass in der Zusammenarbeit ein Missverständnis, eine Fehlinterpretation entsteht – aus Stress, Unachtsamkeit oder aufgrund kultureller Unterschiede. Weil die Betrugsabsicht fehlt, ist es wahrscheinlicher, dass es zur positiven Vertrauensspirale kommt und eine solche Vertrauensfalle damit der Vertrauensentwicklung gerade nützlich ist.

Zwei Arten von Täuschung: Vertrauensbetrüger und Vertrauensfallen

Fassen wir zusammen: Bei der Entwicklung von Vertrauen kann es zwei wichtige Arten von Täuschung geben: *Vertrauensbetrüger* erschleichen sich Vertrauen, und durch *Vertrauensfallen* kann es vorkommen, dass man ungerechtfertigterweise Vertrauen verliert oder gleich gar kein Vertrauen entwickelt. In all diesen Fällen unterliegt der Vertrauenstäuschung jedoch das gleiche Grundmuster: Der Spielraum für die Fehlinterpretation ergibt sich aus der Tatsache, dass man die 'vertrauenswürdig machenden' Eigenschaften des anderen, die Vertrauensfaktoren, nicht direkt sehen kann. Man muss vielmehr das Ver-

---

[11] Zum Konzept der Vertrauensspirale vgl. das Modell von Zand (1977).

halten des anderen *interpretieren* – und dabei kann man aus unterschiedlichen Gründen daneben liegen.

4.5 Die Praxis: Warum kleine Fallen große Wirkung haben

Wir haben einen Vertrauens-Autopiloten, der uns per Weckmechanismus in der Regel zuverlässig vor Betrug oder Täuschung schützt. Nur gelegentlich kommt es vor, dass wir einem Betrüger auf den Leim gehen – oder dass wir in eine Vertrauensfalle geraten. Doch ist es nicht so, dass das meist nur Banalitäten am Rande sind? Meistern erfahrene Manager die wirklich wichtigen Vertrauensfragen nicht in der Regel sehr souverän? Tatsächlich ist die Sache nicht ganz so einfach. Denn eine kleine Vertrauensfalle kann die gesamte Geschäftsbeziehung ins Wanken bringen: Kleine Fallen können große Wirkung haben.

Der Grund heißt 'Vertrauensgeneralisierung'. Wir verallgemeinern ständig unsere Vertrauenseinschätzungen. Wir schließen von Eindrücken der Vertrauenswürdigkeit *in ganz speziellen Situationen* auf die allgemeine Vertrauenswürdigkeit unseres Gegenübers. Dies müssen wir auch tun, denn sonst könnten wir gar nicht in dem Umfang Vertrauen zu anderen entwickeln und nutzen, wie wir es tatsächlich tun. Wir nehmen wahr, dass ein Kollege in einer bestimmten Hinsicht vertrauenswürdig ist, und wir beginnen dann anzunehmen, dass er auch in ganz anderer Hinsicht vertrauenswürdig ist. Dieses Phänomen der Vertrauensgeneralisierung werden wir im Folgenden näher erläutern. Wir werden erklären, warum wir Vertrauen generalisieren und welche psychologischen Mechanismen uns dabei helfen.

> Wir verallgemeinern ständig unsere Vertrauenseinschätzungen

4.5.1 Unterschiedliche Hinsichten von Vertrauen

Was uns zur Generalisierung unseres Vertrauens in andere zwingt, sind die unterschiedlichen Situationen, in welchen Vertrauen wichtig ist. Wir müssen anderen in ganz unterschiedlicher Hinsicht vertrauen: Vertraue ich einem Kollegen, dass er seinen Teil unseres gemeinsamen Auftrags gut macht? Oder vertraue ich ihm, dass er mir nicht etwas aus dem Geldbeutel klaut, den ich auf dem Schreibtisch habe liegen lassen? Im Alltag vertraut man anderen in der Regel in einer bestimmten Hinsicht. Aus diesem Grund nennen Linguisten Vertrauen eine 'dreistellige Relation'. Wenn wir von Vertrauen sprechen, verknüpfen wir ein Subjekt mit zwei Objekten: A vertraut B, dass er C tut. Das ist vielen nur deshalb nicht bewusst, weil wir in der Alltagssprache die Hinsicht des Vertrauens (dass er 'C' tut) in der Regel einfach weglassen, weil sich ohnehin aus dem Kontext ergibt, welche Hinsicht gemeint ist.

Dass Vertrauen sehr speziell sein kann, leuchtet ein, wenn man bedenkt, dass Vertrauen zwischenmenschliche Beziehungen charakterisiert. Zwischenmenschliche Beziehungen sind äußerst vielfältig und komplex, und es ist offensichtlich, dass man anderen in ganz unterschiedlichen Hinsichten vertrauen muss. Schweer & Thies (2003: 8) sprechen davon das Vertrauen relativ zu „spezifischen Lebensbereichen" sei. Andere Autoren beschreiben den gleichen Punkt, wenn sie Vertrauen als „domain specific" beschreiben (Zand 1972, Mayer et al. 1995: 717).

Wenn man von Vertrauen spricht, gibt es daher – auch wenn man dies nicht explizit dazu sagt – in der Regel eine bestimmte Hinsicht, in der man dem anderen vertraut. Man sieht dies auch daran, dass in unterschiedlichen Situationen ganz unterschiedliche Risiken im Spiel sind. Wer vertraut, geht immer ein Risiko ein – sonst würde man nicht von Vertrauen sprechen, wie wir oben bei der Definition von Vertrauen gesehen haben (vgl. S. 22). Aber es gibt recht viele unterschiedliche Arten von Risiken. Betrachten wir einige Beispiele (s. Info 6):

Info 6: Beispiele für Vertrauensrisiken

- *Absprachen und Regeln einhalten*
  Angenommen ich vertraue jemandem, *dass er seine Zusagen einhält* und beispielsweise ein vereinbartes Treffen wahrnimmt. Dann besteht mein Risiko darin, dass er die Zusage nicht einhält und das Treffen nicht wahrnimmt. Damit riskiere ich beispielsweise, dass ich eine Reise umsonst unternehme, dass ich meinen Geschäftspartner nicht antreffe oder dass ich einen anderen wichtigen Termin umsonst verschoben habe.
- *Informationen nicht ausnutzen bzw. vertraulich behandeln*
  Angenommen ich vertraue jemandem, *dass er Informationen, die ich ihm gebe, vertraulich behandelt*. Dann bestehen mögliche Risiken für mich darin, dass der andere diese Informationen gegen mich nutzt bzw. sich mir gegenüber einen Vorteil verschafft, sie als Instrument in internen Machtspielchen verwendet oder mich durch das Ausplaudern vertraulicher Informationen in Schwierigkeiten bringt und eventuell meine anderen Kollegen- oder Geschäftsbeziehungen oder sogar meinen Ruf schädigt.
- *Bewältigung von Aufgaben*
  Angenommen ich vertraue jemandem, *dass er bestimmte Teilaufgaben der gemeinsamen Zusammenarbeit kompetent und fachlich gut bewältigt*. Dann besteht mein Risiko darin, dass er dies nicht tut – aus welchen Gründen auch immer – und dass dies auf mich zurückfällt und meine Arbeitsergebnisse oder meine weiteren Geschäftsbeziehungen nachteilig beeinflusst bzw. mich im schlimmsten Fall den Job kostet.

Die unterschiedlichen Hinsichten des Vertrauens sind aus unserer Übersicht der vertrauensrelevanten Handlungsfelder und der entsprechenden Vertrauensfaktoren ersichtlich (vgl. S. 54).

4.5.2 Vertrauensgeneralisierung: Logik gegen Praxis

Nun ist es aber so, dass man vom Vertrauen in einer bestimmten Hinsicht nicht unbedingt auf die Vertrauenswürdigkeit des anderen *auch in anderen Hinsichten* schließen kann. Nehmen wir an, Sie sind Chef und vertrauen einem Mitarbeiter, dass dieser einen Bericht, den er verfassen soll, nicht absichtlich verfälscht. Sie vertrauen ihm, dass er den Bericht nach bestem Wissen und Gewissen erstellt. Dann bleibt es dabei aber sehr wohl möglich, dass Sie diesem Mitarbeiter *nicht* vertrauen, dass er den Bericht von sich aus rechtzeitig fertig stellt oder dass er den Bericht umfassend und vollständig erstellt. Und es ist schon gar nicht logisch abzuleiten, dass Sie ihm auch vertrauen können, Ihnen nichts aus dem Geldbeutel zu entwenden, wenn Sie diesen im Büro liegen lassen. Logisch gesehen wäre eine solche Vertrauensgeneralisierung nicht zu rechtfertigen.

Erinnern wir uns an das Beispiel der positiven Vertrauensfalle in der Cafeteria mit Frau Werner und Herrn Krause aus dem letzten Kapitel: Bei einem ersten Treffen zwischen Frau Werner und dem neuen Kollegen in der Cafeteria erzählte dieser Frau Werner eine Reihe von Insider-Geschichten aus seiner ehemaligen Abteilung. Das waren Informationen von hohem Interesse für Frau Werner, und ihr fiel sehr positiv auf, dass der neuer Kollege ihr das alles anvertraute (Vertrauensfaktor *An Wissen teilhaben lassen*). Doch nach einigen Wochen wurde Frau Werner klar, dass Herr Krause schlicht eine ganz große 'Plaudertasche' war: jemand, der Informationen grundsätzlich in alle Richtungen weitergibt. Umso verhängnisvoller also für Frau Werner, wenn sie sich im fälschlichen Glauben einer besonderen Vertrauensbeziehung ihrerseits gegenüber Herrn Krause öffnet und auch ihm von aus ihrer Sicht vertraulichen Dingen erzählt. Denn genau in dieser Hinsicht ist Herr Krause eben *nicht* vertrauenswürdig. Das Beispiel zeigt, wie Vertrauen oft sehr spezifisch *für bestimmte Hinsichten* gilt: Zu vertrauen, dass Informationen nicht ausgeplaudert werden, ist eine spezifische Hinsicht, in der man jemandem vertrauen kann. Zu vertrauen, dass ein Kollege eine vergessene Mappe mit vertraulichen Informationen nicht einsteckt oder dass er eine Powerpoint-Präsentation professionell vorbereitet, sind ganz andere Hinsichten des Vertrauens. Es gibt keine logisch zwingenden Gründe, warum wir jemandem, dem wir in einer bestimmten Hinsicht vertrauen können, auch in einer anderen Hinsicht vertrauen können.

Logisch gesehen sind Vertrauensgeneralisierungen also unzulässig – doch praktisch geht es gar nicht anders. Um anderen vertrauen zu können, müssen wir Vertrauen generalisieren. Denn in vielen vertrauenskritischen Situationen verfügen wir schlicht über zu wenige spezifische Informationen oder Beobachtungen, als dass wir den anderen in

Um anderen vertrauen zu können, müssen wir Vertrauen generalisieren

dieser Situation wirklich einschätzen könnten. Oft betreffen die Informationen oder Beobachtungen, die wir haben, nicht die vertrauenskritische Situation, um die es gerade geht. Wenn wir überlegen, ob wir einen neuen Kollegen in eine vertrauliche Überlegung einbeziehen können, dann wissen wir vielleicht, dass er bislang alle seine Zusagen strikt eingehalten hat. Was wir nicht wissen, ist, ob er kritische Informationen konsequent für sich behalten kann. Allein auf der Basis der bisherigen Erfahrungen und Beobachtungen kann man dann die Vertrauenswürdigkeit des neuen Kollegen in der fraglichen Hinsicht nicht einschätzen. Allerdings muss man handeln – also den Kollegen einbeziehen oder eben nicht. Dies ist der Grund, warum wir auf frühere Vertrauenseinschätzungen zurückgreifen und diese generalisieren. Und dies wiederum führt dazu, dass kleine Vertrauensmissverständnisse große Wirkung haben können – gerade im Fall negativer Vertrauenseinschätzungen. Wenn wir den Eindruck generalisieren, wir könnten jemandem nicht vertrauen, dann kann das dazu führen, dass sich Misstrauensspiralen in Gang setzen und schließlich größere Projekte nicht zustande kommen oder gar berufliche Beziehungen komplett abgebrochen werden – obwohl es möglicherweise keinen guten Grund dafür gibt.

4.5.3 Gewichtung von Vertrauensfaktoren

Wie funktioniert die Vertrauensgeneralisierung? Wie entscheiden wir, welche früheren Beobachtungen oder andere verfügbaren Informationen über einen Geschäftspartner wir zur Vertrauensgeneralisierung heranziehen?

Der Schlüssel liegt darin, dass einem die Vertrauensfaktoren unterschiedlich wichtig sind. Wenn mir ein Aspekt besonders wichtig ist – etwa, dass man Zusagen einhält oder dass man Fehler nicht vertuscht – dann achte ich auf diese Aspekte stärker, und dann geben mir diese Beobachtungen in stärkerem Maße dazu Anlass, mein Vertrauen zu generalisieren. Andere Vertrauensfaktoren sind einem nicht so wichtig, so dass sie unterhalb einer 'Generalisierungsschwelle' liegen. Sie führen nur in Kombination mit weiteren Vertrauensfaktoren dazu, dass man umfangreicheres Vertrauen bildet oder Vertrauen wirklich in Frage stellt.

Auch wenn es Vertrauensfaktoren gibt, die offenbar vielen Menschen wichtig sind (vgl. Liste der Top-10 Vertrauensfaktoren, S. 42), verfügt jeder über seine persönliche Gewichtung der Vertrauensfaktoren (vgl. 5.1 Unsere persönlichen Vertrauensmuster). Das bedeutet, dass die Erlebnisse und Beobachtungen aus der Zusammenarbeit mit Kollegen oder Partnern in ganz unterschiedlichem Maße Anlass dazu geben können, das Vertrauen in den anderen zu generalisieren. Je nachdem wie wichtig einem persönlich die jeweiligen Vertrauensfaktoren sind, wird man vielleicht nur vorsichtig erstes Vertrauen fassen oder bereits von der Vertrauenswürdigkeit des anderen überzeugt sein.

4.6 Hintergrund: Psychologie der Vertrauensgeneralisierung

Weil wir ganz natürlich unsere Vertrauenseinschätzungen von Kollegen und Partnern generalisieren, sollten wir kulturelle Vertrauensfallen ernst nehmen. Denn in der interkulturellen Zusammenarbeit kann man mit seiner Einschätzung eines anderen relativ leicht daneben liegen. Warum das so ist, erklären wir ausführlich im nächsten Kapitel. In diesem Abschnitt möchten wir zunächst auf eine Reihe von Forschungsergebnissen der Sozialpsychologie eingehen, die zeigen, inwiefern wir tatsächlich sehr leicht unsere Einschätzungen anderer ohne Grund verallgemeinern.

Es ist sehr interessant sich zu vergegenwärtigen, wie wir im sozialen Umgang mit Kollegen und Geschäftspartnern häufig relativ 'wagemutig' auf Dinge schließen, die wir tatsächlich gar nicht wissen können – und dennoch damit recht häufig richtig liegen. Allerdings führen diese Mechanismen in anderen Fällen leider dazu, dass es zu Fehleinschätzungen und Täuschungen kommt. Genau daher ist es von Vorteil, sich einen Überblick zu verschaffen, welche derartigen Effekte in der Forschung belegt sind. Dies hilft zu verstehen, wie sich Vertrauen entwickelt und warum man bei der Einschätzung der Vertrauenswürdigkeit anderer 'in die Falle tappen' kann. Im Folgenden beschreiben wir vier einschlägige Gruppen von Effekten, die als Klassiker der kognitiven Sozialpsychologie gelten können – und uns verständlich machen, warum und wie wir in Vertrauensfallen geraten können.

Oft schließen wir wagemutig auf Dinge, die wir nicht wissen können

4.6.1 Wie wir systematisch falsch interpretieren, warum andere tun, was sie tun: *Korrespondenzverzerrung bzw. Attributionsfehler*

Es ist ein erstaunliches – und ein erstaunlich gut belegtes – Forschungsergebnis der Sozialpsychologie: Wir alle tendieren dazu, uns das Verhalten unserer Mitmenschen durch deren Charaktereigenschaften zu erklären – auch wenn es sich wunderbar durch die Situationsumstände erklären lässt. Das heißt, wir beobachten das Verhalten eines anderen in einer bestimmten Situation (relativ wenige Informationen!) und haben dann – ruckzuck (und fälschlicherweise) – den Eindruck, ihn recht gut allgemein einschätzen zu können (Ross 1977, Gilbert & Malone 1995).

Ein deutliches Beispiel für diesen Effekt ist die wechselseitige Verurteilung von Autofahrern und Fahrradfahrern, die eigentlich jeder kennt, der im Alltag zwischen diesen Rollen wechselt. Als Autofahrer schimpfe ich über den rücksichtslosen Radfahrer, der nicht weit genug am Rand fährt. Als Radfahrer empöre ich mich über den rücksichtslosen Autofahrer, der kaum Abstand hält, wenn er an mir vorbeibraust. Eine '*So ein rücksichtsloser Typ!*'-Verurteilung geht einem hier schnell über die Lippen, obwohl man eigentlich zugeben müsste, dass man ja auch gelegentlich selbst in der anderen Rolle unterwegs ist und weiß, dass man dann anderen Zwängen unterliegt. Bei uns selbst wissen wir dann ganz genau, dass man *in der Situation als Radfahrer* nicht zu Nahe am Rand fahren möchte. Bei einem anderen aber urteilen wir leichtfertig: 'rücksichtsloser Radfahrer'. Letztlich ist das ein Schluss von einem einzigen beobachteten Verhalten auf eine Charaktereigenschaft, also auf eine überdauernde Eigenschaft einer Person. Auch der Fremde, der uns in der Fußgängerzone anrempelt, ist schnell als '*unverschämter Typ!*' abgestempelt, auch wenn gut sein kann, dass er zuvor selbst angerempelt wurde und gestolpert ist, weil es gerade in der Fußgängerzone sehr voll ist – sich sein Verhalten also komplett aus der Situation heraus erklärt.

Der Fehlschluss auf die Persönlichkeit

Dieser Effekt wird in der Forschung klassischerweise als 'fundamentaler Attributionsfehler' und inzwischen häufiger als 'Korrespondenzverzerrung' bezeichnet: Denn man schließt von beobachtetem Verhalten auf korrespondierende Persönlichkeitseigenschaften – eine sogenannte Fehlattribution. Der Effekt hilft uns zu verstehen, wie auch die Generalisierung von Vertrauen abläuft: Man nimmt ein Verhalten wahr, das man gemäß einem wichtigen Vertrauensfaktor interpretiert ('hat seine Zusage nicht eingehalten'). Sehr schnell kann dann der Eindruck entstehen, man habe es mit jemandem zu tun, der seine Zusagen nicht einhält. Man generalisiert vom Verhalten in einer bestimmten Situation auf die Persönlichkeit. Deshalb ist es auch so wichtig, ein gutes Gespür dafür zu entwickeln, wann *andere* zu solchen Interpretationen unseres Verhaltens tendieren. Nur so lassen sich solche Einschätzungen rechtzeitig gerade rücken. Eine gute und plausible Entschuldigung oder Erklärung kann Wunder bewirken. So konnten wir etwa im TRIM-Projekt zeigen, dass *Bei Nicht-Einhalten von Zusagen informieren* und eine Erklärung geben ein eigenständiger wichtiger Vertrauensfaktor ist.

Der Fehler in der Zuschreibung böser Absichten

In der Forschung werden unterschiedliche Attributionsfehler beschrieben, die uns helfen, Vertrauensgeneralisierungen zu verstehen. Kramer (1994) beschreibt den „*sinister attribution error*", also in etwa den 'Fehler in der Zuschreibung böser Absichten'. In seiner Forschung zeigt er, dass man, insbesondere wenn man sich beobachtet fühlt und stark darauf achtet, was man gerade wie tut ('Selbstaufmerksamkeit'), anderen leicht unbewusst bösartige Absichten und schlechte Charakterzüge unterstellt. Man ist dann misstrauischer, als man eigentlich dazu Anlass hat, und bildet die Überzeugung, dass der andere nicht vertrauenswürdig ist.

O'Sullivan (2003) beschreibt den 'boy-who-cried-wolf effect' – benannt nach Äsops Fabel, in welcher sich ein Hirtenjunge mehrfach den Scherz erlaubt, die Dorfbewohner ohne Grund lauthals vor einem Wolf zu warnen. Daraufhin hielten diese den Jungen für nicht mehr vertrauenswürdig und eilten auch dann nicht zu Hilfe, als er *berechtigt* lauthals vor dem Wolf warnte. In der Fabel ist zwar durch das *mehrmalige* falsche Warnen des Jungen die Generalisierungsbasis etwas besser. Dafür wird jedoch der Fehlschluss durch das vom Wolf gerissene Schaf sehr anschaulich.

Der Boy-who-cried-wolf-Effekt

Man tendiert also grundsätzlich dazu, Vertrauenseinschätzungen – positive wie negative – zu generalisieren. Warum tut man das? Warum schließen wir bei anderen so leichtfertig von ihrem Verhalten auf ihren Charakter – wenn wir doch bei uns selbst genau wissen, dass es häufig situative Zwänge gibt, aufgrund derer man sich anders verhält als normalerweise bzw. als man gerne wollte? Vertrauen ist gar kein schlechtes Thema, um das zu verstehen. Man muss sich klarmachen, dass sich Vertrauen auf das zukünftige Verhalten anderer *in unterschiedlichen Situationen* bezieht. Denn man hat mit Kollegen oder Geschäftspartnern, denen man vertraut, nun einmal in unterschiedlichen Situationen zu tun. Dabei wünscht man sich verständlicherweise eine möglichst gute Einschätzungssicherheit. Je besser ich den anderen einschätzen kann, desto einfacher ist es, ihm zu vertrauen.

Damit ist klar, warum wir so gerne über Situationsfaktoren hinwegsehen und lieber gleich auf die Persönlichkeit des anderen schließen: Da wir mit ihm in unterschiedlichen Situationen zu tun haben, hilft uns eine sogenannte 'situationale' Erklärung weniger als eine 'personale' Erklärung. Denn nur wenn wir die Motive oder Charaktereigenschaften des anderen erkennen, haben wir Anhaltspunkte, um sein zukünftiges Verhalten einzuschätzen. Damit uns kein guter Schluss auf die Persönlichkeit durch die Lappen geht, nehmen wir in Kauf, gelegentlich zu übersehen, dass sich das Verhalten des anderen schlicht durch Situationsfaktoren erklärt. Wir handeln frei nach der Devise: lieber zu oft auf die Persönlichkeit schließen als einmal einen wichtigen Charakterzug zu spät zu erkennen.

Fassen wir zusammen: Die Forschung zu Attributionsfehlern zeigt deutlich, dass es in der Einschätzung anderer systematische Verzerrungen gibt. Wir glauben, die Persönlichkeit eines Kollegen oder Geschäftspartners recht sicher einschätzen zu können, obwohl wir eigentlich eine nur sehr unzureichende Beobachtungsgrundlage dafür haben. Allerdings müssen wir uns vergegenwärtigen: Diese kognitiven

Fassen wir zusammen

Einschätzungsprozesse laufen in der Regel *unbewusst* ab. Ohne dass wir genau wüssten wie, entwickeln wir ein Gefühl bzw. einen Eindruck, was der andere für ein Typ Mensch ist. Damit müssen wir natürlich nicht falsch liegen. Wir gewinnen nur äußerst leicht den Eindruck, dass wir uns unserer Einschätzung recht sicher sein können – obwohl wir eigentlich noch keine tatsächlich fundierte Einschätzungsgrundlage haben.

4.6.2 Warum wir andere so gerne in Schubladen stecken: *Stereotypen und soziale Kategorisierung*

Wie wir gerade gesehen haben: Attributionsfehler machen wir gerne bei anderen. Bei uns selbst wissen wir genau, dass wir eigentlich ganz anders sind, wenn uns die Situationsumstände zu etwas zwingen. Und zwar insbesondere, wenn uns die Umstände zu etwas zwingen, das wir eigentlich nicht gutheißen. Bei anderen lässt uns negatives Verhalten um so eher darauf schließen, dass sie grundsätzlich ein schwieriger Charakter sind. Man nimmt erste Anzeichen ernst, um nicht einem Betrüger zu vertrauen. Wer einmal lügt, dem glaubt man nicht.

Schon Pettigrew (1979) zeigte nun: Es gibt den gleichen Effekt auch für Gruppen. Wir machen einen großen Unterschied zwischen der Gruppe, zu der wir uns selbst rechnen, und anderen Leuten außerhalb dieser Gruppe. Man erklärt sich negatives Verhalten von Personen einer fremden Gruppe leicht mit allgemeinen Eigenschaften dieser fremden Gruppe. Man schließt gleichsam auf den 'Charakter der Gruppe' – und glaubt dann, Personen dieser Gruppe besser einschätzen zu können.[12]

Dass wir andere oft unwillkürlich 'in Schubladen stecken', ist jedoch ein ganz allgemeines Prinzip des sozialen Urteilens. Es handelt sich um 'soziale Stereotype' (Hamilton & Sherman 1994, Stangor & Lange 1994), und es geht längst nicht nur um die Zuordnung anderer zur eigenen Gruppe oder einer Fremdgruppe.

Ein fremder Partner aktiviert unsere Stereotypen

Stereotype sind ein wichtiger kognitiver Mechanismus, der es uns ermöglicht, ausgehend von wenigen Ausgangsinformationen umfassende Einschätzungen von Interaktionspartnern vorzunehmen. Wir alle kennen eine Vielzahl von Möglichkeiten, andere Personen nach bestimmten Merkmalen in bestimmte Gruppen einzuordnen – beispielsweise nach Alter, Geschlecht, ethnischer Herkunft oder Zugehö-

---

[12] Da für individuelle Einschätzungen die Bezeichnung 'fundamentaler Attributionsfehler' üblich war, nannte Pettigrew seinen Gruppen-Effekt den 'ultimativen Attributionsfehler'. Sozialpsychologen haben eben seit jeher Freude daran, schöne Begrifflichkeiten für ihre Untersuchungsergebnisse zu erfinden. Die 'Eskalation' der Attributionsfehler-Namen versucht inzwischen Gilbert aus Harvard (2008) zurückzudrehen, indem er den schlichten und trockenen Begriff 'Korrespondenzverzerrung' propagiert.

rigkeit zu einer Organisation. Über alle diese sozialen Gruppen wissen wir einiges: Wir schreiben den Mitgliedern der Gruppen bestimmte Eigenschaften zu. Wenn wir nun mit einem konkreten Interaktionspartner zu tun haben, von dem wir noch wenig wissen, dann tendieren wir dazu, ihn anhand der verfügbaren Informationen zunächst als Angehörigen einer oder mehrerer Gruppen zu identifizieren. Damit fallen uns spätere Einschätzungen leichter, denn wir haben ein bestimmtes Stereotyp aktiviert. Es handelt sich um einen sogenannten Priming-Effekt, das heißt eine bestimmte Einschätzung oder Reaktion wird durch eine vorangehende wahrscheinlicher (vgl. Hertel & Fiedler 1998, Wheeler & Petty 2001). Wenn wir jemandem einer stereotypen Gruppe zuordnen, sind wir bereit, die weiteren Merkmale von Mitgliedern dieser Gruppe auf ihn zu übertragen – auch wenn wir eigentlich keinerlei Informationen aus der konkreten Zusammenarbeit besitzen, welche einen solchen Schluss begründen können.

Stereotype sind Eigenschaftsbündel, die man erlernt – ob man will oder nicht. Wir sind darauf programmiert, Zusammenhänge und Assoziationen zu erlernen, mit denen wir in unserem Alltag konfrontiert werden – und zwar längst nicht nur durch unsere eigenen Erfahrungen, sondern in viel höherem Maß noch durch Aussagen anderer und Darstellungen in den Medien. Dies gilt unabhängig von unserem Bildungsgrad. Denn Stereotype erfüllen die wichtige Funktion, uns handlungsfähig zu machen, wenn wir nicht in der Lage sind, in Ruhe nachzudenken oder den anderen erst einmal kennenzulernen (Förster 2010, 2007). Wenn wir in der Interaktion mit anderen unter Zeitdruck stehen oder einfach sehr müde sind, wenn wir zu viel getrunken haben oder stark abgelenkt sind – das sind Umstände, in denen wir ganz natürlich unserer stereotypes Wissen über andere soziale Gruppen nutzen. Stereotype beeinflussen uns weit weniger, wenn wir Zeit haben, ausgeschlafen sind und keinen Erfolgsdruck haben. Allerdings sind sie auch dann wirksam. Denn in gewissem Maße ist es ein unbewusster und natürlicher kognitiver Mechanismus, dass wir andere Menschen in Gruppen einordnen und ihnen (erst einmal) die Eigenschaften dieser Gruppe unterstellen.

Wenn man einen Kollegen oder Partner als Mitglied einer positiv assoziierten Gruppe wahrnimmt, dann kann man sehr schnell Vertrauen fassen. Denn wenn man der entsprechenden Gruppe vertrauenswürdig machende Eigenschaften zuschreibt, kann man auch den aktuellen Interaktionspartner für vertrauenswürdig halten, sobald man ihn als der Gruppe zugehörig erkannt hat. Besonders stark gilt dies für die Zuordnung des anderen in die eigene Gruppe. Dass die Einordnung des anderen in eine Gruppe, der man sich selbst zugehörig fühlt, einen klaren positiven Effekt auf die Vertrauensentwicklung hat, wurde vielfach nachgewiesen (z.B. Brewer & Silver 1978). Zucker

> Man lernt Stereotype, ob man will oder nicht

(1986) beschreibt den Effekt in ihrem häufig aufgegriffenen Konzept des eigenschaftsbasierten Vertrauens. Zucker und Kollegen (1996) fanden den Effekt speziell für die Zugehörigkeit zur gleichen Organisation, die es beispielsweise Wissenschaftlern ermöglicht, das nötige Vertrauen für eine Kooperation in Forschungsfragen zu entwickeln.

Soziale Kategorisierungsprozesse und Stereotypisierungen spielen für die interkulturelle Forschung eine große Rolle. Denn eine wesentliche Gruppenzugehörigkeit besteht hier durch die nationalkulturellen Hintergründe der Beteiligten – für welche jeder international tätige Manager über mehr oder weniger differenzierte soziale Stereotype verfügt. In Bezug auf die Vertrauensentwicklung in der interkulturellen Zusammenarbeit zeigte sich auch im TRIM-Projekt ein deutlicher Einfluss von Stereotypisierungen. International tätige Manager werten sowohl die Erfüllung von Erwartungen, die sich aufgrund positiver Stereotype bilden, als auch die 'Nicht-Erfüllung' von Erwartungen auf Basis negativer Stereotypen als Vertrauensgrund (zu interkulturellen Vertrauensfaktoren vgl. S.57f.).

4.6.3 Warum wir den Eindruck haben, andere bestens einschätzen zu können: *Halo-Effekt und implizite Persönlichkeitstheorie*

Wir schließen also vorschnell vom Verhalten auf die Persönlichkeit (Attributionsfehler) und wir nutzen auch die schlichte Einordnung anderer in soziale Gruppen, um auf ihre Persönlichkeit zu schließen (soziale Stereotype). Aber warum fühlen wir uns dabei so sicher? Deuten Begriffe wie Urteilsverzerrung oder Schubladendenken nicht darauf hin, dass wir mit solchen Schlüssen gerade nicht richtig liegen?

Der Grund liegt darin, dass sich diese allgemeinen kognitiven Prinzipien der sozialen Urteilsbildung in jedem von uns zu einer eigenen 'impliziten Persönlichkeitstheorie' verfestigt haben – die wir speziell auf unser spezifisches Arbeits- und Lebensumfeld zugeschnitten haben und die uns tatsächlich in der Regel relativ gute Einschätzungen anderer ermöglicht.

Hinter dem Konzept der impliziten Persönlichkeitstheorie steht eine sozialpsychologische Forschungstradition. Bereits Thorndike (1920) beobachtete, dass sich Menschen in der Wahrnehmung oder Einschätzung anderer Personen durch einzelne 'überstrahlende' Eigenschaften beeinflussen lassen. Ein Beispiel sind Bewerbungsgespräche: Es kommt vor, dass man einen Kandidaten, der gleich zu Anfang selbstsicher und überzeugend auftritt, später auch als kompetenter einschätzt, als man es allein aufgrund seiner Äußerungen im Gespräch getan hätte. Dieses Phänomen heißt *Halo-Effekt* (Cooper 1981) – nach dem Ring oder Lichtkranz des Mondes, auch Mondhof genannt (griech. 'hàlos'). Durch die Reflexion und Brechung des Mondlichts an Eiskristallen in höheren Luftschichten hat der Mond gelegentlich einen weißlichen Ring. Es sieht so aus, als ob das Mondlicht auf die nähere Umgebung um den Mond herum abstrahlt. In ähnlicher Weise strahlen nach dem Halo-Effekt die zuerst wahrgenommenen Eigenschaften einer Person auf später wahrgenommene Eigenschaften aus. Sie erzeugen einen Gesamteindruck, der die weitere Einschätzung der Person überstrahlt. Wenn uns bei einem neuen Kollegen zuerst positive Eigenschaften auffallen, bewirkt die 'Überstrahlung', dass wir alle weiteren Eigenschaften oder Verhaltensweisen ebenso positiv beurteilen – das gleiche gilt umgekehrt für negative Ersteindrücke.

Ein wichtiger weiterer Schritt der sozialen Urteilsforschung waren die einflussreichen Untersuchungen von Asch (1946) zu sogenannten *'zentralen Persönlichkeitseigenschaften'*. Er konnte nachweisen, dass die Wahrnehmung bestimmter Eigenschaften einen besonders großen Einfluss darauf hat, wie man andere im Folgenden beurteilt. Den Versuchsteilnehmern wurden zwei Personen als intelligent, geschickt, fleißig, entschlossen, praktisch und vorsichtig beschrieben – die eine jedoch zudem als 'warm', die andere als 'kalt'. Daraufhin beurteilten die Teilnehmer die 'warme' Person durchweg positiver als die 'kalte'.

Eine differenzierte Erklärung dieser Phänomene der Einschätzung anderer liefert die *'implizite Persönlichkeitstheorie'* (Cronbach 1955, vgl. Bruner & Tagiuri 1954: 'lay personality theory', Colman 2001, Schneider 1973): Demnach verfügt man individuell über eine aus den eigenen Erfahrungen gewachsene Theorie darüber, welche beobachtbaren Eigenschaften anderer relevant sind, auf welche Persönlichkeitseigenschaften sie schließen lassen und welche weiteren Persönlichkeitseigenschaften mit diesen einhergehen. So könnte es beispielsweise Teil einer impliziten Persönlichkeitstheorie sein, dass jemand, der wenig redet, introvertiert ist, und dass introvertierte Menschen auch eher gebildet sind.

> Jeder hat eine implizite Persönlichkeitstheorie

Vereinfacht kann man sich das wie eine Entsprechung zu den Gruppenstereotypen, nur eben auf der Ebene von Einzelpersonen vorstellen: Man hat bestimmte Vorstellungen darüber, was für Typen von Kollegen und Geschäftspartnern es gibt. Dann begnügt man sich mit relativ wenigen Erfahrungen mit einem neuen Kollegen und schon klassifiziert man ihn (unbewusst) als einen bestimmten Typ Mensch, der auch andere Eigenschaften hat, als die, die man konkret beobachten konnte.

Was wir durch diese unbewussten Einschätzungsprozesse nicht berücksichtigen, ist, dass jeder Mensch anders ist und seine ganz eigene Mischung von Persönlichkeitsmerkmalen aufweist. Was wir jedoch gewinnen, ist subjektive Einschätzungssicherheit: Wir können sehr schnell einen Eindruck bilden und uns subjektiv sicher fühlen, den anderen einschätzen zu können. Das ist nicht nur eine wichtige Basis für Vertrauen, sondern die zugrundeliegenden Prinzipien sind auch eine wichtige Erklärung dafür, warum wir Vertrauenseinschätzungen generalisieren.

4.6.4 Wie wir uns gerne selbst bestätigen, dass wir richtig liegen: *Kontrollillusion, Bestätigungsverzerrung, gezielte Merkmalssteuerung*

Wenn wir uns durch psychologische Mechanismen wie die *implizite Persönlichkeitstheorie* subjektive Sicherheit in der Einschätzung anderer erkaufen, müssten wir dann nicht häufig von der Realität eingeholt werden? Müssten wir nicht merken, dass stereotype Einschätzungen zwar Einschätzungssicherheit vorgaukeln, aber vielfach dann eben doch nicht zutreffen?

Interessanterweise lieben wir es über alles, richtig zu liegen – und tun alles, um den Schein der richtigen Einschätzung aufrecht zu erhalten. Denn niemand mag es, wenn er sich eingestehen muss, unrecht gehabt zu haben (vgl. Theorie der kognitiven Dissonanz, Festinger 1957, Gawronski & Strack 2012). Die Forschung hat eine Reihe von Verhaltensprinzipien aufgedeckt, durch die uns Fehleinschätzungen seltener auffallen, als sie es eigentlich müssten. Wenn wir eine erste Einschätzung eines Kollegen oder Geschäftspartners entwickelt haben, dann bestätigen wir uns gerne selbst, dass wir damit richtig liegen.

Feste würfeln für eine Sechs, schwach würfeln für eine Eins

Ein solches Prinzip ist die sogenannte '*Kontrollillusion*' (illusion of control). Es gibt viele Situationen oder Dinge, die man nicht unter Kontrolle hat – die Börsenkurse oder die Gewinnchancen beim Lotto. Dennoch entwickeln viele Menschen in solchen Situationen das Gefühl, durch ihr Verhalten einen Einfluss zu haben (Langer 1975, Greenberger et al. 1989, Paese & Sniezek 1991). Eine Studie zeigt beispielsweise, wie schnell Börsenhändler zu glauben beginnen, sie könnten einen vorgegebenen Zufallskurs durch bestimmte Tastendrücke am Computer beeinflussen (Fenton-O'Creevy et al. 2003). Und beim Würfelspiel werfen viele Leute stärker, wenn Sie eine Sechs würfen wollen, und schwächer, um eine Eins zu würfeln.

Hinter der Kontrollillusion steht unser Bedürfnis, Unsicherheit zu vermeiden. Es ist unangenehm bis beängstigend, wenn man keine Kontrolle über die Situation hat, in der man sich befindet, und unsicher sein muss, wie sich die Dinge entwickeln – ganz gleich ob man bei einem wichtigen Kunden Projektverzögerungen berichten muss oder spätabends auf der Straße einem Kahlköpfigen mit Bierflasche entgegenläuft. Da man ein starkes Bedürfnis hat, solche Unsicherheiten zu überwinden, versucht man, entsprechende Maßnahmen zu ergreifen – und glaubt daran, dass sie wirken. Dabei erliegt man leicht einer Kontrollillusion. Man entwickelt die unrealistische Meinung, die Situation unter Kontrolle zu haben. Und diese Einschätzung spiegelt sich dann auch in der subjektiven Sicherheit, getroffene Entscheidungen seien richtig und bewirkten, was sie bewirken sollen.

Um das Phänomen der Kontrollillusion zu verstehen, sollte man zwei weitere im Rahmen der Forschung zu kognitiven Täuschungen beschriebene Mechanismen kennen: den *Bestätigungsfehler* (confirmation bias) und die *gezielte Merkmalssteuerung* (token control efforts). In Situationen der Unsicherheit entscheidet man sich meist relativ schnell 'probeweise' für eine bestimmte, naheliegende Sichtweise der Situation. Denn das verschafft scheinbar Klarheit und Sicherheit. Doch natürlich kann man sich eigentlich nicht sicher sein. Daher versucht man anschließend, seine Sichtweise aktiv in der Realität zu bestätigen.

Dabei unterläuft einem leicht der 'Bestätigungsfehler': Man sucht in der Regel gezielt nach *bestätigenden* Informationen (Verifikationsprinzip) anstatt in gleicher Weise und in gleichem Umfang auch nach *widerlegenden* Informationen Ausschau zu halten (Falsifikationsprinzip). Dadurch ist es viel wahrscheinlicher, dass man tatsächlich bestätigende Informationen findet. Denn durch das Ungleichgewicht des Suchens besteht die Gefahr, wichtige Informationen zu übersehen, die gegen die eigene Sichtweise sprechen – und stattdessen weniger wichtige Informationen zur Kenntnis zu nehmen, die dafür sprechen. So entsteht ungerechtfertigterweise der Eindruck, dass die eigene Sichtweise relativ sicher zutreffend ist – obwohl dies objektiv betrachtet nicht stimmt (Klayman & Ha 1997, Nickerson 1998, Oswald & Grosjean 2004).

> Bestätigungsfehler: wir blenden aus, was dagegen spricht

Neben der Suche nach bestätigenden Informationen versuchen Menschen in unsicheren Situationen, ihre Situationsdeutung durch aktive Tests zu erhärten. Die Psychologie nennt dieses Phänomen 'gezielte Merkmalssteuerung'. Dazu leitet man aus seiner Situationsdeutung Mini-Hypothesen ab und versucht, diese zu bestätigen. Zum Beispiel versucht man, die Annahme, man habe einen Gesprächspartner 'unter Kontrolle', über das Mini-Experiment zu bestätigen, dass man ihn erfolgreich zum Lächeln bringen kann. Solche Mini-Experimente sind im Grunde irrelevant – aber sie festigen fälschlicherweise der Eindruck, man habe die Situation 'unter Kontrolle'.

4.6.5 Fazit: Generalisierungen sind normal – aber gefährlich

Generalisierungsmechanismen sind ein Standard unseres Denkens und Handelns, denn sie erfüllen die wichtige Funktion, uns in komplexen neuen Situationen handlungsfähig zu machen. Das gilt gerade auch für Vertrauen. Wir *müssen* unsere Vertrauenseinschätzungen generalisieren. Denn wir haben es eben nicht nur mit 'alten Freunden' zu tun, die wir aus Erfahrung umfassend einschätzen können. Manager müssen in Situationen handeln, in welchen sie gerade nicht über situationsrelevante Vorerfahrungen mit dem Partner verfügen. Psychologische Mechanismen wie die *personale Attribution* von Verhaltensweisen, *soziale Stereotype*, der *Halo-Effekt* oder die *implizite Persönlichkeitstheorie* sind Prinzipien, um erste Beobachtungen der Vertrauenswürdigkeit anderer zu generalisieren. Und es wäre völlig falsch, diesen 'Standard' unseres Denkens und Handelns zu verurteilen. Tatsächlich sind wir mithilfe genau dieser Mechanismen äußerst wirkungsvoll daran angepasst, mit anderen erfolgreich zusammenzuarbeiten, obwohl wir bisweilen nur über sehr wenige Informationen über sie verfügen.

Auf der anderen Seite bringt jede Generalisierung eine Restunsicherheit mit sich. Auch wenn wir uns stets bemühen, unsere Einschätzungen zu bestätigen, können wir daneben liegen – sogar ohne es zu merken. Das zeigen Effekte wie die *Kontrollillusion*, die *Bestätigungsverzerrung* oder die *gezielte Merkmalskontrolle*.

Warum kulturelle Vertrauensfallen so gefährlich sind

Zwar ist die implizite Persönlichkeitstheorie, die uns hilft, neue Kollegen oder Partner einzuschätzen, grundsätzlich ein sinnvoller Ansatz. Denn es gibt offensichtlich überdauernde Persönlichkeitsmerkmale, und man lernt über die Zeit immer besser, wie man individuell mit unterschiedlichen Charakteren zusammenarbeiten kann. Doch muss klar sein, dass einen dabei unweigerlich das eigene Umfeld und die Kultur, in der man aufwächst und handelt, umfassend prägt. In internationalen Handlungssituationen steigt dann die Wahrscheinlichkeit für Fehleinschätzungen. Unser ansonsten sehr effizienter Generalisierungsapparat kann dann verhängnisvoll sein, zumal die vorgestellten Mechanismen ihre Effizienz auch daraus beziehen, dass sie weitgehend unbewusst ablaufen. Dies zeigt, warum kulturelle Vertrauensfallen so gefährlich sein können. Kulturelle Vertrauensfallen führen dazu, dass wir in der Ersteinschätzung der Vertrauenswürdigkeit eines Kollegen oder Partners *ungerechtfertigterweise* den Eindruck gewinnen, er sei *nicht* vertrauenswürdig. Dann kann es aufgrund unserer natürlichen Tendenz zu generalisieren, sehr schwer werden, doch noch Vertrauen aufzubauen.

5 Wie Kulturunterschiede in die Vertrauensfalle führen

Zitat 6: Drei Manager über Vertrauen in der interkulturellen Zusammenarbeit

Deutscher Manager über die Zusammenarbeit mit Chinesen:
„Es wurde oft missinterpretiert, dass Vertrauen ausgenutzt wurde oder dass bewusst etwas falsch gemacht wurde. Ich behaupte aber persönlich, dass es oft Missverständnisse waren. Sprachliche, aber auch kulturelle Missverständnisse."

Zapf 2012: 72

Französischer Manager über die Zusammenarbeit mit Deutschen:
„Wenn man mit Deutschen zusammenarbeitet, dann muss man da wirklich vorsichtig sein. Es kann leicht passieren, dass man glaubt, gerade erfolgreich Vertrauen aufzubauen, während man in Wirklichkeit überhaupt kein Vertrauen aufbaut."

Münscher 2011: 504, Übersetzung R.M.

Deutscher Manager über die Zusammenarbeit mit Indern:
„Am Ende ist irgendein Ergebnis nicht erreicht worden, und dann wundert sich jeder, und dann stellt man vielleicht vorschnell die Vertrauensfrage, obwohl es vielleicht bloß ein Missverständnis war."

Mild 2012, Band 2: 79

Warum drohen international tätigen Managern kulturelle Vertrauensfallen? Weil sie über persönliche, in ihren Biografien gewachsene Vertrauensmuster verfügen – und diese durch die *unterschiedlichen* Kulturen geprägt sind, in welchen sie aufgewachsen sind. Dies führt nicht nur dazu, dass in der interkulturellen Zusammenarbeit unser Weckmechanismus für Vertrauensbetrüger schlechter funktioniert. Viel häufiger führt es zur Übervorsicht: Wir gewinnen den Eindruck, dass wir dem anderen nicht vertrauen können – doch tatsächlich beruht unsere Einschätzung auf einem kulturellen Missverständnis. Es gibt gar keinen Grund für Misstrauen, die Beteiligten folgen lediglich unterschiedlichen kulturellen Standards.

Daher ist es lohnend, sich sein persönliches Vertrauensmuster bewusst zu machen. Denn so lernt man seine 'blinden Flecken' der Vertrauenseinschätzung kennen und ist besser davor gefeit, dass einen die kulturelle Prägung seines Vertrauensmusters in die Falle gehen lässt. In diesem Kapitel beschreiben wir, was ein persönliches Vertrauensmuster ausmacht (5.1). Wir erläutern, wie Kultur uns – und insbesondere unsere Vertrauensmuster – prägt (5.2) und wie dies in

Es lohnt, seine 'blinden Flecken' der Vertrauenseinschätzung zu kennen

der interkulturellen Zusammenarbeit zu Fehleinschätzungen und in Vertrauensfallen führt (5.3). Zum Schluss weisen wir auf ein paar typische Missverständnisse hin, denen wir im Zusammenhang mit der interkulturellen Managementforschung immer wieder begegnet sind (5.4). Es folgt dann eine Zusammenfassung von Teil I (5.5).

5.1 Unsere persönlichen Vertrauensmuster

Inzwischen haben wir genug über Vertrauensentwicklung gelernt, um das Konzept des 'persönlichen Vertrauensmusters' im Überblick zusammenzufassen. Erinnern wir uns zunächst an die *implizite Persönlichkeitstheorie* aus dem letzten Kapitel: Wir haben eine aus unseren Erfahrungen gewachsene Theorie über andere Menschen. Sie sagt uns erstens, was wichtige Persönlichkeitseigenschaften sind, zweitens anhand welcher beobachtbaren Eigenschaften man auf sie schließen kann, und drittens welche anderen Persönlichkeitseigenschaften mit ihnen einhergehen.

Tab. 10: Aspekte der impliziten Persönlichkeitstheorie

Wichtige Eigenschaft	Wie erkennt man diese Eigenschaft?	Welche anderen Eigenschaften gehen mit ihr einher
scharfsinnig	argumentiert brillant	ist vermutlich auch gebildet
gewissenhaft	arbeitet Aufgaben Stück für Stück ab	ist vermutlich auch fleißig
…		

Etwas zugespitzter ausgedrückt könnte man sagen: Wir alle haben unsere eigene, ganz persönliche Sammlung von Stereotypen, die sich für uns als gut und hilfreich erwiesen haben. Diese implizite Persönlichkeitstheorie ist sozusagen das Kondensat unserer bisherigen Erfahrungen mit Kollegen, Geschäftspartnern, Mitmenschen. Es ist eine implizite Theorie, denn wir benutzen sie zwar ständig, aber wir denken nicht bewusst darüber nach, dass wir eine solche Persönlichkeitstheorie benutzen.

Ein Teil dieser impliziten Persönlichkeitstheorie betrifft natürlich die Einschätzung der Vertrauenswürdigkeit anderer. Der Psychologe Martin Schweer spricht daher naheliegenderweise von der impliziten Vertrauenstheorie (Schweer 1996, 1997, Schweer & Thies 2003). Wir benutzen dafür jedoch einen einfacheren Begriff: das *persönliche Vertrauensmuster*. Denn es handelt sich um unsere persönliche Vorstellung davon, nach welchem Muster sich die Vertrauenswürdigkeit von Kollegen oder Mitmenschen zeigt.

In unserem persönlichen Vertrauensmuster haben sich unsere bisherigen Erfahrungen mit der Vertrauenswürdigkeit von Mitmenschen, Kollegen und Geschäftspartnern verdichtet. Im Umgang mit Eltern, Lehrern, Freunden oder auch Menschen, mit denen wir üblicherweise zusammenarbeiten, haben wir gelernt zu erkennen, wann es sich um vertrauenswürdige Zeitgenossen handelt und wann wir besser vorsichtig sind. Dieses Vertrauensmuster, das wir gespeichert haben, ermöglicht uns, im Alltag mit einem 'Vertrauens-Autopiloten' unterwegs zu sein und die Vertrauenswürdigkeit anderer – relativ treffsicher – einfach nebenbei einzuschätzen (vgl. 4.2). Und genauso liefert unser Vertrauensmuster die Grundlage für den 'Betrugs-Wecker'. Dieses Vertrauensbetrüger-Entdeckungs-Mechanismus weckt uns aus der unbewusst vertrauensvollen Zusammenarbeit, wenn es Anzeichen dafür gibt, dass der andere sich nicht vertrauenswürdig verhält (vgl. 4.3).

Unsere bisherigen Erfahrungen mit der Vertrauenswürdigkeit anderer

Vertrauensmuster haben zwei wesentliche Komponenten. Sie beinhalten erstens eine Gewichtung von Vertrauensfaktoren. Sie sagen uns, welche Aspekte wichtig sind, um Vertrauenswürdigkeit einschätzen zu können. Zweitens liefern sie uns Informationen darüber, wie bzw. woran wir diese Aspekte im Verhalten eines Kollegen oder Partners erkennen können.

5.1.1 Vertrauensmuster, Teil 1: Welche Vertrauensfaktoren sind wichtig?

Um Vertrauenswürdigkeit einzuschätzen, orientieren wir uns an Vertrauensfaktoren – wie etwa *Zusagen einhalten*, *Nichts vortäuschen* oder *An Wissen teilhaben lassen* (vgl. die Top-10-Vertrauensfaktoren auf S. 42 und die Übersicht aller 50 relevanten Vertrauensfaktoren auf S. 54). Ein bedeutender Teil unseres persönlichen Vertrauensmusters ist unsere persönliche Gewichtung dieser Vertrauensfaktoren: Worauf kommt es *unserer Erfahrung nach* wirklich an? Da unterscheiden sich Persönlichkeiten. Um Vertrauen entwickeln zu können, ist manchen dies wichtiger und anderen das! Für den einen ist es zentral und unabdingbar, dass ein Partner sein Wort hält. Ein anderer betont, dass es für ihn für Vertrauen oberste Priorität habe, dass der andere die Wahrheit sagt.

Interessanterweise heißt eine solche Priorisierung gar nicht unbedingt, dass man die anderen Faktoren für deutlich weniger wichtig hält. Vielmehr ist es so, dass man in seinem Vertrauensmuster einen Aufmerksamkeitsfokus gespeichert hat. Jedem fallen bestimmte Aspekte eher auf als andere. Man hat bestimmte Gewohnheiten entwickelt, worauf man besonders achtet.

Grundsätzlich können *alle* Vertrauensfaktoren bei der Einschätzung der Vertrauenswürdigkeit von Kollegen oder Geschäftspartnern helfen. Je nach Handlungskontext sind aber bestimmte Vertrauensfaktoren aussagekräftiger als andere. Im Bereich Führung und Aufgabendelegation sind Faktoren wie *Anweisungen umsetzen*, *Selbständig arbeiten* oder *Bei kritischen Problemen informieren* wichtig. Geht es hingegen um Informationsmanagement, sind eher Faktoren wie *An Wissen teilhaben lassen* oder *Informationen vertraulich behandeln* von Relevanz. Mit seinem persönlichen Vertrauensmuster hat man jedoch so etwas wie seine persönliche übergreifende Gewichtung der Vertrauensfaktoren, die auf den individuellen Erfahrungen mit Vertrauen beruht, die man selbst gemacht hat.

Natürlich gibt es auch individuelle Unterschiede in der allgemeinen Bereitschaft, überhaupt anderen zu vertrauen. Mache vertrauen generell mehr, andere generell weniger. Manche brauchen mehr Zeit, um Vertrauen zu entwickeln, andere fassen sehr viel schneller Vertrauen. Auch diese sogenannte Vertrauensdisposition entwickelt sich im Verlauf der Biografie (Erikson 1968, 1950, Rotter 1971, 1967). Es handelt sich allerdings um ein Persönlichkeitsmerkmal, d.h. eine situationsübergreifende Tendenz einer Person, wie sie mit Vertrauen generell umgeht. Unser persönliches Vertrauensmuster ist hingegen ein sehr viel spezifischeres Hilfsmittel, um in konkreten Situationen die Vertrauenswürdigkeit unseres Gegenübers einzuschätzen. Mit seiner Gewichtung der Vertrauensfaktoren hilft es uns, subjektiv gerechtfertigte Ausgangspunkte für Vertrauensgeneralisierungen zu erkennen.

5.1.2 Vertrauensmuster, Teil 2: Wie erkennt man Vertrauensfaktoren?

Als zweiten wichtigen Aspekt enthält unserer Vertrauensmuster die aus unserer Sicht zutreffenden Verknüpfungen zwischen beobachtbaren Verhaltensweisen und Vertrauensfaktoren. Wir haben gelernt, woran wir Ehrlichkeit (oder Täuschung) erkennen, wie Zusagen getroffen und eingehalten (oder gebrochen) werden oder wie Anweisungen gegeben und umgesetzt (oder nicht umgesetzt) werden.

Das ist deshalb wichtig, weil man Vertrauensfaktoren selbst nicht wahrnehmen kann. Es sind, wie es die Vertrauensforscher Bacharach & Gambetta (1997) ausdrücken, abstrakte 'vertrauenswürdig machende Eigenschaften'. Man *schließt* auf sie ausgehend von dem, was man beobachtet, oder ausgehend von anderen Informationen über einen Partner (vgl. 3.2). Größtenteils schließt man auf sie anhand von Verhalten, das man in der Zusammenarbeit beobachtet. Doch welche Verhaltensweisen lassen auf welche Vertrauensfaktoren schließen? Wann ist ein Verhalten zum Beispiel respektlos? – Wann und wie einem Erfahrungen mit einem Kollegen oder Partner *vertrauensrelevante* Informationen liefern, haben wir im Laufe der Jahre gelernt und in unserem Muster des typischen vertrauenswürdigen Partners abgespeichert.

Vertrauensmuster beinhalten also vor allem zwei Informationen über typische vertrauenswürdige Partner: Welche Eigenschaften haben diese, und woran erkennt man diese Eigenschaften? Damit haben wir in unserem Vertrauensmuster alle notwendigen Informationen gespeichert, um Vertrauen entwickeln zu können. Denn so können wir schnell erste Vertrauenseinschätzungen bilden und diese dann zu einer allgemeinen Vertrauenseinschätzung des Partners generalisieren. In der Zusammenarbeit mit einem neuen Partner zählen für uns die gemäß unserem Vertrauensmuster relevanten Aspekte. Wir machen kleine mentale Häkchen, wenn Verhaltensweisen unserem Vertrauensmuster entsprechen. Damit wissen wir, ob wir Vertrauen entwickeln können oder misstrauisch bleiben sollten. Und diese Vertrauenseinschätzung generalisieren wir.

Weil erfahrene Manager in der Regel sehr gute und präzise Vertrauensmuster entwickelt haben, funktioniert das meist ziemlich gut: Sie können Vertrauen aufbauen, wo dies möglich ist – und sie bleiben misstrauisch, wenn genau das vonnöten ist. Doch wie entwickelt man eigentlich ein solches Vertrauensmuster, und was ist dafür ausschlaggebend, welches Muster man entwickelt?

> Vertrauensmuster enthalten zwei Informationen über typische vertrauenswürdige Partner

5.2 Kultur: Die Prägung unserer Vertrauensmuster

Was unser persönliches Vertrauensmuster prägt, sind die Erfahrungen, die wir in den für uns maßgeblichen Handlungskontexten machen. Dabei lernen wir die Verhaltens- und Bewertungsnormen, die für diese Handlungskontexte wichtig sind. Das bedeutet, dass unser Vertrauensmuster nicht nur durch die Eigenarten unserer individuellen Biografie bestimmt wird. Vielmehr ist es auch in ganz wesentlicher Weise *kulturell* geprägt.

5.2.1 Kultur und internationales Management

Die Erforschung des Einflusses kultureller Prägungen im internationalen Management ist ein verhältnismäßig junger Forschungszweig. Lange Zeit konzentrierte sich die internationale Managementforschung auf den internationalen Vergleich 'harter' und relativ leicht zu quantifizierender Daten wie etwa nationaler Währungen, Steuersysteme oder volkswirtschaftlicher Kennzahlen (Ronen 1986: 20). Dies entsprach gleichzeitig dem Interesse der Managementpraxis: Noch gegen Ende der 1970er stellten La Palombara & Blank (1977) fest, dass internationale Konzerne praktisch keine nicht-ökonomischen Daten über die Länder und Kulturen berücksichtigten, in welchen sie tätig sind. Managementtheorien und -modelle wurden als universell gültig angesehen: Was sich als erfolgreicher Führungsstil in den USA erwiesen hatte, wurde auch als erfolgreicher Führungsstil für asiatische Unternehmen betrachtet. Man ging davon aus, dass Management- und Unternehmensführungsmodelle auf beliebige Kulturen übertragbar seien.

Kulturgeprägtheit des Handelns in Organisationen

Einen Perspektivenwechsel leitete die Diskussion des ökonomischen Aufstiegs Japans ein. Mit offensichtlich anderen als den US-amerikanischen Methoden entwickelte sich die japanische Wirtschaft aus der Weltkriegsniederlage bis 1968 zur zweitstärksten Wirtschaftsmacht der Welt – nach den USA und vor Westdeutschland. Die These der kulturübergreifend universell gültigen Managementregeln geriet ins Wanken, und die internationale Managementforschung begann, die Kulturgeprägtheit des Handelns in Organisationen zu untersuchen und letztendlich zu akzeptieren. Es setzte sich die Ansicht durch, dass der Erfolg von Managementmodellen und Führungsstilen kulturabhängig ist. Wie man am erfolgreichsten Unternehmen und Mitarbeiter führt, das ist in Japan anders als in den USA und in Deutschland anders als in Frankreich. Es entwickelte sich ein immer umfassenderer Bestand an empirischen Belegen für die Unterschiedlichkeit von Managementstilen und -werten im Vergleich zwischen Kulturen. Einschlägig sind hier die Beiträge von Hofstede 1980, Adler 1986, Inglehart 1997, 1990, Trompenaars & Hampden-Turner 1993 oder die GLOBE-Studie von House et al. 2004 und Chhokar et al. 2008. Diese Autoren beschreiben Unterschiede zwischen Organisationsstrukturen und Managementpraktiken in verschiedenen Nationalkulturen. Als Ergebnis dieser Forschung kennen wir heute viele übergeordnete Aspekte, hinsichtlich derer sich Kulturen unterscheiden – beispielsweise das Hierarchieverständnis oder Gruppenbewusstsein verschiedener Nationalkulturen.

Beschreibungsdimensionen für kulturelle Prägung

Heute ist das interkulturelle Management ein etabliertes Teilgebiet der internationalen Managementforschung. Wir verfügen inzwischen über ein umfassendes und etabliertes Repertoire an Beschreibungsdimensionen für die kulturelle Prägung von Werthaltungen und Verhaltenstendenzen im Management. Und es gibt zahlreiche empirische Studien, welche die kulturelle Prägung bestimmter Management- und Geschäftskulturen nachweisen und kulturelle Unterschiede beschreiben.

Zu dieser Etablierung der interkulturellen Managementforschung haben unterschiedliche Disziplinen beigetragen: Neben der Managementforschung im engeren Sinne beschäftigt sich die Sozial-, Organisations- oder interkulturelle Psychologie mit kulturbedingten Werten, Einstellungen und Verhaltensweisen.[13] Schon viel früher als die Ma-

---

[13] Vgl. die Tradition der 'Cross-Cultural Psychology' in den USA, z.B. Landis/Bhagat 1996, Triandis & Brislin 1980, Triandis 1972; einflussreich in Deutschland ist das Kulturstandard-Konzept von Thomas (2011, 2005a, 2000, 1999).

nagementforschung und Psychologie beschreiben Ethnologen fundamental unterschiedliche Denk- und Verhaltensweisen in verschiedenen Nationalkulturen.[14] Weitere Beiträge leisteten die Sprach- und Kommunikationswissenschaften, nicht zuletzt die Fremdsprachendidaktik.[15]

5.2.2 Was bedeutet kulturelle Prägung?

Kultur bezieht sich in der Managementforschung auf die in einer Gruppe von Menschen geteilten Werte, Normen und Grundannahmen (vgl. Kühlmann 2008). Sie bildet für die Mitglieder der Gruppe einen Orientierungsrahmen für all das, was sonst ständig neu ausgehandelt werden müsste. Kultur spiegelt das Ergebnis zurückliegender Einigungsprozesse, die Herausbildung von Konventionen in einer Gruppe. Für die Mitglieder einer kulturellen Gruppe liegen bestimmte Handlungs- und Bewertungsoptionen nahe (oder sind vorgeschrieben) und mögliche Alternativen sind eher unwahrscheinlich (oder verboten). Diese klaren Gemeinsamkeiten innerhalb der kulturellen Gruppe erleichtern das Zusammenleben bzw. die Zusammenarbeit erheblich. Es gibt Standards, die man nicht mehr aushandeln muss, so dass man sich um anderes kümmern kann. Und sie verleihen zudem ein Gefühl von Normalität und Sicherheit. In einer Gruppe, deren Kultur man erlernt und verinnerlicht hat, kann man sich Zuhause fühlen – sei es eine Gruppe Gleichaltriger, das Unternehmen, in dem man arbeitet, oder die Branche, in der man tätig ist. Diesen Effekt spürt man insbesondere dann, wenn man Zeit in einer anderen Gruppe verbringen muss, deren Kultur man nicht so gut kennt. Dass einem auch andere Deutsche dieses kulturelle Gefühl von Zuhause geben können, fällt einem tendenziell dann auf, wenn man längere Zeit im Ausland zu tun hat und dort einmal mit anderen Deutschen zusammentrifft. Dass man mit der Kultur des eigenen Unternehmens vertraut ist und sich dort auch wohlfühlt, fällt einem auf, wenn man längere Zeit im Unternehmen eines Kunden tätig ist und dort auf viel Ungewohntes stößt.

In der internationalen Managementforschung ist naheliegenderweise der Vergleich nationalkultureller Gruppen von Managern prominent – und zwar spätestens seit der umfangreichen Studie von Geert Hofstede, der Daten von über 100.000 Mitarbeitern aus über 70 Filialen von IBM weltweit hinsichtlich arbeitsplatzrelevanter Werthaltungen und -praktiken auswertete (Hofstede 1980). Kultur meint dann,

Nationalkulturen und andere Kulturen

---

[14] V.a. Hall 1983, 1976, 1966, 1959, Kluckhohn & Strodtbeck 1961; zur Konzeptualisierung einer interkulturellen Kommunikation auf der Basis der Ethnologie vgl. Roth 2004, Moosmüller 2004, Roth & Roth 2001, Roth 1996.
[15] Zur Tradition der US-amerikanischen Forschung zur interkulturellen Kommunikation vgl. Gudykunst 2004, 2003 zur deutschen Forschung z.B. Müller-Jacquier 2000, von Helmolt 1997, Keim 1994, Günthner 1993.

dass sich deutsche Manager in ihren gemeinsamen Werten und Grundannahmen – bzw. kognitiven Rahmen – systematisch von amerikanischen oder japanischen Managern unterscheiden.

Wichtig ist nun, dass die Zusammenarbeit von Managern aus unterschiedlichen Nationen nur *einen* Anwendungsfall interkultureller Zusammenarbeit darstellt. Unterschiedliche Orientierungssysteme spielen auch eine Rolle, wenn Menschen unterschiedlichen Alters bzw. unterschiedlicher Generationen, unterschiedlicher sozialer Gruppen, unterschiedlicher Ausbildung oder aus unterschiedlichen Branchen kommunizieren oder zusammenarbeiten. Daneben gibt es natürlich auch Regionalkulturen und Organisations- oder Unternehmenskulturen. Ein Verkäufer tickt eben typischerweise nicht wie ein Controller, ein Schwabe nicht wie ein Norddeutscher und ein Boschler nicht wie ein BMWler.

Dabei spielen die unterschiedlichen kulturellen Einflüsse auf vielfältige Weise zusammen. Je homogener meine kulturelle Gruppe und je stärker meine Einbindung, desto stärker die kulturelle Prägung – und desto deutlicher sind die kulturellen Unterschiede zu anderen Gruppen. Entwickler und Vertriebler haben nicht nur ihre jeweils eigenen kulturellen Bezugssysteme, sondern sie haben tendenziell auch unterschiedliche Ausbildungen durchlaufen. Während Entwickler aus Ingenieursschulen bzw. aus den Naturwissenschaften kommen, haben Vertriebler eher eine BWL-Ausbildung bzw. eine Business School absolviert. Dort lernt man allgemeine Problemlösetechniken und man lernt, wie man Daten in Kombination mit Intuition nutzt, um betriebswirtschaftlich erfolgreiche Entscheidungen zu treffen. In einer Ingenieursausbildung geht es stattdessen darum, wie man Hypothesen entwickelt und testet und wie man technische Probleme löst. Solche unterschiedlichen Herangehensweisen und Werthaltungen werden dann durch die jeweiligen Entwickler- bzw. Vertriebler-Kulturen innerhalb der Firmen verstärkt (Griffin & Hauser 1996).

Es ist eine interessante Konsequenz unserer Kulturdefinition, dass sie letztlich auch 'Persönlichkeit' beschreiben kann: Wir verstehen Kultur als Orientierungsrahmen für Entscheidungen, die man sonst ständig grundsätzlich neu treffen müsste. Kultur umfasst Konventionen, wie man an Dinge herangeht. So lassen sich nicht nur die Gemeinsamkeiten der Mitglieder einer Gruppe beschreiben. Auf vergleichbare Weise kann man auch die Gemeinsamkeiten beschreiben, die man selbst in unterschiedlichen Situationen über die Zeit hinweg *mit sich selbst* hat. Auch ich als Person kenne viele Entscheidungssituationen, über die ich nicht mehr nachdenken muss, weil ich inzwischen weiß, wie *ich* das entscheide. Auch ich als Person verfüge über einen umfangreichen Fundus an Konventionen, wie ich mich verhalte und wie ich andere bewerte. Ich habe meine eigene *Kultur*.

Wir verweisen auf diesen Punkt aus einem sehr wichtigen Grund: Im interkulturellen Management dreht es sich meist um die Zusammenarbeit zwischen Vertretern unterschiedlicher Nationalkulturen. Doch wenn man die Konflikttypen und Lösungsstrategien des interkulturellen Managements verstehen lernt, dann hilft einem das für weit mehr als nur die Zusammenarbeit mit Menschen aus anderen Nationalkulturen. Man lernt vielmehr Konfliktmuster und Lösungsstrategien für die Zusammenarbeit mit anderen Menschen *im allgemeinen*. Denn die Mitglieder unterschiedlichster Kulturen können miteinander in kulturelle Konflikte geraten: Nicht nur Deutsche mit Chinesen oder Entwickler mit Vertrieblern, sondern auch einfach individuelle Persönlichkeiten.

Für alle Unterschiede zwischen kulturellen Gruppen gilt: Die kulturvergleichende Forschung macht statistische Aussagen über kulturelle Gruppen. Sie beschreibt damit zwar auch Verhaltens*tendenzen* für die einzelnen Mitglieder der Gruppe, aber sie erlaubt keine Verhaltens*vorhersagen*. Individuen haben nicht nur eigene Persönlichkeiten, sondern sie sind in ihrem Handeln frei und können sich mal so, mal anders verhalten. Ein kultureller Orientierungsrahmen *zwingt* zu nichts. Allerdings gibt er eben einen Rahmen vor, an dem man sich – in der Regel unbewusst und zum wechselseitigen Vorteil – orientiert. Er beschreibt, welche Werte und Standards in der Kultur gelten und was neue Mitglieder der Gruppe erlernen müssen (vgl. z.B. Thomas 2005a, 1999). So gibt es in jeder Kultur eine bestimmte Vorstellung davon, was als 'normaler' Ablauf eines Treffens gilt oder nach welchen Normen man sich bei Konflikten verhalten sollte. Ob der Einzelne sich in einer bestimmten Situation an die kulturelle Norm hält, ist eine andere Sache. Dennoch führen die kulturellen Werte und Standards zum einen zu bestimmten Erwartungen und zum anderen dazu, dass ein entsprechendes Verhalten wahrscheinlicher ist als ein anderes.

Wenn man kulturelle Werte und Standards als ein Art 'Norm' betrachtet, von der individuelles Verhalten abweichen kann, dann kann man wie in Abb. 4 auf der nächsten Seite das Spektrum der Verhaltenweisen in einer Kultur (z.B. in Bezug auf die Frage, wie pünktlich man sein sollte) idealisiert mithilfe einer Gauß'schen Normalverteilung darstellen (vgl. z.B. Trompenaars & Hampden-Turner 1993: 24-26): In jeder Kultur gibt es dann viele Individuen, deren Verhalten nahe am kulturellen Standard liegt, es gibt aber auch einige, die mehr oder weniger vom Standard abweichen.

Daher kann es natürlich auch sein, dass das Verhalten eines Mitglieds der 'Kultur A', sagen wir eines Argentiniers, nahe beim kulturellen Standard der 'Kultur B', sagen wir der deutschen Kultur, liegt. Das wäre dann ein Argentinier, der sich fast wie ein typischer Deutscher verhält. Wenn nun das Verhalten seines deutschen Geschäftspartners eher dem

Von Generalisierungen und Tendenzen

argentinischen Standard entspricht, dann kann es in der Zusammenarbeit der beiden zu einem kulturellen Missverständnis in umgekehrter Richtung kommen. Es könnte sein, dass der Argentinier ein Meeting sehr strukturiert vorbereitet, während sich der Deutsche eher auf seine spontanen Einfälle verlässt – vielleicht sogar noch stärker als in Deutschland, da er davon ausgeht, dass der Argentinier eine weniger strukturierte Herangehensweise erwartet. (Zu dem Kulturunterschied zwischen einem strukturierten und einem flexiblen Umgang mit Zeit vgl. den Infokasten 'Zeitmanagement und Arbeitsorganisation', S. 265.)

Mit dem Modell des kulturellen Standards lassen sich auch kulturelle Stereotype beschreiben. Wenn man sich die Bandbreite der möglichen Verhaltensweisen in einer Kultur (z.B. in Bezug auf Pünktlichkeit) vorstellt, dann ist das Stereotyp einer anderen Kultur an dem vom eigenen kulturellen Standard am weitesten entfernten Ende des Spektrums angesiedelt. In Abb. 4 liegt das stereotype Bild, das man in Kultur A von Angehörigen der Kultur B hat, im rechten Bereich der Normalverteilungskurve von Kultur B (und umgekehrt).

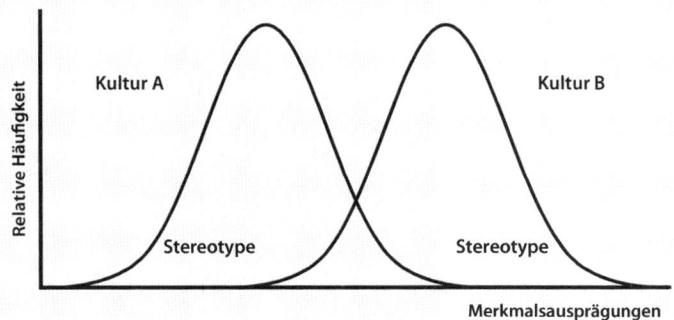

Abb. 4: Die Normalverteilung kulturellen Verhaltens in zwei Kulturen

Auch wenn es individuelle Persönlichkeitsunterschiede darin gibt, inwiefern man den kulturellen Standards folgt: Umfangreiche Studien zeigen im internationalen Vergleich klare nationalkulturelle Unterschiede der Bewertungsmuster und Verhaltensstandards – etwa in Bezug auf Kommunikationsstil, Führungsstil, Zeitmanagement oder Entscheidungsprozesse.

Fassen wir zusammen

Fassen wir zusammen: Kultur liefert einen Orientierungsrahmen für das Verhalten von Mitgliedern der Kultur. Doch die Bezugspunkte für kulturelle Prägungen sind sehr vielfältig. Viele Arten kultureller Prägungen beeinflussen zusammen mit dem nationalkulturellen Hintergrund und unseren individuellen Persönlichkeitsstrukturen unser Verhalten. Gemeinsam bilden diese kulturellen Prägungen den Einflussrahmen für unser Verhalten in spezifischen Situationen. Dabei gibt es einen Unterschied zwischen Generalisierungen in der interkulturellen Managementforschung und alltäglichen Stereotypisierungen: Die Aussagen und Modelle der interkulturellen Managementforschung basieren auf umfangreichen Studien, die zeigen, dass es kulturelle Unterschiede gibt, wenn man Manager einer Kultur mit Managern einer anderen Kultur vergleicht. Die Beschreibung entsprechender Kulturstandards beansprucht jedoch nicht, Voraussagen über individuelles Verhalten in spezifischen Situationen machen zu können. Stereotypen suggerieren, solche Verhaltensvorhersagen seien möglich – und verbinden dies zudem noch mit einer klaren Positiv-Negativ-Bewertung.

Auf welche Weise uns kulturelle Orientierungsrahmen prägen, erklärt die Sozialpsychologie. Menschen lassen sich sowohl in ihrer Wahrnehmung als auch in ihren Wertungen und Einschätzungen von Gewohnheiten und Vorannahmen beeinflussen. *Selektive Wahrnehmung*' nennt man das Phänomen des Aufmerksamkeitsfokus: Wir nehmen längst nicht all das wahr, was wir um uns herum wahrnehmen könnten. Stattdessen fokussieren wir meist auf einen kleinen Ausschnitt. Welcher dies ist, bestimmen unseren aktuellen Interessen und Erwartungen und unsere Wahrnehmungsgewohnheiten. Alles andere wird einfach ausgeblendet. Kommt man beispielsweise spät abends nach Hause – und zwar nach Ladenschluss, aber mit stark knurrendem Magen – dann gilt beim Betreten der Küche die Aufmerksamkeit ganz klar dem Inhalt des Kühlschranks. Richtet man jedoch gerade seine Küche neu ein und betritt zufällig die Küche eines Freundes, dann gilt die Aufmerksamkeit plötzlich dem Standort und der Technik des Kühlschranks.

Auch Bewertungen sind von dem Kontext abhängig, in dem wir sie vornehmen. Tversky & Kahneman (1986) konnten dies in einem berühmten Experiment nachweisen. Menschen schätzen das Risiko einer Entscheidung ganz unterschiedlich ein, je nachdem ob sie glauben, etwas zusätzlich bekommen zu können, oder ob sie denken, es ginge darum, einen potenziellen Verlust zu vermeiden. Riskanter erscheint das zweite, auch wenn das Risiko eigentlich genau gleich groß ist. Man nennt solche Einflüsse des Darstellungsrahmens auf die Bewertung '*Framing-Effekte*' (vgl. Levin et al. 1998, Nelson et al. 1997).

Solche Framing-Effekte werden nicht nur durch die Art der Darstellung von Informationen situativ hervorgerufen. Es gibt auch situationsübergreifende Tendenzen, Dinge in einer bestimmten Weise wahrzunehmen oder einzuschätzen. Nach dem US-Psychologen Harry Triandis blickt man auf die Welt durch einen *kognitiven Rahmen*, der uns die Dinge in einer bestimmten Weise wahrnehmen lässt (Triandis 1994, 1972) und durch die Kultur geprägt wird, in der man lebt. Dabei unterscheiden sich kognitive Rahmen von Kultur zu Kultur – sei es im Vergleich zwischen Nationalkulturen oder auch zwischen Gruppenkulturen wie etwa unter Entwicklern und Vertrieblern. Mitarbeiter der

Framing-Effekte und Kultur als 'kognitiver Rahmen'

Entwicklungsabteilung haben einen anderen Blick auf die technische Elaboriertheit eines Produkts und deren Stellenwert als die Kollegen aus dem Vertrieb. Sowohl in der Kultur der Entwickler als auch in der der Vertriebler erlernt man einen 'kognitiven Rahmen': man lernt, worauf man zu achten hat und wie man Dinge bewertet (Griffin & Hauser 1996). Aus den verschiedenen kognitiven Rahmen, die man durch seine Mitgliedschaft in unterschiedlichen Kulturen erlernt, formt sich über die Zeit die eigene, subjektive Kultur.

5.2.3 Wie Kultur unsere Vertrauensmuster prägt

Kulturelle Prägung bedeutet, dass man in bestimmten Abschnitten seiner Biografie bestimmte kulturelle Muster für den Umgang mit wiederkehrenden Situationen oder Entscheidungen erlernt. Jeder erlernt Dinge wie selbstorganisiertes Arbeiten, Kommunikation mit hierarchisch höhergestellten Personen oder Führen von Mitarbeitern in einem bestimmten kulturellen Kontext und daher auf eine bestimmte Weise. Die Funktion dieser Verhaltensweisen ist kulturübergreifend die gleiche, aber die Varianten, die man erlernt, werden durch die Kultur bestimmt, in der man sie erlernt.

Das gilt auch für unser persönliches Vertrauensmuster. Wie man sich typische vertrauenswürdige Partner vorzustellen hat – welche Eigenschaften diese haben und woran man diese Eigenschaften erkennt – das lernt man innerhalb *der Kulturen*, die für einen wichtig sind. Für einen Jung-Mafioso enthält dieses Programm möglicherweise andere Lerninhalte als für einen Nachwuchswissenschaftler oder einen Jungmanager mit Aussicht auf den Chefsessel. Die Frage, was genau vertrauenswürdige Interaktionspartner auszeichnet, ist auch eine Frage des kulturellen Kontexts. Das gleiche gilt für die Frage, wie und woran man die entsprechenden 'vertrauenswürdig machenden' Eigenschaften erkennt. Und schließlich für die Frage, wie man erkennt, ob diese nur vorgetäuscht sind. Lernt man dies nicht, dann wird es vielleicht nichts mit dem Chefsessel, dem Lehrstuhl oder schlicht der Fortsetzung des eigenen Lebens…

Eine Analogie: der menschliche Spracherwerbsapparat

Wie Kultur unsere Vertrauensmuster prägt, erschließt sich über eine Analogie. Eine umfangreiche linguistische Forschungstradition untersucht die Frage, wie Kinder Sprache erlernen. Unabhängig von den unterschiedlichen Theorien des Spracherwerbs sind dabei zwei Dinge offensichtlich: Es muss eine prinzipielle Spracherwerbsfähigkeit geben, und das Ergebnis des Spracherwerbs variiert: je nachdem, wo sie aufwachsen, lernen Kinder beispielsweise in Frankreich Französisch, in China Chinesisch oder in Pakistan Urdu.

Noam Chomsky prägte in den 1960ern die einflussreiche Theorie der Universalgrammatik. Sie geht von gleichen linguistischen Grundstrukturen in unterschiedlichsten Sprachen aus. Nach Chomsky verfügen Kinder über die angeborene Fähigkeit, im Heranwachsen diese sprachlichen Grundstrukturen mit den Ausprägungen einer tatsächlichen Sprache 'auszufüllen' (Chomsky 1965). Nach dem heutigen Forschungsstand erscheint zwar strittig, ob sich die angeborene Spracherwerbsfähigkeit von Kindern tatsächlich auf die von Chomsky vorgeschlagenen universalen Strukturen einschränkt. Denn die Unterschiedlichkeit der über 6000 identifizierten menschlichen Sprachen ist immens (Chater & Christiansen 2010). Unstrittig bleibt aber das Prinzip, dass eine kognitive Grundfähigkeit – Sprache – beim Hineinwachsen in eine Kultur auf die für diese Kultur typische Weise erworben wird. Kinder lernen, mit den Menschen erfolgreich zu kommunizieren, mit denen sie aufwachsen. Der Spracherwerb und das Erlernen der kommunikativen Feinheiten funktioniert dabei so gut, dass das Sprachgefühl von Muttersprachlern die Fähigkeiten von Nicht-Muttersprachlern in der Regel deutlich übersteigt.

Das gleiche gilt für persönliche Vertrauensmuster: Wir sind gewissermaßen Muttersprachler für Vertrauenseinschätzungen in unserer Kultur. So wie die äußerst komplexe kognitive Grundveranlagung, eine Sprache sprechen zu können, im Heranwachsen eine kulturell geprägte tatsächliche Ausformung erlangt, erlernen wir *in unserer Kultur* was vertrauenswürdige Zeitgenossen auszeichnet und wie man Vertrauensbetrüger erkennt.

> Wir sind Muttersprachler für Vertrauenseinschätzungen in unserer Kultur

Das Prinzip gilt wie für viele menschliche Verhaltensweisen und Fähigkeiten, die sich Kinder im Heranwachsen individuell erarbeiten müssen, und die, je nach der Kultur, in welcher die Kinder heranwachsen, eine kulturelle Färbung erhalten. Man denke etwa an Tischmanieren: Jeder Mensch lernt, Nahrung zu sich zu nehmen. Letztlich geht es dabei immer darum, die Nahrung in den Mund zu kriegen. Doch wie man das macht – mit der Hand, Messer und Gabel oder Stäbchen – das erlernt man in der Kultur, in der man aufwächst. Damit lernt man, wie man auf angemessene Weise mit anderen zusammen isst. Und so wie man in Pakistan mit anderen einfach besser zurechtkommt, wenn man als Kind gelernt hat, Urdu zu sprechen, funktioniert auch unser persönliches Vertrauensmuster am besten in der Kultur, in der wir aufgewachsen sind. Denn wir haben uns das Prinzip Vertrauensmuster in genau dieser Kultur zu eigen gemacht.

Teil unseres Vertrauensmusters ist das Erkennen von Betrügern. Etwa im Alter von vier Jahren lernen Kinder zu lügen (Vasek 1986, Talwar & Lee 2008). Doch wann und wie man lügt, ist eine kulturspezifische Frage. Beispielsweise zählt es in asiatischen Kulturen zum höflichen Umgang, sich als Individuum bescheiden zurückzunehmen. Man gibt es nicht zu, wenn man anderen etwas Gutes getan hat, sondern die Etikette erfordert hier Höflichkeitslügen. So finden etwa chinesische Kinder, man sollte leugnen, dass man etwas besonders Tolles oder Gutes getan hat. Je älter sie werden, desto klarer zeigt sich, dass die Kleinen diesen chinesischen Umgang mit 'Lügen' erlernt haben. In einer Studie wurden chinesische mit kanadischen Kindern im Alter von sieben, neun und elf Jahren verglichen. Die kleinen Chinesen meinten: Wenn der Lehrer fragt, ob man in der Pause die Tafel sauber gemacht hat, sollte man sagen: 'Ich war's nicht.' Die gleichaltrigen kanadischen Kinder fanden das überhaupt nicht. Natürlich sollte man sagen, dass man das selbst gemacht hat, man kann schließlich stolz auf seine Leistung sein (Lee et al. 1997).

Wie sich das Lügen im Kulturvergleich unterscheidet, so unterscheiden sich auch die Anzeichen, anhand derer man Lügen oder Täuschungen erkennen kann. Lüge und Täuschung haben viel mit den Feinheiten von Sprache und Kommunikation zu tun. So wie man seine sprachlichen Fähigkeiten in der Kultur erlernt, in welcher man groß wird, so erlernt man auch die Feinheiten des Täuschens und die Fähigkeit, Täuschung zu erkennen, in dieser Kultur.

Fassen wir zusammen: Unser persönliches Vertrauensmuster erweist sich im Alltag als äußerst praktisch. Es bietet uns einen 'Vertrauens-Autopiloten', so dass wir mit anderen zusammenarbeiten können, ohne bewusst darüber nachdenken zu müssen, ob wir ihnen vertrauen können. Und es wartet mit einem Weckmechanismus auf, der uns die Frage der Vertrauenswürdigkeit schlagartig ins Gedächtnis ruft, wenn Betrügerei droht. Dieser 'Vertrauensbetrüger-Entdeckungs-Mechanismus' hilft uns, treffsicher Situationen zu erkennen, in welchen Vertrauensbetrug droht (vgl. 4.3). Wie wir aber in diesen Situationen dann konkret prüfen, ob es sich um Betrug handelt, worauf wir achten, um einen Lügner zu entlarven – das ist kulturspezifisch. Das gehört zur kulturellen Prägung unseres Vertrauensmusters.

5.3 Zusammenarbeit: Wie Kultur in die Vertrauensfalle führt

Auf Basis unseres Vertrauensmusters können wir mit Kollegen oder Partnern per 'Vertrauens-Autopilot' zusammenarbeiten – und Vertrauen entwickeln oder misstrauisch werden, ohne allzu sehr darüber nachdenken zu müssen, wie wir das machen. Aber was passiert, wenn diese Kollegen oder Partner selbst mit einem völlig anderen 'Vertrauens-Autopiloten' unterwegs sind? Was passiert, wenn sie ihre Erfahrungen mit Vertrauen in einem ganz anderen kulturellen Kontext gemacht haben? Wenn ihr Vertrauensmuster eine andere kulturelle Prägung hat? Betrachten wir zunächst, wie kulturelle Unterschiede grundsätzlich zu Missverständnissen führen können, und anschließend etwas genauer, wie kulturelle *Vertrauensfallen* entstehen.

5.3.1 Kulturelle Missverständnisse

Chinese + Deutscher = Missverständnis. Wo steckt der Fehler in dieser Gleichung? Man kann nicht von kultureller Differenz auf Missverständnisse schließen. Erstens gibt es viel zu viele weitere Einflussfaktoren auf menschliches Verhalten neben der nationalkulturellen Prägung. Zweitens kann man sich schließlich auch aktiv anpassen und bewusst nicht so handeln, wie es nach dem eigenen kulturellen Standard zu erwarten wäre. Häufig funktionieren solche Anpassungsprozesse auch unbewusst: Wer sehr erfahren in der deutsch-französischen Zusammenarbeit ist, pocht in Paris vielleicht weniger stark auf die Agenda als in einem Meeting mit anderen Deutschen. Je besser wir den kulturellen Standard der anderen Kultur kennengelernt haben, desto eher können wir unser Handeln und unsere Erwartungen bewusst oder unbewusst an diesen anpassen. Darüber hinaus kommt es vor, dass man bestimmte Werte oder Verhaltensweisen einer anderen Kultur interessant findet und positiver bewertet als die eigenen kulturellen Standards. Auch das kann dazu führen, dass kulturelle Unterschiede nicht zu Missverständnissen führen, sondern vielmehr als positiv erlebt werden.

Dies gilt auch in der internationalen Managementforschung inzwischen als akzeptiert. Lange Zeit hatte man sich am kulturvergleichenden Ansatz orientiert und auf die reine Erforschung und Beschreibung von Kulturunterschieden konzentriert. Solche kulturvergleichenden Ansätze findet man auch heute noch in der Psychologie, der BWL, der Ethnologie, der Soziologie und den Sprachwissenschaften.[16] Insbesondere seit den 1990er Jahren etablierte sich aber zunehmend eine ernsthaft *interkulturelle* Herangehens- und Denkweise. Sie erforscht, wann und wie kulturelle Unterschiede in der interkulturellen Zusammenarbeit tatsächlich zu Missverständnissen und Schwierigkeiten führen. Wichtige Beiträge zur Erforschung interkultureller Kommunikations- und Interaktionsprozesse stammen aus den Sprachwissenschaften (z.B. Müller-Jacquier 2004, Kohle & ten Thije 2001). Aber auch Arbeiten aus anderen Disziplinen heben die besonderen Effekte und Prozesse interkultureller Situationen hervor und untersuchen die Konsequenzen kultureller Unterschiede in solchen Situationen (z.B. Bolten 1999, Mauritz 1996, Höhne 1995).

Der kulturvergleichende und der interkulturelle Ansatz

---

[16] Für den interessierten Leser ein paar Ansatzpunkte für vertiefende Lektüre: zur Psychologie vgl. Straub & Thomas 2003, Schwartz 1994, zur BWL Chokkar et al. 2008, House et al. 2004, Trompenaars & Hampden-Turner 1993, Hofstede 1991, 1980, zur Ethologie z.B. Hall 1983, 1976, 1966, 1959, Kluckhohn & Strodtbeck 1961, zur Soziologie Inglehart 1997 und zu den Sprachwissenschaften z.B. von Helmolt 1997, Keim 1994, Günthner 1993.

Kulturelle Synergieeffekte

Die Gleichung 'Chinese + Deutscher = Missverständnis' stimmt allerdings noch aus einem zweiten Grund so nicht. Die interkulturelle Managementforschung legt zu häufig den Schwerpunkt auf die negativen Konsequenzen kultureller Unterschiede. Man spricht über interkulturelle Missverständnisse und Konflikte und fragt nach Vorbeugungs- und Lösungsstrategien. Dies gilt auch für Praktiker, die sehen, dass in der interkulturellen Zusammenarbeit einzelne Arbeitsschritte länger brauchen, dass mehr Abstimmung erforderlich ist, dass man häufiger frustriert ist etc. Dies vernachlässigt aber, dass kulturelle Unterschiede auch positive Konsequenzen haben können: Sie können die Kreativität und Flexibilität eines Teams fördern, die Motivation der beteiligten Mitarbeiter steigern oder die Marktanpassungsfähigkeit eines Unternehmens erhöhen. Das Stichwort heißt 'kulturelle Synergie': Sie entsteht, wenn Manager in internationalen Teams die Vorteile und Chancen kultureller Vielfalt bewusst oder unbewusst nutzen. Worin konkret solche Synergieeffekte bestehen, ist zwar schwer vorherzusehen. Aber dass in der interkulturellen Zusammenarbeit das Arbeitsergebnis über die Summe der Einzelleistungen hinausgehen kann, ist inzwischen akzeptierte Meinung (zur Bedeutung kultureller Synergien im Management vgl. z.B. Adler 2008: 109ff., Stumpf 2005, Zeutschel & Thomas 1999).

Zwischenfazit: Menschen sind flexibel und anpassungsfähig, und gerade erfahrene Manager verfügen über ein breites Verhaltensspektrum. Wenn man weiß, dass man im Ausland ist, verhält man sich klugerweise nicht genau wie Zuhause. Entsprechend gilt: Wenn man weiß, dass ein Geschäftspartner oder Kollege aus einer anderen Kultur stammt, verhält man sich nicht genau so wie sonst im rein deutschen Umfeld. Vielleicht geht man mit etwas anderen Erwartungen in die Zusammenarbeit, vielleicht legt man etwas andere Maßstäbe an. Adler & Graham (1989) konnten beispielsweise zeigen, dass sich Manager in interkulturellen Verhandlungen anders verhalten als in *intra*-kulturellen Verhandlungen: Sie passen sich an.

Doch nicht immer kann, will und sollte man sich vollkommen an kulturelle Andersartigkeit anpassen. Das ist weder realistisch, noch wäre es sinnvoll. Es setzt Fähigkeiten voraus, die nicht jeder mitbringt, und nicht zuletzt könnte ja auch der andere sich anpassen. Und schließlich kann ein wünschenswerter Effekt kultureller Unterschiedlichkeit ja gerade in der Kombination der besonderen Stärken der beteiligten Kulturen liegen.

Critical Incidents: Wenn der Einfluss kultureller Unterschiede offensichtlich wird

Trotz der möglichen positiven Konsequenzen kultureller Unterschiede gilt: Manager unterschiedlichen kulturellen Hintergrunds geraten in typische Missverständnisse, wie eine umfangreiche Forschungstradition zeigt. Bevorzugtes Erhebungsinstrument für solche Missverständnisse ist die sogenannte *Critical Incident Methode*, welche authentische Beispiele für Situationen zu Tage fördert, in welchen Kulturunterschiede zu Irritationen oder ernsten Missverständnissen führen. Man nennt diese Situationen gewöhnlich 'Critical Incidents', was auf deutsch nicht ganz treffend als 'kritische Ereignisse' übersetzt wird. Laut Wight (1995: 127) war Triandis der erste, der in den 1960er Jahren Critical Incidents für interkulturelle Trainings nutzte. Fiedler et al. (1971) übernahmen die Critical Incident Methode kurze Zeit später in den Bereich der interkulturellen Interaktionsforschung. In den folgenden Jahren beschäftigte sich insbesondere die US-amerikanische Cross-Cultural Psychology mit Analysen von Critical Incidents und deren Einsatz in Trainings (z.B. Brislin et al. 1986, Triandis 1995a, Landis & Bhagat 1996, Bhawuk 1998). Thomas führte den Critical Incident als 'kritische Interaktionssituation' in die deutschsprachige interkulturelle Forschung und Trainingspraxis ein. Er nutzte den Begriff insbesondere im Zusammenhang seiner Kulturstandardforschung und der Trainingsmethode des Kulturassimilators (z.B. Thomas 1999). Auch in der interkulturellen Vertrauensforschung kann der Ansatz gewinnbringend eingesetzt werden (Münscher & Kühlmann 2012). Betrachten wir ein Beispiel für einen solchen Critical Incident.

> **Praxisbeispiel 9: Ein deutsch-koreanischer Critical Incident**
>
> Ein junger deutscher Manager berichtet von einem Erlebnis in Korea: „Ich war als Leiter eines deutsch-koreanischen Projektes in Seoul und traf dort zum ersten Mal einen Vertreter des koreanischen Projektteams. Erstaunlicherweise fragte mich mein koreanischer Geschäftspartner als erstes – wir waren kaum zusammen im Raum – nach meinem Alter. Ich habe kein Problem damit, dass mich jemand nach meinem Alter fragt. Aber ich fand das trotzdem etwas unvermittelt und eigentlich sehr indiskret. Wollte er mich vor seinem jüngeren Mitarbeiter bloßstellen?
>
> *Beispiel aus der Beratungspraxis der Autoren, © JHRM 2009*

Der Deutsche berichtet hier ein Erlebnis, in welchem er ein bestimmtes Verhalten (Frage nach dem Alter gleich zu Beginn des Treffens) als unangemessen (indiskret) wahrnimmt. Warum beschreibt dieses Erlebnis ein kulturelles Missverständnis? Bei einem kulturellen Missverständnis kommen zwei Dinge zusammen: Der eine sagt (oder tut) etwas, das aus seinem kulturellen Kontext heraus etwas Bestimmtes ausdrückt bzw. in der Situation angemessen ist. Der andere versteht allerdings das Gesagte (interpretiert das Verhalten) ganz anders – nämlich aus seinem eigenen kulturellen Kontext heraus. Die beiden missverstehen sich, d.h. es besteht Uneinigkeit im Hinblick darauf, was das Verhalten bedeutet bzw. wie man es bewerten soll. Das Missverständnis oder die Uneinigkeit erklären sich hier durch den unterschiedlichen kulturellen Hintergrund der Beteiligten. Es geht also nicht nur um ein *Missverstehen* im engeren Sinne, sondern auch um *Missbewer-*

Kulturelle Missverständnisse

ten. Der Koreaner hält seine Frage für völlig angemessen und normal. Der Deutsche bewertet sie aber als unangemessen und indiskret.

Um den Hintergrund des deutsch-koreanischen Critical Incidents zu verstehen, muss man wissen, dass die Frage nach dem Alter, zumal gleich zu Beginn eines Kennenlernens, in Deutschland tatsächlich unangemessen, in Korea hingegen normal ist. In der koreanischen Kultur hat Respekt gegenüber Älteren sehr großen Stellenwert, was mit dem Einfluss des Konfuzianismus zu tun hat. Das Respektgebot gegenüber Älteren ist so stark, dass es sich auch in grundlegenden sprachlichen Konventionen niedergeschlagen hat. Jede Form der Ansprache eines anderen richtet sich danach, ob sie an einen Älteren oder einen Jüngeren gerichtet ist. Daher ist es in Korea Standard, gleich zu Beginn zu klären, wer älter ist – denn sonst weiß man nicht, wie man korrekt miteinander reden kann (zur Bedeutung des Respekts gegenüber Älteren in Südkorea vgl. Brüch & Thomas 2004: 39-41, Sung 2001).

Der Punkt ist nun, dass in unserem Beispiel der unterschiedliche kulturelle Hintergrund der Beteiligten zu einem unterschiedlichen Verständnis und einer unterschiedlichen Bewertung der Situation führt. Während der Deutsche die Frage als unangemessen (indiskret) bewertet, ist sie aus Sicht des Koreaners normal. Das ist ein kulturelles Missverständnis. Der Koreaner wollte nicht indiskret sein, aber der Deutsche nimmt ihn als indiskret wahr.

Kulturkonflikt zwischen Entwicklern und Vertrieblern

Am besten erforscht sind kulturelle Missverständnisse, die aufgrund unterschiedlicher nationalkultureller Hintergründe entstehen. Doch kann es kulturelle Missverständnisse generell geben, wenn Menschen sich in ihrem Handeln und Bewerten an unterschiedlichen sozialen Gruppen bzw. Kulturen orientieren. Betrachten wir noch einmal das Beispiel des Kulturkonflikts zwischen Entwicklern und Vertrieblern: Wenn der Entwickler argumentiert: „Natürlich ist es wichtig, dass der Kunde das Produkt kauft, aber dazu muss es zuerst einmal gut funktionieren!", ist die Entgegnung des Vertrieblers: „Natürlich ist es wichtig, dass das Produkt gut funktioniert, aber wenn der Kunde es nicht kauft, bringt das gar nichts!" Diese kulturelle Barriere ist unternehmensintern das größte Kooperationshindernis zwischen Forschung/Entwicklung und Vertrieb/Marketing, wie eine amerikanische Studie herausfand (Griffin & Hauser 1996: 195). Sie provoziert kulturelle Missverständnisse am laufenden Band.

Interessant ist nun: Die Beschreibungskategorien, die in der nationalkulturell vergleichenden Forschung entwickelt wurden, helfen auch zur Beschreibung von Missverständnissen zwischen anderen Arten von Kulturen. Sie beschreiben, wie kulturell unterschiedliche Varianten beispielsweise des Kommunikations- oder Führungsstils, des Zeitmanagements oder des Umgangs mit Absprachen und Regeln zu Missverständnissen und Konflikten führen können. Damit liefern sie ein

Analysewerkzeug für Erlebnisse (wie etwa Critical Incidents) und für die Formulierung von Verhaltensstrategien, um Missverständnisse oder Konflikte zu vermeiden. Wir werden in Teil II dieses Buchs in der Diskussion kultureller Vertrauensfallen solche Kategorien benutzen und zeigen, wie Manager aus unterschiedlichen Kulturen sehr unterschiedlich mit den gleichen Vertrauensfaktoren umgehen.

Grundsätzlich gibt es zwei Wege in ein kulturelles Missverständnis, und man kann jedes kulturelle Missverständnis aus genau diesen zwei Perspektiven betrachten: Erstens kann man das Verhalten eines Kollegen oder Partners nach dem eigenen kulturellen Standard *interpretieren* und damit dem anderen nicht gerecht werden. Der Deutsche interpretiert: Mich gleich als erstes nach dem Alter zu fragen, das ist indiskret. Damit wird er dem Koreaner nicht gerecht, denn im koreanischen Kontext ist das üblich und eben nicht indiskret.

Zwei Wege zum kulturellen Missverständnis

Zweitens kann man sich nach den eigenen kulturellen Standards normal *verhalten*, und gleichzeitig dem anderen Anlass geben, das Verhalten aus der Perspektive seiner Kultur ganz anders zu interpretieren. Der Koreaner klärt die Altersfrage zu Beginn der Kommunikation, um sich gegenseitig korrekt ansprechen zu können – wie er das eben aus dem Koreanischen gewohnt ist. Doch der Deutsche nimmt das als indiskret wahr.

Bei kulturellen Missverständnissen sind immer beide Perspektiven im Spiel: mindestens einer handelt und mindestens einer interpretiert dieses Handeln. Es sind die zwei grundlegenden Perspektiven, die in der interkulturellen Zusammenarbeit wichtig sind: Wie bewerte ich das Verhalten anderer? Wie handle ich selbst? Beide Perspektiven muss man auch im Blick haben, wenn es darum geht, Strategien für eine erfolgreiche interkulturelle Zusammenarbeit zu entwickeln: Man muss lernen, das Verhalten anderer *richtig zu interpretieren*, und man muss lernen, in bestimmten Situationen *kulturangemessen zu handeln*.

Die eine Perspektive, nämlich die kulturell gefärbte Verurteilung eines Verhaltens, das aus Sicht der anderen Kultur normal erscheint, haben wir in der Einleitung mit dem Bild der 'kulturellen Kontaktlinsen' beschrieben: Wir blicken auf unsere Kollegen und Partner stets durch kulturelle Kontaktlinsen, die uns Bestimmtes scharf sehen lassen und anderes nicht. Mit deutschen kulturellen Kontaktlinsen fällt die Altersfrage des Koreaners als sehr ungewöhnlich auf. Auch wenn wir uns ein Urteil bilden, ob der andere vertrauenswürdig ist oder nicht, blicken wir durch unsere kulturellen Kontaktlinsen. Wir folgen zunächst einmal unweigerlich den Bewertungsmustern unserer Kultur. Daher kann es sein, dass unsere Bewertung eines Verhaltens, das aus einem anderen kulturellen Kontext heraus geschieht, nicht angemessen ist. Wir missverstehen bzw. missdeuten den anderen.

Die kulturellen Kontaktlinsen

Der Tritt ins Fettnäpfchen

Der Tritt ins Fettnäpfchen gehört zur zweiten Perspektive, also zur Frage, inwiefern man kulturell angemessen handelt bzw. inwiefern man ein Verhalten zeigt, das aus der Perspektive der anderen Kultur ganz anders wahrgenommen wird, als man es selbst wahrnimmt. Unser Beispiel stammt aus der deutsch-arabischen Zusammenarbeit.

> **Praxisbeispiel 10: Vertragsunterzeichnung mit arabischem Partner**
>
> Ein deutscher Manager hat ein Geschäft mit einem arabischen Partner vertragsreif ausgehandelt. Im abschließenden Treffen zur Vertragsunterzeichnung läuft alles nach Plan. Nachdem er seinerseits den Vertrag unterschrieben und an seinen Partner weitergegeben hat, bemerkt er bei diesem eine Irritation. Der arabische Partner bittet unerwarteterweise darum, später unterschreiben zu können. Er wird den Vertrag dann per Post zusenden. Der Deutsche willigt ein – aber der Vertrag wird ihm nicht zugesendet.
>
> *Beispiel aus der Beratungspraxis der Autoren, © JHRM 2009*

Das kulturelle Missverständnis ist aus dem Text allein nicht ersichtlich. Denn es bleibt unerwähnt, dass der Deutsche den Vertrag nach der Unterschrift dem Geschäftspartner mit seiner linken Hand hinüberreicht – naheliegend, da er rechts noch den Füllfederhalter hält. Doch in arabischen Ländern und im Mittleren Osten ist dies ein klarer Affront. Die linke Hand ist tabu, sie gilt als unrein. Sämtliche öffentlichen Gesten wie Händeschütteln, Essen, Trinken oder Überreichen von Objekten sind unbedingt mit der rechten Hand auszuführen. Bedenkt man zusätzlich, dass in arabischen Ländern sehr viel indirekter kommuniziert wird als in Deutschland, wird verständlich, dass die Symbolik der Vertragsüberreichung mit links sehr deutlich missverstanden werden kann (vgl. de la Fuente 2011).

Die interkulturelle Managementforschung untersucht kulturelle Missverständnisse professionell. Dabei liegt der Fokus nicht auf Unterschieden wie der Frage nach dem Alter oder dem Tabu der Verwendung der linken Hand. Es geht vielmehr um die schwer erkennbaren und schwer erlernbaren Unterschiede, die das Handeln im Managementalltag prägen – wie etwa Führungsstil und Mitarbeitermotivation, Fairnesskonzeptionen und Konfliktmanagement etc.

5.3.2 Einfache und schwierige Missverständnisse

Wer sich neu mit interkulturellem Management auseinander setzt, denkt beim Stichwort 'Kulturunterschied' typischerweise an eine bestimmte Kategorie von Unterschieden: an Konventionen für das Verhalten im Alltag und die entsprechenden sogenannten Do's & Dont's – also Ratschäge, was man tun und lassen sollte, um nicht in Fettnäpfchen zu treten. Im Nahen Osten Verträge nicht mit der linken Hand hinüberreichen! Auf dieser Ebene geht es um die kulturelle Angemessenheit von Speisen und Getränken (kein Schweinefleisch für muslimische Geschäftspartner, der Islam verbietet das Essen von Schweinefleisch!), Gastgeschenken (z.B. keine Uhr für Chinesen, Uhren als Geschenk stehen in China für den Tod bzw. die ablaufende Lebenszeit!) oder Begrüßungskonventionen (z.B. kein Handschlag mit Japanern, hier begrüßt man sich per Verbeugung!). Die fehlende Vertrautheit mit solchen Unterschieden kann zu Tabubrüchen führen. Aber hier lässt sich leicht Abhilfe verschaffen, denn es geht um reines Wissen, das einem eine umfangreiche Ratgeberliteratur vermitteln kann. Derartige Kulturunterschiede stellen nicht die eigentliche Herausforderung des interkulturellen Managements dar, denn man bemerkt und lernt sie relativ zuverlässig.

Viel schwieriger und auch tückischer sind Kulturunterschiede, die dazu führen, dass man den anderen als aggressiv, unfair oder hinterhältig etc. verurteilt, ohne dass einem bewusst wird, dass man nur aufgrund eines Kulturunterschieds so bewertet. Tatsächlich entspricht das Verhalten des anderen einem akzeptierten Verhaltensstandard seiner Kultur. Nur auf einen selbst wirkt es aggressiv, unfair oder hinterhältig etc. Denn man bewertet wie gewohnt – nur eben ohne zu merken, dass die eigenen kulturellen Bewertungsstandards nicht angemessen sind.

Kulturunterschiede, die man nicht sehen kann

Solche Kulturunterschiede betreffen etwa Verhandlungskunst, Konfliktmanagement, Kommunikation oder Führungsstil. Oder auch Zeitmanagement, Hierarchieverständnis und Entscheidungsprozesse. Es sind vor allem diese Unterschiede, die Gegenstand der interkulturellen Managementforschung und des interkulturellen Trainings sind. Während man sich die 'sichtbaren' Kulturunterschiede und Konventionen relativ gut durch Ratgeberliteratur oder im Gespräch mit Kollegen aneignen kann, sind solche Kulturunterschiede schwerer wahrnehmbar, schwerer erklärbar und schwerer nachvollziehbar. Sie erfordern mehr Erfahrung und Überblick, um sie zu durchdringen und kompetent mit ihnen umgehen zu lernen.

Doch auch wenn es im interkulturellen Training um die wichtigen tückischen unsichtbaren Kulturunterschiede im Management geht, wird deren Relevanz von Trainingsteilnehmern nicht selten drastisch unterschätzt. Dieser Effekt im Training international wenig erfahrener Manager liegt nicht zuletzt an der Trainingssituation. Während dieser Auszeit vom operativen Managementalltag ist man entspannt und bewertet die Relevanz kultureller Unterschiede zunächst einmal *für entspannte Situationen* wie im Training. Manche Teilnehmer sind dann ablehnend und skeptisch gegenüber den potenziell gravierenden Folgen dieser 'interessant-unterhaltsamen Kulturunterschiede'. Sie haben recht: In einer entspannten Trainingssituation, in der nichts auf dem Spiel steht, sind kulturelle Unterschiede eher interessant als missverständnisträchtig. In interkulturellen Workshops befindet man sich mit

Kollegen aus anderen Kulturen in einer geschützten Seminaratmosphäre, in der man entspannt und neugierig aufeinander zugehen kann – oder in der die anderen Teilnehmer noch nicht einmal Kollegen sind, mit denen einen eine potenziell konfliktreiche Zusammenarbeit verbindet. Interessant wird es, wenn dann die etwas Erfahreneren beginnen, von ihren kritischen interkulturellen Erlebnissen zu berichten.

Den gleichen Effekt kenn man aus dem Urlaub: Wenn man an der sonnigen Costa Brava auf die Reparatur des Motors der eigenen Yacht einen halben Tag länger warten muss oder einem der italienische Fremdenführer beim Espresso von seinen zahllosen Liebschaften erzählt, dann findet man das nicht weiter schlimm. Weit und breit droht keine Deadline, und kein Bonus hängt am Verhandlungserfolg mit dem Fremdenführer…

Bei Stress werden kulturelle Missverständnisse gefährlich

Je größer hingegen der Projektstress im Alltag, je zeitkritischer die Situation, je mehr auf dem Spiel steht, desto geringer die Akzeptanz für Andersartigkeit und für Störungen, desto leichter kommen kulturelle Unterschiede zum Tragen. Ernsthaften Stress erzeugt es, wenn man die Auslandsreise in dem Wissen antritt, bei Scheitern der Verhandlungen den erfolgsabhängigen Bonus für dieses Jahr in den Wind schreiben zu können. Ernsthaften Stress erzeugt es, wenn man weiß, dass es nun, nach der Fusion, auf Dauer nur noch eine Stelle gibt: meine oder die meines ausländischen Gegenparts.

Es sind solche Konstellationen, in welchen kulturelle Unterschiede tatsächlich zu folgenschweren Konflikten und Missverständnissen führen können. Denn sowohl unsere Toleranz für kulturelle Andersartigkeit als auch unsere Bereitschaft, uns in unserem Bewerten oder Handeln an Andersartigkeit anzupassen, sinkt mit steigendem Stresslevel: Stress lässt uns stärker nach den für uns grundlegenden Interpretations- und Handlungsschemata agieren, zulasten von Flexibilität und Toleranz. In der Sozialpsychologie diskutiert man den Effekt im Rahmen der Forschung zur 'sozialen Erleichterung': Wenn man viele Zuschauer hat, wird man bei gut verinnerlichten Fähigkeiten besser, bei Aktivitäten, die man noch nicht so gut beherrscht, wird man hingegen schlechter. Wenn man also unter Stress steht, verfällt man eher in die gewohnten Bewertungs- und Verhaltensmuster als dass man neue oder ungewohnte ausprobiert. Man bewertet und handelt eher nach den Standards der eigenen Kultur, die man verinnerlicht hat – und es fällt schwerer, sich auf unbekanntes Terrain zu begeben und Bewertungen zu hinterfragen oder sich in einer Weise anzupassen, die einem nicht vertraut ist (vgl. Zajonc 1966, Guerin & Innes 1993). Was noch hinzukommt, ist, dass sich auch unsere Tendenz verstärkt, andere gemäß einem Stereotyp zu beurteilen: Aha, ein echter Chinese. Je mehr Stress man hat, desto weniger ist man bereit, sich die Zeit zu nehmen, auf Individualität und Situation des anderen zu achten. Stress zwingt förmlich dazu, sich stärker an Stereotypen zu orientieren (vgl. Lambert et al. 2003). Das kann in der interkulturellen Zusammenarbeit Missverständnisse befördern.

Kulturelle Missverständnisse, die tatsächlich ungewünschte Auswirkungen auf die Zusammenarbeit haben, entstehen tendenziell unter Stress, wenn viel auf dem Spiel steht, wenn die Situation ohnehin große Risiken mit sich bringt. Dann können sie die Zusammenarbeit empfindlich stören und Misstrauensspiralen in Gang setzen, die zu ernsthaften Konflikten bis hin zum Abbruch der Zusammenarbeit führen können (vgl. unsere Beispiele aus der Einleitung).

Fassen wir zusammen

5.3.3 Kulturelle Vertrauensfallen

Kulturelle Missverständnisse, welche zum Zusammenbruch des wechselseitigen Vertrauens führen oder die Entwicklung von Vertrauen von vornherein blockieren, können schwerwiegende Konsequenzen haben. Dann wird kulturelle Differenz für international tätige Manager kritisch.

Da die kulturelle Unterschiedlichkeit, die Vertrauen zerstören kann, hinter der Deckung einer gut verinnerlichten, gleichsam automatisierten Managementprofessionalität lauert, sprechen wir von kulturellen Vertrauens*fallen*: Es ist, als ob die unterschiedlichen kulturellen Hintergründe der Beteiligten in internationalen Managementsituationen *Fallen* aufstellen, die ein geschultes Auge erkennen und vermeiden kann – aber in die man unvorbereitet leicht hineingerät. Denn man verlässt sich auf sein Vertrauensmuster, mithilfe dessen man gewohnt ist, zuverlässig zu erkennen, wer vertrauenswürdig ist und wer nicht. Doch das Verhalten eines Kollegen oder Partners, der sich an einem anderen kulturellen Bezugssystem orientiert, passt möglicherweise nicht in unser Vertrauensmuster.

Wenn wir in eine Vertrauensfalle geraten, erscheint uns der andere als nicht vertrauenswürdig: Wir glauben, gute Gründe dafür zu haben, ihn als nicht vertrauenswürdig einzustufen. Tatsächlich aber beruht diese Einschätzung auf einem kulturellen Missverständnis oder einer kulturellen Missdeutung. Die Vertrauenseinschätzung ist aus Sicht des Kollegen überhaupt nicht plausibel und nicht gerechtfertigt – und genau das gilt auch aus einer übergeordneten Betrachtungsperspektive, denn wir verhalten uns schlicht nach unterschiedlichen kulturellen Standards. Ich gelange aus meiner Sicht (der Sicht meiner Kultur!) zu der Einschätzung, gute Gründe dafür zu haben, den Kollegen für nicht vertrauenswürdig zu halten. Doch aus seiner Sicht (der Sicht seiner Kultur!) gibt es keine guten Gründe für diese Einschätzung. Die Vertrauensfalle schnappt zu, wenn wir nicht bemerken, dass wir unsere Situation aufgrund unseres kulturellen Hintergrunds ganz unterschiedlich interpretieren. Dann habe ich den starken Eindruck, dass

Kulturunterschiede in der Interpretation von Verhaltensweisen

ich dem Kollegen nicht vertrauen kann, das ist ein Eindruck, der sich dann durch die natürliche Vertrauensgeneralisierung leicht verfestigt (vgl. 4.5).

Man kann zwei Wege unterscheiden, die in kulturelle Vertrauensfallen führen. Zum einen kann es sein, dass zwei Manager in unterschiedlicher Weise von beobachtetem Verhalten auf Vertrauensfaktoren schließen. Zum Beispiel interpretiert ein deutscher Manager ein Verhalten seines Kollegen als Vertrauensfaktor *Zusagen einhalten* ('Er hat seine Zusage nicht eingehalten!'), während diese Interpretation aus Sicht des nicht-deutschen Kollegen überhaupt nicht plausibel ist. Denn in dessen Kultur werden Zusagen anders gegeben als der Deutsche gewohnt ist. Aus seiner Sicht gab es gar keine Zusage ('Ich habe doch gar nichts zugesagt!'). Wenn die beiden diese kulturell unterschiedliche Interpretation der Situation nicht bemerken, sitzen sie in der Vertrauensfalle (vgl. Praxisbeispiel 11).

Praxisbeispiel 11: Vertrauensfalle durch unterschiedliche Verhaltensinterpretation

Die Kollegen Meyer und Dupont arbeiten zusammen in einem Projekt. **Herr Dupont** sagt zu, sich um etwas Bestimmtes zu kümmern, tut dies aber dann nicht – **aus Sicht von Herrn Meyer**. Dieser interpretiert Herrn Duponts Verhalten als Bruch einer Zusage – obwohl Kollege Dupont bestreiten würde, dass er überhaupt eine Zusage gegeben hat.

Eigentlich sind die beiden also darüber uneinig, ob Herr Dupont eine Zusage gegeben hat. Tatsächlich aber interpretiert Herr Meyer Herrn Duponts Verhalten als **Bruch einer Zusage** und damit als Vertrauensbruch. Denn Herr Dupont verhält sich aus Sicht von Herrn Meyer natürlich wie jemand, der seine Zusage nicht eingehalten hat. Daher beginnt Herr Meyer in Frage zu stellen, ob er Herrn Dupont weiterhin vertrauen kann.

TRIM-Projekt / R. Münscher & J. Hormuth

Was das Erlebnis der Kollegen Meyer und Dupont in unserem Praxisbeispiel als Vertrauensfalle entlarven könnte, ist der unterschiedliche Kommunikationsstil, der in Deutschland und Frankreich gepflegt wird. Deutsche Manager missverstehen eine französische Absage leicht als Zusage und verurteilen dann die französischen Kollegen, wenn diese sich nicht an ihre 'Zusage' halten. Wie in dem beschriebenen Beispiel konkret Kulturunterschiede zu einer unterschiedlichen Einschätzung führen und wie dadurch die Vertrauensfalle entsteht, erläutern wir ausführlicher in Teil II ('War-nichts-vereinbart?'-Vertrauensfalle, vgl. 7.1).

Kulturelle Vertrauensfallen entstehen durch unterschiedliche Einschätzungen, wie man im Verhalten von Kollegen oder Partnern Vertrauensfaktoren erkennt bzw. wann man ein Verhalten als Zeichen für einen Vertrauensfaktor interpretiert. Auch wenn man sich beispielsweise mit einem chinesischen Kollegen durchaus einig ist, dass respektvoller Umgang eine notwendige Bedingung für vertrauensvollen Umgang ist: Wann genau ist etwas respektlos für Chinesen? Es ist Teil unseres Vertrauensmusters zu wissen, woran man Vertrauensfaktoren wie *Respekt und Interesse zeigen* oder *Nichts vortäuschen* erkennt. Doch ob man vor einem anderen kulturellen Hintergrund genauso schließen würde, wissen wir zunächst einmal nicht.

Der zweite Weg in die kulturelle Vertrauensfalle führt über eine unterschiedliche Priorisierung von Vertrauensfaktoren. Beispielsweise kann ein bestimmter Vertrauensfaktor (wie etwa *In Entscheidungen einbeziehen*) für einen deutschen Manager so wichtig sein, dass für ihn die Vertrauenswürdigkeit eines Partners, der ihn nicht einbezieht, umfassend in Frage steht ('Er hat mich übergangen – ein klares Signal dafür, dass ich ihm nicht vertrauen kann!'). Doch möglicherweise ist der fragliche Aspekt aus Sicht eines nicht-deutschen Kollegen gar kein relevanter oder ein nicht so sehr relevanter Vertrauensfaktor. Dies ist beispielsweise in Frankreich so, wo dieser Aspekt des Verhaltens keinen Anlass zu umfassenden Vertrauensgeneralisierungen gibt ('Dass man Mitarbeiter in solche Entscheidungen nicht einbezieht, hat doch nichts mit der Frage zu tun, ob Mitarbeiter dem Vorgesetzen vertrauen können!'). Auch hier geraten die beiden Manager in eine Vertrauensfalle. Denn ohne es zu merken, sind sie uneinig, in welchem Maße das fragliche Verhalten einen Rückschluss auf Vertrauenswürdigkeit rechtfertigt (vgl. Praxisbeispiel 12). Ein weiteres Beispiel, das mit der Frage nach dem Einbezug in Entscheidung zusammen hängt, erläutern wir ausführlicher in Teil II ('Chef-entscheidet!'-Vertrauensfalle, vgl. 13.3)

Der blinde Fleck in unserem Vertrauensmuster

Praxisbeispiel 12: Vertrauensfalle durch den 'blinden Fleck'
Herr Neumann ist Projektleiter in der Abteilung von Herrn Leclerc. **Herr Leclerc** trifft eine *grundlegende* Richtungsentscheidung, die Herrn Neumanns Projekt betrifft, ohne Herrn Neumann in irgendeiner Form in die Entscheidung einzubeziehen. **Herr Neumann** ist fassungslos und fühlt sich übergangen. Er fragt sich, in wie weit er Herrn Leclerc in Zukunft noch vertrauen kann. Er interpretiert Herrn Leclercs Verhalten in Bezug auf den **Vertrauensfaktor 'In Entscheidungen einbeziehen'**, der aus seiner Sicht für die berufliche Zusammenarbeit grundlegend ist. Dies ist ihm so wichtig, dass sein Vertrauen in Herrn Leclerc in Frage steht.
Auch Herr Leclerc würde zustimmen, dass er Herrn Neumann nicht in die Entscheidung einbezogen hat. Er sieht dies allerdings als normalen Vorgang im Rahmen seiner Aufgabe als Vorgesetzter, der nichts mit der Frage zu tun hat, ob man sich in der beruflichen Zusammenarbeit weiterhin vertrauen kann. Wenn er selbst von seinem Vorgesetzten nicht in Entscheidungen einbezogen wird, akzeptiert er dies. Andere Vertrauensfaktoren sind aus Sicht von Herrn Leclerc sehr viel wichtiger.
TRIM-Projekt / R. Münscher & J. Hormuth

Was hier in die Falle führt, ist der natürliche 'blinde Fleck' im persönlichen Vertrauensmuster. Es kann Aspekte geben, die in einer anderen Kultur für Vertrauen bedeutsam sind, die aber in unserem persönlichen Vertrauensmuster keine Rolle spielen – und umgekehrt. Ein anderer blendet Aspekte aus, weil sie seiner Erfahrung nach (bzw. eben *in seiner Kultur*) keine Rolle spielen. Doch während sie ihm gar nicht auffallen, halten wir sie für sehr wichtig für Vertrauen.

Es geht hier um unseren kulturellen 'kognitiven Rahmen', der unsere Aufmerksamkeit auf die aus unserer Sicht wichtigen Dinge lenkt und andere Dinge ausblendet (vgl. S. 109f.). Man selbst ist eben nicht der Maßstab dafür, worauf zu achten ist. Eindrücklich illustriert dies die Episode, die wir in der Einleitung zitiert haben: Der Amerikaner, der völlig konsterniert war, als ihm sein brasilianischer Mitbewohner zwar sagen konnte, dass jemand nach ihm gefragt habe – dass er sich aber nicht erinnere, ob es ein Weißer oder ein Schwarzer gewesen sei, denn darauf habe er nicht geachtet (vgl. Infokasten 'Ethnische Vielfalt in Lateinamerika', S. 254).

Sie können die Liste der Top-10 Vertrauensfaktoren im Management durchgehen (S. 42) und überlegen, ob Sie denn alle diese Aspekte grundsätzlich für bedeutsam halten – oder ob Sie Aspekte Ihres 'blinden Flecks' entdecken. Die Forschung zeigt: Was uns wichtig ist, ist nicht unbedingt das, was für andere zählt. Und was ich gar nicht im Blick habe, ist manch anderem gerade wichtig, um Vertrauen entwickeln zu können. Wir sind Vertrauensspezialisten *für unsere Kultur*. Für Vertrauenskompetenz in anderen Kulturen kann es nötig sein, das persönliche Vertrauensmuster zu erweitern oder zu verändern. Ein umfangreiches Material an Beispielen und Hinweise dazu liefern wir in Teil II dieses Buchs.

5.3.4 Interkulturelle Strategien

Vertrauensmuster sind also kulturell geprägt und diese unterschiedliche kulturelle Prägung kann in der Zusammenarbeit dazu führen, dass Kollegen und Geschäftspartner in Vertrauensfallen geraten. Was kann man tun, um solche Vertrauensfallen rechtzeitig zu erkennen, zu vermeiden, aufzulösen – und stattdessen erfolgreich Vertrauen aufzubauen?

Viele Trainingsteilnehmer erwarten von einem interkulturellen Training vor allem, dass ihnen der Trainer Tipps gibt, wie man sich in China verhalten soll oder was man tun muss, um brasilianische Mitarbeiter dazu zu bringen, ihre Arbeitsaufträge rechtzeitig zu erledigen. Sie interessieren sich nur für Handlungsstrategien. Doch das eigentliche Erfolgsrezept umfasst mehr. Und dafür gibt es zwei Gründe.

5.3 Zusammenarbeit: Wie Kultur in die Vertrauensfalle führt

Zum einen muss man, um Vertrauensfallen erfolgreich zu vermeiden, zwei Dinge lernen: Selbst interkulturell erfolgreich zu handeln und – und dieser Schritt geht dem eigenen Handeln voraus – das Verhalten von Kollegen oder Partnern aus anderen Kulturen angemessen zu interpretieren. Man muss die Perspektive einer anderen Kultur nachvollziehen können, um zu verstehen, warum ein Geschäftspartner mit einem anderen kulturellen Hintergrund anders handelt, als man erwarten würde. Wir haben oben ausführlich die zwei Wege beschrieben, wie kulturelle Missverständnisse entstehen (S. 117f.). Kulturelle Prägung beeinflusst uns in zweierlei Hinsicht: Sie beeinflusst unsere Interpretation des Verhaltens anderer, und sie beeinflusst unser eigenes Handeln. Missverständnisse können entstehen, wenn wir das Verhalten des anderen unangemessen interpretieren oder wenn unser eigenes Handeln vom anderen unangemessen interpretiert wird.

Verstehen als Erfolgsrezept für die interkulturelle Zusammenarbeit

Für erfolgreiche interkulturelle Zusammenarbeit heißt das: Man muss erstens lernen, das Verhalten anderer *richtig zu interpretieren*, und man muss zweitens lernen, in bestimmten Situationen *kulturangemessen zu handeln*. Dabei wird die erste Perspektive – die Interpretation des Verhaltens anderer – von unseren Trainingsteilnehmern häufig unterschätzt. In Teil II dieses Buchs werden wir zeigen, dass es viele Vertrauensfallen gibt, bei der das richtige Interpretieren wichtiger ist als das eigene Handeln (z.B. bei der 'Chef-war-dagegen!'-Vertrauensfalle in 7.2, oder der 'Ich-regel-das-allein!'-Vertrauensfalle in 8.1). Wir erläutern aber systematisch für jede Vertrauensfalle beide Perspektiven: In den Abschnitten 'Kulturanalyse' und 'Hintergründe' rekonstruieren wir die Verhaltensinterpretation und im Abschnitt 'Strategien' beschreiben wir kulturangemessene Handlungsstrategien.

Für den zweiten Grund muss man etwas weiter ausholen: Wenn man sich die in der interkulturellen Managementforschung diskutierten Strategien des Umgangs mit kulturellen Unterschieden vergegenwärtigt (vgl. beispielsweise Kühlmann 2008: 205ff., Thomas 2005b: 99f.), lässt sich aus der Perspektive der interkulturellen Vertrauensentwicklung eine interessante Einschätzung formulieren. Angesichts kultureller Differenzen können sich Interaktionspartner entweder die Normen oder Verhaltensweisen des Partners zu eigen machen ('Anpassung') oder die Normen oder Verhaltensweisen der eigenen Kultur gegenüber dem Partner durchsetzen – also verlangen, dass *dieser* sich anpasst ('Dominanz'). Drittens können sie sich in einer Kombination von Elementen beider Kulturen sozusagen 'auf halbem Weg' entgegenkommen. Dann entwickeln sie gemeinsam Varianten des Verhaltens oder Bewertens, die für beide Kulturen neu sind ('dritter Weg').

Handeln: Anpassen, Dominanz oder dritter Weg?

Wenn ich weiß, dass zum Beispiel chinesische Mitarbeiter im Gegensatz zu deutschen konkretere Anweisungen und regelmäßige Kontrolle erwarten, dann gibt es für mich grundsätzlich drei Möglichkeiten: 1. Ich gebe tatsächlich konkrete Anweisungen und kontrolliere die Mitarbeiter regelmäßig (Anpassung). 2. Ich versuche, den chinesischen Mitarbeitern beizubringen, selbständig zu arbeiten und mehr Verantwortung zu übernehmen (Dominanz). 3. Ich gebe zu Beginn konkretere Anweisungen, kontrolliere dann die Mitarbeiter aber nicht regelmäßig (Variante von dritter Weg).

Anpassung und dritter Weg als aussichtsreichste Strategien

Um nun die Vertrauensentwicklung seitens eines Partners zu fördern, erscheinen insbesondere Anpassung und dritter Weg als aussichtsreiche Strategien. Denn in der Regel ist davon auszugehen, dass der Prozess der Vertrauensentwicklung bei einem Partner nicht bewusst abläuft. Um Vertrauensfallen zu vermeiden und eine positive Vertrauenseinschätzung zu erleichtern, erscheint es geboten, das eigene Verhalten an die Vertrauenseinschätzungsschemata und die Vertrauensfaktorgewichtungen der Kultur des Partners anzupassen. Für die Zusammenarbeit mit einem Partner aus einer anderen Kultur gibt es dafür zwei Möglichkeiten. Man kann sich bemühen, die Verhaltensweisen, die in der eigenen Kultur üblich sind, jedoch aus Sicht des Partners tendenziell als Vertrauenswarnung wahrgenommen werden, zu vermeiden. Und man kann sich bemühen, sich selbst so zu verhalten, wie es zwar in der eigenen Kultur unüblich ist, aber aus Sicht des Partners tendenziell als Vertrauensgrund wahrgenommen wird.

Allerdings ist interkulturelle Anpassung nicht immer möglich. Wenn beispielsweise ein französischer Mitarbeiter erlebt, dass eine im Meeting mit dem deutschen Kollegen ausgehandelte 'Vereinbarung' von seinem eigenen französischen Vorgesetzten außer Kraft gesetzt wird, dann hat er gar nicht die Möglichkeit, sich an die deutsche Kultur 'anzupassen' und auf kollegiale statt hierarchische Loyalität zu setzen (vgl. ausführlicher die 'Chef-war-dagegen!'-Vertrauensfalle in 7.2). Stattdessen hätte er beispielsweise die Option, mit seinem deutschen Kollegen eine Situationsklärung herbeizuführen und ihm mit Verweis auf den Kulturunterschied aufzuzeigen, warum er die 'Vereinbarung' nicht einhalten konnte bzw. warum das Ergebnis ihrer Besprechung aus französischer Sicht gar keine 'Vereinbarung' darstellt. Er würde damit versuchen, eine Vertrauensfalle zu vermeiden, indem er vertrauensrelevante Kulturunterschiede thematisiert und Prozesse der Vertrauenseinschätzung explizit macht. Damit würde man weder komplett nach französischem noch nach deutschem Muster verfahren, sondern einen dritten Weg wählen.

Bei der Darstellung der Handlungsstrategien zur Vermeidung bzw. Auflösung von Vertrauensfallen in Teil II dieses Buchs listen wir sowohl Anpassungs- als auch Dritter-Weg-Strategien auf. In den meisten Fällen empfiehlt es sich, in bestimmten Punkten auf die Kultur des Kollegen oder Geschäftspartners zuzugehen – sei es, dass man sich komplett anpasst oder eben einen dritten Weg zwischen dem eigenen kulturellen Standard und dem des Gegenübers sucht.

Was man insgesamt tun kann und muss, um Vertrauensfallen zu vermeiden und erfolgreich Vertrauen in Geschäftsbeziehungen aufzubauen – darauf gehen wir auch im Schlussteil im Abschnitt 16.3 'Vertrauensfallen vermeiden oder auflösen' ein.

5.4 Achtung: In die Falle gehen Individuen, nicht Kulturen!

Die Forschung zu kulturellen Missverständnissen wird häufig selbst missverstanden. Es ist hilfreich, sich ein paar Dinge noch einmal im Überblick zu vergegenwärtigen.

5.4.1 Verstehen wir uns richtig: Was kulturelle Prägung bedeutet

Auch gut belegte *Kulturunterschiede* im Management ermöglichen keine Vorhersage individuellen Verhaltens. Den Schluss von statistischen Aussagen über große Gruppen auf ein einzelnes Mitglied der Gruppe ist der sogenannte ökologische Fehlschluss ('ecologic fallacy', Robinson 1950). Der Schluss ist unzulässig, wenn nicht alle Mitglieder der Gruppe genau gleich sind – und genau das gilt eben für die Gruppe aller deutschen, japanischen etc. Manager nicht.

Vorsicht vor dem ökologischen Fehlschluss

Doch ganz abgesehen davon wäre es angesichts der Vielfalt der Einflüsse auf menschliches Verhalten recht bizarr, aufgrund von Forschungsergebnissen über Kulturunterschiede Verhalten vorhersagen zu wollen. Der Wert der kulturvergleichenden Forschung liegt vielmehr darin, dass sie typische Konfliktmuster aufzeigt, in die Angehörige bestimmter Kulturen geraten können. Ein kultureller Orientierungsrahmen *zwingt* zu nichts. Doch innerhalb einer Kultur wird man sich vielfach – in der Regel unbewusst und zum wechselseitigen Vorteil – an ihm orientieren. Und das macht bestimmte Verhaltensweisen wahrscheinlicher als andere.

Die Ergebnisse der kulturvergleichenden Forschung sind keine Beschreibungen von *Stereotypen*. Denn zum einen gibt es hier eine nachvollziehbare und umfassende empirische Grundlage für Aussagen über Kultur. Zum anderen verzichtet die Forschung auf die emotional wertende Tendenz, die ein wichtiges Charakteristikum von Stereotypen ist.

Vorsicht Stereotypen?

Letztlich sind jedoch auch Stereotypen nichts grundsätzlich Schlechtes. Vielmehr handelt es sich um einen psychologischen Mechanismus, der uns hilft, mit unbekannten Situationen umzugehen (Förster 2010, 2007). Jeder kennt stereotype Eigenschaften für sehr viele soziale Gruppen – seien es Schwaben, Skinheads, BWLer oder Lehrer. Solche Stereotypen helfen uns, Informationen einzuordnen und zu handeln oder zu kommunizieren, wenn wir plötzlich mit entsprechenden Personen zu tun haben. Auch im internationalen Management sind Stereotype unvermeidbar. Man muss jedoch lernen, mit ihnen kompetent umzugehen. So wird von internationalen Managern beispielsweise das Erfüllen positiver Stereotype oder auch das Nicht-Erfüllen negativer Stereotype als ein Vertrauensfaktor wahrgenommen (vgl. S. 57f. sowie Münscher 2011: 278ff.). Man muss allerdings wissen, dass Stereotypen Teil einer Kultur sind: Was man in der eigenen Kultur über die anderen denkt, weiß man. Was man lernen sollte, ist, wie die anderen über die eigene Kultur denken. Denn damit muss man umgehen können.

Ein Problem unserer Sprache Ein weiterer Grund, warum wir um Stereotype nicht herumkommen, ist unsere Sprache. Wir haben keine einfache sprachliche Möglichkeit, statistische Aussagen über große Gruppen von Aussagen über alle Mitglieder einer Gruppe zu unterscheiden. Das macht es schwierig, sich über Kulturunterschiede zu unterhalten. Obwohl es viel einfacher wäre zu sagen: 'Japaner kommunizieren indirekter als Deutsche', müsste man eigentlich immer so etwas sagen wie: 'In Japan gibt es eine Tendenz, indirekter zu kommunizieren, als das in Deutschland üblich ist, aber das gilt natürlich nicht für alle Japaner'. Ohne Relativierungen können Aussagen über kulturelle Eigenschaften sehr leicht nach stereotypisierender Vereinfachung aussehen. Damit haben beispielsweise Auslandsentsandte zu kämpfen, wenn sie ihren Nachfolgern Ratschläge für Management und Führung vor Ort mitgeben wollen. Linguistische Forschung zeigt, dass man dann am effizientesten auf kurze Geschichten und Anekdoten ausweicht, die man selbst erlebt hat (authentisch!) und die den Kulturunterschied erläutern, um den es geht (Hormuth 2009: 247ff.). Aus diesem Grund besteht Teil II unseres Buchs im wesentlichen aus authentischen kurzen Erlebnissen von Managern, die in kulturelle Vertrauensfallen geraten sind – und aus Erläuterungen, was man aus diesen Erlebnissen lernen kann.

5.4.2 Was man lernen kann: Vertrauensfallen und Konflikte im Alltag entschärfen

Die Zusammenarbeit von Managern aus unterschiedlichen Nationen ist nur ein Anwendungsfall interkultureller Zusammenarbeit. Unterschiedliche Orientierungssysteme spielen auch eine Rolle, wenn Leute unterschiedlichen Alters bzw. unterschiedlicher Generationen, unterschiedlicher Ausbildung oder aus unterschiedlichen Branchen kommunizieren oder zusammenarbeiten. Da jeder durch seine Zugehörigkeit zu unterschiedlichen sozialen Gruppen geprägt ist, vermischen sich die kulturellen Prägungen und ergeben die eigene 'subjektive Kultur'. Zwar haben wir eine 'Rollenkompetenz', die uns zwischen kulturellen Standards umschalten lässt, je nachdem in welcher Gruppe wir uns bewegen. Doch handeln wir eben auch als 'deutscher Manager' nicht einfach wie der Durchschnitt sondern in unserer persönlichen Variante eines deutschen Managers. Und auch innerhalb einer Nation gibt es maßgebliche regionale Gruppen – man denke an Hamburger und Münchner oder die unterschiedlichen ethnischen Gruppen in Riesenstaaten wie China, Indien oder Brasilien.

Warum ist das wichtig? Weil man sich so klar machen kann, was der eigentliche Wert der kulturvergleichenden Forschung ist. Sie beschreibt anhand des Vergleichs von (typischerweise) Nationalkulturen bestimmte Konfliktpotenziale – etwa zwischen deutschen und mexikanischen Managern. Hat man jedoch einmal verstanden, wie der jeweilige Konflikt entsteht, dann hat man etwas gelernt, das längst nicht nur für die Zusammenarbeit mit Mexikanern hilfreich ist. Kulturelle Konflikte können zwischen unterschiedlichen Kulturen entstehen, und das Training, kulturelle Konfliktmuster zu erkennen, kann auch für die Zusammenarbeit mit den Kollegen aus Deutschland sehr hilfreich sein. In diesem Sinne verstehen wir Teil II unseres Buchs als ein Angebot, anhand kultureller Vertrauensfallen aus dem internationalen Management zu lernen, wie man Vertrauensfallen generell erkennt und vermeidet.

5.4.3 Nicht zu unterschätzen: Was kulturelle Vertrauensfallen gefährlich macht

Wenn wir in eine kulturelle Vertrauensfalle geraten, entstehen zu unrecht Vertrauenszweifel oder Misstrauen – oder der Partner erscheint von vornherein nicht vertrauenswürdig.

Unsere in vielen Situationen so wertvollen psychologischen Generalisierungsmechanismen der sozialen Urteilsbildung können dann dazu führen, dass wir die kulturelle Vertrauenseinschätzung generalisieren und dass sich die Zusammenarbeit sehr viel schwieriger gestaltet als nötig – wenn nicht sogar das Geschäft platzt oder die Geschäftsbeziehung abgebrochen wird. Aufgrund unserer Generalisierungstendenz können kleine Vertrauensfallen große Wirkung haben.

Was hinzukommt: Aus zwei Gründen ist es für uns schwierig zu bemerken, dass wir in eine kulturelle Vertrauensfalle geraten. Zum einen wissen wir aus der sozialpsychologischen Forschung, dass die für die Vertrauensentwicklung zentralen Prozesse unbewusst ablaufen – es handelt sich um sogenannte 'automatische soziale Kognition'. Wir werten und handeln, ohne darüber nachdenken zu müssen. Das hat viele Vorteile, aber macht es natürlich schwieriger zu merken, wenn wir mit einer Vertrauenseinschätzung daneben liegen. Wir haben zwar eine

> Aus zwei Gründen ist es schwierig, kulturelle Vertrauensfallen zu bemerken

gewisse Fertigkeit, bei Vertrauensbetrug aufzumerken, aber in der interkulturellen Zusammenarbeit funktioniert dieser 'Weckmechanismus' nicht ganz so gut, wie innerhalb unserer eigenen Kultur.

Dies wiederum – und das ist der zweite Grund – ist uns ebenfalls nicht bewusst. Zwar sind wir in vielerlei Hinsicht von unserer Kultur geprägt, aber wir haben diese Kultur eben in der Regel so verinnerlicht, dass einem nicht bewusst ist, dass man kulturell geprägt ist. Auch kulturelle Prägung ist 'automatische soziale Kognition', und das ist verständlich, denn der Sinn von Kultur besteht ja gerade darin, uns durch nicht zu hinterfragende Konventionen einen effizienteren Umgang untereinander zu ermöglichen. Das funktioniert am besten, wenn man über die kulturelle Prägung selbst nicht mehr nachzudenken braucht. Allerdings bedeutet es, dass wir nicht nur die Vertrauenswürdigkeit anderer unbewusst einschätzen, sondern dass uns darüber hinaus auch nicht bewusst ist, dass diese Prozesse der Vertrauenseinschätzung in anderen Kulturen anders verlaufen. Uns ist normalerweise nicht klar, dass unser 'Vertrauens-Autopilot' ein Modell *aus unserer Kultur* ist, dessen Zuverlässigkeit in einer anderen Kultur wir nicht voraussetzen können. Aus diesen beiden Gründen können wir leichter und häufiger in kulturelle Vertrauensfallen geraten, als uns bewusst ist.

Was brauchen wir also für einen kompetenten und erfolgreichen Umgang mit kulturellen Vertrauensfallen? Erstens brauchen wir eine genaue Kenntnis der Vertrauensfaktoren im Management, und wir müssen verstehen, wie kulturelle Prägung Vertrauen beeinflussen und in kulturelle Vertrauensfallen führen kann. Darum ging es uns in diesem ersten Teil unseres Buchs. Zweitens müssen wir lernen, welche Kulturunterschiede uns bei welchen Vertrauensfaktoren in die Falle locken. Wir müssen lernen, wo genau unsere persönlichen blinden Flecken der Vertrauenseinschätzung liegen und wie uns diese in der interkulturellen Zusammenarbeit in die Falle führen können. Wir müssen aktiv unserem persönlichen Vertrauensmuster ein 'interkulturelles Upgrade' verpassen. Darum geht es in Teil II unseres Buchs.

5.5 Zusammenfassung von Teil I

Was sind kulturelle Vertrauensfallen, und wie entstehen sie? Auf den Punkt gebracht ging es in Teil I unseres Buchs um sechs wichtige Aspekte:

Vertrauenswürdigkeit erkennt man mithilfe von Vertrauensfaktoren

1. Vertrauensfaktoren. Wer es im Management zu etwas gebracht hat, ist in der Regel ein Profi im Aufbau von Vertrauensbeziehungen. Dazu gehört, dass er die Vertrauenswürdigkeit von Kollegen oder Geschäftspartnern richtig einschätzt. Für diese Einschätzung, inwiefern jemand vertrauenswürdig ist, interpretieren Manager das Verhalten des Partners in Bezug auf bestimmte Vertrauensfaktoren – zum Beispiel *Nichts vortäuschen, Respekt und Interesse zeigen* oder *Helfen / unterstützen*: (vgl. Übersicht der Vertrauensfaktoren im Management, S. 42f. und 54f.).

Je nachdem, wie sich jemand verhält, wird das Verhalten entweder als *Vertrauensgrund* interpretiert (Dem kann ich vertrauen!) oder als *Vertrauenswarnung* (Vorsicht: Dem kann ich nicht vertrauen!). Wenn mir beispielsweise jemand in einer schwierigen Situation hilft, dann ist das ein Signal für Vertrauen – ein Vertrauensgrund im Blick auf den Faktor *Helfen / unterstützen*. Wenn mich jemand hinterlistig täuscht, dann geht Vertrauen verloren. Denn eine Täuschung ist eine klare Vertrauenswarnung in Bezug auf den Faktor *Nichts vortäuschen*.

2. Persönliche Vertrauensmuster. Jeder weiß aus Erfahrung, dass bestimmte Vertrauensfaktoren wichtiger sind als andere. Zwar zeigt unsere Forschung, dass beispielsweise auch *Freundlich und aufgeschlossen sein* ein Vertrauensfaktor ist. Doch genauso klar ist, dass ein Faktor wie *Nichts vortäuschen* deutlich wichtiger ist (vgl. Tabelle der Top-10 Vertrauensfaktoren im Management, S. 42).

Allerdings gibt es keine verbindliche Wichtigkeitsrangliste der Vertrauensfaktoren. Stattdessen hat jeder in seiner individuellen Biographie seine eigene Gewichtung von Vertrauensfaktoren entwickelt: Jeder von uns hat ein persönliches *Vertrauensmuster*. Mein persönliches Vertrauensmuster sagt mir, welche Vertrauensfaktoren für die Einschätzung der Vertrauenswürdigkeit anderer wichtig sind. Darüber hinaus sagt es mir, woran ich diese Aspekte im Verhalten anderer erkenne.

> Jeder hat seine eigene Gewichtung der Vertrauensfaktoren

3. Kulturunterschiede. Auch wenn sich Vertrauensmuster individuell unterscheiden, gibt es systematische Gemeinsamkeiten innerhalb einer Kultur. Wie sich die Werte und Gewohnheiten innerhalb einer Kultur ähneln, so ähneln sich auch die Vertrauensmuster. Vertrauensmuster sind *kulturell geprägt*, und eine besonders wichtige kulturelle Prägung erfolgt durch die Nationalkultur, in der man aufwächst. In chinesischen Unternehmen entsteht Vertrauen bzw. Vertrauenswürdigkeit nicht auf die gleiche Weise wie im deutschen Unternehmenskontext. Für chinesische Manager funktioniert die Einschätzung der Vertrauenswürdigkeit von Partnern anders. Für sie sind andere Vertrauensfaktoren wichtig als für deutsche Manager, und sie achten auf andere Verhaltensweisen, wenn sie die Vertrauenswürdigkeit von Partnern in Bezug auf diese Faktoren einschätzen.

> Vertrauensmuster unterscheiden sich im Kulturvergleich systematisch

4. Der Vertrauens-Autopilot. Unser Erfahrungsschatz im Umgang mit anderen ermöglicht es uns, im Alltag gleichsam mit einem 'Vertrauens-Autopiloten' zu fahren und die Vertrauenswürdigkeit anderer einfach nebenbei einzuschätzen. Das ist wie wenn wir als Autofahrer ein angeregtes Gespräch mit dem Beifahrer führen, während wir eine gewohnte Strecke fahren, für die wir unsere Aufmerksamkeit nicht brauchen. Viele Arten von Zusammenarbeit und auch von Kollegen und Partnern sind für erfahrene Manager wie eine 'gewohnte Strecke'.

Der große Vorteil: Man kann mit Kollegen oder Partnern zusammenarbeiten, ohne ständig bewusst darüber nachdenken zu müssen, ob und inwiefern man ihnen vertrauen kann. Stattdessen kann man sich auf die Zusammenarbeit konzentrieren. Doch es gibt einen Nachteil: Es drohen Vertrauensfallen. Um im Bild zu bleiben: Wenn man in völlig unbekanntem Gelände unterwegs ist oder plötzlich auf eine unvorhergesehene Baustelle trifft, kann der Autopilot einen Unfall verursachen. Genauso gibt es auch Umstände, in welchen man mit seiner 'automatischen' Vertrauenseinschätzung leicht daneben liegt.

Vertrauen hilft nichts, wenn man über Vertrauen nachdenken muss.

5. Vertrauensfallen. In der beruflichen Zusammenarbeit gerät man in eine Vertrauensfalle, wenn man das Verhalten eines Kollegen oder Geschäftspartners als Vertrauenswarnung interpretiert (Vorsicht: Dem kann ich nicht vertrauen!), obwohl dies aus der Perspektive des anderen gar nicht gerechtfertigt ist: Aus der Perspektive des anderen besteht überhaupt kein Anlass anzunehmen, er würde sich nicht vertrauenswürdig verhalten. Dennoch glaubt man, gute Gründe zu haben, besser nicht zu vertrauen. Man bleibt also misstrauisch, oder man verliert sein Vertrauen, obwohl man eigentlich *keinen* Grund hat, *nicht* zu vertrauen. Solch 'verschenktes Vertrauen' macht vieles unnötig schwer und kann Projekte oder Geschäftsabschlüsse scheitern lassen.

Wer in Vertrauensfallen gerät, verschenkt Vertrauen

6. Kulturelle Vertrauensfallen. Bestimmte Vertrauensfallen entstehen typischerweise dann, wenn Menschen zusammenarbeiten, die sehr unterschiedliche Vertrauensmuster haben. Genau das ist im internationalen Management der Fall, wenn Manager in transnationalen Teams oder im internationalen Kundenkontakt zusammenarbeiten. Die Vertrauensfallen entstehen dann durch die unterschiedlichen kulturellen Hintergründe der Beteiligten. Wir nennen sie *kulturelle Vertrauensfallen*.

Kulturelle Vertrauensfallen

Auf Basis unserer Forschungen im *Trust Relations in Intercultural Management* (TRIM)-Projekt beschreiben wir in Teil II unseres Buchs die wichtigsten Typen kultureller Vertrauensfallen – anhand von Beispielen aus der Zusammenarbeit deutscher Manager mit Kollegen und Geschäftspartnern aus China, Indien, Japan, Brasilien, Argentinien, Mexiko, Russland und Frankreich.

Wir beschreiben insbesondere Vertrauensfallen, die aufgrund nationalkultureller Unterschiede entstehen. Doch diese Vertrauensfallen zu kennen, kann auch darüber hinaus sehr hilfreich sein. Denn Vertrauensfallen entstehen auch zwischen Unternehmenskulturen, Funktionskulturen, Berufskulturen – und nicht zuletzt schlicht und einfach zwischen unterschiedlichen Persönlichkeiten.

Teil II

Vertrauensfallen: Beispiele und Strategien

6 Einführung

Wie man kulturelle Vertrauensfallen erfolgreich vermeidet oder aus ihnen wieder herausfindet, lässt sich am besten anhand konkreter Praxisbeispiele zeigen. In diesem Teil II unseres Buchs beschreiben wir daher die aus unserer Sicht wichtigsten 20 Vertrauensfallen und illustrieren sie durch Beispiele aus dem interkulturellen Management. Für jede Vertrauensfalle erläutern wir, warum sie entsteht, wie man sie erkennt und mithilfe welcher Strategien man sie umgehen kann.

6.1 Die Fallbeispiele für Vertrauensfallen

Insgesamt haben wir für das vorliegende Buch knapp 1000 authentische Fallbeispiele aus der interkulturellen Zusammenarbeit deutscher Manager mit Kollegen und Partnern aus China, Indien, Japan, Brasilien, Argentinien, Mexiko, Russland und Frankreich im Hinblick auf interkulturelle Schwierigkeiten der Vertrauensentwicklung ausgewertet.

Zweck unserer Beispiele ist es, die wichtigsten *Typen kultureller Vertrauensfallen* zu illustrieren. Das heißt, es geht uns nicht in erster Linie um die konkreten Erlebnisse der Manager, deren Erfahrungsberichte wir wiedergeben. Stattdessen steht jedes Beispiel für eine Vielzahl international tätiger Manager, die in genau dieser Weise in die Vertrauensfalle geraten.

Wer sich für den Hintergrund unserer Beispiele und die Systematik dieses Teils II unseres Buchs interessiert, findet weitere Informationen in Kapitel 15. Dort beschreiben wir nicht nur die einzelnen Studien, aus denen die Beispiele entstammen. Wir gehen auch auf den Zusammenhang zwischen den konkreten Kulturen in einem Beispiel und die interkulturelle Zusammenarbeit insgesamt ein. Denn während jedes Beispiel natürlich nur einen bestimmten Fall interkultureller Zusammenarbeit illustrieren kann, droht die dahinter stehende Vertrauensfalle in unterschiedlichen kulturellen Kontexten.

Weitere Informationen zum Hintergrund der Beispiele in Kapitel 15

Manager unterscheiden sich darin, wie sie Vertrauen aufbauen und die Vertrauenswürdigkeit anderer einschätzen (vgl. Abschnitt 5.1 Unsere persönlichen Vertrauensmuster). Das bedeutet, dass für unterschiedliche Personen verschiedene Vertrauensfallen besonders gefährlich sind. Es lohnt sich daher, wenn ich für mich individuell prüfe, welches meine persönlichen Vertrauensfallen sind, in die ich im internationalen Geschäft besonders leicht unfreiwillig hineingerate. Dazu gibt es drei Wege, die wir im Schlussteil ab S. 326 erläutern.

Für die Identifikation der für mich individuell wichtigen Vertrauensfallen siehe S. 326

6.2 Das Analyseraster für Vertrauensfallen

Wir erläutern jede Vertrauensfalle anhand eines konkreten authentischen Beispiels. Dazu verwenden wir ein systematisches 5-Schritt-Analyseraster, das hilft, Vertrauensfallen zu entdecken, zu verstehen und aufzulösen bzw. zu vermeiden. Wir demonstrieren seine Anwendung konsequent für alle dargestellten Vertrauensfallen. Es ist jedoch hilfreich, sich die fünf Schritte einmal grundsätzlich zu vergegenwärtigen:

1. Vertrauensanalyse: Was macht die Situation vertrauenskritisch? Im ersten Schritt geht es darum zu erkennen, welche Vertrauensfaktoren im Spiel sind. In unseren Darstellungen kann der Leser lernen, die detaillierte Systematik der Vertrauensfaktoren aus Teil I in konkreten Situationen anzuwenden.

2. Kulturalarm: Worin besteht die kulturelle Herausforderung? Man muss dann überlegen, inwiefern wir die Verhaltensweisen unseres Partners, die für uns eine 'Vertrauenswarnung' auslösen, tatsächlich angemessen interpretieren. Gibt es Aspekte, die man hinterfragen muss, um eine kulturelle Vertrauensfalle überhaupt zu bemerken? Kulturalarm heißt, dass wir die richtigen Fragen stellen, um kulturelle Vertrauensfallen aufzudecken. Der Leser lernt, wie man prüft, ob Kulturunterschiede im Spiel sind.

3. Kulturanalyse: Welche Unterschiede führen in die Vertrauensfalle? Um zu entscheiden, ob ein Kulturalarm berechtigt ist oder nicht, braucht man Wissen über kulturelle Unterschiede. Dies liefern unsere Kulturanalysen der Vertrauensfallen – und ergänzend und jeweils etwas umfassender, separate Infokästen, die wir über Teil II des Buchs verteilt haben. Diese Abschnitte vermitteln dem Leser Wissen über Kulturen und Kulturunterschiede und erklären, wie diese Unterschiede in Vertrauensfallen führen können.

4. Hintergründe: Was ist die Logik der anderen Seite? Kulturunterschiede haben die Eigenschaft, dass einem die aus der eigenen Kultur vertraute Seite des Unterschieds sinnvoll und richtig erscheint, die andere Seite hingegen eher unsinnig und oft ineffizient. Wie kann man sich aus deutscher Perspektive den Sinn erschließen, warum ein Manager aus einer anderen Kultur hier anders vorgeht oder bewertet? Und inwiefern wird das eventuell vor dem Hintergrund spezifischer historischer oder gesellschaftlicher Umstände seines Kulturraums plausibel? Ziel dieser Abschnitte ist es, den Leser vorübergehend durch die 'kulturellen Kontaktlinsen' der anderen Seite schauen zu lassen, um ihm deren Perspektive nachvollziehbar zu machen (zum Bild der kulturellen Kontaktlinsen vgl. S. 9ff.).

5. Was lässt sich tun? Abschließend erläutern wir Strategien, wie man der jeweiligen kulturellen Vertrauensfalle entkommt. Dabei gehen wir auf Strategien aus der Perspektive beider beteiligten Kulturen ein. Was kann man tun, um der Vertrauensfalle vorzubeugen oder sie aufzulösen? Die Strategien folgen alle dem Prinzip, dass man sich entweder an die kulturellen Gewohnheiten der fremden Kultur anpasst oder aber einen dritten Weg, eine Synthese aus den eigenen und den fremden Standards, findet (vgl. hierzu Abschnitt 5.3.4, S. 124). Der Leser kann versuchen, die Strategien für sich nachzuvollziehen, und prüfen, ob er sie in konkreten Situationen anwenden kann.

Fazit & Überblickstabelle. Am Schluss jedes Handlungsfelds fassen wir die jeweiligen Vertrauensfallen noch einmal zusammen und geben einen tabellarischen Überblick. Ein vollständiger Überblick aller Vertrauensfallen findet sich im Schlusskapitel (S. 316f.)

7 Absprachen und Regeln

Es ist eine Kernaufgabe im Management zu koordinieren, wer was wann macht. Dazu kann man für manche Aufgaben auf unternehmensinterne oder branchenspezifische Regelungen oder Prozesse zurückgreifen. Doch auch dann muss man für viele konkrete Arbeitsschritte spezifische Vereinbarungen aushandeln und Absprachen treffen. Nach den Darstellungen der für unsere Vertrauensforschungen interviewten Manager betreffen einige wichtige Vertrauensfaktoren genau diesen Umgang mit Absprachen und Regeln (TRIM-Projekt, vgl. Münscher 2011: 184ff.). Dabei ist ganz besonders wichtig für die Einschätzung, ob ein Kollege oder Geschäftspartner vertrauenswürdig ist, ob er sich an Absprachen hält bzw. seine Zusagen einhält. Der Vertrauensfaktor *Zusagen einhalten* zählt zu den Top-10 Vertrauensfaktoren im Management (vgl. Übersicht S. 42).

Im Kulturvergleich ist nun höchst interessant, dass die Vorstellungen darüber, wie man im beruflichen Alltag mit Absprachen und Regeln umgehen sollte, durchaus unterschiedlich sind – und sich teilweise sogar widersprechen. So kann man beispielsweise darauf setzen, möglichst viel durch explizit fixierte Regeln und Absprachen zu koordinieren. Einer der Vertrauensfaktoren betrifft genau diesen Punkt: Ist so etwas mit einem Partner möglich oder nicht (Faktor *Absprachen treffen / Regeln vereinbaren*)? Stattdessen kann man jedoch auch versuchen, möglichst flexibel vorzugehen, d.h. stets nur die allernötigsten Dinge explizit zu regeln und bestehende Regeln oder Absprachen stets der Situation anzupassen. Auch dies beschreibt ein Vertrauensfaktor (Faktor *Absprachen / Regeln flexibel handhaben*). Wenn ein Kollege oder Partner eine Regelung oder Absprache nicht einhalten kann, ist es vertrauensrelevant, ob er darüber rechtzeitig informiert, und auch, ob er gute Gründe dafür nennen kann (Faktor *Bei Nicht-Einhalten von Zusagen informieren*).

> Im Kulturvergleich unterscheidet sich, wie man mit Absprachen und Regeln umgeht

Durch die kulturell unterschiedliche Gewichtung dieser Vertrauensfaktoren und durch die unterschiedliche Art und Weise, wie man vom Verhalten anderer auf diese Vertrauensfaktoren schließt, entstehen Vertrauensfallen. Wir stellen drei typische kulturelle Vertrauensfallen im Kontext von Absprachen und Regeln vor und erläutern die Kulturunterschiede, die deutsche Manager in die Vertrauensfalle führen: In die 'War-nichts-vereinbart!'-Vertrauensfalle (7.1) führen Unterschiede in der Direktheit des Kommunikationsstils. Die 'Chef-war-dagegen!'-Vertrauensfalle (7.2) entsteht durch einen Unterschied in der Hierarchieorientierung. Und die 'War-nicht-zu-machen!'-Vertrauens-

7.1 Die 'War-nichts-vereinbart!'-Vertrauensfalle

Die War-nichts-vereinbart!-Vertrauensfalle ist eine grundsätzliche Herausforderung für viele deutsche Manager im internationalen Geschäft. Sie entsteht durch einen Unterschied in der Direktheit des Kommunikationsstils, wie er deutschen Managern in der Zusammenarbeit mit Kollegen beispielsweise aus lateinamerikanischen, südeuropäischen oder auch asiatischen Kulturen begegnen kann. Dieser Kulturunterschied kann fälschlicherweise den Eindruck entstehen lassen, der andere habe seine Zusage nicht eingehalten – bzw. habe nicht darüber informiert, dass er eine Zusage nicht einhalten kann. Und wenn man annehmen muss, dass ein Partner Zusagen nicht einhält, steht Vertrauen ernsthaft in Frage.

Ein Beispiel aus der deutsch-argentinischen Zusammenarbeit

Beispiel für die War-nichts-vereinbart!-Vertrauensfalle

Alles klar – wir rufen Sie dann morgen an!

Herr Müller lebt seit einigen Jahren in Argentinien und betreibt dort eine Unternehmensberatung. Er berichtet von einem argentinischen Kundenkontakt:

> Als ich von dem Vertreter einer Firma, Señor García, wegen eines Projekts angerufen wurde, traf ich mich mit diesem zu einem Vorgespräch, in dem über den Beratungsvorgang, den Zeitplan und die finanziellen Forderungen gesprochen wurde. Señor García sagte mir zu, mich am nächsten Tag anzurufen. Ich hörte jedoch nie wieder etwas von ihm. Ich empfand dieses Verhalten als sehr unehrlich und respektlos und fühlte mich in meiner Ansicht bestärkt, dass Argentinier im allgemeinen sehr unzuverlässig sind.

Kulturstandard-Forschung / A. Thomas, vgl. Anhang 2.

7.1.1 Vertrauensanalyse: Was ist passiert?

Analysieren wir in einem ersten Schritt, was die Situation vertrauenskritisch macht: Welche Vertrauensfaktoren sind im Spiel, wenn Herr Müller sein Erlebnis beschreibt – bzw. wenn man in die 'War-nichts-vereinbart!'-Vertrauensfalle gerät?

Achtung: Zusagen einhalten

Für Herrn Müller ist das Erlebnis symptomatisch für die Zusammenarbeit mit Argentiniern. Ein Geschäftskontakt entwickelt sich zunächst äußerst positiv, wird dann aber von argentinischer Seite völlig unerwartet – und auf eine aus Herrn Müllers Sicht unangemessene

Weise – abgebrochen. Wie er es schon mehrfach erlebt hat, so auch hier: Der argentinische Geschäftspartner will offenbar den Kontakt fortsetzen und kündigt nächste Schritte an. Aber dann passiert einfach gar nichts mehr. Herr Müller war mit Herrn García so verblieben, dass dieser ihn am nächsten Tag zur Klärung des weiteren Vorgehens anrufen werde. Dass sich Herr García jedoch weder am nächsten Tag noch überhaupt jemals wieder telefonisch meldet, zeigt für Herrn Müller, dass er sich nicht an das vereinbarte Vorgehen hält – ein klares negatives Vertrauenssignal: der Argentinier hat sich nicht an seine Zusage gehalten (Vertrauensfaktor: *Zusagen einhalten*).

Doch Herrn Müllers Reaktion geht noch einen Schritt weiter. Da er vergleichbare Situationen bereits mehrfach erlebt hat, fühlt er sich durch Herrn Garcías Verhalten getäuscht. Denn er hat den Eindruck, dass dieser *bewusst* nicht die Wahrheit gesagt hat. Aus Sicht Herrn Müllers ist Folgendes passiert: Herr García hat ihm am Ende ihres Gesprächs zugesichert, dass er ihn am nächsten Tag bezüglich des weiteren Vorgehens anrufen würde. Doch schon zu diesem Zeitpunkt war Herrn García völlig klar, dass er gar nicht daran denken würde, Herrn Müller anzurufen. Das sagte er allerdings nicht offen, sondern stattdessen täuschte er vor, sich auf ein Telefonat am nächsten Tag zu verständigen. Für Herrn Müller ist dies ein Signal für fehlende Vertrauenswürdigkeit. Wir sprechen hier von einer 'Vertrauenswarnung' – und zwar bezüglich des Vertrauensfaktors *Nichts vortäuschen* aus dem Handlungsfeld 'Kooperativität und Fairplay' (für eine Übersicht der Handlungsfelder und aller Vertrauensfaktoren vgl. S. 54ff.).

Achtung: *Nichts vortäuschen*

Herr Müller findet am Ende zu einer klaren Interpretation des Verhaltens seines argentinischen Geschäftspartners: Herrn Garcías Verhalten ist „respektlos". Herr Müller hat sich viel Zeit genommen und Herrn García bereits in diesem Vorgespräch umfassend beraten. Da wäre es angemessen gewesen, dass ihn Herr García wenigstens anruft, um offen abzusagen – zumal wenn er zugesagt hat, sich zu melden. Für Herrn Müller ist Herrn Garcías Verhalten also auch im Bezug auf den wichtigen Vertrauensfaktor *Respekt und Interesse zeigen* vertrauenskritisch.

Achtung: *Respekt und Interesse zeigen*

7.1.2 Kulturalarm: Was könnte hier kulturkritisch sein?

Jetzt muss im interkulturellen Management der Kulturalarm klingeln: Es gilt zu prüfen, inwiefern wir die Verhaltensweisen unseres Partners, die für uns eine Vertrauenswarnung auslösen, angemessen interpretieren. Gibt es Aspekte der Situation, die wir aufgrund unseres eigenen kulturellen Hintergrunds möglicherweise anders wahrnehmen als unser Gegenüber?

Betrachten wir unser Beispiel: Handelt es sich hier für Señor García tatsächlich um das Nicht-Einhalten einer Vereinbarung, um den Bruch einer Zusage? Herrn Müllers Reaktion erscheint berechtigt und nachvollziehbar, wenn man etwas Bestimmtes voraussetzt: dass Geschäftspartner García ihm tatsächlich eine telefonische Rückmeldung für den nächsten Tag zugesagt hat – und dann entgegen der Abmachung anders gehandelt hat. Kulturalarm heißt, dass wir hier fragen: Wann und wie interpretiert man eigentlich das kommunikative Verhalten eines Partners aus einer anderen Kultur *als eine Zusage* in dem Sinne, wie wir in der deutschen Kultur Zusagen verstehen? Wurde hier tatsächlich etwas zugesagt, etwas vereinbart?

Ein zweiter Kulturalarm betrifft Herrn Müllers Eindruck, getäuscht und respektlos behandelt worden zu sein. Auch Täuschung und respektloses Handeln wiegen für die Frage der Vertrauenswürdigkeit von Partnern äußerst schwer. Wie *Zusagen einhalten* finden sich die beiden Fragen, ob man die Wahrheit sagt und ob man einem anderen Respekt entgegenbringt, in der Liste der Top-10 Vertrauensfaktoren im Management (Faktoren *Nichts vortäuschen* und *Respekt und Interesse zeigen*). Doch ist Herrn Müllers Eindruck, der Argentinier habe ihn getäuscht und respektlos behandelt, aus dessen Sicht berechtigt? Herrn Müllers Situationsdeutung setzt voraus, dass Herr García bewusst die Unwahrheit gesagt hat: dass er seinem deutschen Partner bewusst etwas zugesagt hat, obwohl er gar nicht ernsthaft vorhatte, entsprechend zu handeln.

7.1.3 Kulturanalyse: Welche Unterschiede führen in die Vertrauensfalle?

Kulturalarm heißt, dass wir die richtigen Fragen stellen, um Vertrauensfallen aufdecken zu können. Um zu entscheiden, ob der Alarm berechtigt ist oder nicht, braucht man Wissen über kulturelle Unterschiede. Wissen dieser Art liefern wir in diesem Buch: in den Kulturanalysen der Vertrauensfallen wie im Folgenden und zusätzlich etwas umfassender in separaten Infokästen, die sich über die folgenden Kapitel verteilen.

Direktheit des Kommunikationsstils

Was Herrn Müller in unserem Beispiel in die kulturelle Vertrauensfalle führt, ist ein Kulturunterschied in der Direktheit des Kommunikationsstils, wie er für die deutsch-argentinische aber auch beispielsweise die deutsch-chinesische oder die deutsch-französische Zusammenarbeit typisch ist (vgl. Infokasten 'Direktheit des Kommunikationsstils', S. 148f.).

Die Vertrauensfalle entsteht durch ein typisches Kommunikationsproblem zwischen Angehörigen von Kulturen, die einen sehr unterschiedlich direkten Kommunikationsstil gewohnt sind. Vermutlich war es für Herrn García ganz offensichtlich, dass er *nicht* zugesagt hat, am nächsten Tag anzurufen – auch wenn er von der reinen Wortbedeutung seiner Äußerung her genau das gesagt hat. Dass er gar nicht anrufen wollte, hielt ihn nicht davon ab, explizit davon zu sprechen. Allerdings – und das ist der aus deutscher Sicht sehr ungewohnte Punkt: Herr García vermittelte Herrn Müller durch *die Art und Weise, wie* er das Telefonat 'vereinbarte', dass er nicht an einer Fortsetzung des Geschäftskontakts interessiert war. Ein indirekter Kommunikationsstil kann in den Worten einer Zusage – auf indirekte Weise – eine sehr deutliche Absage formulieren.

Herr Müller ging aufgrund der wörtlich formulierten 'Zusage' von einer verbindlichen Vereinbarung aus, an die Herr García sich halten würde. Ein expliziter Kommunikationsstil, wie er im deutschen Unternehmenskontext vorherrschend ist, macht es unnötig, je nach Situation und Ausdrucksweise auf die hinter dem Gesagten verborgene *tatsächliche Bedeutung* zu achten. Genau dies tun jedoch Manager, deren Kultur bzw. Muttersprache einen indirekten Kommunikationsstil verwendet – und zwar insbesondere bei Widerspruch, Kritik oder Ablehnung und ebenso bei Aufforderungen oder Bitten. In unserem Beispiel ging es um die ablehnende Haltung bezüglich der Fortsetzung des Geschäftskontakts. Diese explizit zu formulieren, ist bei einem indirekten Kommunikationsstil nicht üblich. Man formuliert stattdessen die entsprechende positive Wendung – und gibt gleichzeitig durch die Zwischentöne zu verstehen, dass man eigentlich eine ablehnende Haltung einnimmt. Wer einen direkten Kommunikationsstil pflegt, ist nicht darin geübt, derartige Zwischentöne als den eigentlichen Inhalt der Kommunikation herauszuhören – und kann in der internationalen Zusammenarbeit leicht in die 'War-nichts-vereinbart!'-Vertrauensfalle geraten.

Merke!

Wenn man aus der Gewohnheit eines direkten Kommunikationsstils heraus den Eindruck hat, der andere habe einem eine Zusage gegeben, diese aber anschließend nicht eingehalten, dann droht die 'War-nichts-vereinbart!'-Vertrauensfalle.

7.1.4 Hintergründe: Was ist die Logik der anderen Seite?

Kulturunterschiede haben die Eigenschaft, dass einem die aus der eigenen Kultur vertraute Seite des Unterschieds sinnvoll und richtig erscheint, die andere Seite hingegen eher unsinnig bzw. oft auch ineffizient. Um kulturelle Vertrauensfallen schneller zu entdecken, ist es hilfreich, sich die *Logik der anderen Seite* zu vergegenwärtigen. Fragen wir an dieser Stelle also: Was ist eigentlich der Vorteil einer Kommunikation, die etwas sagt (Wortbedeutung), aber etwas anderes meint (tatsächliche Bedeutung)? Warum kommuniziert man in vielen Kulturen eher auf eine indirektere Weise als in Deutschland? Warum sagt einem ein Geschäftspartner zum Schein etwas zu, obwohl er die Zusage gar nicht ernst meint? Wenn dies nicht Ausdruck bewussten Täuschens ist, sondern 'indirekte Kommunikation', welchen Sinn hat dies?

Indirekte Kommunikation ist kulturübergreifend ein grundlegend wichtiges Instrument, um Respekt und insbesondere Höflichkeit auszudrücken. Daher spielt der Kulturunterschied der 'Direktheit des Kommunikationsstils' auch gerade im Konfliktmanagement und für die Frage des sozialen Umgangs eine große Rolle (vgl. die Handlungsfelder 'Konfliktmanagement', S. 221ff. und 'Umgangsformen und Facework', S. 257ff.).

Dass man in der alltäglichen Kommunikation die gleichen Dinge meist unterschiedlich direkt ausdrücken kann, ermöglicht es, für den gleichen Sachverhalt unterschiedliche Höflichkeitsniveaus zu wählen. Worin sich Kulturen unterscheiden, ist jedoch, *wie indirekt* dabei die Dinge ausgedrückt werden (vgl. Infokasten 'Direktheit des Kommunikationsstils', S. 148).

In vielen Kulturen muss man, um angemessen höflich zu sein, sehr viel indirektere Formulierungen wählen als im Deutschen – insbesondere bei Widerspruch, Kritik oder Ablehnung und bei Aufforderungen oder Bitten. Doch ist man dadurch gar nicht höflich*er* als im Deutschen. Es ist der Kommunikationsstil der eigenen Kultur, der vorgibt, wie indirekt man kommunizieren muss, um in angemessener Weise höflich zu sein.

In der beschriebenen Situation geht es darum, dass Herr García ein Beratungsangebot Herrn Müllers absagt. Für diese Absage wählt er eine sehr indirekte Kommunikationsform – um nicht unhöflich zu erscheinen. Dies ist umso nötiger, als Herr Müller mit dem Beratungsgespräch in Vorleistung getreten ist.

Die Vertrauensfalle schnappt zu, da Herr García seine Absage so indirekt formuliert, dass Herr Müller sie gar nicht versteht – und stattdessen glaubt, der Partner wolle die Zusammenarbeit fortsetzen. Unsere Forschung zeigt, dass diese Falle für deutsche Manager häufig ernsthafte Vertrauensprobleme schafft.

Tatsächlich folgt Herr García nur den argentinischen Ausdruckskonventionen für eine Absage in entsprechenden Situationen. Man sagt in Argentinien einen Geschäftskontakt indirekt ab, um nicht unhöflich, ungehobelt, ja aggressiv zu erscheinen. Das ist für ihn eine grundlegende Anforderung der Höflichkeit bzw. des sozialen Umgangs, und daher würde Herr García sein Verhalten gerade nicht als *respektlos* betrachten, sondern vielmehr umgekehrt als angemessen höflich – und höflicher Umgang ist schließlich ein Ausdruck von Respekt. – So unterschiedlich sind die Perspektiven im Kulturvergleich. Und auf der deutschen Seite entsteht der Eindruck, der andere sei unzuverlässig und nicht vertrauenswürdig.

7.1.5 Strategien: Was lässt sich tun?

Für die Vermeidung oder Auflösung der 'War-nichts-vereinbart!'-Vertrauensfalle sind folgende Strategien hilfreich:

Tab. 11: Strategien zur 'War-nichts-vereinbart!'-Vertrauensfalle

Strategien aus Sicht eines direkten Kommunikationsstils z.B. Deutsche mit Argentiniern oder auch mit Chinesen oder Franzosen	*Strategien aus Sicht eines indirekten Kommunikationsstils* z.B. Argentinier oder auch Chinesen oder Franzosen mit Deutschen
• Sensibilität für eine indirekte Ausdrucksweise von Ablehnung, Kritik oder Widerspruch entwickeln („Zwischen-den-Zeilen-Lesen" lernen). • Um den tatsächlichen Inhalt des Gesagten zu entschlüsseln, ggf. mehrfach vorsichtig rückfragen. • Sofern möglich, eine Einschätzung Dritter einholen – idealerweise von weiteren Angehörigen der fraglichen Kultur.	• Direktere Formulierungen verwenden. Aber Vorsicht: trotzdem höflich bleiben, d.h. nicht *zu* direkt werden.* • Sich vorsichtig rückversichern, dass eine ablehnende Position auf der anderen Seite überhaupt als solche verstanden wurde. • Direktere Formulierungen von Ablehnung, Kritik oder Widerspruch nicht als unhöflich oder aggressiv verurteilen.**

* Achtung: Es kommt vor, dass Angehörige indirekter Kulturen in vermeintlicher Anpassung an den Kommunikationsstil ihrer Geschäftspartner alles sehr explizit und letztlich *viel zu direkt* kommunizieren – so dass sie sehr plump und unhöflich wirken. Auch bei einem direkten Kommunikationsstil gilt: Widerspruch, Kritik oder Bitten formuliert man höflich und eher indirekt – aber eben nicht so indirekt wie anderswo. Das angemessene Maß an Direktheit für eine Kommunikationssituation zu finden, ist in der interkulturellen Zusammenarbeit sehr schwierig und erfordert einiges an Erfahrung und sprachlicher Sensibilität. Faustregel: So direkt, dass einen der Gesprächspartner versteht, und so indirekt, dass man angemessen höflich ist.

** Der Kulturunterschied der Direktheit des Kommunikationsstils kann zu einem weiteren kulturellen Missverständnis führen: Wenn jemand einen indirekten Kommunikationsstil gewohnt ist (z.B. französische oder chinesische Manager), können direkte Formulierungen (z.B. durch deutsche Manager) unbeabsichtigterweise kalt, unhöflich oder sogar aggressiv wirken – und die Partner auf eine grundsätzlich ablehnende Haltung des Gesprächspartners schließen lassen (vgl. Faktor *Kritik / Widerspruch höflich-indirekt äußern*).

Kulturunterschied-1: Direktheit des Kommunikationsstils

Ein wichtiger Bereich von Unterschieden zwischen Kulturen betrifft den Grad der *Direktheit des Kommunikationsstils*. Man kann unterscheiden zwischen einer tendenziell direkten und expliziten Kommunikation und einer stärker indirekten und impliziten Kommunikation. Die Kenntnis und der kompetente Umgang mit diesen zwei Kommunikationsstilen ist von grundlegender Bedeutung für viele interkulturelle Kommunikationsherausforderungen internationaler Manager. Aufgrund des sehr direkten deutschen Kommunikationsstils stellt dies insbesondere für deutsche Manager eine große Herausforderung dar und führt immer wieder in typische Schwierigkeiten.

Was bedeutet indirekte Kommunikation? Geprägt hat die Bezeichnung der amerikanische Sprachphilosoph John Searle ('indirekte Sprechakte', Searle 1979). Heute wird darüber insbesondere in der Höflichkeitsforschung diskutiert, und zwar im Zusammenhang mit der größeren Höflichkeit indirekter im Vergleich zu direkter Kommunikation. Die Grundüberlegung ist: Man muss direkte Wortbedeutungen von dem unterscheiden, was mit den Worten letztlich ausgedrückt wird. Die tatsächliche Bedeutung des Gesagten kann von den reinen Wortbedeutungen abweichen. Je stärker das Gesagte von der Wortbedeutung abweicht, desto indirekter ist die Kommunikation (Grice 1968).

Nehmen wir als Beispiel den Satz „Es ist fast 12.00 Uhr." Von der Wortbedeutung her sagt der Satz aus, dass es bald 12.00 Uhr sein wird. Wird dieser Satz jedoch gegen Ende einer Besprechung ungefragt geäußert, so wird damit meist nicht einfach auf die Uhrzeit verwiesen. Vielmehr wird darauf aufmerksam gemacht, dass man nicht mehr viel Zeit hat, dass der andere sich beeilen soll, dass man Mittagessen gehen könnte etc. Dann ist es ein Beispiel für 'indirekte' Kommunikation: Man gibt mehr oder anderes zu verstehen als die eigentliche Wortbedeutung. Denn natürlich hätte man auch präzisieren können: „Es ist fast 12.00 Uhr, ich muss um 12.00 Uhr weg, um den Flieger zu kriegen, also beeilen wir uns bitte ein bisschen." Damit hätte man explizit gemacht, was eigentlich gemeint ist. Tut man dies nicht, kommuniziert man auf indirekte bzw. implizite Weise (vgl. Hendry & Watson 2001). Man sagt etwas 'durch die Blume' und der andere muss 'zwischen den Zeilen lesen'.

Jede Kommunikation umfasst indirekte bzw. implizite Aspekte. Bei dem Vorschlag „Machen wir's wie letztes Mal" wird der nicht Eingeweihte fragen müssen, was gemeint ist. Wer neu in ein Team oder Projekt kommt, wird zunächst vieles nicht verstehen und nachfragen müssen. Denn ihm fehlt das Kontextwissen, das die 'alten Hasen' in ihrer Kommunikation voraussetzen. Wenn man gemeinsames Kontextwissen hat, kann man leichter indirekt kommunizieren. In einem eingespielten Team genügt manchmal sogar ein Blick, um eine bestimmte Einschätzung oder Aufforderung zu übermitteln.

Der kommunikative Kontext ist der Schlüssel, um mit Worten mehr zu übermitteln, als die Worte bedeuten. Dies ist Kern der Theorie des kulturellen Kontextwissens, mit der Edward Hall erklärt, warum in manchen Kulturen ein indirekterer, impliziterer Kommunikationsstil üblicher ist als in anderen (Hall & Hall 1990: 6f.). Hall unterscheidet „High Context Cultures" von „Low Context Cultures". In letzteren gibt es weniger gemeinsames Kontextwissen, so dass man einen direkteren Kommunikationsstil verwenden muss. Denn eine indirekte Kommunikation über Auslassungen und Anspielungen setzt gemeinsames Kontextwissen voraus.

Im Vergleich zur deutschen Kultur gelten viele asiatische Kulturen (z.B. China, Japan, Indien), lateinamerikanische Kulturen (z.B. Brasilien, Argentinien, Mexiko) und auch einige ost- und südeuropäische Kulturen (z.B. Russland, Polen, Frankreich, Spanien) als High-Context-Kulturen mit indirektem Kommunikationsstil.

Eine High-Context-Kultur mit indirektem Kommunikationsstil entwickelt sich nach Hall, wenn längere Phasen politisch-gesellschaftlicher Homogenität die historische Entwicklung der Kultur prägen. Für die lateinamerikanischen Staaten kann man hier an den Kolonialismus, später den Zentralismus und in jüngster Vergangenheit die Militärdiktaturen denken. In Russland war der Kommunismus prägend, in Frankreich war es der politische Zentralismus durch den Hof in Paris und daneben der Katholizismus.

Stellt man solchen politisch-gesellschaftlich homogenisierenden Faktoren die lang andauernde politische wie religiöse Zersplitterung Deutschlands gegenüber, wird ein Faktor erkennbar, der die Entwicklung einer expliziteren Kommunikation fördert: Bei über 350 Klein- und Kleinststaaten wie Fürstentümern, Herzogtümern oder Grafschaften nach dem Westfälischen Frieden im Jahr 1648, die noch dazu mal katholisch und mal protestantisch waren, konnte man bei deutschen Gesprächspartnern tendenziell eher nicht einen gemeinsamen Kontext voraussetzen – und kommunizierte daher besser etwas expliziter und direkter, um sich zu verstehen.

Der Unterschied zwischen direkter und indirekter Kommunikation ist in verschiedenen Management-Handlungsfeldern bedeutsam. Dazu gehören: die Kommunikation beim Treffen von Absprachen (vgl. die 'War-nichts-vereinbart!'- und die 'Chef-war-dagegen!'-Vertrauensfalle), der Detaillierungsgrad bei der Formulierung von Anweisungen (vgl. 'Sag-doch-erstmal-was-du-willst!'-Vertrauensfalle), der Umgang mit Konflikten (vgl. 'Offenheit-verletzt!'-Vertrauensfalle) und die Formulierung von Kritik und Widerspruch (vgl. 'Konstruktive-Kritik!'-Vertrauensfalle).

7.2 Die 'Chef-war-dagegen!'-Vertrauensfalle

Die 'Chef-war-dagegen!'-Vertrauensfalle droht bei unterschiedlicher Auffassung darüber, wer welche Entscheidungsbefugnisse hat. Es geht um Situationen, in denen die Loyalität gegenüber dem Vorgesetzten mit der Loyalität gegenüber Kollegen oder Geschäftspartnern in Konflikt gerät. In solchen Situationen kann der Eindruck entstehen, ein Kollege oder Geschäfts-

partner habe seine Zusage nicht eingehalten – bzw. er sei völlig unangemessen mit einer Situation umgegangen, in der er seine Zusage nicht einhalten konnte.

Ein Beispiel aus der deutsch-französischen Zusammenarbeit

> **Beispiel für die 'Chef-war-dagegen!'-Vertrauensfalle**
>
> *Also gut, einverstanden, dann machen wir das eben so!*
>
> Herr Meister arbeitet für eine französische Geschäftsbank. Er berichtet eine vertrauenskritische Episode aus seiner Zusammenarbeit mit einem französischen Kollegen, Herrn Bertrand, mit dem zusammen ein wichtiger Kundentermin anstand:
>
> *Diese Person und ich, wir hatten eine gemeinsame Vorgehensweise für ein wichtiges Meeting mit einem Kunden vereinbart. Und in diesem Meeting hält diese andere Person sich nicht daran! Zu ihrem eigenen Vorteil! Und zu meinem Nachteil. Und diese Person, mit der werde ich nie wieder ein Wort reden – wenn ich das vermeiden kann. …*
>
> *Wir hatten das vorher quasi abgesprochen. Der hat sich mit mir geeinigt. Und dann hat er wohl später noch von seiner Vorgesetzten Vorgaben bekommen – was auch immer – und in diesem gemeinsamen Meeting dann (das war mit uns beiden und einer anderen Partei) hat er das, was wir vereinbart hatten, einfach nicht gemacht. Er hat genau das Entgegengesetzte gemacht. Das hat er mir nicht irgendwie vorher noch kommuniziert. Das habe ich dann in dem Meeting mitbekommen. Dieser Mensch, der hatte nicht die Gradlinigkeit, das vorher mit mir abzusprechen. Er hat einfach nur das getan, was sein Boss vertreten hat.*
>
> TRIM-Projekt / R. Münscher & J. Hormuth, vgl. Anhang 2.

7.2.1 Vertrauensanalyse: Was ist passiert?

Achtung: Zusagen einhalten

Wie lässt sich Herrn Meisters Vertrauenseinschätzung nachvollziehen? Laut Herrn Meisters Bericht verletzt Herr Bertrand ein grundlegendes Gebot der Zusammenarbeit: dass man getroffene Zusagen auch einhält. Herr Meister berichtet, wie sich Herr Bertrand mit ihm zunächst in einem ausführlichen Vorgespräch auf ein bestimmtes Vorgehen für das kritische Meeting mit dem Kunden geeinigt hatte. Daher wertet er es als klaren Vertrauensbruch, dass sich Herr Bertrand anschließend an dieser Vereinbarung vorbei (und zu seinem eigenen Vorteil!) anders verhält. Nachvollziehbar, dass dies für ihn eine klare Vertrauenswarnung bezüglich des Top-10-Vertrauensfaktors *Zusagen einhalten* darstellt. Nach unseren Forschungsergebnissen ist der Eindruck, dass sich der andere an getroffene Zusagen hält, kulturübergreifend wichtig, um einen Partner als vertrauenswürdig wahrzunehmen.

Was für Herrn Meister erschwerend hinzu kommt, ist die fehlende Absage: Dass Herr Bertrand sich nicht an die Abmachung hält, erfährt Herr Meister erst, als genau dies im kritischen Meeting mit dem Kunden passiert. Herr Bertrand hat ihn im Vorfeld des Treffens in keiner Weise informiert, dass er sich – aus welchen Gründen auch immer – nicht an die Abmachung halten würde. Dies ist eine zweite Vertrauenswarnung, nämlich im Hinblick auf den Faktor *Bei Nicht-Einhalten von Zusagen informieren*. Auch Herrn Meister ist klar, dass man im beruflichen Alltag nicht 'im luftleeren Raum' agiert. Die unterschiedlichen Zwänge im Interessen- und Machtgefüge innerhalb eines Unternehmens wie auch in Geschäftsbeziehungen können immer dazu führen, dass man eine Zusage nicht einhalten kann – 'höhere Gewalt'. Was dann Vertrauen schaffen oder Vertrauen aufrecht erhalten kann, ist die Kunst der korrekten Absage und der angemessenen Entschuldigung. Wenn mein Partner mir rechtzeitig Bescheid gibt und seine Gründe plausibel sind, dann kann dies meinen Eindruck der 'gebrochenen Zusage', korrigieren und der Vertrauensbruch lässt sich vermeiden.

Achtung: Bei Nicht-Einhalten von Zusagen informieren

7.2.2 Kulturalarm: Was könnte hier kulturkritisch sein?

Handelt es sich hier tatsächlich um den Bruch einer Zusage? Herrn Meisters Reaktion erscheint berechtigt und nachvollziehbar, wenn man annimmt, dass ihn Herr Bertrand tatsächlich reingelegt hat, indem er sich ohne Ankündigung über ihre zuvor getroffene Abmachung hinwegsetzte. Dies setzt allerdings voraus, dass es auch aus Herrn Bertrands Sicht eine solche bindende Abmachung gegeben hat. Doch hat Herr Bertrand aus seiner Sicht Herrn Meister zugesagt, etwas Bestimmtes zu tun? Welche Verbindlichkeit geht aus Sicht von Herrn Bertrand mit dem Ergebnis ihres Vorgesprächs einher?

Der Kulturalarm fragt also: Könnte es sein, dass es aus Herrn Bertrands Sicht keine bindende Zusage gegeben hat und er sich also in seinem Handeln nicht an eine Abmachung mit Herrn Meister gebunden sah?

7.2.3 Kulturanalyse: Welche Unterschiede führen in die Vertrauensfalle?

Was die beiden Kollegen in unserem Beispiel in die kulturelle Vertrauensfalle lockt, ist ein Unterschied im Hierarchieverständnis, wie er beispielsweise für die deutsch-französische oder auch die deutsch-japanische Zusammenarbeit typisch ist.

Hierarchieverständnis

Kulturen unterscheiden sich im Hinblick darauf, wie stark Hierarchien in Unternehmen ausgeprägt sind und in welchem Maße Mitarbeiter eine Hierarchie akzeptieren und sich unterordnen (vgl. Infokasten 'Hierarchieverständnis' im Handlungsfeld 'Führung und

Delegation', S. 171). Ein unterschiedliches Hierarchieverständnis kann im Zusammenhang mit Absprachen in eine Vertrauensfalle führen: Aufgrund der stärkeren Hierarchieorientierung in Frankreich war es für Herrn Bertrand vermutlich völlig klar, dass die 'Abmachung' aus dem Vorgespräch mit Herrn Meister durch das Veto seiner Vorgesetzten außer Kraft gesetzt werden kann. Denn ihr Gesprächsergebnis verletzte recht offensichtlich die auch Herrn Meister bekannte Line der Abteilung von Herrn Bertrand. Also ging Herr Bertrand davon aus, dass ihnen beiden klar sei, dass man zwar auf interessante Weise diskutiert hatte, aber dabei kein verbindliches Diskussionsergebnis zustande gekommen war. Herr Bertrand wäre auch gar nicht befugt gewesen, eine bindende Absprache gegen die Linie seiner Vorgesetzen zu verhandeln.

Herr Meister ging hingegen davon aus, dass sie eine für Herrn Bertrand verbindliche Vereinbarung ausgehandelt hätten, an die Herr Bertrand sich halten würde. Für ihn hatte es einen Austausch von Argumenten und eine ausführliche Diskussion der Sachlage gegeben, die zu dem Ergebnis geführt hatte, dass er Herrn Bertrand für seine Position hatte gewinnen können. Dieses Gesprächsergebnis, das Herr Bertrand auch als solches akzeptiert hatte, stellte für Herrn Meister eine bindende Absprache dar, an die sich Herr Bertrand halten würde – und die er auch gegenüber seiner Vorgesetzten vertreten würde.

Natürlich interpretiert Herr Meister vor diesem Hintergrund das Verhalten seines Kollegen als Nicht-Einhalten einer Zusage und damit als klaren Vertrauensbruch. In Herrn Meisters Sichtweise spiegelt sich die im deutschen Kontext geringere Hierarchieorientierung, welche mit einer höheren Delegation von Entscheidungsbefugnissen einhergeht. Er hält sich selbst grundsätzlich für befugt, die Vorgehensweise für das Meeting mit dem Kunden eigenständig mit dem Kollegen auszuhandeln – und das unterstellt er auch für den Kollegen Bertrand, den er als gleichberechtigten Partner wahrnimmt. Was für Herrn Meister als entscheidungsbefugten Verhandlungsführer im Anschluss zählt, ist ganz klar die *Loyalität gegenüber dem Kollegen* im Hinblick auf die ausgehandelte Vereinbarung. Womit er nicht rechnet: Der Kollege geht ganz selbstverständlich davon aus, dass die *Loyalität gegenüber seiner Hierarchie* stärker ist als die gegenüber dem Kollegen. Er hält sich überhaupt nicht für befugt, sich mit einem im Vorgespräch ausgehandelten Kompromiss gegen die Linie seiner Abteilung zu stellen.

Dieser Kontrast zwischen einer stärker 'lateralen Loyalität' auf deutscher Seite und einer stärker 'hierarchischen Loyalität' auf französischer Seite wird auch in der Forschungsliteratur beschrieben (vgl. Gmür 1999, Linhart 1993). Im französischen Unternehmenskontext verbleibt oft eine umfassendere Entscheidungskompetenz in der Hierarchie als in Deutschland. Genauso wird es in französischen Unternehmen eher akzeptiert als in deutschen, dass Dinge ohne Rücksprache mit betroffenen Mitarbeitern entschieden werden und auch dass Entscheidungen ohne Rücksprache revidiert oder abgeändert werden (vgl. Pateau 1998, Castel et al. 2007). Hierzu bemerkt Gmür (1999: 19) in seiner vergleichenden Analyse deutscher und französischer Werke der Organisationslehre: „Aus französischer Perspektive stellen Hierarchien vor allem Befehlsketten dar. Die horizontalen Beziehungen spielen für die formale Organisation und damit die Umsetzung der von oben vorgegebenen Struktur nur eine untergeordnete Rolle." Auf der deutschen Seite hingegen seien „die horizontalen (lateralen) Beziehungen … ebenso wichtig wie die vertikalen Beziehungen."

Was die Sache aus Herrn Meisters Sicht zusätzlich verschlimmert, ist ein wichtiges Detail: Warum hat ihm Herr Bertrand nicht im Vorfeld des Meetings einen Hinweis gegeben, dass er die Absprache erst noch mit seiner Chefin abstimmen müsse? Aus einem stärker hierarchieorientierten Kontext heraus ist ein solcher Hinweis jedoch gar nicht nötig. Herr Bertrand ging ganz selbstverständlich davon aus, dass Herr Meister ja genau wie er gemerkt habe, dass der ‚ausgehandelte Kompromiss' intern nicht tragfähig war und von Herrn Bertrands Vorgesetzter außer Kraft gesetzt werden kann. Völlig überflüssig, da noch einmal extra darüber zu reden. Wie ein anderer im TRIM-Projekt interviewter französischer Manager erläuterte: „Man läuft in die Falle, da man als Franzose in einer solchen Situation seinen deutschen Kollegen nicht unbedingt informiert, dass man es möglicherweise anders machen wird. Man geht einfach davon aus, dass der Deutsche ja genauso merkt, dass man da – in Anführungszeichen – ein ‚politisch nicht vertretbares Ergebnis' ausgehandelt hat. Denn der Deutsche wird ja auch mit seinem Chef Rücksprache halten. Man sagt das nicht aus Böswilligkeit nicht. Sondern da denkt man schlicht nicht dran. Das ist doch logisch" (Münscher 2011: 344, Übers. RM).

Direktheit des Kommunikationsstils

Bei einer geringeren Hierarchieorientierung gibt es eine solche natürliche Unterordnung eines Verhandlungsergebnisses unter die Linienvorgabe nicht. Daher besteht die natürliche Pflicht, den Verhandlungspartner zu informieren, falls man die ausgehandelte Absprache nicht umsetzen kann. Dadurch ergibt sich aus Herrn Bertrands Verhalten für Herrn Meister zusätzlich die Vertrauenswarnung bezüglich des Vertrauensfaktors *Bei Nicht-Einhalten von Zusagen informieren*. Herrn Bertrands Verhalten erscheint damit sogar als noch vertrauenskritischer als das bloße Nicht-Einhalten der Zusage.

Wenn man es aus der Perspektive einer schwächeren Hierarchieorientierung als Nicht-Einhalten einer Zusage interpretiert, wenn ein Geschäftspartner nach einer Rücksprache mit dem Vorgesetzte nicht zu einer Abmachung steht, kann man in die ‚Chef-war-dagegen!'-Vertrauensfalle geraten.

Merke!

7.2.4 Hintergründe: Was ist die Logik der anderen Seite?

Rekonstruieren wir zusammenfassend die Sichtweise Herrn Bertrands und seiner Vorgesetzten: Eine hohe Hierarchieorientierung erleichtert es Vorgesetzten, ihre Richtlinienkompetenz umzusetzen und den Gang der Projekte und laufenden Alltagsgeschäfte zu kontrollieren. Eine in sich loyale Linie ist schlagkräftig und durchsetzungsfähig. Herr Bertrand handelt innerhalb der Logik eines solchen Systems.

Hinzu kommt nun noch der indirekte Kommunikationsstil, also die geringere Tendenz im Französischen, explizit zu kommunizieren. Man vermeidet, einem Partner gegenüber Dinge zu thematisieren, von denen man annimmt, dass sie dem Partner klar sind. Diese zu explizieren, ließe den anderen als begriffsstutzig oder inkompetent erscheinen – als unfähig, sich selbst über diese Dinge klar zu werden. Das wäre unhöflich, und man vermeidet es. Auch deshalb gibt Herr Bertrand Herrn Meister nicht den kleinen Hinweis, den dieser nachträglich einfordert. Denn das hieße ja, dass er es in gewisser Weise für nötig hielte, einem 'intellektuell etwas langsameren Kollegen' auf die Sprünge zu helfen (vgl. Infokasten 'Direktheit des Kommunikationsstils', S. 148).

Eine geringere Hierarchieorientierung und die Delegation von Entscheidungsbefugnissen auf niedrigere Ebenen macht eine Organisation reaktions- und anpassungsfähig. Sie erfordert allerdings eine umfangreichere Abstimmung innerhalb der Line und kann es dem Manager erschweren, Richtlinienkompetenz unvermittelt wahrzunehmen.

7.2.5 Strategien: Was lässt sich tun?

Für die Vermeidung oder Auflösung der 'Chef-war-dagegen!'-Vertrauensfalle sind folgende Strategien hilfreich:

Tab. 12: Strategien zur 'Chef-war-dagegen!'-Vertrauensfalle

Strategien aus Sicht einer schwächeren Hierarchieorientierung z.B. Deutsche mit Franzosen	*Strategien aus Sicht einer stärkeren Hierarchieorientierung* z.B. Franzosen mit Deutschen
• Sich informieren, wer für bestimmte Verhandlungspositionen der *eigentlich* entscheidungsbefugte Ansprechpartner auf der anderen Seite ist. • 'Chef-dagegen!'-Effekt einkalkulieren und sich rückversichern: Bestätigung der Vereinbarung einholen, nachdem der Verhandlungspartner die Chance zur internen Rücksprache mit seiner Linie hatte. • Meta-Kommunikation: den Kulturunterschied thematisieren und eine Klärung der Position erbitten.	• Explizit darauf hinweisen, dass die Zusage unter dem Vorbehalt der Zusage des Chefs steht. • Bei einem Veto der eigenen Linie den Partner informieren und die Hintergründe erläutern.

7.3 Die 'War-nicht-zu-machen!'-Vertrauensfalle

In die 'War-nicht-zu-machen!'-Vertrauensfalle führen Kulturunterschiede im Verständnis der Gültigkeit von Regeln und Absprachen – und in Bezug auf die Frage, wie man mit Ausnahmen umgeht. Deutsche Manager können in diese Vertrauensfalle beispielsweise in der Zusammenarbeit mit Kollegen aus China oder lateinamerikanischen Kulturen geraten. Der Kulturunterschied kann bei deutschen Managern den Eindruck entstehen lassen, dass Vereinbarungen von Partnern leichtfertig getroffen und anschließend nicht eingehalten werden – während für die Partner lediglich spezifische Umstände einen Grund für eine außergewöhnliche aber gerechtfertigte Ausnahme liefern.

Beispiel für die 'War-nicht-zu-machen!'-Vertrauensfalle

Weniger Teilnehmer geschickt als vereinbart

Die Geschäftsführung war mit Frau Reinhard sehr zufrieden. Im Rahmen eines gemeinsamen deutsch-chinesischen Großprojekts hatte sie als Delegationsleiterin in relativ kurzer Zeit einen Vertrag über umfassende Weiterbildungsmaßnahmen mit den chinesischen Partnern ausgehandelt, der bereits von beiden Seiten unterschrieben worden war. Bei der Vertragsunterzeichnung waren auf chinesischer Seite wichtige Parteivertreter anwesend. Die Vertragsunterzeichnung fand in China sogar großes Interesse in den Medien. Der Vertrag legte den Ablauf und Inhalt der Weiterbildungsreihen detailliert fest, so auch die verfügbaren finanziellen Mittel und die jährliche Zahl von Teilnehmern, die im Rahmen der Maßnahme nach Deutschland reisen sollten. Frau Reinhard berichtet:

Der erste Durchlauf des Trainingsprogramms sollte nur wenige Wochen nach der feierlichen Zeremonie starten. Doch im Rahmen der Vorbereitungen machte ich eine Erfahrung, die mich zweifeln ließ, ob mein Vertrauen, in die chinesischen Vertragspartner gerechtfertigt war: Ich begann sofort nach der Vertragsunterzeichnung mit den Vorbereitungen. Nur einige Tage darauf erhielt ich die Mitteilung, dass weitaus weniger Teilnehmer geschickt werden könnten als vereinbart und auch die Ausgaben erheblich gesenkt werden müssten. Ich schwankte zwischen Enttäuschung und Ärger. Was hatte ich nicht darüber diskutiert! Zu allem Überfluss stellte die deutsche Geschäftsführung nun auch noch mein Verhandlungsgeschick in Frage.

Kulturstandard-Forschung / A. Thomas, vgl. Anhang 2.

Ein Beispiel aus der deutsch-chinesischen Zusammenarbeit

7.3.1 Vertrauensanalyse: Was ist passiert?

Vertrauensgrund: Absprachen treffen / Regeln vereinbaren

Frau Reinhard hat in den Verhandlungen mit den chinesischen Partnern großes Verhandlungsgeschick gezeigt und für ihr Unternehmen gute Vertragsbedingungen ausgehandelt – bezüglich Ablauf und Inhalten des Programms, Finanzierung, Teilnehmerzahl etc. Dies gelang ihr noch dazu in kurzer Zeit. Die Tatsache, dass an der Vertragsunterzeichnung wichtige Parteivertreter teilnahmen, und das Medienecho zeigen, dass das Geschäft von chinesischer Seite aus als wichtig wahrgenommen wird. Frau Reinhard ist zu Recht zufrieden. Die Tatsache, dass sie bei dem Vertrag mit ihren chinesischen Partnern so schnell und gut auf einen gemeinsamen Nenner kommen konnte, ist für sie ein Vertrauensgrund bezüglich des Faktors *Absprachen treffen / Regeln vereinbaren*.

Achtung: Zusagen einhalten

Doch schon bei der ersten Umsetzungsrunde zeigt sich, dass die ausgehandelten Vertragsbedingungen von den chinesischen Partnern nicht eingehalten werden: Die Mittel werden gekürzt und die Teilnehmerzahl wird herabgesetzt. Für Frau Reinhard – und auch ihre Geschäftsführung – ist das ein ganz klarer Vertragsbruch. Die Vereinbarungen des Vertrags werden nicht eingehalten – das ist eine offensichtliche Vertrauenswarnung bezüglich des Faktors *Zusagen einhalten*.

7.3.2 Kulturalarm: Was könnte hier kulturkritisch sein?

Frau Reinhards Wahrnehmung erscheint berechtigt und nachvollziehbar, wenn man voraussetzt, dass die chinesischen Partner mit der Vertragsunterzeichnung tatsächlich zugesagt haben, dass die angestrebten Zielgrößen und die Bedingungen der Weiterbildungsmaßnahmen für jedes Jahr gelten. Dies würde heißen, dass die Weiterbildungsreihe in jedem Jahr exakt wie vereinbart abläuft, mit den gleichen Inhalten, der gleichen Finanzierung und der gleichen Teilnehmerzahl.

Die Frage ist, ob die chinesischen Verhandlungspartner tatsächlich zugesichert haben – bzw. überhaupt zusichern konnten –, dass die grundsätzlich ausgehandelten Bedingungen jedes Jahr gelten. Hat sich das chinesische Unternehmen tatsächlich verpflichtet, die Anzahl der Teilnehmer und die Finanzierung wie im Vertrag festgelegt von Anfang an und in jedem Jahr in gleicher Weise einzuhalten?

7.3.3 Kulturanalyse: Welche Unterschiede führen in die Vertrauensfalle?

Gültigkeit von Regeln: Universalismus vs. Partikularismus

Was Frau Reinhard und ihre Geschäftsleitung hier in die 'War-nicht-zu-machen!'-Vertrauensfalle führt, ist ein Kulturunterschied im Verständnis der Gültigkeit von Regeln und Vereinbarungen. Dieser Unterschied ist für deutsche Manager in der Zusammenarbeit sowohl mit chinesischen und indischen als auch mit brasilianischen oder mexikanischen Managern relevant.

Der Kulturkontrast zwischen den beiden Extremen 'Universalismus' und 'Partikularismus' beschreibt die Ursache für viele Schwierigkeiten der interkulturellen Zusammenarbeit im Management (Parsons & Shils 1951, Trompenaars & Hampden-Turner 1993). In universalistischen Kulturen werden Regeln, Vorschriften und Vereinbarungen grundsätzlich als situationsübergreifend (universell) gültig betrachtet. Demgegenüber geht man in partikularistischen Kulturen davon aus, dass Regeln und Vereinbarungen situationsspezifisch auszulegen und gegebenenfalls anzupassen sind (vgl. Infokasten 'Umgang mit Regeln', S. 160). In universalistischen Kulturen bleibt man an der roten Ampel in der Regel stehen, in partikularistischen Kulturen gibt es eine Tendenz (und auch größere Akzeptanz dafür), wenn gerade kein Auto kommt, auch bei Rot über die Ampel zu gehen.

Ein wichtiger Aspekt für Vertrauen in universalistischen Kulturen ist, dass einmal getroffene Vereinbarungen wenn irgend möglich auch eingehalten werden (das versteht man hier unter *Zusagen einhalten*). Frau Reinhard und ihre Geschäftsleitung würden es vermutlich viel eher akzeptieren, wenn ihre chinesischen Partner über viele Jahre hinweg die Vertragsvereinbarungen eingehalten hätten und dann in einem wirtschaftlich schwierigen Jahr anfragten, ob sie ausnahmsweise weniger Teilnehmer schicken könnten. Aber dass dies unmittelbar nach Vertragsunterzeichnung passiert, ist für die deutsche Seite völlig unerwartet und inakzeptabel. Es wird als Vertrauenswarnung bzw. als Vertrauensbruch in Bezug auf den Vertrauensfaktor *Zusagen einhalten* interpretiert.

Von chinesischer Seite aus ist es aber offenbar durchaus möglich – vielleicht sogar wahrscheinlich –, dass die Vereinbarungen über Teilnehmerzahlen und Finanzierung im ersten Jahr nicht im vollen Umfang eingehalten werden. Die Vertreter des chinesischen Unternehmens gehen möglicherweise davon aus, dass durchaus zu erwarten und auf jeden Fall zu akzeptieren ist, dass ein solches Projekt eine gewisse Anlaufzeit benötigt. Auch in einem späteren Jahr können spezifische Rahmenbedingungen dazu führen, dass weniger Teilnehmer geschickt werden als vertraglich geplant. Es wird dann erwartet, dass man mit den getroffenen Vereinbarungen flexibel umgeht. Tut dies die Gegenseite nicht, so kann dies umgekehrt als Vertrauenswarnung in Bezug auf den Faktor *Absprachen / Regeln flexibel handhaben* interpretiert werden.

Achtung: Absprachen / Regeln flexibel handhaben

Dies ändert nichts an der grundsätzlichen Vereinbarung über eine bestimmte Anzahl von Teilnehmern für einen festgelegten Zeitraum. Insofern würden die Chinesen abstreiten, dass man davon sprechen könne, sie hätten ihre Zusage nicht eingehalten. Die chinesische Seite begeht aus eigener Perspektive keinen Vertragsbruch. Mit Vertragsunterzeichnung wurde keinesfalls zugesichert, ab sofort und kontinuierlich für die nächsten Jahre die besprochene Teilnehmerzahl nach Deutschland zu senden. Vereinbart wurde aus ihrer Sicht ein Richtwert für die Teilnehmerzahl für die kommenden Jahre. Eine Interpretation ihres Verhaltens als Vertrauensbruch ist daher aus ihrer Perspektive nicht gerechtfertigt.

Achtung: Bei Nicht-Einhalten von Zusagen informieren

Allerdings hätten die chinesischen Partner die Situation eventuell noch retten können, wenn sie explizit angesprochen hätten, dass und warum sie die Teilnehmerzahl und die finanziellen Verpflichtungen im ersten Jahr nicht einhalten können. Das hätten die Vertreter des deutschen Unternehmens dann möglicherweise sogar wiederum als Vertrauensgrund im Bezug auf den Faktor *Bei Nicht-Einhalten von Zusagen informieren* interpretieren können, was die Vertrauenswarnung hinsichtlich *Zusagen einhalten* abgeschwächt hätte. Dies tun sie aber nicht – auch aufgrund des stärker indirekten Kommunikationsstils in China (es handelt sich um eine Absage, hier ist es besonders wichtig, indirekt zu formulieren). Dies führt dazu, dass die deutsche Seite das Vertrauen in ihre Vertragspartner in Frage stellt – und die 'War nicht zu machen!'-Vertrauensfalle zuschnappt.

Merke!

Wenn man es also aus einer stark an einer zuverlässigen Einhaltung von Regeln orientierten Perspektive heraus als Vertrauenswarnung interpretiert, dass ein Geschäftspartner in spezifischen Situationen eine Abweichung von den Regeln fordert, dann kann man in die 'War-nicht-zu-machen!'-Vertrauensfalle geraten.

7.3.4 Hintergründe: Was ist die Logik der anderen Seite?

Kann es sinnvoll sein, Vereinbarungen zu treffen und einen Vertrag zu unterschreiben, wenn man sich hinterher nicht daran hält? Diese Frage stellen sich Manager aus universalistischen Kulturen in der Zusammenarbeit mit Partnern, die einer partikularistischen Herangehensweise folgen – und sie können häufig erst einmal keine überzeugende Antwort finden.

Ein partikularistischer Umgang mit Regeln und Vereinbarungen hat Sinn, wenn man sich vergegenwärtigt, dass keine Regel oder Vereinbarung alle möglichen situativen Rahmenbedingungen berücksichtigen kann bzw. alle zukünftigen Anwendungssituationen voraussehen kann. Für jede Regel kann es Umstände geben, welche eine Ausnahme von der Regel rechtfertigen. Dem Vorteil der Verlässlichkeit im universalistischen Ansatz steht der Vorteil der Flexibilität des partikularistischen Ansatzes gegenüber. Wenn die Chinesen in einem Jahr nicht genügend Teilnehmer schicken können, dann wäre es ein verlorenes Geschäft, den Vertrag zu kündigen – oder verlorene Zeit, neu zu verhandeln, wenn sie doch die Bedingungen im nächsten Jahr vermutlich voll erfüllen können. In bestimmten Situationen kann es vernünftiger und effektiver sein, Ausnahmen von bestehenden Regeln oder Vereinbarungen zu machen.

Das stellt selbstverständlich nicht den Sinn von Regeln und Vereinbarungen und deren grundsätzliche Gültigkeit in Frage. In einer partikularistischen Kultur finden Regeln ('Rote Ampel: halten!' bzw. 'Vereinbarung einer Teilnehmerzahl: einhalten!') jedoch normalerweise eine Ergänzung in Form der Bedingungen, wann die Regel gilt und wann und wie Ausnahmen möglich und rechtfertigbar sind ('keine anderen Autos in Sicht', 'außergewöhnlich in Eile'... bzw. 'finanziell schlechtes Jahr', 'nicht genügend interessierte Kandidaten').

7.3.5 Strategien: Was lässt sich tun?

Für die Vermeidung oder Auflösung der 'War-nicht-zu-machen!'-Vertrauensfalle sind folgende Strategien hilfreich:

Tab. 13: Strategien zur 'War-nicht-zu-machen!'-Vertrauensfalle

Strategien aus Sicht einer universalistischen Herangehensweise z.B. Deutsche mit Chinesen oder auch Indern, Brasilianern, Mexikanern	*Strategien aus Sicht einer partikularistischen Herangehensweise* z.B. Chinesen oder auch Inder, Brasilianer, Mexikaner mit Deutschen
• Regelmäßig kommunizieren, um ggf. situative Veränderungen und Meinungsänderungen mitzukriegen ('Information als Holschuld'), welche die Regel/Absprache in Frage stellen könnten. • Auf Argumente des anderen zur Situationsrelevanz ebenfalls mit solchen reagieren – nicht mit Verweis auf die Regel/Absprache. • Mehr in den Aufbau und die Pflege guter Beziehungen investieren, anstatt sich auf Vereinbarungen und Verträge zu verlassen.	• Bei Nicht-Einhalten von Regeln, Zusagen oder Vereinbarungen rechtzeitig informieren und die Gründe ausführlich erläutern. • Beim Treffen von Vereinbarungen auf mögliche Einschränkungen durch situative Umstände hinweisen / unter Vorbehalt zusagen. • Vereinbarungen so treffen, dass man sie möglichst umfassend einhalten kann. • Getroffene Vereinbarungen mit größerer Stringenz auch genau wie vereinbart einhalten.

Kulturunterschied-2: Umgang mit Regeln

Ein Kulturunterschied, mit dem deutsche Manager in der Zusammenarbeit mit anderen (z.B. lateinamerikanischen und romanischen aber auch asiatischen) Kulturen häufig zu kämpfen haben, betrifft den Umgang mit Regeln oder Vorschriften. Es handelt sich um eine klassische Unterschiedsdimension aus der interkulturellen Managementforschung, nämlich die von Parsons & Shils (1951: 77ff.) und Trompenaars & Hampden-Turner (1993: 29ff.) beschriebene „Universalismus-Partikularismus"-Dimension.

Der Kulturkontrast zwischen 'Universalismus' und 'Partikularismus' beschreibt, dass in manchen Kulturen Regeln, Vorschriften, soziale Rollen oder Verpflichtungen etc. grundsätzlich als situationsübergreifend bzw. 'universell' gültig betrachtet werden, wohingegen in anderen Kulturen ihre Gültigkeit grundsätzlich situationsspezifisch betrachtet wird – so dass situative Ausnahmen leichter möglich sind.

Nach einer **universalistischen** Auffassung geht man davon aus, dass Regeln oder Vereinbarungen grundsätzlich für alle einschlägigen Situationen Gültigkeit besitzen. Die geltenden Zahlungsbedingungen bei Lieferungen sind einzuhalten, und an einer roten Ampel hat man grundsätzlich anzuhalten. Das gilt auch für einzelne Vereinbarungen: Wenn man sich zu einer regelmäßigen Mindestabnahme verpflichtet, ist dieser Vereinbarung grundsätzlich nachzukommen. Nicht regelkonformes Verhalten gilt grundsätzlich als Regelverstoß, und eventuelle Sanktionsmechanismen werden im Falle des Regelverstoßes grundsätzlich akzeptiert. Wer in Deutschland bei Rot über die Ampel fährt und geblitzt wird, akzeptiert die Flensburger Punkte samt Geldstrafe.

In Kulturen, in welchen ein **partikularistisches** Regelverständnis vorherrscht, geht man mit Regeln anders um – sie haben eine andere Funktion. Sie dienen als Orientierungspunkt, um situativ zu klären, ob die Regel einschlägig ist und von den Beteiligten akzeptiert wird – oder ob die Situationsumstände eine Ausnahme von der Regel rechtfertigen. Schon das Sprichwort 'Keine Regel ohne Ausnahme' verweist auf die Tatsache, dass keine Regel in allen einschlägigen Situationen unstrittige Gültigkeit besitzt. Unsere komplexe Welt lässt sich nicht zu hundert Prozent planen und regeln. Meist können Umstände eintreten, unter denen eine Regel oder Vereinbarung nicht mehr sinnvoll ist. In partikularistischen Kulturen ist man gewohnt, dies zu prüfen und ggf. die Regel für den speziellen Fall außer Kraft zu setzen. Gut zu beobachten ist dieses Regelverständnis an Fußgängerampeln – an welchen man in Deutschland tendenziell auch dann wartet, wenn kein Auto kommt. In 'partikularistischen Kulturen' rechtfertigt für die meisten Menschen der Umstand, dass kein Auto kommt, dass man die Warte-Regel außer Kraft setzt.

Der Kulturunterschied zwischen universalistischem und partikularistischem Regelverständnis betrifft den *Spielraum*, innerhalb dessen ein 'situatives Umgehen' von Regeln oder Vereinbarungen versucht und auch akzeptiert wird. Dass es Situationen gibt, in denen man sich über Regeln oder Vereinbarungen hinwegsetzen muss oder sollte, gilt für alle Kulturen. Wer hat nicht schon einmal versucht, den Aufschreiber davon zu überzeugen, dass man doch nur aus ganz besonders dringenden Gründen nur ganz kurz im Halteverbot gehalten habe, um schnell beim Bäcker ein Brot zu kaufen... Doch aus deutscher Sicht eher weniger wahrscheinlich ist folgender Fall, den die Autoren in der peruanischen Hauptstadt Lima beobachten konnten: Eine Autofahrerin wird ohne Führerschein erwischt. Sie erklärt, sie habe ihn leider nicht dabei, weil sie das Pech hatte, dass einige Wochen zuvor ihre Handtasche samt Portemonnaie gestohlen worden sei. So gelingt es ihr, den Polizisten zu überzeugen, sie straflos weiterfahren zu lassen.

Kinder lernen in partikularistischen Kulturen nicht einfach die Regeln. Sie lernen auch den Spielraum des Umgangs mit Regeln. Daher gilt auch in partikularistischen Kulturen nicht, dass man als Fußgänger zumindest dann an der roten Ampel stehen bleiben sollte, wenn Kinder in der Nähe sind. Es geht vielmehr darum, dass Kinder lernen, was neben der Ampelfarbe noch zählt um einzuschätzen, wann man die Ampel überqueren kann, ohne überfahren zu werden. Nicht nur, weil man gefahrlos hinüber laufen kann, wenn kein Auto kommt, sondern auch, weil manche Autofahrer bei Rot über die Ampel fahren...

Im Bezug auf die Entwicklung von Vertrauen zeigen sich die Auswirkungen des Universalismus-Partikularismus-Kulturunterschieds insbesondere im Handlungsfeld 'Absprachen und Regeln': In universalistischen Kulturen schätzen es Manager, wenn man mit jemandem grundsätzlich Absprachen treffen und Regeln vereinbaren kann. Ist dem nicht so, ist es schwierig, Vertrauen aufzubauen (Vertrauensfaktor *Absprachen treffen / Regeln vereinbaren*). In partikularistischen Kulturen hingegen ist es wichtig, ob der andere Absprachen und Regeln an die individuelle Situation anpassen kann (Vertrauensfaktor *Absprachen / Regeln flexibel handhaben*). Die Vertrauensfalle, die sich in diesem Spannungsfeld ergibt, ist die 'War-nicht-zu-machen!'-Vertrauensfalle.

7.4 Fazit zum Handlungsfeld 'Absprachen und Regeln'

Im Handlungsfeld 'Absprachen und Regeln' sind es die Vertrauensfaktoren *Zusagen einhalten*, *Bei Nicht-Einhalten von Zusagen informieren*, und *Absprachen / Regeln flexibel handhaben*, die für die kulturellen Vertrauensfallen eine Rolle spielen. Der wichtigste Vertrauensfaktor ist dabei ganz klar *Zusagen einhalten*. Es ist einer der Top-10 Vertrauensfaktoren im Management (vgl. Übersicht auf S. 42), und er ist für alle drei vorgestellten Vertrauensfallen zentral.

Überblickstabelle Vertrauensfaktoren: S. 54

Wenn man aus Sicht eines eher expliziten Kommunikationsstils nicht so sehr darin geübt ist, herauszuhören ob tatsächlich eine Zusage gemacht wurde, und dann anschließend kritisiert, dass eine vermeintliche Zusage nicht eingehalten wurde (Faktor **Zusagen einhalten**), kann man in die 'War-nichts-vereinbart!'-Vertrauensfalle geraten.

'War-nichts-vereinbart!'-Vertrauensfalle

Wenn man nicht weiß, dass in hierarchieorientierten Kontexten die Loyalität gegenüber Vorgesetzten mehr zählt als die Loyalität gegenüber Kollegen oder Geschäftspartnern und wenn man dann kriti-

'Chef-war-dagegen!'-Vertrauensfalle

siert, dass eine Zusage nicht eingehalten wird (Faktor **Zusagen einhalten**) und noch nicht einmal kommuniziert wurde, dass sie nicht eingehalten werden kann (Faktor **Bei Nicht-Einhalten von Zusagen informieren**), kann einen dies in die 'Chef-war-dagegen!'-Vertrauensfalle führen.

'War-nicht-zu-machen!'-Vertrauensfalle

Wenn man schließlich vor dem Hintergrund eines universalistischen Verständnisses von Regeln und Absprachen leicht Ausnahmen als Regelverstoß bzw. Nicht-Einhalten von Vereinbarungen interpretiert, droht die 'War-nicht-zu-machen!'-Vertrauensfalle (Faktor **Zusagen einhalten**).

Bei allen Vertrauensfallen gilt, dass ein Informieren des anderen beim (scheinbaren) Nicht-Einhalten der Zusage oder Vereinbarung die Vertrauenswarnung abschwächen kann bzw. sogar umgekehrt als Vertrauensgrund gelten kann (Faktor **Bei Nicht-Einhalten von Zusagen informieren**).

Insbesondere bei der letzten Vertrauensfalle – 'War-nicht-zu-machen!' – wird auf Seiten der eher partikularistisch orientierten Kultur sogar tendenziell erwartet, dass man mit den entsprechenden Regeln oder Vereinbarungen durchaus auch flexibel umgeht (Faktor **Absprachen / Regeln flexibel handhaben**).

Tab. 14 gibt noch einmal einen Überblick der kulturellen Vertrauensfallen im Handlungsfeld 'Absprachen und Regeln'.

Tab. 14: Vertrauensfallen im Handlungsfeld 'Absprachen und Regeln'

War-nichts-vereinbart!- Vertrauensfalle		
Kulturbeispiel: Deutschland-Argentinien Herr Müller mit Herrn García: Trotz Abmachung ('Wir rufen Sie dann morgen an') meldet er sich nicht mehr (S. 142).		
Vertrauenswarnung	**Perspektive der anderen Kultur**	**Erklärender Kulturunterschied**
– Hat seine Zusage nicht eingehalten! – Hat mich getäuscht! – Hat mich respektlos behandelt!	– Habe keine Zusage gegeben! – Habe ihm doch gesagt, dass ich das Angebot ablehne! – Wollte doch nur höflich sein!	Direktheit des Kommunikationsstils
Chef-war-dagegen!- Vertrauensfalle		
Kulturbeispiel: Deutschland-Frankreich Herr Meister mit Herrn Bertrand: Der Kollege handelt im Meeting mit dem Kunden entgegen der Abmachung (S. 150).		
Vertrauenswarnung	**Perspektive der anderen Kultur**	**Erklärender Kulturunterschied**
– Hat seine Zusage nicht eingehalten! – Hat mich nicht informiert, dass er seine Zusage nicht einhalten kann!	– Habe keine Zusage gegeben! – War doch offensichtlich dass das gegen die Linie meiner Abteilung geht!	Hierarchieverständnis; Direktheit des Kommunikationsstils
War-nicht-zu-machen!- Vertrauensfalle		
Kulturbeispiel: Deutschland-China Frau Reinhard mit chinesischen Partnern: Ausgehandelte Zahl an Trainingsteilnehmern wird nicht eingehalten (S. 155).		
Vertrauenswarnung	**Perspektive der anderen Kultur**	**Erklärender Kulturunterschied**
– Haben ihre Zusage nicht eingehalten! – Haben uns nicht informiert, dass sie ihre Zusage nicht einhalten können!	– Ist doch klar, dass so ein Projekt eine Anlaufzeit braucht! – Das heißt doch nicht gleich, dass wir Zusagen nicht einhalten – nächstes Jahr läuft alles normal!	Gültigkeit von Regeln

8 Führung und Delegation

Erfolgreiche Arbeitsteilung im beruflichen Kontext setzt voraus, dass die Beteiligten eine angemessene Art und Weise finden, über die Aufteilung der Arbeit zu kommunizieren – und dass sie ihren jeweiligen Teil der Arbeit tatsächlich erledigen. Aus der Perspektive des Vorgesetzten geht es darum, Aufgaben angemessen an den Mitarbeiter zu delegieren. Aus der Perspektive des Mitarbeiters steht im Vordergrund, bei der Umsetzung von Aufgaben die Erwartungen des Vorgesetzen zu erfüllen. Wie Vorgesetzte delegieren und Mitarbeiter Aufgaben erledigen, sind für die Vertrauensentwicklung wichtige Fragen (Münscher 2011: 197ff.).

Fünf Vertrauensfaktoren im Umfeld dieser Fragen fasst das Handlungsfeld 'Führung und Delegation' zusammen. Die ersten vier Faktoren betreffen die Einschätzung der Vertrauenswürdigkeit des Mitarbeiters durch den Vorgesetzen, der fünfte Faktor umgekehrt die Einschätzung der Vertrauenswürdigkeit des Vorgesetzten durch den Mitarbeiter.

Zunächst einmal geht es um die eigentliche Umsetzung von Anweisungen. Zwischen Vorgesetzten und Mitarbeitern erfolgt die Zuweisung von 'Arbeitspaketen' über Anweisungen, Aufforderungen oder Bitten – je nach Hierarchieverständnis und Umgangston. Unabhängig von der Art der Kommunikation ist es nach den Berichten unserer Interviewpartner für die wahrgenommene Vertrauenswürdigkeit wichtig, ob der andere macht, was von ihm verlangt wird oder worum er gebeten wird (Faktor *Anweisungen / Aufforderungen umsetzen*). Perspektive des Vorgesetzten

Allerdings geht es nicht nur darum, ob er es macht, sondern auch darum, wie er sich im Prozess der Umsetzung verhält: Arbeitet er selbständig oder braucht es umfassende Kommunikation und detaillierte Anleitung (Faktor *Selbständig arbeiten*)? Hält er mich auf Stand, wie es mit der Umsetzung vorangeht, oder herrscht totale Funkstille, und ich weiß nicht, wie weit er ist (Faktor *Regelmäßig berichten*)? Wenn er auf wirklich kritische Probleme stößt, sagt er mir dann Bescheid, so dass ich gegebenenfalls darauf reagieren kann (Faktor *Bei kritischen Problemen informieren*)?

Aus der Perspektive des Mitarbeiters: Wenn der Vorgesetzte mir Anweisungen gibt, dann interessiert mich, ob er mir Freiräume lässt, die Umsetzung seiner Entscheidungen selbst auszugestalten, und ob er mir eventuell sogar die Zuständigkeit für bestimmte Entscheidungsbereiche überträgt (Faktor *Freiheiten lassen / Zuständigkeiten übertragen*). Perspektive des Mitarbeiters

Im Zusammenhang mit diesen Vertrauensfaktoren gibt es drei typische kulturelle Vertrauensfallen, die wir im Folgenden vorstellen: Die 'Ich-regel-das-allein!'-Falle (8.1), die 'Chef-hat-Vortritt!'-Falle (8.2) und die 'Wohl-nicht-so-wichtig!'-Falle (8.3). In allen drei Fällen handelt es sich um Vertrauensfallen, in die Vorgesetzte bei der Einschätzung der Vertrauenswürdigkeit von Mitarbeitern oder Kollegen geraten. Alle drei Vertrauensfallen entstehen durch bestimmte Kulturunterschiede im Hierarchieverständnis. Bei der 'Wohl-nicht-so-wichtig!'-Falle kommt noch ein Kulturunterschied in der Arbeitsorganisation bzw. im Zeitmanagement hinzu.

8.1 Die 'Ich-regel-das-allein!'-Vertrauensfalle

In die 'Ich-regel-das-allein!'-Vertrauensfalle führen kulturelle Unterschiede im Hierarchieverständnis und darin, was 'Verantwortung übernehmen' heißt. In diese Vertrauensfalle geraten häufig Vorgesetze aus stärker hierarchisch orientierten Kulturen wie Indien, Brasilien oder auch Frankreich mit Mitarbeitern aus weniger hierarchisch orientierten Kulturen wie Deutschland oder den USA. Die Vertrauensfalle entsteht, wenn die Vorgesetzten erwarten, regelmäßig über den Fortgang von Projekten auf Stand gehalten zu werden, in dieser Erwartung aber enttäuscht werden.

Ein Beispiel aus der deutsch-französischen Zusammenarbeit

Beispiel für die 'Ich-regel-das-allein!'-Vertrauensfalle

Komplette Funkstille

Ein französischer Topmanager beschreibt, warum er zu einem seiner Mitarbeiter in Deutschland kein Vertrauen hat:

Ich habe einen deutschen Mitarbeiter, dem ich etwas zu tun gebe. Er macht sich an die Arbeit, und dann höre ich Wochen lang nichts mehr von ihm. Ich frage mich: „Was macht er? Wie weit ist er wohl?" etc. Wir hatten vereinbart, dass wir uns in etwa einem Monat wieder treffen, für ein weiteres Meeting. Oder er hatte zugesagt, dass er mir das Ergebnis in zwei Monaten liefern würde. Und in der Zwischenzeit: keine Information, nichts. Komplette Funkstille. Das ist irgendwie schockierend – zumindest für mich, vielleicht auch für Franzosen generell. Und das passiert nicht selten.

> *Ein konkretes Erlebnis, das ich hatte, ist folgendes: Ich musste einen Monat später eine Präsentation vor dem Management Committee halten – über ein bestimmtes Thema. Mein deutscher Kollege hatte vorgesehen, mir die Präsentation zwei Tage vor dem Termin zu geben. DREI TAGE vor der Präsentation wusste ich noch von gar nichts... ich wusste GAR NICHTS... Das ist die Funkstille, die es manchmal geben kann: Die Aufgabe war ihm anvertraut worden. Von dem Moment an, in dem ich ihm die Aufgabe anvertraue, geht der Kerl mit dem Auftrag weg und dann: no news.*
>
> TRIM-Projekt / R. Münscher & J. Hormuth, vgl. Anhang 2.

8.1.1 Vertrauensanalyse: Was ist passiert?

Was macht die Situation vertrauenskritisch? Der französische Top-Manager hat seinem deutschen Mitarbeiter eine Aufgabe übertragen: Er soll für ihn eine Präsentation vorbereiten. Die Präsentation ist wichtig, denn der Franzose muss sie vor dem Verwaltungsausschuss, also dem höchsten Steuerungsgremium des Konzerns, halten. Selbstverständlich geht der französische Manager grundsätzlich davon aus, dass der Mitarbeiter die Aufgabe eigenständig bearbeiten wird. Er hat auch von dem Mitarbeiter das Versprechen, dass dieser die Aufgabe bis zu einem bestimmten Zeitpunkt erledigen wird.

Allerdings erwartet er, gerade angesichts der Wichtigkeit der Präsentation, dass ihn der Mitarbeiter über den Fortschritt der Arbeit auf Stand hält („Was macht er? Wie weit ist er wohl?"). Die „komplette Funkstille" seitens des Deutschen („keine Information, nichts", „gar nichts", „no news"), ist für ihn „schockierend". Er interpretiert sie als Vertrauenswarnung im Bezug auf den Vertrauensfaktor *Regelmäßig berichten* und begründet so, warum er in diesen Mitarbeiter kein Vertrauen hat.

Achtung: *Regelmäßig berichten*

8.1.2 Kulturalarm: Was könnte hier kulturkritisch sein?

Ist das fehlende Auf-Stand-Halten tatsächlich ein Indiz dafür, dass der Mitarbeiter nicht vertrauenswürdig ist? Hält der Mitarbeiter den Manager bewusst nicht auf Stand? Verheimlicht er ihm etwas? Oder ist er nachlässig und denkt schlicht nicht daran, den Manager zu informieren?

Die Reaktion des französischen Managers erscheint berechtigt und nachvollziehbar, wenn man voraussetzt, dass dem deutschen Mitarbeiter bewusst ist, dass sein Vorgesetzter von ihm erwartet, auf Stand gehalten zu werden. Wenn man annimmt, dass ihm klar ist, dass der Vorgesetzte nicht tolerieren wird, dass er einen Monat lang keine Informationen zum Fortgang der Arbeit bekommt, auch wenn bei der Vorbereitung alles bestens vorangeht.

Möglicherweise ist dies aber nicht der Fall. Möglicherweise glaubt der Mitarbeiter, genau das angemessene Maß an Informationen geliefert zu haben. Möglicherweise geht er davon aus, dass er den Vorgesetzten gar nicht informieren muss, solange es keine Schwierigkeiten oder Fragen gibt. Vielleicht möchte er den Vorgesetzten gerade nicht mit Statusberichten belästigen, die diesen nicht weiterbringen und ihm lediglich Arbeit machen.

8.1.3 Kulturanalyse: Welche Unterschiede führen in die Vertrauensfalle?

Hierarchie-
verständnis

Die Vertrauensfalle, in die der französische Manager in dem beschriebenen Fall gerät, entsteht durch einen Kulturunterschied des Hierarchieverständnisses zwischen französischen und deutschen Managern (vgl. Infokasten 'Hierarchieverständnis', S. 171). Es geht um die Frage der Kommunikation beim selbständigen Arbeiten. Wie viel Kommunikation ist erwünscht und angemessen, wenn eine Aufgabe an einen Mitarbeiter delegiert wurde? Diese Frage wird in Kulturen mit starker Hierarchieorientierung anders beantwortet als in Kulturen mit schwacher Hierarchieorientierung. Der Unterschied ist typisch für die deutsch-französische Zusammenarbeit, findet sich aber beispielsweise auch in der deutsch-brasilianischen oder der deutsch-indischen Zusammenarbeit.

In der weniger hierarchisch orientierten deutschen Kultur setzen Führungskräfte tendenziell auf umfassende Delegation. Sie erwarten im Gegenzug selbständig arbeitende Mitarbeiter, die Verantwortung übernehmen und nicht ständig nachfragen. Sich nach oben rückversichern muss man bei kritischen Problemen, von welchen der Vorgesetzte Kenntnis haben muss. Entsprechend ist in Deutschland der Vertrauensfaktor *Bei kritischen Problemen informieren* sehr wichtig. Französische Führungskräfte gehen demgegenüber in der Übertragung von Zuständigkeiten häufig nicht so weit. Sie erwarten auch von 'selbständig' arbeitenden Mitarbeitern, dass diese sie kontinuierlich sowohl über Schwierigkeiten als auch über Fortschritte informieren. Im stärker hierarchisch geprägten französischen Unternehmenskontext ist dies auch ein Ausdruck von Macht: Die Aufgabendelegation geht nicht so weit, die Mitarbeiter von dieser 'Berichtspflicht' zu entbinden. Auch französischen Vorgesetzten ist es natürlich wichtig, von ihren Mitarbeitern bei kritischen Problemen informiert zu werden – aber nicht nur das. Ihnen ist es darüber hinaus wichtig, auch über nicht-kritische Aspekte – inklusive den 'normalen' Projektfortschritt – relativ kontinuierlich informiert zu werden. Mitarbeiter sollten, auch wenn alles gut läuft, immer mal „eine Reassurance geben" (Münscher 2011: 199).[17]

---

[17] Das Bedürfnis französischer Führungskräfte 'auf Stand' zu sein, wird auch in anderen Studien beschrieben. Beispielsweise gehen Castel et al. (2007: 575) auf diesen Punkt ein. Viele der von ihnen interviewten französischen Manager „stressed the need for outstanding leaders to be tuned in on a daily basis to what happens in their organizations."

Vor dem Hintergrund dieses Unterschieds lässt sich rekonstruieren, wie der französische Manager in die Vertrauensfalle gerät: Er ist enttäuscht, dass er nicht wie erwartet regelmäßig über Zwischenstände informiert und auf Stand gehalten wird, und interpretiert das Verhalten des deutschen Mitarbeiters als Vertrauenswarnung in Bezug auf *Regelmäßig berichten*. Im Gegensatz dazu ist der deutsche Mitarbeiter bemüht, ein perfekt selbständiges Arbeitsverhalten an den Tag zu legen und auf kommunikative Abstimmung, wo unnötig, zu verzichten (vgl. Faktor *Selbständig arbeiten*). Er hat dabei vermutlich den Eindruck, hinreichend regelmäßig berichtet zu haben. Wenn es wirklich Probleme gegeben hätte, hätte er den Vorgesetzten selbstverständlich informiert (Faktor *Bei kritischen Problemen informieren*).

Wenn man innerhalb einer stark hierarchisch geprägten Kultur als Vorgesetzter erwartet, dass ein Mitarbeiter regelmäßig über den Stand einer Aufgabe berichtet, und nicht berücksichtigt, dass der Mitarbeiter möglicherweise gerade umgekehrt bemüht ist zu zeigen, dass er selbständig arbeiten kann, dann droht die 'Ich-regel-das-allein!'-Vertrauensfalle.

Merke!

Der Unterschied kann auch umgekehrt eine Vertrauensfalle aus der Perspektive des deutschen Mitarbeiters entstehen lassen: Wenn die französische Führungskraft von sich aus einen kontinuierlicheren Informationsprozess forciert und Rückfragen stellt bzw. 'Statusabfragen' vornimmt, dann kann dies leicht dazu führen, dass deutsche Mitarbeiter sich bevormundet oder kontrolliert fühlen (Vertrauenswarnung in Bezug auf den Faktor *Freiheit lassen / Zuständigkeiten übertragen*). Man beansprucht im deutschen Kontext, dass man Anweisungen selbständig abarbeiten kann, ohne dass kontrollierend nachgehakt wird.

Vertrauensfalle aus der Perspektive des deutschen Mitarbeiters

Das kontinuierliche Berichterstatten eines französischen Mitarbeiters wiederum erscheint deutschen Führungskräften leicht als mangelnde Fähigkeit, selbständig zu arbeiten (Vertrauenswarnung in Bezug auf den Faktor *Selbständig arbeiten*) – eine weitere Vertrauensfalle, in die deutsche Vorgesetze geraten können (vgl. die 'Chef-hat-Vortritt!'-Vertrauensfalle in 8.2).

Vertrauensfalle aus der Perspektive eines deutschen Vorgesetzten

8.1.4 Hintergründe: Was ist die Logik der anderen Seite?

Warum erwarten französische Vorgesetzte tendenziell, dass ihre Mitarbeiter regelmäßig über den Fortschritt der Arbeit berichten? Das hängt nicht etwa mit einem Misstrauen gegenüber den Mitarbeitern zusammen. Vielmehr wird in Frankreich tendenziell ein anderes Entscheidungs- und Planungsverhalten praktiziert als in Deutschland: Für die Durchführung von Projekten gibt es zwar eine Projektplanung und für Arbeitsaufgaben einen Arbeitsauftrag. Allerdings basieren beide auf in der Regel weniger differenzierten Vorarbeiten als in Deutschland. Diese Differenzierung wird nicht wie in Deutschland *vor*, sondern erst *nach* Arbeitsbeginn bzw. Projektstart erarbeitet. Dabei muss der Vorgesetzte jedoch seiner allgemeinen Steuerungsfunktion nachkommen und daher soweit kommunikativ einbezogen sein, dass er steuernd eingreifen kann. Das Prinzip der umfassenderen Kommunikation ist dabei so übergreifend, dass eine Funkstille wie in unserem Beispiel sehr befremdlich wirkt. Wenn eine planende Kultur auf eine Kultur trifft, die loslegt und die Planung 'en passant' nachholt, entstehen typische Missverständnisse. Die Vertrauensentwicklung betrifft das in Bezug auf Faktoren wie *Selbständig arbeiten, Regelmäßig berichten, Bei kritischen Problemen informieren* oder *Freiheit lassen*.

8.1.5 Strategien: Was lässt sich tun?

Für die Vermeidung oder Auflösung der 'Ich-regel-das-allein!'-Vertrauensfalle sind folgende Strategien hilfreich:

Tab. 15: Strategien zur 'Ich-regel-das-allein!'-Vertrauensfalle

Strategien aus Sicht einer stärkeren Hierarchieorientierung z.B. französischer oder auch brasilianischer, indischer Chef mit deutschem Mitarbeiter	*Strategien aus Sicht einer schwächeren Hierarchieorientierung* z.B. deutscher Mitarbeiter mit französischem oder auch brasilianischem, indischem Chef
• Selbst regelmäßig nach dem Stand der Arbeit fragen (allerdings möglichst ohne dass dies als 'Kontrolle' erscheint). • Neue Entwicklungen im Zusammenhang mit der Aufgabe selbst ansprechen und dabei nach dem Stand fragen. • Weitere eigene Ideen für das Projekt einbringen und dabei den Mitarbeiter nach dem Stand fragen. • Dem Mitarbeiter mehr Verantwortung zugestehen und dabei auf die eigenständige Durchführung der Arbeit vertrauen.	• Dem Chef häufiger Zwischenstände berichten, auch wenn es einem scheinbar nicht nötig erscheint. • Nachfragen des Chefs nicht als Kontrolle sehen und negativ werten, sondern als konstruktive Beiträge betrachten. • Bei wichtigen Entscheidungen und Zwischenständen die Rückversicherung des Chefs einholen – das mindert nicht die eigene Kompetenz oder Verantwortung, sondern informiert den Chef und schafft Rückhalt.

Kulturunterschied-3: Hierarchieverständnis

Ein grundlegender Unterschied zwischen Kulturen betrifft die Stärke und Ausprägung der Hierarchie in sozialen Gruppen und in Institutionen. Im Unternehmenskontext geht es vor allem um das Verhältnis zwischen Vorgesetzten und Mitarbeitern. Der Grad der Hierarchie innerhalb einer Kultur zeigt sich aber auch beispielsweise in der Struktur der Familien, in Schule und Hochschule oder in politischen Gremien. Der Kulturunterschied wird in der Literatur als unterschiedliche 'Hierarchieorientierung' diskutiert und ist für viele Kulturpaare relevant. Er wird in einer Reihe interkultureller Studien beschrieben (u. a. House et al. 2004). In der Tradition Hofstedes (1980) wird er auch als 'Machtdistanz' (Power Distance) bezeichnet.

Es gibt Kulturen, in denen die 'Distanz' zwischen Mitarbeiter und Vorgesetztem größer ist bzw. in denen stärkere Hierarchien herrschen. Für solche Kulturen lässt sich nachweisen, dass die Menschen in höherem Maße akzeptieren, dass Entscheidungen von Vorgesetzen getroffen werden, ohne die Mitarbeiter in den Entscheidungsprozess einzubeziehen. Zudem werden Mitarbeitern in geringerem Maße Entscheidungsbefugnisse übertragen.

In Kulturen mit einer geringeren Machtdistanz ist hingegen der 'Abstand' zwischen Mitarbeitern und Vorgesetztem geringer. Die Meinung von Mitarbeitern, insbesondere von inhaltlichen Experten, zählt bei manchen Entscheidungen fast genauso wie die ihres Vorgesetzen. Sie werden in wichtige Entscheidungen einbezogen, und ihnen wird mehr Verantwortung übertragen.

Die unterschiedliche Hierarchieorientierung hat im Arbeitsalltag von Managern eine ganze Reihe an Implikationen: neben den Prozessen der Entscheidungsfindung beeinflusst sie die Formulierung und Umsetzung von Anweisungen, die Frage, wer bei welchen Meetings anwesend ist und ebenso die Regeln für die Mitarbeiter-Vorgesetzen-Kommunikation (z.B. Formalität/Höflichkeit der Kommunikation, Möglichkeit zu offener Kritik).

Als stark hierarchische Kulturen gelten viele asiatische Kulturen (z.B. China, Japan, Indien). Lateinamerikanische Kulturen (z.B. Brasilien, Mexiko, Argentinien) sind stärker hierarchieorientiert als nordamerikanische Kulturen (v.a. USA), und ost- und südeuropäische Kulturen (z.B. Russland, Polen, auch Frankreich) sind stärker hierarchisch strukturiert als mittel- und nordeuropäische Kulturen (z.B. Deutschland, Norwegen).

Für die Erklärung des Grads an Hierarchieorientierung in einzelnen Kulturen wurden vielfach historische Erklärungen vorgeschlagen. Je stärker insgesamt die Tradition autoritärer und zentralistischer Staatsformen in den einzelnen Ländern, desto stärker auch die Hierarchieorientierung in Alltag und Berufsalltag (vgl. die Infokästen 'Kolonialisierung und Großgrundbesitz in Lateinamerika', S. 184 und 'Das Kastenwesen in Indien', S. 176).

Im Bezug auf die Entstehung von Vertrauen ist die Hierarchieorientierung in vielfacher Hinsicht sehr wichtig. Sie führt zu Vertrauensfallen in den Handlungsfeldern 'Absprachen und Regeln', 'Führung und Delegation', 'Aufgaben- und Projektmanagement' und auch beim 'Konfliktmanagement' und in Bezug auf 'Umgangsformen und Facework'.

8.2 Die 'Chef-hat-Vortritt!'-Vertrauensfalle

Die 'Chef-hat-Vortritt!'-Vertrauensfalle ist gewissermaßen das Gegenstück zur 'Ich-regel-das-allein!'-Vertrauensfalle. In sie können Führungskräfte aus weniger hierarchisch orientierten Kulturen (z.B. Deutschland, USA, Skandinavien) mit Mitarbeitern hierarchischer Kulturen (z.B. China, Indien, Brasilien) geraten. Sie entsteht, wenn die Vorgesetzten von der Arbeit ihrer Mitarbeiter enttäuscht sind und den Eindruck haben, diese würden ihre Anweisungen nicht umsetzen – obwohl diese lediglich aus Respekt vor dem Chef zurückhaltend handeln.

Ein Beispiel aus der deutsch-indischen Zusammenarbeit

> **Beispiel für die 'Chef-hat-Vortritt!'-Vertrauensfalle**
>
> *Qualitätskontrolle – Auswahl der Schulungsteilnehmer*
>
> Herr Kramer soll in seiner Firma eine neue Methode zur Qualitätskontrolle einführen. Dafür sollen einige Mitarbeiter ein spezielles Training erhalten. Im Zuge der Einführung dieser Qualitätskontrolle macht er folgende Erfahrung mit dem indischen Werksleiter:
>
> *Da Herr Ganesh, der indische Werksleiter, für die Produktion verantwortlich ist und er die Mitarbeiter zudem am besten kennt, beauftragte ich ihn, innerhalb einer Woche zu entscheiden, wer an dem Training teilnehmen soll. In der folgenden Zeit rief er mich mindestens dreimal täglich an, um mich zu fragen, ob dieser oder jener Mitarbeiter geeignet sei. Ich versuchte, ihm jedes Mal klarzumachen, dass es seine Aufgabe sei, diese Entscheidung zu treffen, und er mich nicht wegen jedem einzelnen Mitarbeiter um Rat fragen solle. Trotzdem rief Herr Ganesh immer wieder an. Ich war zunehmend genervt.*
>
> Kulturstandard-Forschung / A. Thomas, vgl. Anhang 2.

8.2.1 Vertrauensanalyse: Was ist passiert?

Achtung: Anweisungen umsetzen

Wie kommt hier die Vertrauenseinschätzung zustande? Herr Kramer hat seinen Job gemacht: Er ist der Chef, und er hat delegiert. Er hat eine Aufgabe definiert, den dafür geeignetsten Mitarbeiter identifiziert und ihm die Erledigung der Aufgabe übertragen. Er erwartet von seinem Werksleiter, diese Aufgabe selbständig zu erledigen und wendet sich selbst anderen Aufgaben zu – schließlich leidet seine Todoliste unter permanenter Autovervollständigung mit wichtigen Jobs. Doch der beauftragte Mitarbeiter tut nicht, was sein Chef ihm aufgetragen hat. Anstatt den Job 'Trainingsteilnehmer klären' auszuführen, hängt er ständig in der Leitung und verlangt Rücksprache. Aus Herrn Kramers Sicht passiert hier etwas, das sich als Vertrauenswarnung bzgl. des Faktors

Anweisungen umsetzen beschreiben lässt. Die Erfahrung, dass man sich bei einem zentralen Mitarbeiter nicht oder nur unzureichend darauf verlassen kann, dass er delegierte Aufgaben erledigt, ist aus seiner Perspektive für einen Vorgesetzten nicht vertrauensförderlich.

Betrachten wir die Situation genauer: Es ist nicht so, dass Herr Ganesh gar nichts unternimmt, was der Erledigung des Jobs dienlich wäre. Tatsächlich erstellt er Listen mit möglichen Trainingsteilnehmern. Allerdings nervt er den Chef ständig mit einem Teil der eigentlich an ihn delegierten Aufgabe: der Entscheidung, wer tatsächlich teilnehmen soll. Was Herrn Kramer so störend auffällt, ist die unzureichende Selbständigkeit des Werksleiters. Für Herrn Kramer ist genau dies der Kern der Aufgabendelegation. Der Chef entscheidet, wie viel er delegiert, und nur eine gute und ausreichende Delegation von Aufgaben und Entscheidungskompetenzen hält ihn als Chef handlungsfähig. Aus Herrn Kramers Sicht führt das Verhalten des indischen Werksleiters also auch noch zu einer Vertrauenswarnung bzgl. des Faktors *Selbständig arbeiten*.

Achtung: *Selbständig arbeiten*

8.2.2 Kulturalarm: Was könnte hier kulturkritisch sein?

Hat Herr Ganesh tatsächlich die Anweisung seines Vorgesetzen nicht oder nur unzureichend umgesetzt? Ist er tatsächlich unfähig, die ihm aufgetragene Aufgabe selbständig auszuführen?

Herrn Kramers Reaktion erscheint berechtigt und nachvollziehbar, wenn man voraussetzt, dass Herr Ganesh die Anweisung Herr Kramers in dessen Sinne verstanden hat: Er soll die Trainingsteilnehmer auswählen, und zwar eigenständig. Doch was gehört wohl aus Herrn Ganeshs Sicht zur Umsetzung dieser Anweisung? Das Vorschlagen geeigneter Teilnehmer? Das Ansprechen geeigneter Teilnehmer? Die Entscheidung, welche Mitarbeiter an dem Training teilnehmen sollen? Die Frage, welche Handlungs- und Entscheidungskompetenzen in welchen Kontexten delegiert werden können, ist auch eine Frage der Kultur. Und sie wird in Indien anders beantwortet als in Deutschland.

Ebenfalls kulturabhängig ist die Frage, was beide Parteien in unserem Beispiel als selbständiges Arbeiten sehen: mögliche Teilnehmer zu identifizieren, eine Liste mit den prinzipiell geeigneten Kandidaten zu erstellen? Oder auch die Liste zu finalisieren, die Entscheidung zu kommunizieren?

8.2.3 Kulturanalyse: Welche Unterschiede führen in die Vertrauensfalle?

Was Herrn Kramer hier in die 'Chef-hat-Vortritt!'-Vertrauensfalle führt, ist ein Kulturunterschied im Hierarchieverständnis. Nicht nur in Indien, sondern auch beispielsweise in China, Brasilien, Frankreich

Hierarchieverständnis

oder Spanien sind Hierarchien weitaus stärker ausgeprägt als in Deutschland.

Deutsche Manager orientieren sich meist am Prinzip der partizipativen Führung. Für die Vertrauenseinschätzung zwischen Chef und Mitarbeiter bedeutet dies, dass der Vertrauensfaktor *Freiheit lassen / Zuständigkeiten übertragen* deutschen Mitarbeitern für die Einschätzung der Vertrauenswürdigkeit von Vorgesetzten wichtig ist: Überträgt mir mein Chef Aufgaben, die ich eigenverantwortlich bearbeiten kann? Lässt er mir Freiraum bei der Umsetzung der Aufgaben? Oder schaut er mir ständig über die Schulter und kontrolliert, ob ich auch alles richtig mache?

Was umgekehrt ein deutscher Chef von seinen Mitarbeitern erwartet ist selbständiges Arbeiten: Mitarbeiter sollen Aufgaben erledigen, ohne ständig nachzufragen. Sie sollen selbst Verantwortung übernehmen und im Rahmen der übertragenen Aufgabe eigenständig Entscheidungen treffen. Tun sie dies, kann dies für Vorgesetzte ein starker Vertrauensgrund sein.

Herr Ganesh verhält sich gemäß der in Indien stärkeren Hierarchieorientierung und geht ganz selbstverständlich davon aus, dass sein Chef die Entscheidung, ob ein bestimmter Mitarbeiter an der Schulung teilnimmt, selbst treffen will und treffen muss. Er bereitet diese Entscheidung vor, indem er potenzielle Kandidaten für das Training identifiziert und Vorschläge macht, wer geeignet sein könnte. Es liegt ihm jedoch fern, die endgültige Bestimmung der Kandidaten in seine Entscheidungskompetenz zu nehmen. Völlig selbstverständlich bemüht er sich an diesem Punkt um Rücksprache mit seinem Vorgesetzten. Seine Perspektive ist vermutlich, dass er die übertragene Aufgabe vorbildlich und wie erwartet erfüllt. Sein Verhalten ist in einem durch starke Hierarchieorientierung und paternalistischen Führungsstil geprägten Umfeld angemessen, auch für ranghohe Mitarbeiter (Werksleiter).

Für Herrn Kramer ist Herrn Ganeshs Verhalten Grund für Vertrauenswarnungen bezüglich der Vertrauensfaktoren *Anweisungen umsetzen* und *selbständig arbeiten*. Für ihn ist das, was aus Herrn Ganeshs Perspektive angemessen ist und geradezu erwartet wird, um nicht die Entscheidungskompetenz und die Autorität des Chefs zu verletzen, ein Indiz für mangelnde Vertrauenswürdigkeit.

Umgekehrt kann die Reaktion Herrn Kramers aus der Perspektive des indischen Werksleiters als unzureichende Wahrnehmung der Führungsaufgaben erscheinen. Herr Kramer kommt im Verständnis einer stärkeren Hierarchieorientierung seiner Aufgabe nicht nach, Entscheidungen zu treffen. Herr Ganesh könnte sein Verhalten daher geradezu als Vertrauenswarnung bezüglich des Vertrauensfaktors *Entschieden und selbstbewusst auftreten* interpretieren.

Achtung:
Freiheit lassen /
Zuständigkeiten
übertragen

Achtung:
Entschieden und
selbstbewusst
auftreten

Wir haben hier gewissermaßen das Gegenstück zur 'Ich-regel-das-allein!'-Vertrauensfalle (vgl. 8.1). Bei beiden Vertrauensfallen geht es um unterschiedliche Erwartungen bezüglich der Selbständigkeit von Mitarbeitern bei der Umsetzung von Arbeitsaufträgen: In unserem Beispiel für die 'Ich-regel-das-allein!'-Vertrauensfalle geriet der französische Vorgesetze durch genau diesen Unterschied in die Falle (Der Mitarbeiter berichtet nicht regelmäßig!). Hier ist es nun umgekehrt: Der deutsche Vorgesetzte wird in seiner Einschätzung des Mitarbeiters (Hängt ständig in der Leitung, arbeitet nicht selbständig!) dem kulturellen Umfeld der indischen Führungskultur, in dem sich beide bewegen, nicht ganz gerecht. Er hat den Eindruck, sein Vertrauen in Herrn Ganesh in Frage stellen zu müssen – aber sein Grund dafür wäre zu hinterfragen.

Merke!

Wenn man es also als Vorgesetzter aus der Sicht einer schwächeren Hierarchieorientierung als Vertrauenswarnung interpretiert, dass ein Mitarbeiter Anweisungen scheinbar nicht umsetzt und statt dessen ständig mit Nachfragen kommt, dann droht die 'Chef-hat-Vortritt!'-Vertrauensfalle.

8.2.4 Hintergründe: Was ist die Logik der anderen Seite?

Vergegenwärtigen wir uns einmal, wie sich das Verhalten Herrn Ganeshs aus seiner Perspektive verstehen lässt: Herr Ganesh glaubt, einen 'Rüffel von oben' zu riskieren, wenn er sich die Auswahl der Trainingteilnehmer nicht abnicken lässt. Er befürchtet außerdem, dass nicht-ausgewählte Mitarbeiter die Auswahl möglicherweise nicht akzeptieren, wenn diese 'nur' durch ihn getätigt wurde. Herr Ganesh bemüht sich daher um Klarheit der Situation: Diese kann in einem stark hierarchischen System nur von oben geschaffen werden – ansonsten bleibt der Status der Entscheidung unklar.

Hierarchien sind in Indien recht stark ausgeprägt. Entsprechend hierarchisch ist der Führungsstil indischer Manager, an den die Mitarbeiter gewöhnt sind. Die Bedeutung von Hierarchien in Indien lässt sich historisch-gesellschaftlich betrachtet insbesondere durch den starken Einfluss des Kastensystems in der indischen Gesellschaft erklären (vgl. Infokasten 'Das Kastenwesen in Indien', S.176).

8.2.5 Strategien: Was lässt sich tun?

Für die Vermeidung oder Auflösung der 'Chef-hat-Vortritt!'-Vertrauensfalle sind folgende Strategien hilfreich:

Tab. 16: Strategien zur 'Chef-hat-Vortritt!'-Vertrauensfalle

Strategien aus Sicht eines partizipativen Führungsstils z.B. deutscher oder amerikanischer Chef mit Mitarbeiter aus Indien, China, Brasilien, Spanien	*Strategien aus Sicht eines autoritär-paternalistischen Führungsstils* z.B. Mitarbeiter aus Indien, China, Brasilien, Spanien mit deutschem / amerikanischem Chef
• Offensiv delegieren, d.h. erläutern, warum man das, was man delegiert, *bewusst* delegiert und dieses Vorgehen für angemessen hält. • Dem Mitarbeiter soweit möglich beratend zur Seite stehen und immer wieder eigene Hinweise und Einschätzungen beisteuern. • Selbst entscheiden. Das muss nicht lange dauern, das Entscheiden bedeutet in hohem Maße Vorschläge 'abzunicken'. Die relevante Vorarbeit erledigen die Mitarbeiter.	• Entscheidungen durchaus auch selbst treffen oder, wenn man sich unsicher ist, die Rückversicherung des Chefs einholen: „Ich würde das so und so entscheiden, wollte mir aber Ihre Zustimmung einholen." • Dem Chef erläutern, warum man an bestimmten Stellen seine Rückversicherung einholt (z.B. „da es in unserem Unternehmen erfahrungsgemäß eine größere Akzeptanz für Entscheidungen auf der Ebene des Vorgesetzten gibt"). • Zurückhaltung des Vorgesetzten nicht als mangelnde Entscheidungsfähigkeit interpretieren, sondern als Vertrauensbeweis und als Zeichen, dass er einem etwas zutraut.

Kulturinfo-1: Das Kastenwesen in Indien

Das Kastenwesen hat in Indien eine lange Tradition und ist eines der Hauptmerkmale der indischen Kultur. Es ist vermutlich vor mehr als dreitausend Jahren im Zusammenhang mit der Einwanderung der Arier in Indien entstanden und hat bis heute große Auswirkungen auf das Leben der Menschen in Indien. Seit seiner Entstehung hat sich das Kastenwesen ausdifferenziert und einen umfassenden Einfluss auf die indische Gesellschaft entwickelt. Es ist ein Element des Hinduismus, in dessen Vorstellung die Gesellschaft sich in vier Kasten aufteilt: (1) die Brahmanen (Priester), (2) die Ksatriyas (Krieger, Fürsten, höhere Beamte), (3) die Vaisyas (Kaufleute, Händler, Grundbesitzer) sowie (4) die Sudras (Handwerker, Tagelöhner). Innerhalb dieser vier Kasten gibt es eine Vielzahl an Unterkasten („jatis"), unterhalb der vier Hauptkasten gibt es noch die Dalits (die Unberührbaren).

Die Zugehörigkeit zu einer bestimmten Kaste bestimmt das Schicksal eines Inders von Geburt an und hat weitreichende Konsequenzen für sein Leben. Denn in eine Kaste wird man hineingeboren. Ein Aufstieg von einer Kaste in eine höhere ist nur mit der Wiedergeburt möglich – auch deshalb sollte man sich nach der Vorstellung des Hinduismus um eine pflichtbewusste Einhaltung religiöser Regeln und Riten bemühen. Ehen werden noch immer zu einem großen Teil innerhalb der eigenen Kaste geschlossen.

Auch der Beruf, den man wählt, muss traditionell der eigenen Kaste entsprechen – ein Prinzip, das inzwischen etwas aufgeweicht ist: Nur ein geringer Anteil der Brahmanen sind tatsächlich Priester, und es gibt auch Angehörige der Händlerkaste, die zum Beispiel Ärzte werden. Die Kasten leben trotzdem nach wie vor relativ getrennt voneinander. Dies gilt insbesondere für ländliche Gegenden und damit für den Großteil der indischen Bevölkerung. Vor allem die Angehörigen höherer Kasten bemühen sich, möglichst wenig mit niedrigeren Kasten in Kontakt zu kommen – was sich allerdings im Gedränge der indischen Großstädte nicht immer realisieren lässt.

Auch wenn die überarbeitete und teilweise neu formulierte indische Verfassung von 1948 das Kastenwesen offiziell abgeschafft hat, haben die Kasten nach wie vor großen Einfluss. Die Politik versucht, durch bestimmte Maßnahmen (z.B. Quotenregelungen, Stipendien) die Situation der Angehörigen niedrigerer Kasten, insbesondere der Dalits, zu verbessern. Gegen diese Regelungen gibt es aber regelmäßig wütende Proteste.

Der streng hierarchische Charakter des Kastenwesens spiegelt sich im Alltag der indischen Kultur in allen Lebens- und Arbeitsbereichen wider. Vorgesetzte-Mitarbeiter-Beziehungen in indischen Unternehmen sind von starken Hierarchien geprägt. Wichtige Entscheidungen werden 'top-down' getroffen, und Mitarbeiter sind gut beraten, Anweisungen ihrer Vorgesetzten kritiklos umzusetzen. Einige deutsche Manager tun sich schwer damit, die Konsequenzen der strengen Hierarchien des Kastenwesens zu akzeptieren oder gar selbst ihnen entsprechend zu handeln. Einer der Interviewpartner aus der deutsch-indischen Vertrauensstudie im Rahmen des TRIM-Projekts beschreibt, dass er die „zu 100% gelebten Kasten in Indien ... befremdlich" findet. Es fällt ihm schwer zuzuschauen, „wie man die unteren Schichten behandelt, fast schon wie Dreck" – so kommt es zumindest dem Interviewpartner vor. „Es fällt einem schwer, dem Fahrer nicht ins Gesicht zu gucken, dem nicht die Hand zu geben, den im Prinzip auch nicht zu grüßen. So ungefähr geht mein indischer Geschäftspartner mit seinen Untertanen um" (Mild 2012, Band 2: 6, vgl. Anhang 2).

Allerdings haben die Vorgesetzten-Mitarbeiter-Beziehungen in Indien stärker paternalistischen Charakter als beispielsweise in China. Wie der Vater einer Großfamilie soll der indische Vorgesetzte für seine Mitarbeiter und deren Familien sorgen (zum Zusammenhang zwischen Kastenwesen, Hierarchie und Paternalismus in Indien vgl. Holtbrügge & Friedmann 2011: 186ff., Mitterer et al. 2006: 85ff.).

8.3 Die 'Wohl-nicht-so-wichtig!'-Vertrauensfalle

Die 'Wohl-nicht-so-wichtig!'-Vertrauensfalle entsteht durch einen unterschiedlichen Umgang mit Zeit, ein unterschiedliches Verständnis von Führung und bestimmte kommunikative Kulturunterschiede. Führungskräfte er-

wischt diese Falle, wenn sie eine mangelnde Aufgabenerfüllung ihrer Mitarbeiter auf mangelnde Arbeitsbereitschaft oder mangelnde Kompetenz zurückführen, was in der Situation aber nicht angemessen ist.

Ein Beispiel aus der deutsch-brasilianischen Zusammenarbeit

Beispiel für die 'Wohl-nicht-so-wichtig!'-Vertrauensfalle

E-Mail-Bitte um Powerpoint-Präsentation

Herr Sonntag lebt seit einem Jahr in São Paulo und arbeitet dort als kaufmännischer Leiter einer deutschen Firma. Aus der Zusammenarbeit mit seinen brasilianischen Mitarbeitern berichtet er folgendes Erlebnis:

> *Ich bekam vom Mutterhaus in Deutschland den Auftrag, in München einen Vortrag über das geplante nächste Geschäftsjahr der Filiale zu halten. Da ich davon erfuhr, als ich gerade auf einer Geschäftsreise war, trug ich per E-Mail meinen brasilianischen Mitarbeitern auf, den Vortrag vorzubereiten. Des Weiteren schrieb ich ihnen, dass ich in drei Tagen auf der Durchreise nach São Paulo kommen werde. Dann könnten wir die Powerpoint-Präsentation kurz durchsprechen, bevor ich nach München fliegen würde. Als ich nach São Paulo kam, war die Präsentation in keiner Weise vorbereitet. Als meine Mitarbeiter entschuldigend bemerkten, dass so viel zu tun gewesen wäre, ärgerte ich mich natürlich.*

Kulturstandard-Forschung / A. Thomas, vgl. Anhang 2.

8.3.1 Vertrauensanalyse: Was ist passiert?

Achtung: Anweisungen umsetzen

Inwiefern berichtet Herrn Sonntag hier von einem vertrauenskritischen Erlebnis? Er hat seinen Mitarbeitern eine klare Anweisung gegeben (eine Präsentation bis zu seiner Durchreise in drei Tagen vorbereiten), die diese nicht umgesetzt haben. Dies ist umso kritischer, als es sich um eine wichtige Präsentation vor den Vertretern des deutschen Mutterhauses handelt. Das ist aus Herrn Sonntags Perspektive eine Vertrauenswarnung im Hinblick auf den Faktor *Anweisungen umsetzen*.

Achtung: Selbständig arbeiten

Herr Sonntag hält es auch für möglich, dass die Mitarbeiter zwar die Anweisung umsetzen wollten, aber nicht fähig waren, den Auftrag eigenständig kompetent zu erledigen. Möglicherweise denkt er sich: Alles muss man ihnen erklären, und alles muss man ihnen mehrmals sagen (vgl. Vertrauensfaktor *Selbständig arbeiten*).

Achtung: Organisiert und klar vorgehen

Die Bemerkung der brasilianischen Mitarbeiter „dass so viel zu tun gewesen wäre" ärgert ihn, da für ihn eindeutig ist, dass die Präsentation wichtiger ist als andere Angelegenheiten. Er sieht sich möglicherweise in seinem Vorurteil bestätigt, dass die Brasilianer nicht fähig sind, Prioritäten zu setzen und ihre Zeit vernünftig einzuteilen (vgl. Vertrauensfaktor *Organisiert und klar vorgehen*).

8.3.2 Kulturalarm: Was könnte hier kulturkritisch sein?

Haben die brasilianischen Mitarbeiter tatsächlich eine Anweisung nicht umgesetzt? Waren sie *unfähig*, die Anweisung umzusetzen? Sind sie so *schlecht organisiert*, dass sie nicht in der Lage sind, eine Deadline einzuhalten?

Die beschriebene Reaktion Herrn Sonntags erscheint berechtigt und nachvollziehbar, wenn man voraussetzt, dass die brasilianischen Mitarbeiter Herrn Sonntags E-Mail tatsächlich als Anweisung aufgefasst haben – und zwar als Anweisung, die darin besteht, die Präsentation bis zu seiner Durchreise fertig zu stellen. Möglicherweise war den Mitarbeitern aber gar nicht klar, ob sie die Präsentation tatsächlich eigenverantwortlich fertig stellen sollten oder ob sie sich lediglich vorbereitende Gedanken dazu machen sollten, die sie dann im gemeinsamen Treffen besprechen würden und die anschließend sie oder Herr Sonntag selbst in eine Präsentation umsetzen würde.

Ebenso ist im Bezug auf Herrn Sonntags zweite Vertrauenswarnung (*Selbständig arbeiten!*) denkbar, dass den Mitarbeitern in der Situation nicht klar war, inwiefern selbständiges Arbeiten gefordert war. Möglicherweise sind sie davon ausgegangen, dass die Vorbereitung einer so wichtigen Präsentation selbstverständlich Herr Sonntag selbst übernehmen würde und er von ihnen nur vorbereitende Arbeiten erwartete.

Schließlich ist auch Herrn Sonntags dritte Vertrauenswarnung in Bezug auf den Faktor *Organisiert und klar vorgehen* zu hinterfragen: Sie ist nur berechtigt und nachvollziehbar, wenn man davon aus geht, dass die Brasilianer Herrn Sonntags E-Mail entnommen haben, dass die Vorbereitung des Vortrags für ihn höchste Priorität besitzt. Möglicherweise war den brasilianischen Mitarbeitern die Dringlichkeit der Aufgabe nicht deutlich geworden und daher ist ihre Aussage, es sei „so viel [Wichtigeres] zu tun gewesen", durchaus legitim.

8.3.3 Kulturanalyse: Welche Unterschiede führen in die Vertrauensfalle?

Verschiedene Kulturunterschiede tragen dazu bei, dass Herr Sonntag hier in die eine kulturelle Vertrauensfalle gerät. Zentraler Erklärungsansatz für die 'Wohl-nicht-so-wichtig!'-Vertrauensfalle ist der Kulturunterschied zwischen einer sogenannten monochronen und einer polychronen Herangehensweise an Aufgaben. Monochronie bedeutet, dass man dazu tendiert, eine Sache nach der anderen zu erledigen. Man legt Wert auf eine genaue zeitliche Ablaufplanung und man bemüht sich, eine solche Planung einzuhalten. Polychronie bedeutet, dass man grundsätzlich an mehreren Projekten gleichzeitig arbeitet, weshalb man mit zeitlichen Planungen, wenn es die Umstände erfor-

Polychrone Herangehensweise an Aufgaben

derlich machen, flexibel umgehen kann und sollte ('echtes Multitasking', vgl. Infokasten 'Zeitmanagement und Arbeitsorganisation', S. 265).

Dieser Unterschied ist sowohl für deutsch-lateinamerikanische Kulturbeziehungen als auch beispielsweise für die deutsch-indische oder die deutsch-französische Zusammenarbeit relevant. Bei einer unterschiedlichen Arbeitsorganisation von Chef und Mitarbeitern droht Vorgesetzen bei einer Vertrauenswarnung bezüglich des Faktors *Anweisungen umsetzen* die 'Wohl-nicht-so-wichtig!'-Falle. Besonders für das Thema Führung ist diese Vertrauensfalle wichtig. Denn für die Vertrauenseinschätzung spielen hier zudem die Vertrauensfaktoren *Selbständig arbeiten* und *Organisiert und klar vorgehen* mit hinein.

Herr Sonntag nimmt gemäß seiner aus Deutschland gewohnten monochronen Herangehensweise an, dass die brasilianischen Mitarbeiter nach seiner E-Mail mit dem klaren Arbeitsauftrag diesen Auftrag angehen und die gewünschte Präsentation bestmöglich vorbereiten (d.h. die 'Anweisung umsetzen'). Er geht auch davon aus, dass sie ihre Zeit so planen, dass sie bis zu seinem Zwischenstopp in São Paulo die Aufgabe weitestgehend abgeschlossen haben (d.h. 'klar und organisiert vorgehen').

Möglicherweise haben die brasilianischen Mitarbeiter mit der Arbeit an der Präsentation begonnen. Aufgrund der im brasilianischen Unternehmenskontext prägenden polychronen Arbeitsorganisation ist es aber auch möglich, dass sie zunächst an anderen Aufgaben weiter gearbeitet haben, um erst einmal abzuwarten, ob sich die scheinbare Priorität der Aufgabe bestätigt. Da jedoch Herr Sonntag in den Tagen bis zu seiner Ankunft in São Paulo überhaupt nicht mehr auf den Vortrag zu sprechen kommt – das heißt weder nach dem Stand nachfragt, noch zusätzliche Informationen zu dem Vortrag gibt, noch daran erinnert, dass der Vortrag unbedingt bis zu seinem Zwischenstopp fertig sein muss – gehen die Mitarbeiter davon aus, dass ihr Einsatz für die Erstellung der Präsentation doch nicht so gefragt ist. Vielleicht ist der Vortrag doch nicht so wichtig oder seine Wichtigkeit ist im Vergleich zu anderen Aufgaben gesunken. Daher bemühen sie sich nicht weiter selbständig darum, die Präsentation vorzubereiten.

Patriarchalischer Führungsstil

Ein weiterer Aspekt, der zum Entstehen der 'Wohl-nicht-so-wichtig!'-Vertrauensfalle beiträgt, ist der Kulturunterschied im Hierarchieverständnis (vgl. Infokasten 'Hierarchieverständnis', S. 171). Dieser Kulturunterschied spielt für die meisten deutsch-lateinamerikanischen Kontexte eine Rolle – sowie auch beispielsweise für die deutsch-chinesische oder die deutsch-indische Zusammenarbeit. In Brasilien, China und Indien führen unterschiedliche geschichtliche und gesellschaftliche Umstände dazu, dass in wirtschaftlichen Kontexten (Unternehmen), in politischen Kontexten (Partei) und in sozialen Kontexten

(Familie) eine stärkere Hierarchie besteht als in Deutschland (vgl. Infokasten 'Kolonialisierung und Großgrundbesitz in Lateinamerika', S. 184 und Infokasten 'Das Kastenwesen in Indien', S. 176).

In seinem Verständnis einer flachen Hierarchie und eines partizipativen Führungsstils geht Herr Sonntag davon aus, dass die Mitarbeiter die Vortragsvorbereitung, nachdem er sie ihnen übertragen hat, bis zu seiner Ankunft selbständig erledigen. Sollten sie Fragen haben oder Dinge unklar sein, würden sie auf ihn zukommen. Wir erinnern uns: Im Gegensatz dazu erwarten die brasilianischen Mitarbeiter aufgrund ihres polychronen Zeitverständnisses etwas anderes: nämlich dass Herr Sonntag, wenn es ihm tatsächlich so wichtig ist, dass sie die Aufgabe bis zu dem von ihm genannten Zeitpunkt erledigen, ihnen zusätzliche Informationen gibt und entsprechend nachhakt. Hinzu kommt, dass die Mitarbeiter möglicherweise eine stärkere Hierarchie und einen eher autoritären oder patriarchalischen Führungsstil gewohnt sind. Nach einem solchen Hierarchieverständnis erwarten sie mehr Kontrolle und Unterstützung vom Vorgesetzten. Sie sind nicht gewohnt, dass selbständiges Arbeiten erwartet wird bzw. sie sind eher gewohnt, dass das geradezu nicht erwünscht ist.

Wenn man aus Sicht eines monochronen Zeitverständnisses und eines partizipativen Führungsstils davon ausgeht, dass es ausreicht, einmal eine Anweisung zu geben und eine Deadline zu kommunizieren, und dass man dann den Mitarbeitern die Verantwortung überlassen kann, den Auftrag selbständig und rechtzeitig zu erledigen, kann man in die 'Wohl-nicht-so-wichtig!'-Vertrauensfalle geraten. **Merke!**

Zwei weitere Kulturunterschiede der Kommunikation tragen in unserem Beispiel mit dazu bei, dass Herr Sonntag und seine Mitarbeiter in die 'Wohl-nicht-so-wichtig!'-Vertrauensfalle geraten.

Mündliche Kommunikation

Erstens gibt es unterschiedliche Konventionen dafür, welche Kommunikationsmittel verwendet werden, um Dringlichkeit zu signalisieren. Die hohe Priorität der Aufgabe ist den brasilianischen Mitarbeitern möglicherweise nicht nur durch das fehlende Nachhaken Herrn Sonntags nicht deutlich geworden, sondern auch durch die Art, wie er die Anweisung kommuniziert hat. Für wirklich wichtige Aufgaben ist es in vielen Kulturen, darunter lateinamerikanischen, angebracht, kurz persönlich zu sprechen Wenn das nicht möglich ist, sollte man zumindest telefonieren. Bei einer Anweisung, die ausschließlich per E-Mail erteilt wird, deutet schon das gewählte Kommunikationsmittel darauf hin, dass die Aufgabe nicht ganz so wichtig sein kann.

Herr Sonntag schreibt in unserem Beispiel eine E-Mail, da er unterwegs ist. Für ihn macht es keinen Unterschied, ob er den Arbeitsauftrag persönlich, per Telefon oder per E-Mail kommuniziert. Für die brasilianischen Mitarbeiter ist aber die Tatsache, dass er *nur* eine

E-Mail schreibt, möglicherweise ein Indiz dafür, dass die Sache nicht so wichtig ist.

Soziale Bedeutung von Begriffen und Aussagen

Zweitens kann zur Entstehung der 'Wohl-nicht-so-wichtig!'-Vertrauensfalle auch eine unterschiedliche 'soziale Bedeutung' der verwendeten sprachlichen Formulierungen beitragen. Wenn Herr Sonntag in seinen Worten den Mitarbeitern „aufträgt", den Vortrag „vorzubereiten", so verstehen diese die entsprechende Formulierung möglicherweise nur als „Bitte" (statt Auftrag), „sich über den Vortrag Gedanken zu machen" (statt ihn vorzubereiten). Dahinter steht eine kulturell unterschiedliche soziale Bedeutung der Formulierung „könnten Sie bitte" und des Begriffs „vorbereiten" (oder wie auch immer die konkreten Worte waren, die Herr Sonntags in seiner E-Mail verwendet hat).

Für solche im Kulturvergleich unterschiedlichen Vorstellungen, was bestimmte Worte oder Ausdrücke bedeuten, gibt es viele Beispiele. Beispielsweise bezeichnet man in Deutschland mit *Konzept* die erste Ausarbeitung einer Idee – einen Plan, einen Vorschlag, einen Ansatz etc. Das französische *le concept* hingegen bezieht sich allein auf die grobe Idee (Davoine 2007, vgl. 9.1.3). Auch ist die Wendung *You must come and see us some time!* in den USA keine Einladung. Sie bedeutet auf Deutsch nicht *Sie müssen uns mal besuchen kommen!* sondern ist eine höfliche Verabschiedungsformel im Sinne von *Nett, Sie kennenzulernen!* bzw. *Nett, Sie mal wieder zu treffen!* (Beneke 1983: 27).[18]

Herr Sonntags Vertrauenswarnungen im Bezug auf die Faktoren *Anweisungen umsetzen*, *Selbständig arbeiten* und *Organisiert und klar vorgehen* sind also aufgrund verschiedener Kulturunterschiede zu hinterfragen (monochrone vs. polychrone Arbeitsorganisation, partizipativer vs. autoritärer Führungsstil, schriftliche vs. mündliche Kommunikation, unterschiedliche soziale Bedeutung von Begriffen und Formulierungen). All diese Unterschiede können dazu beitragen, dass Manager in die 'Wohl-nicht-so-wichtig!'-Vertrauensfalle geraten.

8.3.4 Hintergründe: Was ist die Logik der anderen Seite?

Inwiefern ist eine polychrone Arbeitsorganisation sinnvoll? Es ist doch völlig ineffizient, wenn Herr Sonntag mehrfach nachhaken und mehrfach betonen muss, dass der Arbeitsauftrag wichtig ist! So lautet die klare Bewertung aus der Perspektive einer monochronen Arbeitsweise.

Aus einer polychronen Perspektive stellt sich dies anders dar: Eine polychrone Arbeitsweise schafft Flexibilität und erhöht die Reaktions-

---

[18] Zu Kulturunterschieden der sozialen Bedeutung von Begriffen/Aussagen sowie deren Auswirkungen auf die Kommunikation in interkulturellen Kontexten vgl. Müller-Jacquier (2000).

fähigkeit. Mitarbeiter können sehr viel leichter und schneller auf veränderte Umstände und unvorhergesehene Zwischenfälle reagieren, da sie nicht so sehr an bestehende Planungen gebunden sind. Wenn man den Arbeitsalltag 'polychron' organisiert, fällt es leichter, die Zeit effizient zu nutzen, falls sich unvorhergesehene Wartezeiten ergeben. Wenn die Prioritäten zwischen unterschiedlichen Aufgaben grundsätzlich flexibel verschoben werden können, kann sich ein Team leichter an veränderten Rahmenbedingungen und auch neue Vorgaben der Hierarchie anpassen. Eine polychrone Arbeitsweise kann daher in hochdynamischen, schwer vorhersehbaren Arbeitskontexten sehr effektiv sein.

Es gibt Kulturen, die durch eine permanente Veränderung der sozio-politischen Lebensumstände im Verlauf ihrer Geschichte geprägt wurden – den entsprechend häufigen Wechsel der obersten gesellschaftlichen Führungsebenen eingeschlossen (z.B. Polen, lateinamerikanische Staaten). Dies könnte in diesen Kulturen die Verbreitung einer polychronen Arbeitsorganisation gefördert haben: Die Fähigkeit und Bereitschaft, stets flexibel zu sein und auf veränderte Umstände schnell reagieren zu können, kann in solchen Kontexten zu einem grundlegenden Wert werden (vgl. Infokasten 'Arbeitsorganisation und Zeitmanagement', S. 265).

Auch die stärkere Hierarchieorientierung kann zunächst ineffektiv erscheinen: Ist es für Vorgesetzte nicht unnötige zusätzliche Arbeit, wenn sie Mitarbeiter kontinuierlich kontrollieren und unterstützen müssen?

Doch auch hier lohnt es sich, einen Perspektivwechsel zu versuchen: Eine starke Hierarchieorientierung und eine regelmäßige Kontrolle der Projekt- und Auftragsentwicklungen erleichtert es einem Chef, schwer planbare Prozesse zu steuern und bei Problemen frühzeitig einzugreifen. Außerdem hat vielfach der Chef allein den notwendigen Gesamtüberblick, um einschätzen zu können, wie bestimmte Aufgaben angemessen zu erledigen sind. Vermutlich kann Herr Sonntag am besten einschätzen, welche Aspekte für den Vortrag in München tatsächlich wichtig sind.

8.3.5 Strategien: Was lässt sich tun?

Für die Vermeidung oder Auflösung der 'Wohl-nicht-so-wichtig!'-Vertrauensfalle sind folgende Strategien hilfreich:

Tab. 17: Strategien zur 'Wohl-nicht-so-wichtig!'-Vertrauensfalle

Strategien aus Sicht monochroner Herangehensweise und schwächerer Hierarchieorientierung z.B. deutscher Chef mit brasilianischem oder auch indischem, französischem Mitarbeiter	*Strategien aus Sicht polychroner Herangehensweise und stärkerer Hierarchieorientierung* z.B. brasilianischer oder auch indischer, französischer Mitarbeiter mit deutschem Chef
• Wiederholt auf die Dringlichkeit einer Sache hinweisen. • Bei zeitkritischen Arbeitsanweisungen geschickt nachhaken, um den Auftrag in der Prioritätenliste oben zu halten. Vorsicht: Dabei nicht den Eindruck erwecken, man hielte es für nötig, den anderen zu erinnern. • Wichtige Arbeitsaufträge möglichst persönlich oder zumindest telefonisch kommunizieren, nicht per E-Mail.	• Nachfragen, wie dringlich eine Aufgabe tatsächlich ist bzw. wie verbindlich ein Termin gemeint ist. • Fehlendes Nachhaken eines Vorgesetzten nicht dahingehend interpretieren, dass die Aufgabe nicht (mehr) so wichtig ist. • Selbst Verantwortung für die rechtzeitige Umsetzung von Arbeitsaufträgen übernehmen. • Bei schriftlichen Arbeitsaufträgen ggf. selbst mündlich nachfragen, wie die Anweisung gemeint ist und welche Wichtigkeit sie besitzt.
Strategien zur Auflösung unterschiedlicher sozialer Bedeutungen von Begriffen oder Aussagen	
• Hinterfragen, ob eine zentrale Aussage anders verstanden werden kann, als man selbst annimmt. • Nachfragen oder sich informieren, was mit einem Begriff oder einer Aussage in der Kultur genau gemeint ist. • Mitarbeiter auffordern, Arbeitsaufträge in eigenen Worten zu reformulieren, um zu prüfen, ob sie die Anweisung verstanden haben.	

Kulturinfo-2: Kolonialisierung und Großgrundbesitz in Lateinamerika

Die Kolonialisierung und das System des Großgrundbesitzes waren und sind für Lateinamerika prägend. In allen lateinamerikanischen Kulturen sind die Auswirkungen dieser beiden historischen Einflussfaktoren noch heute spürbar. Was charakterisiert diese Entwicklungen, und welchen Einfluss hatten sie auf die Ausbildung des Hierarchieverständnisses in Lateinamerika?

Vor der Entdeckung Lateinamerikas beherrschten drei mächtige indianische Hochkulturen den Kontinent: die Inka, die Maya und die Azteken. Alle drei sind bekannt für elaborierte Baukunst, fortschrittliche Verwaltungs- und Kommunikationssysteme, differenzierte Gesellschaftsstrukturen und Besiedlungsformen.

Die Entdeckung Lateinamerikas im 15./16. Jahrhundert markierte den Beginn des gewaltsamen Niedergangs dieser Hochkulturen. Ziel der Kolonialmächte war es, neues Land zu erobern, ihre politische, wirtschaftliche und religiöse Macht auszubauen und Ressourcen zu gewinnen (z.B. Gold und Silber aber auch Kakao, Kaffee und Rohrzucker). Entsprechend wurden die einheimischen Stämme gewaltsam unterworfen und unterdrückt. Das Land wurde zwischen Spanien und Portugal aufgeteilt, und die einzelnen Regionen Lateinamerikas wurden kolonialisiert und christianisiert. Die Beziehung zwischen den Kolonien und den Mutterländern war sehr einseitig: Die Europäer zwangen den indigenen Völkern Lateinamerikas vielfach gewaltsam ihre Kultur, Religion und Traditionen auf.

Zwischen 1804 und 1826 erlangten sämtliche lateinamerikanische Länder politische Unabhängigkeit. Die sozialen und hierarchischen Unterschiede aber blieben weiter bestehen. Insbesondere auf den Großgrundbesitztümern, die im Zuge der Kolonialisierung entstanden waren und die auch nach der Unabhängigkeit bestehen blieben, waren die großen sozialen Gegensätze spürbar. Die 'Haciendas' (spanisch) bzw. 'Fazendas' (portugiesisch) wurden größtenteils durch Sklaven bewirtschaftet, die aus Afrika nach Lateinamerika verschifft wurden. Die Indígenas (Nachfahren der Indio-Stämme) waren entweder ebenfalls Sklaven oder sie bekamen eine kleine Parzelle zugeteilt, die sie bewirtschaften konnten, mussten dafür aber im Gegenzug Arbeitsleitungen für den Großgrundbesitzer erbringen.

Die koloniale Unterwerfung der Völker Lateinamerikas und die sozialen 'Unterwerfung' der Sklaven und Arbeiter auf den Haciendas / Fazendas sind mit verantwortlich dafür, dass heute in den lateinamerikanischen Gesellschaften in vielen Bereichen starke hierarchische Unterschiede bestehen – sowohl innerhalb von Unternehmen (Chef-Mitarbeiter) als auch innerhalb der Familien (Vater-Kinder) und in der Gesellschaft insgesamt (Elite vs. sozial Benachteiligte). Die hierarchischen Verhältnisse haben dabei häufig einen paternalistischen Charakter, worin sich das traditionell auch fürsorgliche Verhältnis zwischen Großgrundbesitzer und Arbeitern spiegelt (zum Zusammenhang zwischen Kolonialisierung, Großgrundbesitz und patriarchalischen Strukturen in Unternehmen in Lateinamerika vgl. Becker 2010, insb. S. 105ff.).

8.4 Fazit zum Handlungsfeld 'Führung und Delegation'

Im Handlungsfeld 'Führung und Delegation' hängen die kulturellen Vertrauensfallen mit folgenden fünf Vertrauensfaktoren zusammen: *Anweisungen umsetzen*, *Selbständig arbeiten*, *Regelmäßig berichten*, *Bei kritischen Problemen informieren*, *Freiheit lassen / Zuständigkeiten übertragen*.

Überblickstabelle Vertrauensfaktoren: S. 54

Selbständig arbeiten kann bedeuten, dass man so weit wie möglich auf weitere kommunikative Abstimmung verzichtet (Faktor **Selbständig arbeiten**) und die Abstimmung mit der Hierarchie nur sucht, wenn es ernsthafte Schwierigkeiten gibt. Wenn das Managern aus dem

'Ich-regel-das-allein!'-Vertrauensfalle

Kontext einer stärkeren Hierarchieorientierung nicht klar ist, bekommen sie den Eindruck, sie würden nicht angemessen auf Stand gehalten – eine Vertrauenswarnung in Bezug auf den Faktor **Regelmäßig berichten**. So können sie in die 'Ich-regel-das-allein!'-Vertrauensfalle geraten.

Umgekehrt gilt: Wenn eine Führungskraft aus dem Kontext einer stärkeren Hierarchieorientierung von sich aus einen kontinuierlicheren Informationsprozess forciert und Rückfragen stellt bzw. 'Statusabfragen' vornimmt, dann kann dies dazu führen, dass sich ein deutscher Mitarbeiter bevormundet oder kontrolliert fühlt – eine Vertrauenswarnung in Bezug auf den Faktor **Freiheit lassen / Zuständigkeiten übertragen**.

'Chef-hat-Vortritt!'-Vertrauensfalle

In die 'Chef-hat-Vortritt!'-Vertrauensfalle führt es, wenn ein Manager mit geringerer Hierarchieorientierung eine Aufgabe delegiert, ein hierarchieorientierter Mitarbeiter sich dann aber für fast alle Entscheidungen bei ihm rückversichert. Dies erscheint dem Manager dann als mangelnde Fähigkeit, selbständig zu arbeiten (Vertrauenswarnung in Bezug auf den Faktor **Selbständig arbeiten**). Er geht davon aus, dass der Mitarbeiter die Aufgabe komplett übernimmt. Doch der Mitarbeiter delegiert aus Respekt vor dem Chef alle Entscheidungen im Kontext der Aufgabe zurück nach oben. Aus Sicht des Vorgesetzten kann das dann so aussehen, als ob der Mitarbeiter die Anweisung nicht ausführt (Faktor **Anweisungen umsetzen**).

'Wohl-nicht-so-wichtig!'-Vertrauensfalle

Die Vertrauensfaktoren *Anweisungen umsetzen* und *selbständig arbeiten* spielen auch für die letzte Vertrauensfalle eine Rolle: Wenn ein deutscher Vorgesetzter erwartet, dass der Mitarbeiter selbständig einen bestimmten Arbeitsauftrag ausführt (vgl. Faktor **Selbständig arbeiten**), muss er zunächst sichergehen, dass der Mitarbeiter den Auftrag verstanden und auch seinen Stellenwert erkannt hat. Dabei ist es auch wichtig, dass der Mitarbeiter verstanden hat, was genau seine Aufgabe ist und was im Kompetenzbereich des Chefs liegt. Das Vorverständnis dieser Aufteilung ist jedoch in stärker hierarchisch orientierten Kulturen anders als in weniger stark hierarchisch orientierten Kulturen.

Wenn es sich um eine besonders wichtige Aufgabe handelt, muss ein Vorgesetzter dies in Kulturen mit einem polychronen Zeitmanagement anders verdeutlichen als in monochronen Kulturen. Es gilt, die Priorität der Aufgabe durch wiederholtes Ansprechen, insbesondere mündlich-persönlich, zu verdeutlichen. Sonst kann es sein, dass der Mitarbeiter die hohe Priorisierung nicht versteht und den Auftrag nicht prioritär umsetzt (vgl. Faktor **Anweisungen umsetzen**) – und der Vorgesetzte in die 'Wohl-nicht-so-wichtig!'-Vertrauensfalle gerät.

Tab. 18 gibt noch einmal einen Überblick der kulturellen Vertrauensfallen im Handlungsfeld 'Führung und Delegation'.

Tab. 18: Vertrauensfallen im Handlungsfeld 'Führung und Delegation'

Ich-regel-das-allein!-Vertrauensfalle		
Kulturbeispiel: Frankreich-Deutschland Ein französischer Topmanager mit einem deutschen Mitarbeiter: Er berichtete mir überhaupt nichts über den Fortgang der Arbeit (S. 166).		
Vertrauenswarnung	**Perspektive der anderen Kultur**	**Erklärender Kulturunterschied**
– Hat mir nicht regelmäßig über den Stand der Arbeit berichtet!	– Ich hatte doch alles im Griff! – Gab doch nichts Kritisches, was ich hätte berichten müssen! – Warum will er sich einmischen?	Hierarchieverständnis
Chef-hat-Vortritt!-Vertrauensfalle		
Kulturbeispiel: Deutschland-Indien Herr Kramer mit Herrn Ganesh: Er ruft mich ständig an, anstatt dass er, wie ich ihn aufgefordert hatte, bestimmte Entscheidungen selbst trifft (S. 172).		
Vertrauenswarnung	**Perspektive der anderen Kultur**	**Erklärender Kulturunterschied**
– Hat seine Aufgabe nicht umgesetzt! – Ist unselbständig und traut sich nicht, selbst Entscheidungen zu treffen!	– Liegt nicht in meiner Kompetenz, die letztendlichen Entscheidungen zu treffen! – Das würde auch in der Organisation schlicht nicht akzeptiert!	Hierarchieverständnis
Wohl-nicht-so-wichtig!-Vertrauensfalle		
Kulturbeispiel: Deutschland-Brasilien Herr Sonntag mit seinen brasilianischen Mitarbeitern: Trotz Arbeitsauftrag mit Deadline war die Präsentation nicht vorbereitet (S. 178).		
Vertrauenswarnung	**Perspektive der anderen Kultur**	**Erklärender Kulturunterschied**
– Haben meine Anweisung nicht umgesetzt! – Können nicht selbständig arbeiten! – Können keine Prioritäten setzen und sind unorganisiert!	– Hat den Arbeitsauftrag nicht wieder angesprochen, also schien er nicht so wichtig zu sein! – Hat uns nicht wirklich gesagt, was er eigentlich will!	Zeitmanagement und Arbeitsorganisation; Hierarchieverständnis

9 Informationsmanagement

Im Managementalltag gilt, was schon der britische Philosoph Francis Bacon im Jahr 1597 notierte: Wissen ist Macht. Denn einem bestimmten Wissen kann in einer bestimmten Situation eine ganz besondere Bedeutung beigemessen werden. Man spricht dann von einer Information. Der Umgang mit Informationen und insbesondere die Frage, wann wer wem welche Informationen weitergibt, hat für die Einschätzung der Vertrauenswürdigkeit von Kollegen und Geschäftspartnern große Bedeutung: Teilen sie die Macht des Wissens mit mir oder nicht? Wie verhalten sie sich, wenn ich sie an meinem Wissen teilhaben lasse (vgl. Münscher 2011: 345ff.)?

Im Zusammenhang mit der Frage, ob und wie Manager ihre Kollegen oder Geschäftspartner an Wissen teilhaben lassen, gibt es vier wichtige Vertrauensfaktoren: Manche Manager praktizieren und fordern einen eher offenen Umgang mit Wissen und Informationen – je mehr Informationen mir jemand gibt, desto besser kann ich vorankommen (vgl. Faktor *An Wissen teilhaben lassen*). Dem steht eine gewisse Zurückhaltung anderer Manager gegenüber: Sie halten Informationen eher zurück, denn jemand könnte sie zu ihrem Nachteil an Dritte weitergeben (vgl. Faktor *Informationen vertraulich behandeln*) oder zu seinem eigenen Vorteil nutzen (vgl. Faktor *Informationen nicht ausnutzen*). Daneben ist es eine Frage, ob ein Kollege oder Geschäftspartner mir proaktiv, das heißt von sich aus und ohne dass ich ihn darum bitte, Informationen zukommen lässt, wenn er weiß, dass sie für mich relevant sind (vgl. Faktor *Mitdenken und individuell informieren*).

Es gibt zwei kulturelle Vertrauensfallen, in denen diese Vertrauensfaktoren eine Rolle spielen: Verantwortlich für beide Vertrauensfallen ist eine unterschiedliche Einschätzung der Notwendigkeit eines Informationsaustauschs. In unserem Fallbeispiel für die 'Geht-ihn-nichts-an!'-Vertrauensfalle (9.1) geht es um eine unterschiedliche Einschätzung, welche Informationen für die Zusammenarbeit relevant sind – im Zusammenhang mit einem unterschiedlichen Verständnis von Arbeitsteilung und Zuständigkeiten. Unser zweites Beispiel repräsentiert die 'Muss-man-doch-wissen!'-Vertrauensfalle (9.2). Hier geht es um Kulturunterschiede in der Bedeutung persönlicher Beziehungen und den Stellenwert langfristiger Beziehungen.

9.1 Die 'Geht-ihn-nichts-an!'-Vertrauensfalle

Eine unterschiedliche Einschätzung des Relevanzbereichs von Informationen – welche Informationen benötigt man für welche Aufgabe – und ein unterschiedliches Verständnis von Arbeitsteilung und Zuständigkeiten können

in die 'Geht-ihn-nichts-an!'-Vertrauensfalle führen. In diese Vertrauensfalle geraten typischerweise Angehörige von Kulturen, in welchen ein intensiver und regelmäßiger Informationsaustausch gepflegt wird (z.B. Frankreich oder Brasilien), wenn sie den Eindruck haben, dass ihnen ein Kollege oder Geschäftspartner Informationen vorenthält, der aus einer Kultur mit einem weniger intensiven Informationsaustausch stammt.

Ein Beispiel aus der deutsch-französischen Zusammenarbeit

> **Beispiel für die 'Geht-ihn-nichts-an!'-Vertrauensfalle**
>
> *Informationsverweigerung im Vorprojekt*
>
> Ein französischer Manager berichtet über die Schwierigkeit, Vertrauen zu deutschen Kollegen aufzubauen, mit welchen er in den Vorprojekten zu Ausschreibungen größerer Industrieprojekte zusammenarbeitet:
>
> *Einige solcher Vorprojekte führten wir gemeinsam durch, und wir teilten dann die Verantwortung zwischen der französischen und der deutschen Seite auf. In solchen Vorprojekten hatten wir häufig große Schwierigkeiten, mit den deutschen Kollegen zusammenzuarbeiten und eine Vertrauensbeziehung aufzubauen. Unsere deutschen Kollegen hatten offenbar den Eindruck, dass wir uns in Dinge einmischen wollten, die uns eigentlich nichts angingen. Wir verlangten von ihnen Informationen, die aus ihrer Sicht für uns nicht wichtig waren. Sie glaubten, dass wir diese Informationen nicht brauchen, und gaben sie uns deshalb nicht. Die deutschen Kollegen dagegen waren dann etwas genervt, dass wir viel Zeit in Meetings und Diskussionen verbrachten und dabei nicht wirklich vorankamen...*
>
> *Das ist ein sehr großer kultureller Unterschied: wie man solche Vorprojekte angeht. Und auf einmal hat man Schwierigkeiten, vertrauensvoll zusammen zu arbeiten. Wir hatten den Eindruck, dass sie uns Informationen vorenthalten, dass sie Informationen zurückhalten und für sich behalten, von denen wir glaubten, dass sie für uns wichtig waren. Und wir hatten große Schwierigkeiten, an diese Informationen zu kommen – die für uns wichtig waren, um voranzukommen. Ich weiß nicht, ob meine deutschen Kollegen da misstrauisch waren und glaubten, dass sich die Franzosen in Dinge einmischen, die sie eigentlich nichts angehen, und deshalb die Informationen lieber nicht weiter gaben, oder ob das einfach ihre Art ist zu arbeiten. Wir hatten jedenfalls große Schwierigkeiten, in diesen Vorprojekten eine Vertrauensbeziehung zu unseren deutschen Kollegen aufzubauen.*
>
> TRIM-Projekt / R. Münscher & J. Hormuth, vgl. Anhang 2.

9.1.1 Vertrauensanalyse: Was ist passiert?

Wie lässt sich die Vertrauenseinschätzung des französischen Managers in dem Fallbeispiel nachvollziehen? Der Manager hat den Eindruck, dass seine deutschen Kollegen ihm und seinem Team systematisch relevante Informationen vorenthalten, die für ihre Arbeit wichtig sind. Aus seiner Perspektive scheinen die Deutschen diese Informationen bewusst nicht preiszugeben. Er interpretiert dieses Verhalten als eine Vertrauenswarnung in Bezug auf den Faktor *An Wissen teilhaben lassen*. Die deutschen Kollegen sind aus seiner Perspektive nicht bereit, relevante Informationen weiterzugeben. Er macht diese mangelnde Informationsweitergabe dafür verantwortlich, dass es sehr schwierig ist, eine vertrauensvolle Beziehung aufzubauen.

Achtung:
An Wissen teilhaben lassen

9.1.2 Kulturalarm: Was könnte hier kulturkritisch sein?

Geben die deutschen Kollegen bewusst Informationen nicht weiter? Wollen sie den französischen Kollegen bewusst Informationen vorenthalten? Die Interpretation des Verhaltens als Vertrauenswarnung ist berechtigt und nachvollziehbar, wenn man davon ausgeht, dass die deutschen Manager gezielt und in negativer Absicht Informationen zurückhalten. Vielleicht ist dies aber gar nicht der Fall und es gibt einen kulturellen Grund, warum die deutschen Manager die von französischer Seite eingeforderten Informationen nicht weitergeben. Der französische Manager stellt selbst verschiedene Vermutungen an, was hinter dem Verhalten der Deutschen stehen könnte.

9.1.3 Kulturanalyse: Welche Unterschiede führen in die Vertrauensfalle?

Die Vermutung des französischen Managers betrifft zunächst die Intensität des Informationsaustauschs und die Frage, wann Informationen als wichtig gelten: Vielleicht halten die Deutschen die Informationen nicht gezielt zurück, sondern sie glauben, „dass die Informationen für die Franzosen nicht wichtig sind, dass sie sie nicht brauchen". Eine weitere Interpretation des französischen Managers ist, dass „das einfach ihre Art zu arbeiten ist". Vielleicht geben die deutschen Kollegen die Informationen aus der Gewohnheit nicht weiter, dass sie solche Informationen in einem Kontext wie diesem nicht weitergeben. Diese Vermutung verweist auf einen Kulturunterschied in der Intensität des Informationsaustauschs und in der spezifisch französischen Einschätzung der Relevanz von Informationen für Arbeitsaufgaben.

Intensität des Informationsaustauschs

Aus einer Kultur mit einem hohem Informationsfluss und einem sogenannten 'transversalen' Arbeitsverständnis heraus gehen die französischen Manager davon aus, mehr Informationen zu erhalten, als sie bekommen. Transversal bedeutet in der französischen Kultur, dass man bemüht ist, Bezüge zwischen seiner Arbeitsaufgabe und angrenzenden Aufgaben zu sehen bzw. herzustellen. Es berührt den Wert, eine Aufgabe kreativ zu lösen, wozu Informationen über den Kontext der Arbeitsaufgabe und verwandte Prozesse hilfreich bzw. notwendig sind (vgl. Infokasten 'Transversalité in Frankreich', S. 195). Der französische Manager erklärt, dass man in derartigen Vorprojekten zur Angebotserstellung für industrielle Großaufträge sehr schnell sehr komplexe Fragen bearbeiten müsse. Aus seiner Sicht ist daher völlig klar, dass die Deutschen den Franzosen mehr Kontextinformationen geben müssen, u.a. auch Informationen über die Arbeitsanteile, welche die deutsche Seite innerhalb des Gesamtprojekts anbietet.

Im deutschen Kontext gibt es hingegen keine französische *Transversalité*, sondern man bemüht sich, *innerhalb* von definierten Arbeitsaufgaben zu arbeiten. Mit der deutsch-französischen Absprache über die Aufteilung der Arbeitsanteile ist aus deutscher Seite der nötige Informationsaustausch gewissermaßen beendet. Jeder kann nun innerhalb seines Bereichs arbeiten. Natürlich ist es notwendig, die Arbeitsanteile zwischen dem deutschen und dem französischen Standort abzustimmen. Doch darüber hinaus benötigt man, um seine eigenen Arbeitsanteile für das Angebot auszuarbeiten, keine Informationen darüber, wie die andere Seite ihre Arbeitsanteile ausarbeitet. Aus deutscher Sicht ist es ja gerade die Idee der Arbeitsaufteilung, dass dies dann nicht mehr notwendig ist.

Achtung: *Zuständigkeiten respektieren*

Aber der interviewte französische Manager geht in seiner Situationsanalyse noch weiter: Er beobachtet, dass die deutschen Manager ihrerseits „misstrauisch" sind und glauben, „dass wir uns in Dinge einmischen, die uns eigentlich nichts angehen". Er vermutet, dass die deutschen Manager ihrerseits das Verhalten der französischen Kollegen als Vertrauenswarnung im Hinblick auf den Vertrauensfaktor *Zuständigkeiten respektieren* (Handlungsfeld 'Umgangsformen und Facework') interpretieren und als Reaktion darauf Informationen bewusst nicht weitergeben.

Transversalité in Frankreich

Diese Vermutung verweist genau auf die bereits angesprochene Kulturspezifik im Verständnis von Zuständigkeiten, die für die französische Kultur kennzeichnend ist, Stichwort Transversalité: Für die französischen Manager ist es offenbar auch wichtig, über Informationen zu verfügen, die für sie nicht im engeren Sinne relevant sind. Dies hängt damit zusammen, dass verantwortungsbewusstes Verhalten für sie heißt, dass man aufgabenübergreifend handelt. Dazu ist es notwendig, sich für Dinge zu interessieren oder Dinge zu tun, die sich nicht im eigenen Arbeitsbereich, sondern in einem angrenzenden oder übergreifenden Bereich finden (vgl. Infokasten 'Transversalité in Frankreich', S. 195).

Die Auswertung der Interviews unserer deutsch-französischen Studie (Münscher 2011) offenbarte ein unterschiedliches Verständnis deutscher und französischer Manager in Bezug auf die Frage, wann Informationen für eine Arbeitsaufgabe relevant sind und entsprechend weitergegeben bzw. im Umkehrschluss auch eingefordert werden dürfen. Sehr viele der interviewten französischen Manager beschreiben ein Bedürfnis nach möglichst viel Kontextinformation, also nach Informationen, die über ihre Aufgabe im engeren Sinne hinausgehen. Aus Sicht der deutschen Manager gehen diese Informationen, welche die französischen Manager einfordern, jedoch *deutlich* über die eigentliche Arbeitsaufgabe hinaus und können bzw. dürfen daher nicht eingefordert werden. Sie betonen häufiger, dass man das Gebot der Vertraulichkeit bestimmter Informationen nicht verletzen dürfe. Die französischen Manager beschreiben hingegen ausführlich, warum für sie Rahmen- oder Kontextinformationen für die Erledigung ihrer Arbeitsaufgaben von großer Wichtigkeit sind.

Wenn man aus Sicht einer 'transversalen' Kultur (die intensiven Informationsaustausch gewohnt ist) die Tatsache, dass einem Geschäftspartner bestimmte Informationen nicht geben oder geben möchten, als gezieltes und böswilliges Vorenthalten von Informationen interpretiert, kann man in die 'Geht-ihn-nichts-an!'-Vertrauensfalle geraten.

Merke!

Offenbar haben die deutschen Kollegen in dem Fallbeispiel den Eindruck, dass der Informationsanspruch der Franzosen in diesem Kontext zu weit geht, also dass diese sich in Dinge einzumischen versuchen, die sie nichts angehen. Sie würden daher vermutlich nicht der Einschätzung zustimmen, dass sie als nicht vertrauenswürdig erscheinen, weil sie die französischen Kollegen nicht *an Wissen teilhaben lassen*. Eventuell gelangen sie sogar umgekehrt zu der Einschätzung, dass die französischen Kollegen nicht vertrauenswürdig sind, da sie in den Zuständigkeitsbereich der Deutschen eingreifen – sie laufen damit in die umgekehrte kulturelle Vertrauensfalle: In Situationen, in denen es klar verteilte Zuständigkeiten gibt, muss nicht jeder alle Informationen haben, sondern jeder muss nur über diejenigen Informationen verfügen, die für seinen Zuständigkeitsbereich relevant sind. Es darf nicht sein, dass jemand Informationen verlangt oder sich verschafft, die für seine Aufgaben nicht im engeren Sinne wichtig sind, sondern im Zuständigkeitsbereich einer anderen Person liegen. Dies kann als ungerechtfertigtes Eingreifen und als Infragestellung des Verantwortungsbereichs dieser Person erscheinen – und damit als Vertrauenswarnung im Bezug auf den Faktor *Zuständigkeiten respektieren*.

Umgekehrte Vertrauensfalle: 'Muss-man-doch-wissen!'

Die Interpretation kann auch noch einen Schritt weiter gehen: Deutsche Manager vermuten hinter einer ungerechtfertigten Einforderung von Informationen häufig Hintergedanken bzw. eine 'Hidden Agenda' (Faktor *Ziele / Einschätzungen offenlegen*). Oder sie befürchten sogar, die Gegenseite würde die Informationen gezielt ausnutzen oder an Dritte weitergeben (Faktoren *Informationen nicht ausnutzen* und *Informationen vertraulich behandeln*).

Der Vertrauenskonflikt in unserem Fallbeispiel entwickelt sich also aufgrund einer unterschiedlichen Einschätzung der Notwendigkeit einer Informationsweitergabe. Es besteht eine unterschiedliche Einschätzung in Bezug auf den Relevanzbereich der Informationen. Die Franzosen folgen der aus ihrer Sicht wichtigen 'Kontextneugierde' und fordern die Teilhabe an einem bestimmten Hintergrundwissen. Dass sie die eingeforderten Informationen nicht bekommen, macht sie misstrauisch und führt in die 'Geht-ihn-nichts-an!'-Vertrauensfalle. Doch aus Sicht der Deutschen versuchen die Franzosen nichts anderes, als sich in Dinge einzumischen, die sie 'nichts angehen', da sie intern und vertraulich sind. Die Deutschen interpretieren das Verhalten der französischen Kollegen möglicherweise ihrerseits als Vertrauenswarnung – und geraten in die entgegengesetzte Vertrauensfalle, die 'Muss-man-doch-wissen!'-Vertrauensfalle, auf die wir im nächsten Abschnitt eingehen (vgl. 9.2).

9.1.4 Hintergründe: Was ist die Logik der anderen Seite?

Betrachten wir jedoch zunächst die Logik der Einforderung von Kontextwissen: Warum sehen Manager in der französischen Kultur eine größere Notwendigkeit, über Informationen zu verfügen, die in angrenzende Verantwortungsbereiche hineinreichen? Dahinter steht ein grundsätzlich anderes Verständnis von Arbeitserledigung und von Verantwortung. Verantwortungsbereiche lassen sich in der Regel nicht scharf voneinander abgrenzen. Wenn ich in einem Meeting mit einem Geschäftspartner zu einem Thema befragt werde, das zwar nicht in meinem Verantwortungsbereich liegt, aber mein Unternehmen betrifft, kommt es beim Geschäftspartner sicherlich nicht gut an, wenn ich die Auskunft mit dem Verweis verweigere, da sei ich nicht zuständig. Es ist meistens sehr sinnvoll, über den Stand der Dinge in angrenzenden Bereichen zumindest grob informiert zu sein. Wichtige Entscheidungen sind in der Regel nicht unabhängig von Entwicklungen in anderen Verantwortungsbereichen. Wenn ich mich als Projektleiter gegen einen bestimmten Projektpartner entscheide, das aber negative Auswirkungen auf ein anderes Projekt meines Unternehmens mit diesem Partner haben kann, wäre es günstig, das im Vorfeld bedenken zu können.

Es ist also durchaus sinnvoll und sogar nötig, hinreichend gut über Entwicklungen in angrenzenden Verantwortungsbereichen informiert zu sein. Kulturell unterschiedlich ist jedoch die Antwort auf die Frage, was 'hinreichend gut' bedeutet und wie wichtig das ist. Generell gilt, dass das Informationsinteresse in solchen Kulturen weiter reicht, in denen Führungskräfte weniger umfassend delegieren (vgl. die 'Chef-hat-Vortritt!'-Vertrauensfalle in 8.2). Dies gilt zum Beispiel für die französische Kultur im Vergleich zur deutschen.

9.1.5 Strategien: Was lässt sich tun?

Für die Vermeidung oder Auflösung der 'Geht-ihn-nichts-an!'-Vertrauensfalle sind folgende Strategien hilfreich:

Tab. 19: Strategien zur 'Geht-ihn-nichts-an!'-Vertrauensfalle

Strategien aus Sicht einer „transversalen" Herangehensweise z.B. Franzosen oder auch Brasilianer mit Deutschen	Strategien aus Sicht einer Zuständigkeiten respektierenden Herangehensweise z.B. Deutsche mit Franzosen oder auch Brasilianern
• Wenn man Informationen benötigt, die in den Zuständigkeitsbereich einer anderen Person oder eines anderen Teams hineinreichen: stärker begründen, warum man die Informationen benötigt. • Verantwortungs- und Zuständigkeitsbereiche anderer stärker wahrnehmen und respektieren. • Eine mangelnd erscheinende Informationsweitergabe von Partnern nicht negativ interpretieren, sondern respektieren.	• Nicht vertrauliche Informationen durchaus auch weitergeben, wenn sie nicht relevant erscheinen – um Interesse an und die Bereitschaft zu einer langfristigen Geschäftsbeziehung zu bekunden. • Die Weitergabe vertraulicher Informationen vorsichtig und indirekt ablehnen, wenn deren Preisgabe die eigenen Firmeninteressen gefährden könnte oder intern nicht zu vermitteln ist.

Kulturinfo-3: Transversalité in Frankreich

Es gibt einen Aspekt der französischen Kultur, den man im Französischen als „le goût de la transversalité" bzw. als „travailler transversalement" bezeichnet (vgl. Pateau 1998: 56f., Münscher 2011: 348) und den es in der deutschen Kultur in dieser Form nicht gibt. Er wurde von vielen der für unsere Studie zur Vertrauensentwicklung in der deutsch-französischen Zusammenarbeit interviewten Manager beschrieben.

Der französische Begriff 'tranversalité' hat keine etablierte und passende Entsprechung im Deutschen. Von der Sache her geht es darum, sich für Dinge zu interessieren oder Dinge zu tun, die sich nicht im eigenen Arbeitsbereich, sondern in einem angrenzenden oder quer (transversal) liegenden Bereich finden.

Es ist im französischen Unternehmenskontext in stärkerem Maße als in Deutschland üblich, sich für Dinge zu interessieren, die außerhalb der eigentlichen Aufgabe bzw. des eigentlichen Aufgabenbereichs liegen. „Um die Dinge zu verstehen, um das dahinterstehende Interesse zu erkennen und den Grund, warum man mich bittet, etwas zu tun, muss ich die Dinge in einen Kontext stellen" – so fasst das einer der von uns interviewten französischen Manager zusammen (Münscher 2011: 348). Aus der französischen Sichtweise ist dieses Kontextwissen nötig, um sich ein Bild vom übergeordneten, 'globalen' Ziel der Arbeit zu machen. Dann kann man während der Arbeit kontinuierlich abschätzen, inwiefern man durch die ausgeführten Tätigkeiten dem übergeordneten Ziel näher kommt, und man kann (bei unvorhergesehenen Entwicklungen) mit neuen kreativen Ideen bzw. Kurskorrekturen reagieren, die weiterhin oder noch besser sicherstellen, dass man das Ziel erreicht. Diese Überlegungen gelten für die französische Businesskultur auch deshalb in stärkerem Maße als für die deutsche, da in Frankreich bei Arbeitsanweisungen und in Abstimmungsprozessen weniger umfassend bzw. detailliert geklärt wird, was wie zu tun ist (vgl. die 'Werd-erstmal-konkret!'-Vertrauensfalle in 10.1). Der Interpretationsbedarf ist daher größer, und ein handlungsleitendes Kontextwissen hat einen höheren Stellenwert. Im französischen Unternehmenskontext gibt es eine höhere Erwartungs- bzw. Anspruchshaltung, solche Kontextinformationen zu bekommen. – Diese Relevanz, welche französische Manager der Weitergabe von Kontextinformationen für die Entwicklung von Vertrauen beimessen, beschreibt einer der von uns interviewten Manager: „Ich glaube, dass Vertrauen heißt, dass man den Kontext erklärt" (Münscher 2011: 349).

Der Unterschied hat sowohl einen Einfluss auf die Frage der Weitergabe von Informationen (vgl. Handlungsfeld 'Informationsmanagement') als auch auf das Vorgehen bei der Bewältigung von Aufgaben (vgl. Handlungsfeld 'Aufgaben- und Projektmanagement'). Schließlich kann er auch in Bezug auf die Frage eines respektvollen Umgangs die Vertrauensentwicklung erschweren (vgl. Handlungsfeld 'Umgangsformen und Facework').

9.2 Die 'Muss-man-doch-wissen!'-Vertrauensfalle

Die 'Muss-man-doch-wissen!'-Vertrauensfalle ist das Gegenstück zur 'Geht-ihn-nichts-an!'-Vertrauensfalle: In sie geraten typischerweise Angehörige von Kulturen, in denen im Vergleich zur Kultur ihres Partners weniger

viel bzw. weniger umfassend kommuniziert wird. Die Falle entsteht aufgrund von Kulturunterschieden erstens in der Einschätzung, wann und wie viel Informationsaustausch für die Zusammenarbeit notwendig ist, und zweitens in Bezug auf die Bedeutung persönlicher Beziehungen. Sie entsteht, wenn Manager aufgrund eines für sie außergewöhnlich hohen Informationsbedarfs des Kollegen oder Geschäftspartners den Eindruck haben, der andere verfolge Hintergedanken bzw. eine 'Hidden Agenda'.

> **Beispiel für die 'Muss-man-doch-wissen!'-Vertrauensfalle**
>
> *Info-Forderungen in Verhandlung mit Neukunden*
> Herr Telkemeyer vertritt eine deutsche Firma in Japan und verhandelt häufig mit neuen japanischen Kunden über den Verkauf von Produkten. Er berichtet:
>
> *In der Phase der Auftragsverhandlung ist es in Japan oft wichtig, auch nebensächliche Informationen an den Kunden weiterzugeben. Wenn ich zum Beispiel mit dem Kunden über den Verkauf von Antennen verhandle, dann möchte dieser auch noch alle anderen Produkte des deutschen Unternehmens kennen lernen, selbst wenn sie überhaupt nichts mit dem Verkauf von Antennen zu tun haben. Meine Kollegen im deutschen Stammhaus, die die umfangreichen Anfragen des Kunden beantworten müssen, werden dann oft misstrauisch. Sie geben daher manchmal aus Prinzip einige Informationen nicht heraus, obwohl diese eigentlich gar nicht vertraulich sind. In solchen Fällen gerät der Verhandlungsprozess ins Stocken, weil der Kunde die zögerliche Informationsweitergabe der Deutschen nicht versteht.*
>
> Kulturstandard-Forschung / A. Thomas, vgl. Anhang 2.

Ein Beispiel aus der deutsch-japanischen Zusammenarbeit

9.2.1 Vertrauensanalyse: Was ist passiert?

Anhand des Falls, den Herr Telkemeyer berichtet, lässt sich die 'Muss-man-doch-wissen!'-Vertrauensfalle erläutern, in welche seine deutschen Kollegen aus dem Stammhaus geraten. Herr Telkemeyer verweist auch kurz auf die umgekehrte Vertrauensfalle, die sich für die japanische Seite stellt: Es handelt sich um die im letzten Abschnitt beschriebene 'Geht-ihn-nichts-an!'-Vertrauensfalle (vgl. 9.1).

Rekonstruieren wir zunächst die Perspektive der Mitarbeiter des deutschen Stammhauses: Ihre Aufgabe ist es, Kundenanfragen gewissenhaft und serviceorientiert zu beantworten. Dies tun sie auch in dem beschriebenen Fall. Allerdings sind sie über die Anfragen des japanischen Kunden erstaunt: Der japanische Kunde fragt außergewöhnlich umfangreich und detailliert nach Informationen zu Produkten, die er eigentlich gar nicht kaufen möchte. Das macht die deutschen Mitarbeiter „misstrauisch": Wozu benötigen die Japaner diese Informationen? Warum erläutern sie nicht, warum sie so ausführliche Informationen anfragen? Die Reaktion der deutschen Mitarbeiter deutet darauf hin, dass sie das Verhalten der japanischen Kunden als Vertrauenswarnung im Bezug auf den Faktor *Ziele / Einschätzungen offen legen* aus dem Handlungsfeld 'Umgangsformen und Facework' interpretieren.

Achtung: *Ziele / Einschätzungen offen legen*

Die Überlegungen auf deutscher Seite könnten noch weiter gehen: Steckt auf japanischer Seite irgendeine unlautere Absicht dahinter? Wollen sie Informationen eventuell für sich nutzen oder an Dritte weitergeben? Die konkreten Informationen, um die es geht, sind keine vertraulichen Informationen – aber möglicherweise können die Japa-

Achtung: *Informationen nicht ausnutzen & Informationen vertraulich behandeln*

ner einen Vorteil für sich daraus ziehen? Oder sie an Dritte weitergeben? Möglicherweise würden sie dies später auch im Rahmen der Zusammenarbeit mit vertraulichen Informationen tun? Bei den deutschen Mitarbeitern führt die japanische Anfrage möglicherweise zur Befürchtung eines Verhaltens, das eine Vertrauenswarnung in Bezug auf die Faktoren *Informationen nicht ausnutzen* oder *Informationen vertraulich behandeln* darstellt.

Achtung:
An Wissen teilhaben lassen

Aus Sicht der japanischen Seite stellt sich die Situation ganz anders dar: Die Japaner fragen Informationen an, aber müssen feststellen, dass das deutsche Unternehmen einige Informationen nur sehr zögerlich liefert. Die deutschen Mitarbeiter versuchen sogar, manche Informationen bewusst zurückzuhalten – obwohl es für den japanischen Partner keinen einleuchtenden Grund dafür gibt und es sich auch nicht um prinzipiell vertrauliche Informationen handelt. Die japanischen Kunden interpretieren dies als Vertrauenswarnung in Bezug auf den Faktor *An Wissen teilhaben lassen*. Die deutschen Verhandlungspartner sind offenbar eher nicht bereit, Wissen und Informationen über ihre Produkte mit ihnen zu teilen, was aus Sicht der Japaner eher nicht dafür spricht, dass sich eine längerfristige Kooperation aufbauen lässt (vgl. die 'Geht-ihn-nichts-an!'-Vertrauensfalle in 9.1).

9.2.2 Kulturalarm: Was könnte hier kulturkritisch sein?

Steckt hinter den Fragen der japanischen Kunden tatsächlich eine unlautere Absicht? Die Reaktion der deutschen Mitarbeiter erscheint berechtigt und nachvollziehbar, wenn man voraussetzt, dass die japanischen Kunden tatsächlich unangemessen viele Informationen anfragen und dabei möglicherweise eine 'Hidden Agenda' verfolgen. Doch könnte es nicht aus Sicht der Japaner andere Gründe dafür geben, diese Informationen anzufragen?

Auch aus Sicht der japanischen Kunden muss man die Perspektive des Kulturalarms einnehmen: Ihr negativer Eindruck der deutschen Seite erscheint berechtigt und nachvollziehbar, wenn man voraussetzt, dass die Deutschen ihnen tatsächlich bewusst Informationen vorenthalten wollen. Doch könnte es nicht einfach sein, dass die Deutschen nur deshalb zögerlich sind, weil sich ihnen der Sinn der detaillierten Anfragen aus Japan nicht erschließt?

9.2.3 Kulturanalyse: Welche Unterschiede führen in die Vertrauensfalle?

Was die deutschen Servicemitarbeiter hier in die 'Muss-man-doch-wissen!'-Vertrauensfalle führt, sind Kulturunterschiede in Bezug auf die Bedeutung persönlicher Beziehungen und hinsichtlich des Zeithorizonts von Geschäftsbeziehungen. Sie betreffen die Zusammenarbeit deutscher Manager mit Kollegen und Partnern etwa aus Japan, China oder auch Südkorea.

Gute Beziehungen sind eine Grundlage für gute Geschäfte. Dieses Prinzip gilt kulturübergreifend. Trotzdem besitzt die persönliche Beziehung im Kulturvergleich unterschiedliche Bedeutung (vgl. Infokasten 'Sach- und Beziehungsorientierung' im Handlungsfeld 'Beziehungsaufbau und -pflege', S. 246): In manchen Kulturen ist die Beziehungsebene nicht nur wichtiger, sondern sehr viel wichtiger für eine Geschäftstätigkeit als die sachliche Einigung – bzw. sie geht der sachlichen Einigung und Diskussion notwendig voraus. Nur wenn der Eindruck gewonnen wird, dass man mit bestimmten Personen eine gute und vertrauensvolle Beziehung aufbauen kann, ist man bereit, weitere Schritte auf der fachlich-sachlichen Ebene zu gehen.

Sach- und Beziehungs-orientierung

Diese Tendenz besteht im Vergleich zur deutschen Kultur in vielen asiatischen Kulturen. Eine gute persönliche Beziehung ist etwa in der japanischen Kultur absolut grundlegend für eine erfolgreiche Geschäftsbeziehung. Daher verwenden japanische Manager insbesondere zu Beginn eines geschäftlichen Kontakts sehr viel Zeit darauf, den Geschäftspartner genau kennenzulernen. Dazu gehört auch, dass man möglichst umfassend Informationen über sein Unternehmen sammelt, um einschätzen zu können, ob man mit der Person bzw. dem Unternehmen eine Geschäftsbeziehung eingehen kann.

In anderen Kulturen hat die sachliche Einigung gegenüber der persönlichen Beziehung einen viel gewichtigeren Stellenwert. Gegenstand von Geschäftsverhandlungen ist hier primär das konkrete Geschäft. Natürlich wird auch hier zu Beginn einer Geschäftsbeziehung die Zeit für Kennenlernen und Smalltalk genutzt. Doch es gilt auch als Zeitverschwendung, zu lange über Themen oder Fragen zu sprechen, die nichts mit dem eigentlichen Verhandlungsgegenstand zu tun haben.

Beziehungsaufbauarbeit ist insbesondere wichtig, wenn man an *langfristigen* Geschäftsbeziehungen interessiert ist. Im Kulturvergleich haben Manager tendenziell unterschiedliche Zeithorizonte für Verhandlungen und Geschäftsbeziehungen. In Japan bemüht man sich grundsätzlich, Geschäftsbeziehungen von vornherein langfristig anzulegen – bzw. Geschäftspartner so auszuwählen, dass langfristige Geschäftsbeziehungen möglich sind. Das verlangt natürlich nach einer umfassenderen Prüfung des potenziellen Partners, die über das aktuelle Geschäft hinausgeht.

Zeithorizont von Geschäfts-beziehungen

Für die japanischen Kunden in unserem Fallbeispiel geht es in der beschriebenen Situation also vermutlich nicht nur um einen einmaligen Auftrag. Sie bewegt vielmehr die Frage, ob sie eine *langfristige* Geschäftsbeziehung mit Herrn Telkemeyer und seinem Unternehmen eingehen können. Daher ist es für sie wichtig, sich möglichst gut über das deutsche Unternehmen zu informieren. Hinter ihren Fragen steht also keine Hidden Agenda, sondern schlicht eine etwas umfassendere 'Beziehungsaufbauarbeit'. Diese ist aus ihrer Sicht nötig, da die Entscheidung über das Geschäft aus ihrer Sicht potenziell langfristige Konsequenzen hat.

Merke! Wenn man also aus Sicht einer sachorientierten Herangehensweise hinter scheinbar überflüssigen und daher irgendwie 'verdächtigen' Fragen eines Geschäftspartners unlautere Absichten vermutet, kann man in die 'Muss-man-doch-wissen!'-Vertrauensfalle geraten.

Umgekehrt reagieren die deutschen Mitarbeiter auf das Verhalten der Japaner mit Misstrauen und wiederholtem Zurückhalten von Informationen. Dieses Verhalten ist vermutlich nicht als fehlende Offenheit der Deutschen zu interpretieren, sondern als Reaktion auf die ungewohnten Fragen der Japaner und als Ausdruck einer dadurch entstehenden Skepsis. Wenn man aus Sicht einer beziehungsorientierten und 'Informationsaustausch-gewohnten' Kultur eine rein auf den Geschäftsgegenstand fokussierte Kommunikation des Partners als mangelnde Offenheit interpretiert, kann man in die 'Geht-ihn-nichts-an!'-Vertrauensfalle geraten (vgl. Abschnitt 9.1). Herr Telkemeyer selbst kennt diese Vertrauensfalle. Er bemüht sich daher, seine japanischen Kunden davor zu bewahren. Denn wenn diese kein Vertrauen in sein Unternehmen entwickeln, wird er sie vermutlich als Kunden verlieren. Seine Kollegen im deutschen Stammhaus schaffen ihm mit ihren Reaktionen Probleme für den Fortgang seiner Verhandlungen.

9.2.4 Hintergründe: Was ist die Logik der anderen Seite?

Abgesehen davon, dass sie der Beziehungsaufbauarbeit im Vergleich zu Deutschland einen größeren Stellenwert einräumen: Warum interessieren sich die Japaner von vornherein für eine *möglichst langfristige* Geschäftsbeziehung? Wäre es nicht sinnvoll, die Geschäftsbeziehung im Rahmen des aktuellen Geschäfts – das sich anbietet – zu testen, um dann einfach im weiteren Verlauf zu entscheiden, ob man die Beziehung fortführen will? Warum dieser seltsame Aufwand, für das aktuelle Geschäft belanglose Rahmeninformationen einzusammeln, wenn es doch ohnehin zunächst einmal nur um diesen einen Geschäftsabschluss geht?

In Japan strebt man für soziale Beziehungen grundsätzlich eine langfristige Perspektive an, die sich um Kontinuität bemüht. Langfristige Beziehungen genießen hohes Ansehen und gelten als qualitativ hochwertig. Diese Orientierung an größeren Zeithorizonten hängt mit bestimmten konfuzianischen Werten zusammen, insbesondere mit der Beharrlichkeit und Sparsamkeit. Generell gilt es im Konfuzianismus als erstrebenswert, die soziale Harmonie aufrechtzuerhalten und auf eine Stabilisierung von Beziehungen und der Gesellschaft insgesamt hinzuwirken (vgl. Infokasten 'Konfuzianismus in China, Japan und Korea', S. 228).

Für den Kulturunterschied zwischen einer eher kurzfristigen und einer eher langfristigen Grundorientierung haben Hofstede und Bond (1988) den Begriff 'Confucian Work Dynamism' (konfuzianische Dynamik) eingeführt. Andere Autoren sprechen von 'long-term' vs. 'short-term orientation' (langfristige- vs. kurzfristige Orientierung, z.B. House et al. 2004). Länder mit einer hohen konfuzianischen Dynamik bzw. einer langfristigen Orientierung sind neben Japan insbesondere die klassischen vier asiatischen 'Tigerstaaten' Hongkong, Taiwan, Südkorea und Singapur. In diesen Ländern werden bei Entscheidungen tendenziell stärker langfristige Ziele und Entwicklungen in den Blick genommen als etwa in Deutschland.

9.2.5 Strategien: Was lässt sich tun?

Für die Vermeidung oder Auflösung der 'Muss-man-doch-wissen!'-Vertrauensfalle sind folgende Strategien hilfreich:

Tab. 20: Strategien zur 'Muss-man-doch-wissen!'-Vertrauensfalle

Strategien aus Sicht einer sachorientierten, weniger kommunikationsintensiven Kultur z.B. Deutsche mit Japanern oder auch Chinesen, Südkoreanern	*Strategien aus Sicht einer beziehungsorientierten, kommunikationsintensiven Kultur* z.B. Japanern oder auch Chinesen, Südkoreaner mit Deutschen
• Auf unerwartete Anfragen nach Informationen nicht mit Skepsis und Ablehnung reagieren, sondern versuchen, die Gründe für den Informationsbedarf in Erfahrung zu bringen (z.B. „Um die richtigen Informationen zu liefern: für welchen Kontext werden sie benötigt…?"). • Ggf. Kulturkundige um eine Einschätzung bitten, ob eine Hidden Agenda hinter der Informationsbitte stehen könnte. • Nicht vertrauliche Informationen durchaus auch einmal weitergeben, um das Interesse an und die Bereitschaft zu einer langfristigen Geschäftsbeziehung zu bekunden.	• Informationsanfragen inhaltlich begründen, auch wenn man selbst den Eindruck hat, dass in einer Phase des Beziehungsaufbaus ein intensiver Informationsaustausch normal und erforderlich ist. • Informationen über andere Wege als direkte Fragen an den Partner in Erfahrung bringen, um den Partner nicht zu verunsichern.

9.3 Fazit zum Handlungsfeld 'Informationsmanagement'

Überblickstabelle Vertrauensfaktoren: S. 54

Zwei kulturelle Vertrauensfallen drohen im Handlungsfeld 'Informationsmanagement'. Sie hängen mit den folgenden drei Vertrauensfaktoren zusammen: *An Wissen teilhaben lassen, Informationen vertraulich behandeln* und *Informationen nicht ausnutzen*.

'Geht-ihn-nichts-an!'-Vertrauensfalle

Wenn man in der interkulturellen Zusammenarbeit aufgrund der mangelnden Auskunftsbereitschaft von Kollegen oder Geschäftspartnern schließt, diese wollten einem bewusst bestimmte Informationen nicht weiter geben (Faktor **An Wissen teilhaben lassen**), kann man in die 'Geht-ihn-nichts-an!'-Vertrauensfalle geraten. (Aus der Perspektive der anderen Seite ist die vertrauenskritische Einschätzung eher, dass ungerechtfertigt Informationen eingefordert werden.)

'Muss-man-doch-wissen!'-Vertrauensfalle

Wenn man umgekehrt hinter den intensiven Fragen eines Geschäftspartners nach bestimmten Informationen, die einem gar nicht relevant erscheinen, eine 'Hidden Agenda' vermutet (Faktoren **Informationen vertraulich behandeln, Informationen nicht ausnutzen** bzw. **Ziele offenlegen**), droht die 'Muss-man-doch-wissen!'-Vertrauensfalle. Denn es stellt sich die Frage: Warum versucht der andere, diese Informationen zu bekommen? Was hat er eigentlich vor? Hat er in Wirklichkeit andere Ziele?

Tab. 21 gibt noch einmal einen Überblick der kulturellen Vertrauensfallen im Handlungsfeld 'Informationsmanagement'.

Tab. 21: Vertrauensfallen im Handlungsfeld 'Informationsmanagement'

Geht-ihn-nichts-an!-Vertrauensfalle		
Kulturbeispiel: Frankreich-Deutschland Französischer Manager mit deutschen Kollegen: Sie stellen uns Informationen, die wir benötigen, bewusst nicht zur Verfügung (S. 190).		
Vertrauenswarnung	**Perspektive der anderen Kultur**	**Erklärender Kulturunterschied**
– Die enthalten uns Informationen vor, die für unsere Arbeit relevant sind!	– Diese Informationen sind für sie doch nicht wichtig! – Mischen sich in Dinge ein, die sie nichts angehen!	Relevanzbereich von Informationen (z.B. Transversalité in Frankreich)
Muss-man-doch-wissen!-Vertrauensfalle		
Kulturbeispiel: Deutschland-Japan Herrn Telkemeyers Kollegen in der deutschen Zentrale mit japanischen Kunden: Die fragen nach Informationen, die für die Geschäftsbeziehung vollkommen irrelevant sind! (S. 197).		
Vertrauenswarnung	**Perspektive der anderen Kultur**	**Erklärender Kulturunterschied**
– Die brauchen diese Informationen doch eigentlich gar nicht! – Die haben bestimmt eine 'Hidden Agenda'!	– Wir brauchen möglichst viel Kontextwissen! – Die enthalten uns Informationen vor!	Sach- und Beziehungsorientierung (langfristige Orientierung)

10 Aufgaben- und Projektmanagement

Für Manager entstehen in der arbeitsteiligen Zusammenarbeit mit Kollegen und Geschäftspartnern ständig Risiken. Niemand kann umfassend sicherstellen, dass andere ihre Arbeitsanteile wie vereinbart und hinreichend gut erledigen. Vertrauen und Kontrolle erfüllen hier die gleiche Funktion: Beides dient dazu, mit genau diesen Risiken umzugehen: Ich kann entweder kontrollieren, ob der andere seine Aufgaben gut genug bewältigt, oder ich kann darauf vertrauen, dass er das tut. Aber wie kann ich einschätzen, ob Vertrauen der bessere Weg ist? Die für unsere Forschung interviewten Manager beschreiben hier eine Reihe einschlägiger Vertrauensfaktoren. Und unsere kulturvergleichenden Auswertungen zeigen deutlich, wie Manager in unterschiedlichen Kulturen bei der Aufgabenbewältigung und im Projektmanagement ganz unterschiedliche Schwerpunkte setzen.

Betrachten wir die Vertrauensfaktoren des Handlungsfelds 'Aufgaben- und Projektmanagement' im Überblick:

Eine ganz grundsätzliche Frage ist, ob man den Eindruck hat, dass der andere kompetent ist und sein Fachgebiet gut kennt (Faktor *Kompetent sein / sich auskennen*). Denn das erhöht natürlich die Wahrscheinlichkeit, dass er seine Sache gut macht. Doch gilt dies nicht zwangsläufig. Auch wenn jemand kompetent ist, kann es vorkommen, dass er schlechte Arbeit abliefert, z.B. weil er das Projekt nicht ernst nimmt (Faktor *Qualitativ hochwertige Arbeit machen*). Oder es kann sein, dass er seine Arbeit nur zum Teil oder gar nicht erledigt, z.B. weil er sich in Details verliert und zu lange braucht (Faktor *Ergebnisse liefern*). Und Kompetenz hilft auch nichts, wenn der Kollege unmotiviert ist und keinen Einsatz zeigt (Faktor *Arbeitseinsatz und Motivation zeigen*).

Weitere Vertrauensfaktoren des Aufgaben- und Projektmanagements charakterisieren die Art und Weise, wie jemand Aufgaben umsetzt: Geht er organisiert, geplant, strukturiert und methodisch vor (Faktor *Organisiert und klar vorgehen*)? Besitzt er taktisches / strategisches Geschick (Faktor *Taktisch / strategisch vorgehen*)? Denkt er selbständig mit und geht auch einmal von sich aus über seinen definierten Rahmen hinaus (Faktor *Initiative und Kreativität zeigen*)?

So hilfreich diese Vertrauensfaktoren für Einschätzungen im gewohnten Umfeld sein mögen, in der interkulturellen Zusammenarbeit können sie in Vertrauensfallen führen. Zwei solcher Fallen sollte man kennen: In die 'Werd-erstmal-konkret!'-Vertrauensfalle (10.1) geraten Manager, wenn sie unterschiedlicher Auffassung sind, wie detailliert

Anweisungen oder Abmachungen formuliert sein müssen. Verantwortlich für die 'Konsens-hat-Vorrang!'-Vertrauensfalle (10.2) sind kulturelle Unterschiede bei Abstimmungs- und Entscheidungsprozessen in Gruppen.

10.1 Die 'Werd-erstmal-konkret!'-Vertrauensfalle

Die 'Werd-erstmal-konkret!'-Vertrauensfalle droht, wenn Manager unterschiedlicher Auffassung sind, wie detailliert Anweisungen oder Abmachungen formuliert sein müssen. Sie entsteht beispielsweise in der deutsch-französischen Zusammenarbeit.  Französische Manager können den Eindruck gewinnen, dass ein deutscher Mitarbeiter eine Anweisung nicht ausführt bzw. nicht ausführen kann oder ein Projektpartner einen vereinbarten Arbeitsschritt nicht umsetzt, obwohl der Kollege auf deutscher Seite gar nicht davon ausgeht, dass überhaupt eine Anweisung oder ein nächster Arbeitsschritt formuliert wurde.

Ein Beispiel aus der deutsch-französischen Zusammenarbeit

Beispiel für die 'Werd-erstmal-konkret!'-Vertrauensfalle

Monatelang nichts getan und nur aufs Konzept gewartet

Ein französischer Manager berichtet über einen Mitarbeiter in Deutschland, der ihm zuarbeitet:

> Das war jemand, bei dem habe ich irgendwann gemerkt, dass ich ihm nicht vertrauen kann, dass er Aufgaben voranbringt. Ein Beispiel: Unsere deutsche Niederlassung sah sich mit einer steuerrechtlichen Änderung konfrontiert, woraufhin ich den deutschen Mitarbeiter aufforderte, entsprechende Maßnahmen zu ergreifen. Meiner Ansicht nach hätte der Mitarbeiter das schnell erledigen können. Er hätte sich ein bisschen informieren können, ein bisschen rechts und links mit einem Anwalt, Notar oder Berater sprechen können, das Problem analysieren und mit solchen Partnern zusammen eine Lösung entwickeln können. Doch obwohl es eigentlich hätte schnell gehen können, passierte, nachdem ich ihm diese Anweisung gegeben hatte, monatelang nichts. Obwohl ich wiederholt nachfragte, passierte Monat für Monat einfach nichts. Ich kam daher zu dem Schluss, dass diese Person von ihren technischen Fähigkeiten her nicht in der Lage war zu verstehen, was ich von ihr verlangte.
>
> TRIM-Projekt / R. Münscher & J. Hormuth, vgl. Anhang 2.

10.1.1 Vertrauensanalyse: Was ist passiert?

Der von uns interviewte französische Top-Manager, Finanzchef Westeuropa im Konzern, beschreibt, warum er einem deutschen Mitarbeiter nicht vertrauen kann: Dieser tat schlicht nicht, was er ihm aufgetragen hatte – für ihn eine Vertrauenswarnung in Bezug auf den Faktor *Anweisungen umsetzen* (Handlungsfeld 'Führung und Delegation').

Achtung: Anweisungen umsetzen

Seine Interpretation geht aber noch einen Schritt weiter: Aufgrund des Verhaltens des deutschen Mitarbeiters kommen dem französischen Vorgesetzten Zweifel an der Fachkompetenz des Deutschen (Vertrauenswarnung in Bezug auf *Kompetent sein / sich auskennen*). Sein Schluss: Dieser Mitarbeiter ist leider fachlich nicht gut genug, um bei bestimmten Anweisungen zu verstehen, worum es geht. Dabei erschien die Aufgabe dem Franzosen noch nicht einmal besonders schwierig und zeitaufwändig („Meiner Ansicht nach hätte der Mitarbeiter das schnell erledigen können").

Achtung: Kompetent sein / sich auskennen

10.1.2 Kulturalarm: Was könnte hier kulturkritisch sein?

Trifft der Schluss des französischen Managers den Kern der Sache? Ist es richtig, dass der Deutsche einfach nicht getan hat, was sein Vorgesetzter ihm aufgetragen hatte? Trifft zu, dass er den Arbeitsauftrag nicht erledigt, weil er nicht verstanden hat, was von ihm verlangt wird?

Der Eindruck des französischen Managers wäre richtig und angemessen, wenn der Mitarbeiter bewusst den Auftrag nicht umsetzt hätte oder tatsächlich inkompetent gewesen wäre. Doch es kann andere Gründe dafür geben, warum der deutsche Manager den Auftrag über längere Zeit nicht erledigt. Der französische Vorgesetzte ist offenbar selbst der Ansicht, dass es hier nicht einfach um eine fehlende Bereitschaft geht, Arbeitsaufträge von Vorgesetzten auszuführen. Doch seine Reaktion ist, dies als Indiz dafür zu sehen, dass es dem Mitarbeiter an Qualifikation mangelt – eine Vertrauenswarnung bzgl. *Kompetent sein / sich auskennen*. An dieser Stelle muss nun der Kulturalarm klingeln: Könnte es sein, dass es in einer anderen Kultur noch andere Gründe dafür gibt, warum ein Mitarbeiter in einer solchen Situation eine Anweisung nicht umsetzt? Hat er die Anweisung vielleicht gar nicht *als Anweisung* verstanden? Oder hat er die Anweisung nicht so verstanden, wie sie der Vorgesetzte gemeint hat?

10.1.3 Kulturanalyse: Welche Unterschiede führen in die Vertrauensfalle?

Was den französischen Vorgesetzten und den deutschen Mitarbeiter hier in die kulturelle Vertrauensfalle lockt, ist ein kultureller Unterschied in der 'Detaillierungspräferenz'. Was ist der angemessene

Detaillierungspräferenz

Detaillierungsgrad von Anweisungen? In der Kommunikation zwischen Vorgesetzten und Mitarbeitern gibt es im Vergleich von Kulturen unterschiedliche Detaillierungspräferenzen für die Formulierung von Arbeitsaufträgen. In manchen Kulturen sind Anweisungen eher als allgemeine Richtungsvorgaben formuliert. Es ist dann Aufgabe (und Freiheit) des Mitarbeiters, mit den ersten Schritten der Umsetzung den Arbeitsauftrag weiter zu konkretisieren und diese Konkretisierungsschritte mit dem Vorgesetzten abzustimmen. In anderen Kulturen erwarten Mitarbeiter vom Vorgesetzten, dass er entsprechende Konkretisierungen vorgibt oder mit ihnen entwickelt, *bevor* sie mit der Umsetzung beginnen. Bevor ein Arbeitsauftrag ein gewisses Konkretisierungsminimum besitzt, gehen sie davon aus, dass *noch nicht* mit der Umsetzung begonnen werden soll.

In unserem Beispiel interpretiert der französische Manager das Verhalten des Deutschen als *Nicht-Umsetzen einer Anweisung*. Doch es ist gut möglich, dass dem Deutschen gar nicht klar ist, dass er aus Sicht seines Vorgesetzten eine Anweisung erhalten hat, dass also bereits ein Arbeitsauftrag besteht. Entsprechend kann aus seiner Sicht auch nicht die Rede davon sein, dass er 'eine Anweisung nicht umgesetzt' hat. Für den Franzose entsteht aus dessen Sicht der Dinge jedoch eine Vertrauenswarnung *Inkompetenz* – die kulturelle Vertrauensfalle ist zugeschnappt.

Herangehensweise an Aufgaben/Projekte

Solche Unterschiede der Detaillierungspräferenz bei Anweisungen hängen damit zusammen, wie man tendenziell in einer Kultur an Aufgaben herangeht: Wie gut oder umfassend plant man ein Vorhaben, bevor man zur Umsetzung der Aufgabe schreitet? Während man in manchen Kulturen die Sicherheit und Effizienz einer guten Planung höher schätzt, bevorzugt man in anderen Kulturen den direkteren Realitätsbezug einer schnelleren Umsetzung von Aufgaben. Man bespricht die Richtung, einigt sich auf allgemeine Zielvorstellungen und legt los. Mögliche Fragen oder Probleme geht man dann an, wenn sie sich konkret stellen (vgl. Infokasten 'Verhältnis von Planung und Umsetzung', S. 211).

'Konzept' ≠ 'concept'

Äußerst aufschlussreich ist eine kleine Anmerkung des Franzosen: Es sei schon lustig, wie der deutsche Kollege sich ausdrücke. Er würde immer behaupten, ihm sei das 'Konzept' noch nicht klar. Man könne mit ihm niemals irgendwo weiterkommen, ohne dass man ein 'Konzept' beschlossen bzw. 'abgesegnet' habe. Der würde es doch tatsächlich fertig bringen, monatelang nichts zu tun und zu warten, dass man ihm das 'Konzept' schicke. Er sei sich daher nicht sicher, ob das deutsche Wort 'Konzept' und das französische Wort 'concept' überhaupt das gleiche bedeuteten.

Damit zeigt der Franzose gutes Sprachgefühl. Denn tatsächlich spielt den beiden hier der Bedeutungsunterschied von *Konzept* (deutsch) und *le concept* (französisch) einen zusätzlichen Streich. Im Deutschen bezieht sich *Konzept* auf etwas, das zumindest bereits in ersten Ansätzen durchdacht bzw. vorbereitet ist – einen Plan, einen Vorschlag, einen Ansatz etc. Das französische *le concept* hingegen ist sehr nah am Status einer Idee, einer „représentation générale et abstraite", das heißt einer allgemeinen und abstrakten Idee (Barmeyer 1996: 36, Davoine 2007). Hier gibt es tendenziell noch keine erste Fassung, noch keinen ersten Entwurf. Dem deutschen *Konzept* entspricht im Französischen eher *avant-projet*, *projet* oder *plan d'action* (Breuer & de Bartha 2002). Auch wenn sich die beiden gemeinsam auf Englisch über „the concept" verständigen, kann es allein aus sprachlichen Gründen sein, dass der Deutsche sich ein *Konzept* wünscht und noch einige grundsätzliche Punkte klären möchte, wohingegen der Franzose an *le concept* denkt und der Ansicht ist, dieses hätte man doch längst. (Im Englischen ist *concept* übrigens auch sehr viel vager als das deutsche *Konzept*.)

Merke!

Wenn man aus der Perspektive einer Kultur mit geringer Detaillierungspräferenz davon ausgeht, dass man jemandem aus einer Kultur mit hoher Detaillierungspräferenz eine Anweisung gegeben hat, und Vertrauen in Frage stellt, wenn er diese Anweisung nicht ausführt, dann droht die 'Werd-erstmal-konkret!'-Vertrauensfalle.

Kommunikation unter Projektpartnern

Diese Vertrauensfalle kann natürlich nicht nur in der Vorgesetzten-Mitarbeiter-Kommunikation entstehen, sondern auch in der Kommunikation zwischen Projektpartnern. Nehmen wir an, zwei Projektpartner vereinbaren aus der Perspektive des einen, dass der andere einen Entwurf für die Umsetzung des Projekts macht. Möglicherweise ist jedoch aus Sicht des anderen noch nicht detailliert genug geklärt, was überhaupt das Projektziel ist – weshalb dieser weitere Besprechungen abwartet, anstatt aktiv zu werden. Damit wiederum enttäuscht er seinen Partner, der sich das nur mit mangelndem Kooperationswillen (Faktor *Die Zusammenarbeit ernst nehmen*) oder der Unfähigkeit des Projektpartners (Faktor *Kompetent sein*) erklären kann – beides klare Vertrauenswarnungen.

10.1.4 Hintergründe: Was ist die Logik der anderen Seite?

Warum pochen deutsche Mitarbeiter oder Projektpartner im Vergleich zu vielen anderen Kulturen auf eine detailliertere Abstimmung, bevor sie mit der Umsetzung einer Aufgabe beginnen? Können sie nicht einfach loslegen und falls Fragen entstehen, *dann* nachfragen oder selbst nach Lösungen suchen?

Hinter der hohen Detaillierungspräferenz in der deutschen Kultur steht die Überzeugung, dass man eine Aufgabe effizienter durchführen kann, wenn man im Vorfeld gut plant und sich gut abstimmt. Zum einen geht man auf diese Weise sicher, dass man sich über die genaue Zielsetzung einig ist (Worum geht es dem Vorgesetzten?). Zum anderen vermeidet man ineffiziente Sackgassen, die ein Trial-and-error-Vorgehen in der Regel mit sich bringt (die 'errors'...). Eine detailliertere Abstimmung im Vorfeld spart Zeit, Kosten und Nerven. Nicht zuletzt hilft sie zu vermeiden, weitere Kollegen oder Geschäftspartner ohne Notwendigkeit zu involvieren bzw. unzutreffende Dinge zu kommunizieren.

Hinter einem Vorgehen mit geringerer Detaillierungspräferenz steht eine komplett andere Arbeitsphilosophie. Sie geht davon aus, dass es ohnehin immer notwendig ist, geplante Vorgehensschritte an die Realität anzupassen und mit der Entwicklung der Dinge auch die Herangehensweise weiterzuentwickeln. Man kann nicht früh genug anfangen, mögliche Richtungen für eine Projektumsetzung auszutesten. Nur so bekommt man das notwendige Feedback der Arbeitsebene, was wie möglich ist. Das Involvieren von Kollegen oder Geschäftspartnern in diesen Prozess erscheint als hilfreich bzw. notwendig, um Chancen und Risiken für alternative Herangehensweisen einschätzen zu können und letztlich die Realisierbarkeit des Vorhabens zu gewährleisten. Demgegenüber wird die prophylaktische Vorfeld-Klärung von Details, die hinterher in der Praxis möglicherweise gar keine Rolle mehr spielen, als ineffizient abgetan. – Wie so häufig, haben natürlich beide Philosophien im Projektalltag ihre Berechtigung, und es geht letztlich darum, das angemessene Maß zu finden. Vertrauensfallen entstehen dadurch, dass es hier im Kulturvergleich klar unterschiedliche Präferenzen gibt.

10.1.5 Strategien: Was lässt sich tun?

Für die Vermeidung oder Auflösung der 'Werd-erstmal-konkret!'-Vertrauensfalle sind folgende Strategien hilfreich:

Tab. 22: Strategien zur 'Werd-erstmal-konkret!'-Vertrauensfalle

Strategien aus Sicht einer niedrigeren Detaillierungspräferenz z.B. französischer Chef mit deutschem Mitarbeiter	*Strategien aus Sicht einer höheren Detaillierungspräferenz* z.B. deutscher Mitarbeiter mit französischem Chef
• Bei der Delegation von Aufgaben: Klar kommunizieren, *dass* eine Anweisung gegeben wird; Zielsetzungen möglichst detailliert klären. • Nicht-Umsetzen einer Anweisung als Anzeichen für möglichen Klärungsbedarf interpretieren; nachfragen, welche Informationen/ Klärungen der Mitarbeiter noch benötigt, um die Aufgabe ausführen zu können.	• Bei anstehenden Aufgaben: Auch wenn der Chef nur wenig konkrete Hinweise gegeben hat, eigenständig mit der Umsetzung beginnen und die einzelnen Bearbeitungsschritte dann mit dem Vorgesetzten abstimmen – selbst wenn man riskiert, dass man einen Teil der Arbeit 'umsonst' macht. • Ggf. selbst detailliertere Hinweise vom Chef einfordern. • Wachsam sein, ob der Vorgesetzte vielleicht erwartet, dass man bestimmte Aufgaben angeht, obwohl keine konkrete Anweisung formuliert wurde.

Kulturunterschied-4: Verhältnis von Planung und Umsetzung

Wenn man nicht gerade eine gut eingeübte Routineaufgabe ausführt, wird man selten auf Anhieb den effizientesten Weg finden. Stattdessen kämpft man häufig mit unvorhergesehenen Problemen, für die man keine Patentlösung im Ärmel hat. Im Kulturvergleich findet man zwei gegensätzliche Wege, wie man mit dieser Herausforderung des Aufgaben- und Projektmanagements umgehen kann.

Der Weg der guten Planung und des Risikomanagements versucht, mögliche Schwierigkeiten zu antizipieren und entsprechende Vorkehrungen zu treffen. Man will so Schwierigkeiten vermeiden bzw. effizient mit ihnen umgehen können, sollten sie eintreten. Ein solches Vorgehen wird im deutschen Kulturraum geschätzt.

In der interkulturellen Managementforschung bezeichnet man dieses Vorgehen als 'Unsicherheitsvermeidung' ('Uncertainty Avoidance', Hofstede 1980, House et al. 2004). Denn das Ziel ist es, durch intensive Planung Unsicherheiten zu vermeiden und Risiken vorzubeugen. Ein hoher Grad an Unsicherheitsvermeidung in einer Kultur zeigt sich beispielsweise in der Verwendung von Planungsinstrumenten, in einer hohen Bedeutung von Risikomanagement sowie einer hohen Zahl abgeschlossener Versicherungen.

Im Gegensatz dazu versucht man in bestimmten Kulturen, sich vor der Umsetzung von Anweisungen, Ideen oder Vorhaben weniger mit vorbereitender Planung zu beschäftigen, sondern stattdessen möglichst schnell mit der Umsetzung zu beginnen und erste Ergebnisse zu erzielen. Durch die Abkürzung der Planungsphase gewinnt man Zeit. Diese kann später genutzt werden, um auftretenden Schwierigkeiten zu begegnen. Dieses Vorgehen vermeidet den Aufwand von Vorkehrungen für Schwierigkeiten, die dann in der Praxis gar nicht auftreten. Es rechnet zudem gleichsam mit den unweigerlichen Schwierigkeiten, auf die man trotz bester Planung nicht vorbereitet ist.

Einen geringere Präferenz für Planung im Vergleich zu Deutschland findet man beispielsweise in Frankreich (Pateau 1998: 61f., Münscher 2011: 355f.). Dort ist ein Vorgehen verbreitet, bei dem man Situationen eher auf sich zukommen lässt und erst dann reagiert, wenn Schwierigkeiten tatsächlich auftreten. Dadurch entsteht natürlich gelegentlich die Notwendigkeit, ein Problem 'en passant' durch Versuch und Irrtum bzw. durch Improvisieren zu lösen – was sich durch eine gute vorbereitende Planung effizienter erreichen ließe. Da man jedoch die Planungsphase gespart hat, besteht gegenüber den 'Planern' ein Zeitvorsprung, den man nutzen kann. Im Französischen spricht man in diesem Zusammenhang von 'se débrouiller', was so viel heißt wie: sich irgendwie durchschlagen, erfolgreich improvisieren. Das heißt, man schafft die notwendige Klarheit des Vorgehens nicht durch eine vorgeschaltete Planung, sondern indem man die Fragen dann klärt, wenn sie sich konkret stellen.

10.2 Die 'Konsens-hat-Vorrang!'-Vertrauensfalle

In die 'Konsens-hat-Vorrang!'-Vertrauensfalle führen kulturelle Unterschiede in Bezug auf Abstimmungs- und Entscheidungsprozesse in Gruppen – wie sie beispielsweise zwischen der deutschen und der japanischen Kultur

bestehen. Die Unterschiede können den Eindruck entstehen lassen, ein Mitarbeiter würde schlechte Arbeit abliefern oder sich nicht genügend gegenüber Kollegen durchsetzen, wobei dieser aus seiner Perspektive sehr wohl ein gutes Ergebnis erzielt hat: nämlich eine Konsens-Entscheidung, die von allen Betroffenen mitgetragen wird.

Ein Beispiel aus der deutsch-japanischen Zusammenarbeit

Beispiel für die 'Konsens-hat-Vorrang!'-Vertrauensfalle

Abstimmung mit anderen Abteilungen

Herr Heilmann leitet die Marketingabteilung der Niederlassung eines internationalen Konzerns in Tokyo. Er hat seinen Produktmanager Herrn Kono damit beauftragt, eine Informationsbroschüre über das neueste Produkt zu erstellen.

> Herr Kono legte mir einen innovativen Entwurf vor, der nur noch von einigen anderen Abteilungen – zum Beispiel der Rechtsabteilung – akzeptiert werden musste. Wie mir Herr Kono berichtete, gestalteten sich die Absprachen mit diesen Abteilungen leider schwierig. Häufig bekam Herr Kono zu

> hören, dass man die Produktbroschüre doch noch nie so gemacht habe. Die anderen Abteilungen hatten so viele Einwände, dass sich die Broschüre immer mehr veränderte. Als Herr Kono mir die Endfassung vorlegte, war ich entsetzt, denn meines Erachtens war die Broschüre nun nur noch mittelmäßig. Herr Kono äußerte, er sei auch nicht glücklich mit dem Resultat, aber er könne nichts dafür. Die anderen Abteilungen hätten bestimmte Dinge einfach immer abgelehnt. Ich war enttäuscht, dass Herr Kono in diesen Situationen nicht stärker argumentiert hatte.
>
> Kulturstandard-Forschung / A. Thomas, vgl. Anhang 2.

10.2.1 Vertrauensanalyse: Was ist passiert?

Herr Heilmann ist von seinem Mitarbeiter enttäuscht: Er hat zunächst gute Arbeit geleistet und einen sehr guten und innovativen Entwurf für die Werbebroschüre entwickelt. Aber das Ergebnis, das er nach den letzten Abstimmungsschleifen abliefert, ist nur noch mittelmäßig. Dafür ist aus Herrn Heilmanns Sicht verantwortlich, dass Herr Kono es nicht geschafft hat, seine Broschüre auch bei den anderen Abteilungen durchzusetzen. Erwartungsgemäß gab es Einwände gegenüber dem neuen Ansatz. Aber anstatt seine wirklich sehr gute Broschüre selbstbewusst zu verteidigen und die Kollegen zu überzeugen, macht Herr Kono offenbar einen Rückzieher und nimmt lieber die verschiedenen Verschlechterungen seines Entwurfs in Kauf als die Kollegen zu verärgern. Er gibt selbst zu, dass auch er mit dem Resultat nicht zufrieden ist. Doch er schiebt die Schuld auf die anderen und sagt, er könne nichts dafür. Natürlich kann er etwas dafür, denn in den Augen Herrn Heilmanns gehört es zu seiner Aufgabe, den Broschürenentwurf gegenüber den anderen Abteilungen zu verteidigen und durchzusetzen.

Für Herrn Heilmann ist das Verhalten Herr Konos eine Vertrauenswarnung in Bezug auf die Faktoren *Taktisch / strategisch vorgehen* bzw. *Gegen Widerstand zu seiner Überzeugung stehen*. Entweder mangelt es Herrn Kono am nötigen taktischen bzw. strategischen Geschick, wie man an eine Sache herangehen muss, um ein strittiges Projekt erfolgreich bei Dritten durchzusetzen. Oder es mangelt dem Mitarbeiter an der Fähigkeit, bei 'Gegenwind' hinreichend entschieden und selbstbewusst den eigenen Entwurf zu vertreten und auch durchzusetzen (vgl. Handlungsfeld 'Konfliktmanagement').

Achtung: *Taktisch / strategisch vorgehen* bzw. *Gegen Widerstand zu seiner Überzeugung stehen*

10.2.2 Kulturalarm: Was könnte hier kulturkritisch sein?

Fehlt es Herrn Kono tatsächlich an taktischem Gespür oder Durchsetzungsvermögen? Herr Heilmanns Einschätzung ist angemessen, wenn man davon ausgeht, dass Herr Kono grundsätzlich die Möglichkeit gehabt hätte, seinen eigenen Vorschlag mit etwas mehr Argumentationsgeschick oder Standvermögen durchzusetzen. Vielleicht war

Herrn Kono aber durchaus bewusst, dass es ihm im japanischen Unternehmenskontext, zumal aus seiner Position heraus, nicht gelingen kann, seinen Entwurf durchzubringen, wenn er nicht auf die Einwände der Kollegen ernsthaft eingeht. Vielleicht wäre ein geschickt taktierendes Vorgehen, wie Herr Heilmann es möglicherweise von Herrn Kono erwartet hatte, gar nicht möglich und geradezu kontraproduktiv gewesen – so dass die Widerstande weiter gewachsen wären und Herr Kono überhaupt kein Ergebnis erreicht hätte.

10.2.3 Kulturanalyse: Welche Unterschiede führen in die Vertrauensfalle?

Unterschiedliche Abstimmungs- und Entscheidungsprozesse

Der Kulturunterschied, der Herrn Heilmann und Herrn Kono in die 'Konsens-hat-Vorrang!'-Vertrauensfalle führt, ist ein Unterschied der Abstimmungs- und Entscheidungsprozesse wie er beispielsweise zwischen der deutschen und der japanischen Kultur besteht.

In Japan verlaufen Abstimmungs- und Entscheidungsprozesse völlig anders als in Deutschland (vgl. Infokasten 'Entscheidungs- und Konsensfindung in Japan', S. 217). Von höchster Wichtigkeit bei der Abstimmung von Projekten, Produkten oder allgemein von Entscheidungen ist in der japanischen Kultur, dass die betroffenen Personen und Abteilungen *in einem offiziellen Konsens* zum Ergebnis kommen. Daher werden frühzeitig alle Betroffenen einbezogen und ihre Meinungen eingeholt. Man versucht dann, bei der Umsetzung diese Meinungen irgendwie zu berücksichtigen, um ein gemeinsames und konsensfähiges Gesamtergebnis zu erreichen.

In dem beschriebenen Beispiel war sowohl Herrn Heilmann als auch Herrn Kono bewusst, dass die betroffenen Abteilungen ihre Zustimmung zu der Broschüre abgeben müssen. Sie hatten allerdings ein unterschiedliches Verständnis davon, wie intensiv die Meinungen der Abteilungen mindestens einzubeziehen sind. Aus Herrn Heilmanns Perspektive war das Ziel, die in der Entwurfsfassung sehr überzeugende Broschüre möglichst auch in dieser Form durchzusetzen. Die anderen Abteilungen mussten zwar zustimmen, aber idealerweise hätte man mögliche Einwände im Gespräch ausräumen und die Kollegen vom vorliegenden Entwurf überzeugen können. Für Herrn Heilmann ist offensichtlich, dass die Qualität der Broschüre, die er und Herr Kono als Fachbetroffene natürlich am besten einschätzen können, Vorrang hat vor den Meinungen der Kollegen aus den anderen Abteilungen.

Herrn Konos Einschätzung sieht anders aus. Ihm ist klar, dass er einen Weg finden muss, die Meinungen der Kollegen aus den anderen Abteilungen ernsthaft in die Konzeption der Werbebroschüre einzubeziehen. Zwar ist für ihn auch enttäuschend, dass er seinen ursprünglich besseren Entwurf nicht so umsetzen kann. Allerdings ist ihm bewusst, dass für den späteren erfolgreichen Einsatz der Broschüre der Rückhalt der anderen Abteilungen grundlegend ist. Dies macht es für ihn angemessen, Einbußen im Bezug auf die Qualität der Broschüre in Kauf zu nehmen. Er musste die Vorschläge der verschiedenen Abteilungen erkennbar einbeziehen. Dass er damit ein Ergebnis erzielt hat, das alle mit tragen, sieht er gerade als besonderes Verhandlungsgeschick. Er würde Herrn Heilmann daher nicht zustimmen, dass er schlecht taktiert hat und ebenso wenig dass er zu wenig selbstbewusst aufgetreten ist.

In einem weiteren Verständnis hängt dieser Unterschied in den Abstimmungs- und Entscheidungsprozessen mit einem kulturell unterschiedlichen Stellenwert von Gruppen und Gruppenmeinungen zusammen. Je wichtiger Gruppen und Gruppenzugehörigkeiten sind, desto wichtiger ist auch der Einbezug anderer in Abstimmungs- und Entscheidungsprozesse und desto wichtiger ist das Erreichen einer Konsensentscheidung. Der Grad der Gruppenorientierung ist ein Aspekt, in dem sich Kulturen typischerweise unterscheiden. Viele asiatische Kulturen sind wie die japanische Kultur stärker gruppenorientiert (z.B. Petzold et al. 2005), während viele westeuropäische (z.B. Deutschland oder die USA demgegenüber als eher individualistisch gelten (Schroll-Machl 2002, Slate & Schroll-Machl 2009). Entsprechend wichtig ist in asiatischen Kulturen die Konsensfindung – und die japanische Kultur hat für die Gestaltung der Konsensfindungsprozesse besonders ausgefeilte Konventionen entwickelt (vgl. Infokasten 'Entscheidungs- und Konsensfindung in Japan', S. 217).

Gruppenorientierung

Der Unterschied zwischen Individualismus und Gruppenorientierung zeigt sich in einer ergänzenden Äußerung Herrn Heilmanns in unserem Fallbeispiel: „Es ärgerte mich, dass sich keiner im Unternehmen dafür verantwortlich fühlte, wie die Broschüre geworden ist, und jeder sagte: 'Ich würde ja gern, aber Abteilung XY macht da nicht mit.'" Aus seiner individualistischen Perspektive heraus erwartet Herr Heilmann, dass eine Einzelperson oder -abteilung die Verantwortung für die Gestaltung der Broschüre übernimmt. In einem gruppenorientierten Kontext ordnet sich das Individuum aber der Gruppe unter, in diesem Fall der Summe der Abteilungsmeinungen. Entscheidungen sind dann nicht individuell zu verantworten, sondern gelten als Entscheidungen aller Beteiligten.

Wenn man aus Sicht einer individualistisch und wenig konsensorientierten Kultur eine Anpassung eigener Produkte und Ideen an die Meinung anderer als mangelnde Durchsetzungsfähigkeit und fehlendes Verhandlungsgeschick interpretiert, kann man in die 'Konsens-hat-Vorrang!'-Vertrauensfalle geraten.

Merke!

10.2.4 Hintergründe: Was ist die Logik der anderen Seite?

Inwiefern kann es sinnvoll sein, ein mittelmäßiges Ergebnis ohne allzu großen Widerspruch in Kauf zu nehmen, nur damit Kollegen oder andere Abteilungen zufrieden sind? Natürlich ist es wichtig, sich mit anderen abzustimmen und niemanden komplett zu übergehen. Aber ist es nicht letztendlich wichtiger, eine Werbebroschüre hoher Qualität zu haben, als sicherzustellen, dass sich auch wirklich niemand übergangen fühlt?

Dass Konsensorientierung als höchstes Gebot gelten kann, ist nachvollziehbar, wenn man bedenkt, wie viel internen Rückhalt Produkte oder Projekte im Unternehmen benötigen. Es ist schön, wenn man eine hervorragende Werbebroschüre hat. Aber die beste Broschüre bringt nichts, wenn zum Beispiel die Experten aus der Produktentwicklung intern über die Broschüre herziehen und die Kollegen aus dem Vertrieb sie nicht an Kunden weitergeben – oder die Kollegen aus der Rechtsabteilung die Verteilung der Broschüre aus juristischen Gründen verhindern... Nur wenn alle an einem Strang ziehen, kann die Broschüre erfolgreich sein. Diese Argumentation gilt zwar auch für individualistische Kulturen, insbesondere aber für konsens- und gruppenorientierte Kulturen. Ohne den Rückhalt der Gruppe ist ein Projekt hier zum Scheitern verurteilt – und die Beziehungen zu den Gruppenmitgliedern, die übergangen wurden, sind längerfristig beschädigt.

10.2.5 Strategien: Was lässt sich tun?

Für die Vermeidung oder Auflösung der 'Konsens-hat-Vorrang!'-Vertrauensfalle sind folgende Strategien hilfreich:

Tab. 23: Strategien zur 'Konsens-hat-Vorrang!'-Vertrauensfalle

Strategien aus Sicht individualistischer Kulturen z.B. Deutsche oder auch Amerikaner mit Japanern	*Strategien aus Sicht gruppenorientierter Kulturen* z.B. Japaner mit Deutschen oder auch Amerikanern
• Die Steuerung von Konsens- und Entscheidungsfindungsprozessen als Leistung anerkennen und bei der Bewertung der Arbeit berücksichtigen. • Gewisse Qualitätseinbußen in Kauf nehmen zugunsten eines breiteren Rückhalts und einer besseren internen Umsetzungswahrscheinlichkeit.	• Gegenüber Vorgesetzten die Konsequenzen eines Nicht-Einbezugs bestimmter Personen oder Gruppen in Entscheidungsprozesse verdeutlichen. • Trotz der Notwendigkeit eines Einbezugs unterschiedlicher Meinungen die Qualität des Endergebnisses stark im Auge behalten.

Kulturinfo-4: Entscheidungs- und Konsensfindung in Japan

Zentral für Entscheidungsprozesse in Japan ist die Konsensfindung zwischen allen von der Entscheidung Betroffenen. Entsprechend langwierig und kompliziert ist die Entscheidungsfindung in japanischen Unternehmen und Institutionen. Dafür sind die getroffenen Entscheidungen umso sicherer und nachhaltiger.

Zwei Begriffe charakterisieren den Entscheidungs- und Konsensfindungsprozess in Japan: 'Nemawashi' beschreibt die Vorbereitung von Entscheidungen, und 'ringi seido' betrifft das Einholen von Zustimmungen zu einer Entscheidung. Für beide Prozesse ist die maßgebliche Beteiligung aller relevanten Mitarbeiter und Kollegen wichtig. Eine Entscheidung wird nicht von Vorgesetzten allein getroffen, sondern sie wird gewissermaßen 'bottom-up' in zahlreichen informellen Gesprächen, meist Zweiergesprächen, mit allen potenziell betroffenen Personen vorbereitet (= '**nemawashi**'). Die eingeholten Meinungen werden soweit wie möglich in die Entscheidung einbezogen. Anschließend durchläuft die Entscheidung einen relativ langen und umfangreichen Prozess der Zustimmung durch verschiedene Abteilungen und Hierarchieebenen im Unternehmen (= '**ringi seido**'). Der 'ringi seido'-Prozess läuft nach einem strengen Schema ab: Es wird zunächst ein Entscheidungspapier erstellt ('ringisho'). Dieses wird dann verschiedenen Abteilungen zur Begutachtung vorgelegt. Das Dokument inklusive aller Stellungnahmen wird anschließend in einem Umlaufverfahren von verschiedenen Personen und Gremien unterschrieben und jeweils mit dem persönlichen Stempel ('hanko') versehen (für eine ausführliche Beschreibung des Entscheidungsfindungsprozesses in Japan vgl. Schneidewind 1991: 30ff.).

Grund für den Einbezug so vieler Personen bei Entscheidungen ist die Einholung des Rückhalts und der Unterstützung aller Betroffenen bei der späteren Umsetzung der Entscheidung. Nur wenn sich Mitarbeiter und Angehörige anderer Abteilungen mit einer Entscheidung identifizieren können und in die Entscheidungsfindung eingebunden wurden, setzen sie sich für die Umsetzung der Entscheidung ein. Westliche Manager haben häufig den Eindruck, japanische Entscheidungen seien unnötig kompliziert und noch dazu nicht logisch, sondern irrational (vgl. Schneidewind 1991: 54). Letzteres ist auch durchaus richtig, denn wenn die Meinungen vieler Personen einbezogen werden, kann dies dazu führen, dass eine Entscheidung aus einer objektiven Außenperspektive gerade nicht die vernünftigste ist. Allerdings verläuft die Umsetzung von Entscheidungen in Japan besonders effektiv. Im Anschluss an das offizielle Entscheidungsmeeting sind keine weiteren Diskussionsrunden notwendig. Dadurch ist der Gesamtprozess von der Entscheidungsfindung über die Entscheidung bis zu ihrer Umsetzung häufig schneller, wirksamer und nachhaltiger als ein direktiver Entscheidungsprozess, der langwierige Umsetzungsschwierigkeiten nach sich zieht, wie in manch anderen Kulturen.

10.3 Fazit zum Handlungsfeld 'Aufgaben- und Projektmanagement'

Überblickstabelle Vertrauensfaktoren: S. 54

Im Handlungsfeld 'Aufgaben- und Projektmanagement' gibt es eine Reihe relevanter Vertrauensfaktoren. Insbesondere zwei dieser Faktoren können Manager in kulturelle Vertrauensfallen führen: *Kompetent sein / sich auskennen* und *Taktisch / strategisch vorgehen*.

'Werd-erst-mal-konkret!'-Vertrauensfalle

Wenn Chefs aus einer Kultur mit geringer Detaillierungspräferenz in der Zusammenarbeit mit deutschen Partnern oder Mitarbeitern beobachten, dass eine Anweisung nicht umgesetzt wird, droht die 'Werd-erstmal-konkret!'-Vertrauensfalle. Sie stellen fest, dass auf deutscher Seite nicht getan wurde, was verlangt war (Vertrauenswarnung bzgl. **Anweisungen umsetzen**) und führen dies ggf. auf mangelnde Kompetenz zurück (Vertrauenswarnung bzgl. **Kompetent sein / sich auskennen**) – obwohl auf deutscher Seite gar keine handlungsrelevante Anweisung angekommen ist.

'Konsens-hat-Vorrang!'-Vertrauensfalle

In die 'Konsens-hat-Vorrang!'-Vertrauensfalle geraten deutsche Manager, wenn sie in einer sehr konsensorientierten Kultur wie etwa in der japanischen Unternehmenswelt enttäuscht sind, wenn ein Mitarbeiter, Kollege oder Partner 'zu schnell einknickt', nicht genügend taktisches Geschick besitzt, um ein gemeinsames Anliegen durchzusetzen (Faktor **Taktisch / strategisch vorgehen**) bzw. das Anliegen nicht ausreichend gegen Kritik und Widerspruch verteidigt (Faktor **Gegen Widerstand zu seiner Überzeugung stehen**).

Tab. 24 gibt noch einmal einen Überblick der kulturellen Vertrauensfallen im Handlungsfeld 'Aufgaben- und Projektmanagement'.

Tab. 24: Überblick der Vertrauensfallen im Handlungsfeld 'Aufgaben- und Projektmanagement'

Werd-erstmal-konkret!-Vertrauensfalle		
Kulturbeispiel: Frankreich-Deutschland Französischer Manager mit seinem deutschen Mitarbeiter: Der bringt Aufgaben nicht voran, obwohl er sie schnell hätte erledigen können (S. 206).		
Vertrauenswarnung	**Perspektive der anderen Kultur**	**Erklärender Kulturunterschied**
– Führt meine Anweisung nicht aus! – Erklärung: Ist nicht kompetent oder nicht motiviert!	– Hat doch noch gar nicht gesagt, was er will!	Verhältnis von Planung und Umsetzung
Konsens-hat-Vorrang!-Vertrauensfalle		
Kulturbeispiel: Deutschland-Japan Herr Heilmann mit Herrn Kono: Der schafft es nicht, einen Entwurf gegen Widerstände aus anderen Abteilungen durchzusetzen (S. 212).		
Vertrauenswarnung	**Perspektive der anderen Kultur**	**Erklärender Kulturunterschied**
– Ergebnis ist nur mittelmäßig! – Hat die Broschüre nicht genug verteidigt und sich nicht durchgesetzt!	– Brauche doch den Rückhalt der anderen Abteilungen! – Habe den Abstimmungsprozess doch geschickt gestaltet!	Gruppenorientierung (z.B. Entscheidungs- und Konsensfindung in Japan)

11 Konfliktmanagement

Man plant das nicht oder wünscht es herbei, aber tatsächlich bringt der Managementalltag unweigerlich Schwierigkeiten und Konflikte mit sich. Sowohl mit allgemeinen Schwierigkeiten oder Problemen als auch mit direkten Konflikten, bei denen Ziele oder Interessen aufeinanderprallen, müssen Manager erfolgreich umgehen.

Konfliktmanagement betrifft Vertrauen, denn wenn ich mit jemandem zusammenarbeite, gehe ich immer auch ein Risiko im Hinblick darauf ein, wie er sich im Konfliktfall verhält. Konflikte können mich viel Zeit und Nerven kosten und nicht zuletzt können sie zu meinem Nachteil ausgehen: sie können erschweren oder verhindern, dass ich in der Zusammenarbeit meine eigenen Ziele erreiche. Für die Einschätzung der Vertrauenswürdigkeit anderer ist es daher eine relevante Frage, ob der andere durch sein Verhalten oder seine Persönlichkeit dazu beiträgt, dass auftretende Schwierigkeiten oder Konflikte für mich möglichst vorteilhaft und Ressourcen schonend bearbeitet und beigelegt werden können.

Hilft der andere mir, Konflikte auf eine für mich vertretbare Weise zu lösen?

Ein erster grundlegender Vertrauensfaktor ist *Konflikte offen und proaktiv managen*, was es aus der Sicht vieler Manager erleichtert, Konflikte schnell zu lösen. Ähnliches gilt für den Vertrauensfaktor *In Diskussionen sachlich bleiben*. Außerdem ist es natürlich vertrauensförderlich, wenn der andere die Bereitschaft zeigt, sein Eigeninteresse (auch einmal) zurückzustellen (Faktor *Eigeninteressen zurückstellen*). Denn das macht es weniger wahrscheinlich, dass Konflikte zu meinem Nachteil ausgehen. Darüber hinaus werten es Manager als Vertrauensgrund, wenn der andere entstehenden Konflikten oder Schwierigkeiten frühzeitig und aktiv begegnet – indem er selbstbewusst auftritt, klar Position bezieht und sagt, wenn ihm etwas nicht passt (Faktor *Entschieden und selbstbewusst auftreten*).

Bei auftretenden Schwierigkeiten (Problemen, Fehlern, Defiziten) geht es darum, inwieweit der andere durch sein Verhalten dazu beiträgt, dass die Schwierigkeiten die Realisierung der Aufgabe möglichst wenig erschweren. Wenn der andere selbst auf Schwierigkeiten stößt, dann werten es Manager als vertrauensförderlich, wenn er dies zugibt und Bescheid sagt (Faktor *Fehler / Schwächen eingestehen*). Eine der möglichen Schwierigkeiten, auf die ein Kollege oder Partner stoßen kann, ist Widerstand von dritter Seite. Ein Vertrauensgrund ist, wenn der andere in diesem Fall gegenüber Dritten standhaft bleibt (Faktor *Gegen Widerstand zu seiner Überzeugung stehen*). Schließlich kann es vorkommen, dass ich selbst Fehler mache oder bei mir Defizite bestehen, die ich nicht bemerke. Als vertrauensförderlich gilt, wenn mich der andere auf solche Schwierigkeiten hinweist (vgl. Faktor *Auf Fehler / Defizite hinweisen*).

Kulturelle Vertrauensfallen entstehen im Bereich Konfliktmanagement zum einen durch unterschiedliche Gewohnheiten in Bezug auf die Direktheit des Kommunikationsstils und die Rolle von Höflichkeit und Facework ('Offenheit-verletzt!'-Vertrauensfalle, 11.1), da eine Tendenz zur indirekten Kommunikation ein offenes, proaktives Konfliktmanagement erschwert. Unterschiede im Hierarchieverständnis und unterschiedliche kulturelle Regeln für Höflichkeit und Facework führen in die 'Probleme-im-Griff!'-Vertrauensfalle (11.2).

11.1 Die 'Offenheit-verletzt!'-Vertrauensfalle

In die 'Offenheit-verletzt!'-Vertrauensfalle führen Unterschiede in der Direktheit des Kommunikationsstils, wie sie zwischen der deutschen Kultur und den meisten asiatischen aber auch vielen anderen Kulturen bestehen (vgl. Infokasten 'Direktheit des Kommunikationsstils', S. 148).  In vielen Kulturen ist der Kommunikationsstil deutlich indirekter als in der deutschen. Wenn man aus der Gewohnheit eines direkten Kommunikationsstils heraus einen Konflikt proaktiv offen anspricht und erwartet, dass der andere ebenfalls offen über den Konflikt spricht, kann man enttäuscht werden: Ein Ausweichen des Gesprächspartners ist allerdings keineswegs als Ausflucht oder mangelnde Standfestigkeit zu interpretieren, sondern möglicherweise auf einen andersartigen Umgang mit Konflikten zurückzuführen. Zu der Vertrauensfalle beitragen kann auch, dass man aus der Gewohnheit eines direkten Kommunikationsstils heraus leicht indirekte Entschuldigungen oder Konfliktlösungsvorschläge des Partners 'überhören' kann.

Ein Beispiel aus der deutsch-chinesischen Zusammenarbeit

Beispiel für die 'Offenheit-verletzt!'-Vertrauensfalle

Airconditioner fehlt – Wasserhahn tropft

Auf Baustellen geht immer etwas schief, egal ob in Deutschland, China oder sonst irgendwo. Herr Praunges behauet von sich, gute Nerven zu haben. Beim kürzlich abgeschlossenen Umbau der Büroräume seiner Repräsentanz in Shanghai glaubte er aber doch gelegentlich, an seinem Verstand zweifeln zu müssen:

Die Renovierung unserer Büroräume war fast abgeschlossen, aber ich konnte in meinem Büro keinen Airconditioner erkennen. Also fragte ich

> den Bauleiter der betreffenden Firma, warum der Airconditioner hier nicht eingebaut worden war oder was es damit auf sich hatte. Daraufhin erzählte der mir freundlich lächelnd, aber ohne es als Witz zu meinen, dass der Wasserhahn in der Toilette noch tropft und morgen, morgen würden sie das dann klären! Ich nickte und fragte noch mal, ob da nicht der Airconditioner eingebaut werden müsste. Nun erzählte der nichts vom tropfenden Wasserhahn, sondern meinte, dass nächste Woche das Treppengeländer gestrichen werde und dass dann auch das Problem beseitigt sein werde. Als ich dann noch mal wiederholte, dass mich jetzt nicht das Treppengeländer interessieren würde, sondern meine Aircondition, dass das gestrichene Geländer mein Büro auch nicht kühlen würde, merkte er langsam, dass ich mich nicht auf seine Ablenkungsmanöver einlassen würde. Es war klar, die hatten den Airconditioner glatt vergessen! Aber statt dass der Mensch sich entschuldigt hätte oder gesagt hätte, dass dieses Versehen morgen sofort behoben werden würde, wand er sich in aberwitzigen Ausflüchten, biss sich fast in die Unterlippe vor Lächeln und flüchtete schließlich mit einem Darum-Kümmern... Am nächsten Tag hatten sie das dann gemacht.
>
> Kulturstandard-Forschung / A. Thomas, vgl. Anhang 2.

11.1.1 Vertrauensanalyse: Was ist passiert?

Der Neubau ist fertig, der Chef bezieht sein Büro, und es stellt sich heraus, dass vergessen wurde, die Klimaanlage einzubauen. Doch auf die legt Herr Praunges angesichts der schwülheißen Sommermonate in Shanghai verständlicherweise Wert. Und natürlich war der Einbau einer Klimaanlage vorgesehen. Damit stecken Herr Praunges und der chinesische Bauleiter, den er zur Rede stellt, in einer klassischen Konfliktsituation: Herr Praunges wollte eine Klimaanlage, es wurde aber keine eingebaut, und der Chinese steht nun erst einmal vor dem Problem, ein Chefbüro ohne Klimaanlage rechtfertigen zu müssen. Was macht das Erlebnis nun vertrauenskritisch?

Herr Praunges ist sauer. Er fühlt sich im Recht und sieht die Baufirma bzw. den Bauleiter in der Pflicht, sich erstens zu entschuldigen und zweitens schnellstmöglich Abhilfe zu schaffen. Er möchte das schnell klären und erwartet die Bereitschaft dazu natürlich auch seitens des Chinesen. Doch was macht dieser? Er geht gar nicht auf den Konflikt ein! Stattdessen erzählt er erst etwas von einem tropfenden Wasserhahn, dann vom zu streichenden Treppengeländer – 'was vom Pferd zu erzählen' hätte gerade noch gefehlt. Dieses *Dem-Konflikt-Ausweichen* hilft ihm jedoch nicht besonders dabei, Herrn Praunges Vertrauen wieder zu gewinnen. Dieser würde erwarten, dass der Chinese sich entschuldigt oder sagt, „dass dieses Versehen morgen sofort behoben werden würde". In anderen Worten: Herr Praunges erwartet, dass nach seinen Rückfragen auch der Chinese auf den strittigen Airconditioner Bezug nimmt. Stattdessen flüchtet sich dieser, aus Perspektive

Achtung: Konflikte offen und proaktiv managen

von Herrn Praunges völlig unangemessen, „in aberwitzige Ausflüchte". Er lenkt vom Thema ab. Für Herrn Praunges ist dies eine klare Vertrauenswarnung bezüglich des Faktors *Konflikte offen und proaktiv managen.*

11.1.2 Kulturalarm: Was könnte hier kulturkritisch sein?

Man könnte fast sagen, Konfliktsituationen gehören zum täglich Brot im Management-Beruf. Doch es ist eine interessante Frage, wie die Betroffenen mit einer Konfliktsituation umgehen und insbesondere auch, welche Erwartungen sie an das Konfliktmanagement ihres Gegenübers haben. Genau hierin können sich Kulturen deutlich unterscheiden.

Im deutschen Unternehmenskontext gibt es hier tendenziell die grundsätzliche Erwartungshaltung, dass ein proaktiver Umgang mit Konflikten oder Schwierigkeiten am hilfreichsten ist: Das Problem oder der Konflikt sollte nicht ignoriert oder verschwiegen werden. Stattdessen ist die Devise: Am besten Augen zu und durch! Man geht die Sache offen an, um möglichst schnell eine Lösung zu finden und das Problem aus der Welt schaffen zu können.

Ein solches proaktives Konfliktmanagement ist in vielen anderen Kulturen weder der Handlungsstandard noch die Erwartungshaltung der Beteiligten. Es ist also alles andere als klar, ob der chinesische Bauleiter hier ein an sich erwartbares Verhalten vermissen lässt, oder ob er sich nicht vielmehr gemäß einem in China üblichen Umgang mit Konflikten völlig offen und korrekt verhält. Hat er nicht auch den Konflikt – in chinesisch indirekter Kommunikationsweise – offen angesprochen, nur eben ohne dass das Herrn Praunges aufgefallen wäre?

11.1.3 Kulturanalyse: Welche Unterschiede führen in die Vertrauensfalle?

Direktheit des Kommunikationsstils

Für den unterschiedlichen Umgang mit Konflikten in verschiedenen Kulturen ist die Frage der Direktheit des Kommunikationsstils zentral (vgl. Infokasten 'Direktheit des Kommunikationsstils', S. 148). Im Deutschen wie auch im Niederländischen oder einigen skandinavischen Kulturen pflegt man eher einen direkten Stil. In lateinamerikanischen, arabischen und asiatischen Kulturen wird dagegen sehr viel indirekter kommuniziert. In direkten Kulturen werden Arbeitsanweisungen, Bitten aber auch Kritik oder Widerspruch direkt und explizit formuliert. In indirekten Kulturen werden solche Punkte – wenn sie überhaupt angesprochen werden – sehr indirekt, sehr diplomatisch, nur in Form von Andeutungen kommuniziert.

Der chinesische Bauleiter in unserem Beispiel befindet sich natürlich in einer unangenehmen Lage. Es ist zwar nicht klar, wer genau

11.1 Die 'Offenheit-verletzt!'-Vertrauensfalle

hier einen Fehler gemacht hat, aber er ist zunächst einmal als Vertreter der ausführenden Firma verantwortlich. Auch ihm wäre es sicher lieber, wenn die Klimaanlage im Chefbüro nicht vergessen worden wäre.

Für den Chinesen ist in dieser Situation klar, dass es nicht nötig bzw. nicht angemessen ist, das Problem von seiner Seite aus noch einmal explizit anzusprechen. Gemäß dem in China vorherrschenden indirekten Kommunikationsstil hat er klar und deutlich gesagt, dass er das Problem auch sieht und sich darum kümmern wird. Nur hat er dies eben nicht explizit in den Worten gesagt, die Herr Praunges erwartet, sondern er hat es indirekt, gleichsam 'zwischen den Zeilen' zu verstehen gegeben: Um nicht das eigentliche Problem nennen zu müssen, spricht er stellvertretend von anderen Dingen, die sie zeitnah reparieren würden.

Für den Chinesen ist diese Reaktion deutlich angemessener als ein direktes Thematisieren des Konflikts. Denn sie ist 'gesichtswahrend'. Man vermeidet in China, einen Fehler offen vor anderen zu thematisieren. Das zu tun wäre sehr demütigend und erniedrigend. Das zentrale Stichwort für das Verständnis des Fallbeispiels lautet 'Facework': das aktive Bemühen um die Wahrung des Gesichts (vgl. Infokasten 'Die Rolle von Face und Facework', S. 272). Dass Herr Praunges den chinesischen Bauleiter offen kritisiert, stellt für diesen eine ziemlich heftige 'Gesichtsbedrohung' dar. Das ist wie ein Schlag ins Gesicht. *Ich habe mich hier mit großem Einsatz bemüht, gute Arbeit abzuliefern. Dass der Airconditioner vergessen wurde, ist natürlich nicht in Ordnung, und natürlich werden wir den schnellstmöglich einbauen. Aber trotzdem: Warum ist der Kerl so dreist, mich hier dermaßen derb bloßzustellen?*

Facework

Selbst wenn Herr Praunges deutlich indirekter auf das Defizit aufmerksam gemacht hätte, wäre es aus chinesischer Sicht immer noch eine offensichtliche Kritik gewesen: „Der Airconditioner in diesem Raum wird vermutlich die nächsten Tage noch eingebaut, richtig?" oder „Haben Sie in diesem Raum die gleiche Art Airconditioner geplant wie in den anderen Räumen?" oder auch einfach „In meinem neuen Büro hatte ich mich gefragt: Wie heiß ist es eigentlich gewöhnlich im Sommer in Shanghai?" Wenn man indirekte Kommunikation gewöhnt ist, ist das mehr als ausreichend, um deutlich darauf hinzuweisen, dass da noch die Klimaanlage fehlt.

Für den Chinesen bedeutet die direkte Kritik also eine Gesichtsverletzung. Würde der Chinese selbst den Kritikpunkt noch einmal explizit ansprechen, würde er selbst sein Gesicht noch stärker verletzen. Was macht er stattdessen? Er spricht alternativ von einem anderen, praktisch irrelevanten Defizit, das sie umgehend beheben würden (tropfender Wasserhahn). Damit geht er immerhin explizit darauf ein, *dass* es Mängel gibt, was eine Entschuldigung darstellt. Außerdem lächelt er, und zwar offenbar besonders offensiv („*biss sich fast in die Unterlippe vor Lächeln*"). Lächeln ist ein typisches Mittel des Umgangs mit Konflikten und mit Kritik in indirekten Kulturen. Dadurch lenkt man scheinbar vom Konflikt ab und gibt zu verstehen, dass trotz des Konflikts die gute Beziehung zwischen den Partnern bestehen bleibt. Gleichzeitig ist das Lächeln eine Möglichkeit, die Gesichtsbedrohung der eigenen Person abzuschwächen (vgl. Infokasten 'Die Rolle von Face und Facework', S. 272).

Wie reagiert Herr Praunges? Anstatt die (indirekte) Entschuldigung des Chinesen anzunehmen, wiederholt er seine Kritik noch mehrmals – und verletzt damit immer stärker das Gesicht des Bauleiters. Er streut gleichsam Salz auf die Wunde. Der Bauleiter reagiert beherrscht und entschuldigt sich ein zweites Mal – wieder indirekt, also ohne den Konfliktpunkt direkt anzusprechen. Aber er geht dabei noch weiter auf den Deutschen zu, indem er einen (vermutlich fiktiven) größeren Baumangel einräumt als den tropfenden Wasserhahn: das noch zu streichende Treppengeländer.

Was von dem Deutschen also als *Ablenkungsmanöver* und *Ausflüchte* wahrgenommen wird, ist für den Chinesen ein indirekter und gerade dadurch angemessener Weg, auf die Kritik und den Konflikt einzugehen. „Wenn man einen Chinesen auf mangelnde Leistung anspricht, wird ein Chinese nie dazu stehen und sagen 'Ja, das stimmt, ich habe Blödsinn gemacht'" – so einer der Interviewpartner aus der deutsch-chinesischen Vertrauensstudie im Rahmen des TRIM-Projekts (Zapf 2012: 103, vgl. Anhang 2). „Geht auch gar nicht in China, weil sobald er das sagt, muss er von der chinesischen Kultur her den kompletten Kontakt mit Ihnen abbrechen, weil er das Gesicht sofort verlieren wird. In der Konfrontation mit einem Chinesen bei einem Fehler wird er nie, wie wir es als Deutsche erwarten, zugeben, dass er einen Fehler gemacht hat. Der Chinese würde 234 Gründe finden, warum der Fehler nicht an ihm liegt."

Der chinesische Bauleiter in unserem Fallbeispiel bemüht sich, auf die Kritik zu reagieren, sein Gesicht zumindest teilweise 'wiederherzustellen', dabei aber den Konflikt nicht offen anzusprechen und insgesamt die Beziehungsharmonie zwischen sich und Herrn Praunges möglichst nicht grundsätzlich in Frage zu stellen.

Merke! Wenn man also ein scheinbares Ausweichen und Ablenken von einem Konflikt in einem indirekten Kulturkontext als mangelnde Bereitschaft und Fähigkeit zum (offen-proaktiven) Konfliktmanagement interpretiert, kann man leicht in die 'Offenheit-verletzt!'-Vertrauensfalle laufen.

11.1.4 Hintergründe: Was ist die Logik der anderen Seite?

Warum dieses komplizierte Herummanövrieren des Chinesen? Warum dieses peinliche Lächeln und diese Ausflüchte, die keiner versteht? Ist es nicht viel unproblematischer und zielführender, einfach offen über den Konflikt zu sprechen?

Gesichtswahrung und die Aufrechterhaltung der Beziehungsharmonie zählen in indirekten Kulturen zu den wichtigsten Prinzipien des sozialen Umgangs. Grundlage für diese Überzeugung ist in China die konfuzianische Ethik, die von jedem Individuum Menschlichkeit, ethisches Verhalten und Güte fordert – mit dem Ziel der Aufrechterhaltung der sozialen Ordnung und Harmonie (vgl. Infokasten 'Konfuzianismus in China, Japan und Korea', S. 228). Wenn man gegen die Prinzipien der Gesichtswahrung und der Beziehungsharmonie verstößt, ist ein unbelastetes Fortführen einer Geschäftsbeziehung nicht mehr möglich – höchstens durch aufwändige 'Reparaturen'. Da Konflikte grundsätzlich sehr gesichtsbedrohend sind, versucht man möglichst zu vermeiden, sie offen anzusprechen. Man würde sonst riskieren, andere oder auch sich selbst so stark zu verletzen, dass die soziale Harmonie erheblich beschädigt wird und die Beziehung nicht weitergeführt werden kann. Aus diesem Grund haben sich in indirekten Kulturen für sehr viele Situationen ausgefeilte Gesprächstechniken der indirekten Kommunikation entwickelt, die völlig routiniert eingesetzt werden. Dazu gehört auch, in Konfliktsituationen den Konfliktpunkt nur indirekt anzusprechen, die grundsätzliche Bereitschaft zur Konfliktlösung zu signalisieren und zu lächeln oder sogar zu lachen. Da es sich hierbei um Gesprächs- und Verhaltensroutinen handelt, war das für den Chinesen kein kompliziertes Herummanövrieren, sondern schlicht höfliches und entgegenkommendes Standard-Konfliktmanagement.

11.1.5 Strategien: Was lässt sich tun?

Für die Vermeidung oder Auflösung der 'Offenheit-verletzt!'-Vertrauensfalle sind folgende Strategien hilfreich:

Tab. 25: Strategien zur 'Offenheit-verletzt!'-Vertrauensfalle

Strategien aus Sicht eines direkten Kommunikationsstils z.B. Deutsche oder auch Niederländer mit Chinesen oder auch Indern, Brasilianern, Mexikanern	*Strategien aus Sicht eines indirekten Kommunikationsstils* z.B. Chinesen oder auch Inder, Brasilianer, Mexikaner mit Deutschen oder auch Niederländern
• Indirekte Kommunikation lernen; dabei ein Gespür für verschiedene Ebenen indirekter Kommunikation entwickeln. • Proaktives Konfliktmanagement nicht als Königsweg sehen; alternative Wege des Konfliktmanagements lernen. • Auf indirekte Botschaften des Gesprächspartners hören: zum Beispiel indirekte Entschuldigungen und Konfliktlösungsvorschläge.	• Entschuldigungen und Konfliktlösungsvorschläge deutlich direkter formulieren. • Fehler durchaus einräumen und sachlich erklären, was man tun wird, um sie zu beheben.

Kulturinfo-5: Konfuzianismus in China, Japan und Korea

„Man muss, und das will ich ganz klar unterstreichen, bevor man sich mit der chinesischen Kultur beschäftigt, Konfuzius gelesen haben" – so einer der Interviewpartner aus der deutsch-chinesischen Vertrauensstudie im Rahmen des TRIM-Projekts (Zapf 2012: 96, vgl. Anhang 2).

Der Konfuzianismus ist eine ca. 2.500 Jahre alte chinesische Lebensphilosophie, die auf den chinesischen Lehrmeister Konfuzius (551-478 v. Chr.) zurückgeht und den gesamten ostasiatischen Kulturkreis beeinflusst. Als philosophische, politische und kulturelle Strömung prägt sie das Denken und Handeln von Individuen nicht nur in China, sondern auch in Japan, Korea, Singapur, Vietnam und Taiwan.

Ein zentraler Wert des Konfuzianismus ist die Herstellung einer sozialen Ordnung und Harmonie im zwischenmenschlichen Zusammenleben. Jedes Mitglied der Gesellschaft soll dazu beitragen, diese soziale Harmonie aufrechtzuerhalten. Entsprechend wichtig sind in den meisten ostasiatischen Kulturen die Werte der Höflichkeit und des Anstands. Viele Traditionen und Werte der aktuellen chinesischen und japanischen Kultur lassen sich auf die Lehre des Konfuzius zurückführen. Entsprechend spielt sie in verschiedenen Handlungsfeldern eine Rolle:

(1) Die fünf grundlegenden Tugenden des Konfuzianismus sind: Menschlichkeit, Gerechtigkeit, ethisches Verhalten, Weisheit und Güte. Insbesondere aus den Tugenden der Menschlichkeit („ren"), dem ethischen Verhalten und der Güte leiten sich die chinesischen und auch japanischen Werte der Höflichkeit, der Achtung und Anerkennung anderer Menschen und des Facework ab. Sie sind Grundlage für die konfuzianische Ethik, die in China und Japan von zentraler Bedeutung ist (zum Facework vgl. Infokasten 'Die Rolle von Face und Facework' im Handlungsfeld 'Umgangsformen und Facework', S. 272). Die konfuzianische Ethik ist auch verant-

wortlich für den ausgesprochen indirekten Umgang mit Konflikten in China (vgl. die 'Offenheit-verletzt!'-Vertrauensfalle).

(2) Aus den Tugenden werden wiederum drei soziale Pflichten abgeleitet: Loyalität (v.a. gegenüber Autoritätspersonen bzw. Vorgesetzten), kindliche Pietät (Respekt gegenüber Eltern und Ahnen) und Wahrung der Riten. Die Riten („li") finden sich in der aktuellen chinesischen Gesellschaft vor allem in Form zahlreicher sozialer Regeln wieder, die von den Angehörigen der Gesellschaft einzuhalten sind. Dazu gehören im Wirtschaftsalltag zum Beispiel die Regeln zur Übergabe von Visitenkarten, die Regeln der Tischordnung bei formellen Einladungen und die Regeln des Kennenlernens und gegenseitigen Vorstellens. Ziel dieser Beziehungsregeln ist wieder der Aufbau und die Erhaltung einer sozialen Ordnung (zu den Beziehungsregeln vgl. das Handlungsfeld 'Beziehungsaufbau und -pflege', zur Loyalität das Handlungsfeld 'Fairplay und Kooperativität').

(3) Konfuzius beschreibt fünf menschliche Grundbeziehungen zwischen Individuen: Vater-Sohn, Herrscher-Untertan, Mann-Frau, älterer-jüngerer Bruder, Freund-Freund. Bis auf die letzte Beziehung handelt es sich bei allen um hierarchische Beziehungen. Aus der Beschreibung dieser zwischenmenschlichen Beziehungen leitet sich eine grundsätzlich hierarchische Organisation der chinesischen und auch der japanischen Gesellschaft ab (vgl. Handlungsfeld 'Führung und Delegation').

(4) Jede der fünf Grundbeziehungen des Konfuzianismus basiert auf einer gegenseitigen Abhängigkeit (Reziprozität). Ein solches Abhängigkeitsverhältnis ist grundlegend für die chinesische 'Guan-xi'-Beziehung oder für 'Kankei' in Japan oder 'Inmak' in Korea' (vgl. Infokasten 'Die Rolle von Guan-xi in China', S. 295).

Zum Einfluss des Konfuzianismus auf den Managementalltag von Führungskräften vgl. Schwanfelder (2006).

11.2 Die 'Probleme-im-Griff!'-Vertrauensfalle

Die 'Probleme-im-Griff!'-Vertrauensfalle entsteht durch einen Kulturunterschied im Hierarchieverständnis und eine kulturell unterschiedliche Bedeutung von gesichtswahrender Kommunikation bzw. 'Facework'. Deutsche

Manager können die große Schwierigkeit, die in manchen kulturellen Kontexten besteht, Fehler aktiv gegenüber Vorgesetzten einzugestehen, nicht nachvollziehen. Sie nehmen wahr, dass ein Mitarbeiter sie nicht über ein kritisches Problem informiert und interpretieren dies als Vertrauenswarnung – obwohl aus der Perspektive der anderen Kultur der potenzielle Gesichtsverlust viel mehr zählt als die Tatsache, dass ein Problem nicht rechtzeitig kommuniziert wurde. Es wird vielmehr als völlig nachvollziehbar angesehen, dass ein Mitarbeiter zunächst versucht, das Problem selbst zu lösen.

Ein Beispiel aus der deutsch-indischen Zusammenarbeit

Beispiel für die 'Probleme-im-Griff!'-Vertrauensfalle

Falsches Mansanilo: Mitarbeiter informiert Chef nicht von sich aus

Die Logistikfirma, für die Herr Bucher in Indien arbeitet, erhielt den Auftrag, eine Fracht von Mumbai nach Mansanilo, Mexiko, zu versenden. Herr Bucher machte in diesem Kontext folgende Erfahrung:

Ich bat Herrn Souza, einen meiner erfahrensten indischen Mitarbeiter, sich um die Sache zu kümmern. Da der Auftrag sehr wichtig war, bat ich Herrn Souza, sich sofort bei mir zu melden, wenn es Schwierigkeiten geben sollte – damit wir in diesem Fall gemeinsam nach einer Lösung für das Problem suchen könnten. Nach einiger Zeit erfuhr ich zufällig, dass sich die Fracht schon seit einer Woche im falschen Hafen befand, nämlich in der gleichnamigen Stadt Mansanilo in Panama. Ich ging sofort zu Herrn Souza, aber dieser entgegnete ganz gelassen, dass er schon an einer Lösung arbeite. Ich war außer mir, dass er mich nicht informiert hatte, obwohl ich ihn mehrmals darum gebeten hatte, mich auf dem Laufenden zu halten.

Kulturstandard-Forschung / A. Thomas, vgl. Anhang 2.

11.2.1 Vertrauensanalyse: Was ist passiert?

Achtung: Bei kritischen Problemen informieren

Nachdem Herr Bucher die Zuständigkeit für den wichtigen Auftrag 'Mumbai-Mansanilo/Mexiko' an Herrn Souza übergeben hat, wäre es dessen Aufgabe, Herrn Bucher nach Feststellung der unvorhergesehen Falschversendung nach Mansanilo/Panama zu informieren. Dies tut er nicht, was für Herrn Bucher eine klare Vertrauenswarnung bzgl. des Faktors *Bei kritischen Problemen informieren* darstellt (Handlungsfeld 'Führung und Delegation').

Achtung: Kompetent sein und sich auskennen

Eventuell schätzt Herr Souza trotz Herrn Buchers Hinweis die Lage nicht richtig ein und misst der Sache nicht die Wichtigkeit bei, die Herr Bucher sieht (und eigentlich auch kommuniziert hat). Er schätzt die Situation also nicht als kritisches Problem ein, und dies würde entschuldigen, dass er sich nicht beim Vorgesetzten meldet. Allerdings käme dann aus Sicht von Herrn Bucher ein anderes Problem ins Spiel: Warum schätzt der Mitarbeiter die Lage dermaßen falsch ein? Auch das ist ein wichtiger Vertrauensfaktor zwischen Vorgesetztem und Mitarbeiter. Herr Bucher könnte das Verhalten des Inders als Vertrauenswarnung bzgl. des Faktors *Kompetent sein / sich auskennen* interpretieren.

Achtung: Fehler / Schwächen eingestehen

Bleiben wir jedoch bei der ersten Situationsanalyse: Es gibt ein kritisches Problem, aber der Mitarbeiter macht keine Meldung beim Chef (Vertrauenswarnung *Bei kritischen Problemen informieren*). Was hier abgesehen von der Chef-Mitarbeiter-Beziehung und der Frage, wie beide ganz grundsätzlich mit dem Thema Anweisungen und Aufgabendelegation umgehen, eine Rolle spielt, ist speziell der Umgang mit Fehlern. Dass sich herausstellt, dass es in Lateinamerika gleich zwei Hafenstädte mit dem schönen Namen 'Mansanilo' gibt, ist aus Sicht der indischen Logistiker natürlich sehr ärgerlich. Es hat dazu geführt, dass ein Problem entstanden ist, von dem zunächst einmal gar nicht klar ist, wo in der Kette der Beteiligten der Fehler entstanden ist. Andererseits ist wiederum klar, dass der mit der Sache beauftragte Herr Souza die Sache gegenüber seinem Linienvorgesetzten zu verantworten hat. Dies zwingt ihn jedoch in eine Situation hinein, in welcher er – zumal gegenüber dem Chef – einen Fehler zugeben muss. Genau das ist es, was er letztlich vermeidet.

Nur bekommt auf diese Weise der Chef auch nichts vom kritischen Problem mit. Das hilft zu verstehen, warum *Fehler / Schwächen eingestehen* ein wichtiger Vertrauensfaktor ist: Bei einem Mitarbeiter oder Kollegen, der Schwierigkeiten damit hat, eigene Fehler oder Schwächen einzugestehen, läuft man Gefahr, von wichtigen kritischen Entwicklungen nichts mitzubekommen. Das Verhalten von Herrn Souza kann für Herrn Bucher also auch eine Vertrauenswarnung bzgl. des Faktors *Fehler / Schwächen eingestehen* darstellen.

11.2.2 Kulturalarm: Was könnte hier kulturkritisch sein?

Warum hat Herr Souza Herrn Bauer nicht informiert? Versucht er, Probleme zu verbergen? Schätzt er die Lage falsch ein? Hat er ein grundsätzliches Problem damit, Fehler zuzugeben?

Herrn Bauers Verärgerung ist berechtigt, wenn man davon ausgeht, dass Herr Souza tatsächlich vergessen hat, seinen Chef zu informieren, oder die Situation falsch eingeschätzt hat. Oder auch, wenn er sich bewusst der Anweisung Herrn Bauers widersetzt hat, um einen eigenen Fehler zu vertuschen – obwohl ihm doch eigentlich klar sein müsste, dass Herr Bauer nachvollziehen kann, wie das Problem entstanden ist. Insofern müsste ihm eigentlich auch klar sein, dass Herr Bauer die Tatsache, dass er zuverlässig bei Problemen informiert wird, höher schätzt als die Tatsache, dass es das Problem gibt. Um einzuschätzen, ob Herr Bauers Bewertung gerechtfertigt ist, muss man klären, was genau Herrn Souzas Grund dafür ist, Herrn Bauer nicht zu informieren.

Woran könnte es liegen, dass Herr Souza seinen Chef zunächst nicht informiert, obwohl ihm das Problem ja offenbar bewusst ist – denn er arbeitet ja bereits an einer Lösung?

11.2.3 Kulturanalyse:
Welche Unterschiede führen in die Vertrauensfalle?

Hierarchieverständnis / Paternalismus

Der zentrale Kulturunterschied, der in die 'Probleme-im-Griff!'-Vertrauensfalle führt ist, ist das unterschiedliche Hierarchieverständnis der Beteiligten. In einer hierarchisch geprägten Kultur wie der indischen zählt es in herausragender Weise, vor dem Vorgesetzten gut dazustehen. Man versucht tendenziell, dem Vorgesetzten zu zeigen, dass alles bestens läuft und man seine Sachen im Griff hat. Aber: „Wenn zu mir jemand sagt 'no problem', dann weiß ich schon 'big problem'" – so ein Interviewpartner aus der deutsch-indischen Vertrauensstudie im Rahmen des TRIM-Projekts (Mild 2012, Band 2: 57, vgl. Anhang 2).

Das gilt insbesondere für Kulturen, in denen die Mitarbeiter-Vorgesetzten-Beziehung paternalistische Züge hat. Das ist in Indien und auch beispielsweise Brasilien stärker der Fall als zum Beispiel im ebenso hierarchieorientierten China. Eine Führungsbeziehung impliziert in einem paternalistischen Verständnis, dass der Vorgesetzte, ähnlich wie das Familienoberhaupt einer Großfamilie, streng über die Mitarbeiter wacht, andererseits für sie aber auch die Unterstützer- und Beschützerfunktion übernimmt. Für einen Mitarbeiter heißt dies, dass er stark von der Unterstützung und letztendlich dem Wohlwollen seines Vorgesetzten abhängig ist. Daher versucht er, das Wohlwollen und die Unterstützung des Vorgesetzten möglichst nicht aufs Spiel zu setzen, indem er *von sich aus aktiv* auf eigene Fehler oder Schwächen hinweist.

Facework: Maßnahmen zur Wahrung des Gesichts

Herr Souza ist das Problem natürlich klar, und er hat möglicherweise auch verstanden, dass Herr Bauer bei solchen Problemen informiert werden möchte. Dennoch versucht er (auf Hochtouren), das Problem eigenständig möglichst schnell zu beheben – und hofft, dass es Herr Bauer gar nicht mitbekommt. Er möchte seinem Chef zeigen, dass er eine sehr gute Arbeit macht, bei der es keine Probleme gibt (vgl. Vertrauensfaktor *Qualitativ hochwertige Arbeit machen*).

Warum Mitarbeiter es für wichtiger nehmen, vor dem Chef keine Fehler eingestehen zu müssen, als der Aufforderung nachzukommen, den Chef bei Problemen zu informieren, lässt sich manchmal mithilfe des Konzepts des 'Facework' erklären (vgl. Infokasten 'Die Rolle von Face und Facework', S. 272): Grundsätzlich wichtig für die soziale Interaktion ist insbesondere in asiatischen Kulturen die Wahrung des Gesichts – und zwar nicht nur des Gesichts des Gesprächspartners, sondern auch des eigenen Gesichts. Ein Thematisieren von Problemen bei der eigenen Arbeit und insbesondere das Eingeständnis eigener Fehler wäre für Herrn Souza eine Gesichtsbedrohung vor dem Chef, die er unbedingt vermeiden möchte.

Hinzu kommt, dass Herr Souza den offenen Umgang mit Problemen (vgl. Vertrauensfaktor *Konflikte offen und proaktiv managen*) ganz anders bewertet als sein deutscher Chef. Für den indischen Mitarbeiter besitzt ein offener Umgang mit Problemen und Konflikten keinen Wert. Für ihn geht es vielmehr umgekehrt darum, Probleme und Konflikte möglichst unauffällig zu bewältigen. Am besten, der Chef merkt nichts und man kann die Probleme ohne viel Aufhebens zu machen aus dem Weg schaffen.

Konflikt- und Problemlösung ohne viel Aufhebens

Ganz anders sieht dies Herr Bauer: Probleme kann es immer geben. Ob der Mitarbeiter dafür verantwortlich ist oder nicht, ist die eine Frage. Die wichtigere Frage ist aber, ob er den Vorgesetzten, wenn es Probleme gibt, informiert. Das zählt für Herrn Bauer noch mehr als die Frage, wer für das Problem verantwortlich ist. Aus seiner Perspektive hat sich Herr Souza also gleich in doppelter Hinsicht problematisch verhalten: Er hat ein Problem verursacht (Versand ins falsche Mansanilo), aber auch noch versucht, dieses Problem vor ihm als Chef zu verheimlichen – anstatt ihn sofort hinzuzuziehen: „Pass auf, Chef, wir haben da ein Problem: Es gibt in Lateinamerika zwei Orte, die Mansanilo heißen. Unsere Lieferung ist jetzt in Panama gelandet. Ich würde vorschlagen…".

Für das Verständnis des Fallbeispiels ist noch ein weiterer Aspekt wichtig: In hierarchisch orientierten Kulturen ist es eher unüblich, dass Mitarbeiter von sich aus etwas gegenüber dem Chef kommunizieren. Der übliche Kommunikationsweg ist vielmehr „von oben nach unten". Dies gilt insbesondere für Probleme und Kritik, aber auch für Expertenwissen oder fachliche Details. Ein Mitarbeiter bringt nur dann sein Wissen ein, wenn er vom Chef gefragt wird. Kritik zu äußern ist überhaupt nur dann möglich, wenn der Chef explizit danach fragt. Und auch über aufgetretene Probleme informiert man nicht von sich aus, sondern wenn man vom Vorgesetzten danach gefragt wird.

Hierarchie und Mitarbeiterführung

Entsprechend ergibt sich als Führungsprinzip eine stärkere Kontrolle von Mitarbeitern, im Rahmen derer ein Chef gezielt kritische Aspekte der delegierten Aufgaben überprüft, um gegebenenfalls Probleme zu identifizieren. Hilfreich ist dabei ein offenes Ohr für indirekte Hinweise auf mögliche Probleme.

Wenn man also aus einer Kultur mit geringerer Hierarchieorientierung und geringerer Facework-Orientierung ein Nicht-rechtzeitiges-Informieren bei Problemen und mangelndes Eingestehen-von-Fehlern bei einem Mitarbeiter als Vertrauenswarnung interpretiert, kann man in die 'Probleme-im-Griff!'-Vertrauensfalle geraten.

Merke!

11.2.4 Hintergründe: Was ist die Logik der anderen Seite?

Warum riskiert Herr Souza, seinen Chef nicht zu informieren? Das Schlüsselwort heißt wieder Gesichtswahrung, 'Face-Saving'. Die Wichtigkeit der Gesichtswahrung in asiatischen Kulturen kann aus deutscher Sicht nicht genug betont werden. Sie ist eine Art oberstes Gebot der sozialen Interaktion. Und eine Gesichtsbedrohung entsteht nicht erst bei offener Kritik (diese kann auch in Deutschland gesichtsbedrohend wirken). Allein das Thematisieren von Problemen im Kontext der eigenen Arbeit oder auch von Defiziten des eigenen Unternehmens oder der eigenen Nation kann für ein Individuum gesichtsbedrohend sein. Und natürlich erst recht das Eingeständnis von Fehlern. Es gibt daher ausgefeilte Kommunikations- und Handlungsstrategien, um solche Gesichtsbedrohungen wo irgend möglich vermieden.

Häufiger betrifft das Stichwort 'Facework' die Vermeidung von Gesichtsbedrohungen für andere. In unserem Beispiel geht es allerdings darum, dass Herr Souza sich bemüht, *sein eigenes* Gesicht zu wahren. Hintergrund dafür ist zum einen der paternalistische Charakter der Vorgesetzten-Mitarbeiter-Beziehungen in Indien. In einem paternalistischen System besteht grundsätzlich eine größere Furcht vor den Effekten eigener Fehler. Vorgesetzte haben hier größere Macht, so dass Fehler drastischere Konsequenzen haben können. Hinzu kommt die insgesamt größere Jobunsicherheit in Indien, die ein vorbildliches Arbeiten noch wichtiger macht.

11.2.5 Strategien: Was lässt sich tun?

Für die Vermeidung oder Auflösung der 'Probleme-im-Griff!'-Vertrauensfalle sind folgende Strategien hilfreich:

Tab. 26: Strategien zur 'Probleme-im-Griff!'-Vertrauensfalle

Strategien aus Sicht geringerer Facework-Orientierung z.B. Deutsche mit Indern, oder auch Japanern, Chinesen	*Strategien aus Sicht stärkerer Facework-Orientierung* z.B. Inder oder auch Japaner, Chinesen mit Deutschen
• Den Mitarbeiter enger kontrollieren, intensiver kommunizieren; nicht auf das deutsche Konzept *selbständig arbeiten und bei kritischen Problemen informieren* vertrauen. • Klarer kommunizieren, dass man offen über Probleme sprechen möchte; Mitarbeiter schulen, danach zu handeln; klar kommunizieren, dass man das positiv sieht.	• Nicht warten, bis der Vorgesetzte Probleme bemerkt, sondern eigeninitiativ bei Problemen den Vorgesetzten informieren. • Lernen, dass es möglich ist, über Probleme offen zu kommunizieren und selbstbewusst Lösungsmöglichkeiten vorzuschlagen.

11.3 Fazit zum Handlungsfeld 'Konfliktmanagement'

Das Verhalten bei Konflikten ist ein wichtiger Aspekt der Vertrauensentwicklung. In diesem Kontext sind es insbesondere zwei Vertrauensfaktoren, die in kulturelle Vertrauensfallen führen: *Konflikte offen und proaktiv managen* und *Fehler / Schwächen eingestehen*.

Wenn man ein scheinbares Ausweichen und Ablenken von einem Konflikt im Kontext einer 'indirekten Kultur' als mangelnde Bereitschaft und Fähigkeit zum offen-proaktiven Konfliktmanagement interpretiert (Faktor **Konflikte offen und proaktiv managen**), kann man leicht in die 'Offenheit-verletzt!'-Vertrauensfalle geraten. Denn man unterschätzt kulturelle Normen, welche die aus deutscher Sicht wünschenswerte Form des Konfliktmanagements verbieten und andere Wege vorgeben, wie man Konflikte löst.

Die 'Probleme-im-Griff!'-Vertrauensfalle droht, wenn man beobachtet, dass Mitarbeiter oder Partner aus beziehungs- und faceworkorientierten Kulturen Fehler kaschieren und sich weigern, dafür gerade zu stehen (Vertrauenswarnung in Bezug auf den Faktor *Fehler / Schwächen eingestehen*) – und wenn sie es entsprechend versäumen, über kritische Probleme zu informieren, von denen man als Vorgesetzter Kenntnis haben sollte (Faktor **Bei kritischen Problemen informieren**). Deutsche Manager übersehen leicht, dass diese Verhaltensweisen in solchen Kulturen stark gesichtsbedrohend sind und dass daher andere Wege des Umgangs mit entsprechenden Situationen üblich sind.

Tab. 27 gibt noch einmal einen Überblick der kulturellen Vertrauensfallen im Handlungsfeld 'Konfliktmanagement'.

Marginalien:
Überblickstabelle Vertrauensfaktoren: S. 54

'Offenheit-verletzt'-Vertrauensfalle

'Probleme-im-Griff!'-Vertrauensfalle

Tab. 27: Vertrauensfallen im Handlungsfeld 'Konfliktmanagement'

Offenheit-verletzt!-Vertrauensfalle		
Kulturbeispiel: Deutschland-China Herr Praunges mit chinesischem Bauleiter: Keine Klimaanlage eingebaut – doch statt sich zu entschuldigen, windet sich der Bauleiter in Ausflüchten (S. 222).		
Vertrauenswarnung	**Perspektive der anderen Kultur**	**Erklärender Kulturunterschied**
– Weicht dem Konflikt aus! – Entschuldigt sich nicht einmal!	– Habe doch zugesagt mich darum zu kümmern! – Habe mich doch entschuldigt!	Direktheit des Kommunikationsstils; Rolle von Facework
Probleme-im-Griff!-Vertrauensfalle		
Kulturbeispiel: Deutschland-Indien Herr Bucher mit seinem Mitarbeiter Herrn Souza: Dem unterläuft ein kritischer Fehler, aber er verschweigt dies seinem Chef (S. 230).		
Vertrauenswarnung	**Perspektive der anderen Kultur**	**Erklärender Kulturunterschied**
– Hat bei kritischem Problem nicht informiert! – Schätzt die Lage falsch ein, ist nicht kompetent! – Ist nicht in der Lage, einen Fehler einzugestehen! – Ist nicht in der Lage, Konflikte offen und proaktiv zu managen!	– Klar habe ich gesehen, dass es wichtig ist – und mich deshalb ja auch mit großem Einsatz darum gekümmert! – Wäre doch Aufgabe des Chefs gewesen nachzuhaken. Offenbar war es ihm nicht so wichtig!	Hierarchieverständnis; Rolle von Facework

12 Beziehungsaufbau und -pflege

Die Existenzgrundlage beruflicher Beziehungen sind ganz offensichtlich die beruflich-geschäftlichen Zusammenhänge: Man macht Geschäfte und steuert Prozesse und Projekte. Daher verwundert es nicht, dass sich Manager für die Vertrauenseinschätzung beispielsweise fragen, ob ein Partner Vereinbarungen einhält, ob ein Mitarbeiter Anweisungen zuverlässig ausführt oder ob ein Kollege für sein Arbeitspaket kompetent ist (vgl. die Kapitel 7, 8 und 10).

Man darf allerdings eines nicht vergessen: Man kann gar nicht mit einem Kollegen oder Geschäftspartner zusammenarbeiten, ohne dabei ständig auch die zwischenmenschliche Beziehung mit diesem Kollegen oder Partner in irgendeiner Weise zu gestalten. Schon Watzlawick und Kollegen stellten in ihrem einflussreichen Beitrag zur Kommunikationstheorie fest: „Man kann nicht *nicht* kommunizieren!" (Watzlawick et al. 1969). Jedes Verhalten hat einen kommunikativen Charakter, man kann schließlich auch demonstrativ nichts sagen oder wegsehen. Genauso hat jedes Verhalten einen Beziehungsaspekt, man kann sich also nicht 'nicht beziehungsbezogen verhalten'.

> Man kann sich nicht *nicht* beziehungsbezogen verhalten

Dementsprechend zeigt sich in unserer Forschung zu Vertrauensfaktoren im Management, dass für die Vertrauensentwicklung auch eine Reihe von Faktoren des Beziehungsaufbaus bzw. der Beziehungspflege eine wichtige Rolle spielen.

Grundlegend wichtig ist für viele Manager, dass man sich sowohl zu Beginn als auch im späteren Verlauf einer Zusammenarbeit intensiv um eine Kontakt- und Beziehungspflege bemüht (Faktor *Kontakt pflegen / viel kommunizieren*). Dabei kann es mehr oder weniger wichtig sein, dass man den Kontakt und Austausch auch auf eine private Ebene erweitert (vgl. die Faktoren *Privates erzählen* und *Sich privat treffen*), dass man sich grundsätzlich freundlich begegnet (Faktor *Freundlich und aufgeschlossen sein*), dass man eine gewisse Lockerheit in die Beziehung einbringt und Ironie versteht (Faktor *Locker sein / Humor haben*) und dass man sich bemüht, gemeinsame Initiativen zu starten oder gemeinsame Ziele zu entwickeln (Faktor *Teamgeist / gemeinsame Ziele entwickeln*).

Neben diesen Fragen zur Beziehungsgestaltung ist es für die Vertrauenseinschätzung relevant, inwiefern man insgesamt den Eindruck gewinnt, dass man zueinander passt (Faktor *Sympathisch erscheinen*). Speziell beschreiben Manager hier zwei Aspekte, nämlich ob sich private oder biographische Gemeinsamkeiten herausstellen (gleiche Universität besucht, ähnliche berufliche Laufbahn, gemeinsame Hobbys,

Faktor *Gemeinsamkeiten haben*) und ob man ähnlich denkt, also ob der andere in ähnlicher Weise Sachverhalte analysiert und ähnlich an Arbeitsaufgaben herangeht (Faktor *Ähnlich denken/vorgehen*).

Warum verstehen Manager die beschriebenen Beziehungsaspekte als Hinweise auf die Vertrauenswürdigkeit des anderen? Vertrauen heißt, dass man annimmt, dass der andere nicht zu meinem Nachteil handelt. Wenn wir eine gute und über die gemeinsamen Aufgaben hinausgehende Beziehung haben, dann bestärkt mich dies in der Annahme, dass er nicht zu meinem Nachteil handeln wird. Außerdem habe ich dann für diese Annahme auch eine verbesserte Einschätzungsbasis – ganz einfach deshalb, weil ich durch eine gute und intensive Zusammenarbeit mehr über den anderen weiß. Wenn mir ein Kollege oder Partner in verschiedener Hinsicht ähnlich ist bzw. wenn man das Gefühl hat, dass man in gewisser Weise 'zueinander passt', dann unterstützt dies ebenfalls das Gefühl der Einschätzungssicherheit. Wer einem ähnlich ist, den kann man tendenziell auch besser einschätzen und bei dem ist man weniger geneigt anzunehmen, dass er einen im Zweifelsfall 'übers Ohr haut'.

Dass ein Bemühen um Beziehungsaufbau und -pflege für die Entwicklung von Vertrauen wichtig ist, gilt kulturübergreifend. Doch wie wichtig eine gute Beziehung und Beziehungspflege für die berufliche Zusammenarbeit ist, und was es genau heißt, Beziehungen aufzubauen und zu pflegen, das ist im Kulturvergleich unterschiedlich. Aufgrund dieser Kulturunterschiede entstehen Vertrauensfallen: In die 'Treffen-nicht-nötig!'-Vertrauensfalle (12.1) führen Unterschiede in der grundsätzlichen Gewichtung der Rolle von Beziehungspflege für die Zusammenarbeit. Hinzu kommt häufig ein Unterschied im Zeitmanagement und in der Arbeitsorganisation. Verantwortlich für die 'Schnaps-ist-Schnaps!'-Vertrauensfalle (12.2) ist eine unterschiedliche Einstellung bezüglich der Frage, inwiefern man zwischen privaten und beruflichen Kontexten trennen sollte und welche Rolle in beiden Kontexten jeweils die Beziehungspflege spielt.

Die Perspektive nicht-deutscher Manager

Alle Vertrauensfallen, die wir im Handlungsfeld 'Beziehungsaufbau und -pflege' beschreiben, illustrieren wir durch Fallbeispiele, bei denen ein Manager aus einer nicht-deutschen Kultur das Vertrauen in einen deutschen Manager verliert (während wir in den restlichen Handlungsfeldern meist umgekehrte Fallbeispiele heranziehen). Die Vertrauensfallen, die wir in unserer Forschung im Handlungsfeld 'Beziehungsaufbau und -pflege' gefunden haben, betreffen tatsächlich vor allem Vertrauensfallen für nicht-deutsche Manager in der Zusammenarbeit mit Deutschen. Für deutsche Manager bedeutet dies: Hier besteht die Gefahr, dass man unbewusst das Vertrauen der Gegenseite verspielt. Die beschriebenen Vertrauensfallen verweisen auf typische Verhaltensweisen und Standards der deutschen Kultur, deren Konsequenz es sein kann, dass ein Kollege oder Partner aus dem Ausland Schwierigkeiten hat, Vertrauen zu entwickeln, oder dass er sein Vertrauen verliert.

Wie erklärt sich, dass die Vertrauensfallen in diesem Handlungsfeld vor allem in dieser Richtung auftauchen? Die 'Beziehungsorientierung' in der beruflichen Zusammenarbeit ist in vielen Kulturen im Vergleich zu Deutschland sehr viel ausgeprägter. Die deutsche Kultur gilt als eine sachorientierte Kultur (z.B. Münscher 2011: 394ff., Schroll-Machl 2002: 45ff.). Dies bedeutet, dass der Stellenwert persönlicher Beziehungen für eine sachliche Zusammenarbeit geringer ist. Andere Kulturen erfordern von Managern ein Bemühen um Beziehungsaufbau und -pflege in stärkerem Maße als die deutsche Kultur (vgl. Infokasten 'Sach- und Beziehungsorientierung', S. 246).

12.1 Die 'Treffen-nicht-nötig!'-Vertrauensfalle

Wenn Manager aus einer Kultur, in der eine intensive und regelmäßige Beziehungspflege für die berufliche Zusammenarbeit sehr wichtig ist, mit Kollegen oder Partnern zusammenarbeiten, die eine eher sachliche und auf das  Geschäftliche bezogene Herangehensweise gewohnt sind, droht die 'Treffen-nicht-nötig!'-Vertrauensfalle. Schlägt ein Geschäftspartner eine Gelegenheit zu einem persönlichen Treffen aus, interpretieren sie das negativ. Sie schließen, dass der Geschäftspartner nicht an einer ernsthaften Zusammenarbeit interessiert ist – obwohl dieser möglicherweise nur gerade keine Notwendigkeit für ein Treffen sieht und daher andere Verpflichtungen für wichtiger hält.

Beispiel für die 'Treffen-nicht-nötig!'-Vertrauensfalle
Voller Terminkalender verhindert überraschenden Besuch
Ein Russe, ein energischer Mann, Mitte 40, spricht perfektes Deutsch, Direktor eines mittelständischen russischen Handelsunternehmens, kam nach Berlin zu Verhandlungen mit seinem Lieferanten. Die von beiden Seiten gut vorbereiteten Verhandlungen verliefen sehr produktiv, und so hatte er noch einen Tag frei vor seinem Abflug in die Heimat. Er beschloss, die Gelegenheit zu nutzen, um noch mit seinem Lieferanten in Hamburg einige Geschäftsfragen persönlich zu besprechen. Er berichtet: *Ich rief in Hamburg an, freute mich, dass ich meinen Partner im Büro erreichte, und sagte ihm, dass ich gern morgen Vormittag nach Hamburg kommen würde. Aufgrund der Reaktion meines deutschen Partners merkte ich, dass mein Partner von einem solchen Vorschlag ziemlich überrascht war. Der Deutsche erklärte mir, dass es morgen leider nicht ginge, denn er*

Ein Beispiel aus der deutsch-russischen Zusammenarbeit

hätte schon Termine, die sich so kurzfristig nicht verschieben ließen. Er könnte aber arrangieren, dass sich jemand von seinen Mitarbeitern mit mir trifft, so würde man die Gelegenheit doch nutzen, persönlich über das Geschäft zu reden. Ich fand es sehr schade, dass es mit dem Treffen nicht klappte, und verabschiedete mich höflich von meinem deutschen Partner. Mich ergriff ein Gefühl der Bitterkeit, als ich den Hörer aufgelegt hatte: Wieso schlägt er diese gute Gelegenheit, mich zu treffen, aus? Freut er sich nicht, mich zu sehen? Er wird doch umdisponieren können! Schließlich geht es um unser beider Geschäft!

Die Geschichte hatte ihre Fortsetzung, als nach einem Monat ein schon lange im Voraus geplantes Treffen zwischen den beiden Partnern in Russland stattfand. Der Russe ließ jetzt seinen deutschen Partner mit einem „normalen" Auto abholen – früher hatte er immer seinen Wagen geschickt. Der Deutsche musste auf ihn über eine halbe Stunde im Büro warten. Ansonsten war der Russe sachlich und höflich, ohne jedoch eine besondere Freude an der Begegnung zu zeigen.

Kulturstandard-Forschung / A. Thomas, vgl. Anhang 2.

12.1.1 Vertrauensanalyse: Was ist passiert?

Achtung: Kontakt pflegen / viel kommunizieren

Inwiefern beeinflusst das Erlebnis die Vertrauenseinschätzung des russischen Unternehmers? Der russische Unternehmenschef ist von seinem Hamburger Lieferanten enttäuscht: Es gibt eine gute Gelegenheit, sich persönlich zu treffen – was angesichts der Distanz zwischen Moskau und Hamburg nicht häufig der Fall ist. Der Russe bietet zudem an, dazu von Berlin nach Hamburg zu reisen. Der deutsche Manager ist aufgrund der Kurzfristigkeit der Anfrage nicht nur überrascht, sondern auch in Verlegenheit. Er hat wichtige terminliche Verpflichtungen, weswegen er nicht zusagen kann, den Russen am nächsten Tag persönlich zu empfangen. Aus der Perspektive des Russen schlägt er damit eine sich sehr klar anbietende Möglichkeit zur persönlichen Kontaktpflege aus. Das kommt aus Sicht des Russen einem Affront gleich. „Wieso schlägt er diese gute Gelegenheit, mich zu treffen, aus? Freut er sich nicht, mich zu sehen? Er wird doch umdisponieren können!" – eine Vertrauenswarnung in Bezug auf den Vertrauensfaktor *Kontakt pflegen / viel kommunizieren*.

Achtung: Respekt und Interesse zeigen

Die Interpretation des Russen geht sogar noch einen Schritt weiter: Der Lieferant nutzt nicht nur die Gelegenheit zur Kontaktpflege nicht, sondern er lehnt sie explizit ab – und zwar aus nicht wirklich nachvollziehbaren Gründen: Er habe terminliche Verpflichtungen. Reaktion des Russen: „Er wird doch umdisponieren können!" Hinzu kommt nun noch, dass der Deutsche vorschlägt, einen Mitarbeiter als Ersatz zu schicken, mit dem der Russe sich treffen könne. Der Russe interpretiert dieses Verhalten als Vertrauenswarnung in Bezug auf den Faktor *Respekt und Interesse zeigen*. Offensichtlich ist er dem Deutschen nicht wichtig, offensichtlich liegt dem Deutschen nicht so viel an der Geschäftsbeziehung.

12.1.2 Kulturalarm: Was könnte hier kulturkritisch sein?

Riskiert der deutsche Lieferant hier bewusst einen Affront? Lehnt er bewusst eine kaum auszuschlagende Anfrage ab? Handelt er bewusst brüskierend, um seinem russischen Geschäftspartner zu zeigen, dass er ihm nicht (mehr) so wichtig ist – vielleicht, da er inzwischen einen besseren Kunden in Russland gewonnen hat? Hätte er denn überhaupt umdisponieren können?

Die Interpretationen des russischen Unternehmers wären gerechtfertigt, wenn die deutsche Geschäftskultur gleichermaßen beziehungsorientiert funktionieren würde wie die russische. Wenn es auch in Deutschland für jeden völlig offensichtlich wäre, dass man eine solche Anfrage nicht ausschlagen kann, ohne der Beziehung schweren Schaden zuzufügen. Wenn man auch in Deutschland davon ausgehen könnte, dass andere eine kurzfristige Terminabsage zugunsten eines solchen persönlichen Treffens mit einem Geschäftspartner aus dem Ausland jederzeit akzeptieren würden.

Dem ist nicht so. Vermutlich ist dem deutschen Manager nicht klar, dass es dem Russen in erster Linie darum geht, ihn einmal wieder persönlich zu treffen. Vielleicht denkt er, das alleinige Anliegen des Russen sei es, ein paar geschäftliche Dinge zu klären. Ihm selbst erscheinen diese Dinge zwar nicht so wichtig. Aber natürlich lassen sie sich im persönlichen Gespräch einfacher klären. Gut, dass sein Mitarbeiter in diesen Dingen genauso gut Bescheid weiß wie er selbst und in dieser terminlichen Zwangslage für ihn einspringen kann.

12.1.3 Kulturanalyse: Welche Unterschiede führen in die Vertrauensfalle?

Was die Geschäftspartner hier in die Vertrauensfalle lockt, ist vor allem die unterschiedliche Einschätzung, wie wichtig der Aufbau und die Pflege einer persönlichen Beziehung zwischen Geschäftspartnern für die geschäftliche Zusammenarbeit sind. Es geht um die im interkulturellen Management grundlegende Unterscheidung zwischen sach- bzw. aufgabenorientierten und beziehungsorientierten Kulturen (deal-focussed vs. relationship-focussed cultures, Gesteland 1996; orientation to the person vs. orientation to the task, Trompenaars & Hampden-Turner 1997; vgl. Infokasten 'Sach- und Beziehungsorientierung', S. 246).

Sach- und Beziehungsorientierung

Aus einer beziehungsorientierten Perspektive ist es für den russischen Unternehmenschef selbstverständlich, dass jede Kontaktpflege und jedes persönliche Treffen einen positiven Effekt auf die Zusammenarbeit hat. Je häufiger man sich persönlich sieht und je besser es um die persönliche Beziehung steht, desto reibungsloser funktioniert die berufliche Zusammenarbeit. Denn wenn es einmal Probleme oder Schwierigkeiten in der Zusammenarbeit gibt – was in jeder Geschäftsbeziehung vorkommen kann, dann hilft die persönliche Beziehung, eine gemeinsame Lösung zu finden. Gute Beziehungen schaffen Sicherheit, insbesondere in Zeiten des Wandels und in unsicheren gesellschaftlichen Kontexten.

In unserem Fallbeispiel ist es für den Russen selbstverständlich und zudem ein Zeichen der Wertschätzung, dass er seinerseits ein persönliches Treffen möglich macht. Seine Erwartung ist, dass der Deutsche den Wert eines persönlichen Treffens ebenso sieht und sich freut, dass er bereit ist, dafür von Berlin nach Hamburg zu fahren. Da der Russe zudem der Kunde ist, erwartet er umso mehr von seinem Lieferanten, dass er ein Treffen möglich macht. Dies ist aber nicht der Fall. Den deutschen Manager überrascht die kurzfristige Anfrage, und er erkennt den Sinn und Zweck des Besuchs offenbar nicht. In seinem Verständnis einer sachorientierten Zusammenarbeit nimmt er nur wahr, dass der Russe ein paar Geschäftsfragen besprechen möchte und es sich geographisch anbietet, das persönlich zu tun. Den Wert einer reinen Beziehungspflege sieht er nicht, und er würde diese auch für überflüssig halten, denn sie raubt ihm wertvolle Zeit, die er für wichtige anliegende Termine nutzen kann.

Zeitmanagement und Arbeitsorganisation

Das Problem des deutschen Lieferanten ist, dass er zu dem Zeitpunkt, für den der Russe seinen Besuch ankündigt, bereits Terminvereinbarungen getroffen hat. Er hält es für wichtig, sich so zu organisieren, dass man vereinbarte Termine einhalten kann (vgl. Vertrauensfaktor *Zusagen einhalten*). Daher geht er davon aus, dass der Russe Verständnis dafür haben wird, dass er wegen der terminlichen Verpflichtungen so kurzfristig nicht für ein Treffen zur Verfügung stehen kann. Der kann ja schließlich nicht erwarten, dass er wegen ihm alle übrigen Termine über den Haufen wirft!

Einen vergleichbaren Fall beschrieb uns ein französischer Manager, der sich mit einem Deutschen die Unternehmensleitung teilte. Er war sehr erstaunt über den Kollegen, als sie einmal kurzfristig mit einem wichtigen Managementproblem konfrontiert wurden und der Deutsche dennoch darauf bestand, ein vereinbartes Interview mit einem Journalisten zu führen (Münscher 2011: 336). Für den Franzosen war völlig klar, dass er das Interview in einem solchen Fall hätte delegieren sollen, um sich voll dem Problem widmen zu können.

Monochroner vs. polychroner Arbeitsstil

Eine stärkere Sachorientierung fällt häufig mit einem eher monochronen Arbeitsstil zusammen. Monochron bedeutet, dass man dazu tendiert, eine Sache nach der anderen zu erledigen. Man legt Wert auf eine gute zeitliche Ablaufplanung und Terminvereinbarungen und ist bemüht, diese einzuhalten. Genauso fällt Beziehungsorientierung nicht selten mit einem polychronen Arbeitsstil zusammen. Polychron bedeutet, dass man grundsätzlich an mehreren 'Zeitsträngen' gleichzeitig arbeitet, was ein spontanes Springen zwischen unterschiedlichen Projekten oder Vorgängen nötig macht – das allerdings wird von Partnern auch akzeptiert (vgl. Infokasten 'Zeitmanagement und Arbeitsorganisation', S. 265).

In einem solchen polychronen Arbeitskontext hat die Termineinhaltung einen geringeren Stellenwert – man ist generell leichter bereit, ein 'Zu-spät-kommen' in Kauf zu nehmen und, aus Sicht der anderen Seite, zu akzeptieren. Beziehungsorientierung liefert nun einen wichtigen Grund dafür, dass man weniger leicht Termine streng einhalten kann. Die Anforderungen der persönlichen Beziehungspflege machen dies erforderlich – genau wie es der russische Geschäftsmann in unserem Fallbeispiel von seinem deutschen Kollegen erwartete.

Wenn man in einer beziehungsorientierten Kultur auf dem Weg zu einem Termin einen Kollegen oder Bekannten trifft, den man länger nicht gesehen hat oder den man an diesem Tag noch nicht getroffen hat, ist es unmöglich, diesem einfach im Vorbeigehen zuzurufen „Hallo, ich habe es eilig, ich muss zu einem Termin". Stattdessen bleibt man stehen, erkundigt sich nach dem Befinden, beginnt ein Gespräch – und nimmt in Kauf, dass man zu dem Termin zu spät kommt. Das ist der Tribut des grundlegenden Respekts gegenüber dem anderen, auf dem eine gute Beziehung basiert. Der Sozialpsychologe Robert Levine berichtet von einem Professor im beziehungsorientierten Brasilien, der auf dem Weg zur Vorlesung einen alten Freund traf. Dieser war auf Durchreise gerade in der Stadt und hatte sich spontan aufgemacht, den Professor zu besuchen. Für den Professor war völlig selbstverständlich, dass er seine Vorlesung ausfallen ließ und den Tag mit dem Bekannten verbrachte (Levine 1999). In beziehungsorientierten Kulturen ist es akzeptiert, dass man zu spät kommt oder sogar Termine verstreichen lässt, um Beziehungsanforderungen gerecht werden zu können.

Ein weiterer Kulturunterschied spielt hier hinein, und zwar bei dem Angebot des Deutschen, ein Treffen mit einem Mitarbeiter zu organisieren. Der deutsche Manager geht davon aus, dass der Russe geschäftliche Fragen besprechen möchte, über die sein Mitarbeiter genauso gut Bescheid weiß wie er. Also sieht er keinerlei Problem darin, seinen Mitarbeiter zu dem Termin zu schicken. Er sieht dies umgekehrt angesichts der Kurzfristigkeit der Terminanfrage sogar als Entgegenkommen.

Hierarchieorientierung und Respekt

Das ist nicht nur eine sehr sachorientierte Denkweise, welche den Aspekt der persönlichen Beziehungspflege übersieht, da sie den Wert einer solchen 'reinen' Kontaktpflege nicht sieht (vgl. Vertrauenswarnung in Bezug auf den Faktor *Kontakt pflegen / viel kommunizieren*).

Es ist zudem Ausdruck einer geringeren Hierarchieorientierung im deutschen Unternehmenskontext, welche es ermöglicht, dass bestimmte Termine von fachkompetenten Mitarbeitern statt hierarchisch gleichgestellten Managern wahrgenommen werden. Für den Deutschen ist es keine Respektlosigkeit, den Termin mit dem Mitarbeiter anzubieten (vgl. Vertrauenswarnung in Bezug auf den Faktor *Respekt und Interesse zeigen*). In beziehungsorientierten Kulturen ist es hingegen besonders wichtig, Respekt zu bekunden, indem man mindestens auf der gleichen Hierarchieebene empfängt. In sachorientierten Kulturen gilt dieses Prinzip in abgeschwächter Form. Hier ist es eher möglich, dass eine fachlich kompetente Person empfängt, an welche die eventuell nötigen Entscheidungsbefugnisse delegiert wurden.

Merke! Wenn ein Geschäftspartner eine Gelegenheit zu einem persönlichen Treffen wegen anderer Verpflichtungen ausschlägt und man dies, weil man Beziehungsorientierung und zeitliche Flexibilität voraussetzt, als Respektlosigkeit und Zeichen mangelnden Interesses interpretiert, dann droht die 'Treffen-nicht-nötig!'-Vertrauensfalle.

12.1.4 Hintergründe: Was ist die Logik der anderen Seite?

Warum nimmt der deutsche Manager nicht wahr, dass es dem Russen eigentlich um ein persönliches Treffen geht? Warum merkt er nicht, dass er den Russen mit seiner Reaktion stark verletzt? Aus der Perspektive einer sachorientierten Zusammenarbeit geht es primär darum, die inhaltliche Zusammenarbeit optimal zu gestalten. Wenn es etwas zu besprechen oder zu klären gibt, dann muss ich für meinen Geschäftspartner da sein und die relevanten Informationen liefern. Ob dies in einem persönlichen Gespräch passiert oder schriftlich, ob ich dabei anwesend bin oder einen inhaltlich kompetenten Vertreter schicke – das steht nicht im Fokus. Wichtig ist vor allem, die von der geschäftlichen Seite aus bestehenden Anforderungen des Partners gut zu erfüllen.

Dies heißt aber nicht, dass Beziehungsaspekte keine Rolle spielen. Selbstverständlich sieht auch der deutsche Manager eine Verpflichtung darin, den russischen Kunden auf irgendeine Weise zu empfangen. Auch sagt er den Termin ja nicht direkt ab, sondern bemüht sich, ein Treffen mit einem Mitarbeiter möglich zu machen. Sicherlich hätte er sich bemüht, selbst beim Termin dabei zu sein, wenn er keine wichtigen terminlichen Verpflichtungen gehabt hätte. Aber seine Bereitschaft, gleichsam 'alles' zu tun, um das persönliche Treffen möglich zu machen, ist viel geringer. Seine bestehenden terminlichen Verpflichtungen wiegen für ihn schwerer als der Wert einer persönlichen Begegnung, auch angesichts der Tatsache, dass der Mitarbeiter die Fragen des Geschäftspartners hinreichend kompetent beantworten kann.

Man muss sich vergegenwärtigen: Eine gute berufliche Beziehung zu haben, bedeutet aus sachorientierter Sicht *vor allem*, dass man als Lieferant rechtzeitig liefert, dass man auf Kundenanfragen zuverlässig, schnell und kompetent reagiert, dass die Qualität der ausgelieferten Ware stimmt. Laufen die Geschäfte gut, so kann sich darauf aufbauend auch eine *persönliche* Beziehung zwischen den Geschäftspartnern aufbauen. Eine gute aufgabenbezogene Zusammenarbeit geht in gewisser Weise einer guten persönlichen Beziehung voraus. Wenn man dann mit einem Kollegen oder Geschäftspartner gemeinsam Aufgaben bewältigt, ergibt es sich leicht, dass man sich auch persönlich näher kommt.

In einem beziehungsorientierten Kontext gilt dieser Zusammenhang in umgekehrter Weise: Nur wenn man erst eine gute persönliche Beziehung aufbaut, kann man gut zusammenarbeiten. Dies ist natürlich insbesondere in Kulturen wichtig, in denen man sich weniger auf die rechtsstaatliche Absicherung von Geschäften verlassen kann (vgl. Infokasten 'Die Rolle von Guan-xi in China', S. 295). Und zu einer guten Beziehung gehört es eben, dass man sich persönlich trifft, dass man sich Zeit nimmt füreinander und dass man dem anderen mit dem nötigen Respekt und Interesse entgegentritt.

Ein Interviewpartner der deutsch-russischen Vertrauensstudie im Rahmen des TRIM-Projekts (vgl. Anhang 2) betont die Notwendigkeit des Respekts und der Gastfreundschaft bei Besuchen von russischen Geschäftspartnern:

> Natürlich betreue ich russische Kollegen anders, wenn sie uns zum Beispiel hier besuchen. Engländer lasse ich mit dem Taxi fahren, aber den russischen Kollegen muss ich persönlich abholen, ihm zeigen: „Ich bin da für dich!" Den russischen Kollegen bringe ich ins Hotel, ich helfe ihm an der Rezeption, ich gehe mit ihm Essen. Das ist Gastgeberkultur. Die legen dort sehr viel Wert darauf, wie sie ihre Gäste empfangen, und genau so erwarten sie auch umgekehrt diese Wertschätzung dem Kunden gegenüber. Das ist ganz wichtig (Larina 2012, Band 2: 46).

Ein russischer Interviewpartner aus der gleichen Studie formuliert eine klare Empfehlung für deutsche Manager, die mit russischen Kollegen oder Partnern zusammenarbeiten:

> Ich würde den deutschen Kollegen empfehlen, die russischen Mitarbeiter zu schätzen und ihnen zu zeigen, dass sie an denen interessiert sind. Es muss nicht unbedingt eine finanzielle Unterstützung sein. Aber es muss auf jeden Fall Aufmerksamkeit sein. (Larina 2012, Band 2: 85, Übersetzung NL)

Gastfreundlich sein, Respekt und Wertschätzung zeigen, Aufmerksamkeit erweisen – das sind Eigenschaften und Verhaltensweisen, die russische Geschäftspartner erwarten, wenn es darum geht, eine langfristige Geschäftsbeziehung einzugehen oder aufrechtzuerhalten.

12.1.5 Strategien: Was lässt sich tun?

Für die Vermeidung oder Auflösung der 'Treffen-nicht-nötig!'-Vertrauensfalle sind folgende Strategien hilfreich:

Tab. 28: Strategien zur 'Treffen-nicht-nötig!'-Vertrauensfalle

Strategien aus Sicht beziehungsorientierter Kulturen z.B. Russen oder auch Chinesen oder Brasilianer mit Deutschen	Strategien aus Sicht sachorientierter Kulturen z.B. Deutsche mit Russen oder auch mit Chinesen oder Brasilianern
• Persönliche Treffen frühzeitig planen, und Terminverpflichtungen des anderen respektieren. • Sachliche Notwendigkeiten für ein Treffen finden und dem anderen gegenüber kommunizieren. • Die Gewohnheiten der Beziehungspflege durchaus beibehalten, das wird auch von sachorientierten Personen positiv aufgenommen; allerdings nicht erwarten, dass der Partner ebenso handelt. • Mangelnde Bereitschaft, persönliche Treffen möglich zu machen, nicht als Hinweis darauf deuten, dass dem anderen die Beziehung nicht wichtig ist.	• Bei einer Anfrage für ein persönliches Treffen ernsthaft nach Optionen suchen, das Treffen möglich zu machen. • Bei Absagen aufgrund von Terminkollisionen ein ehrliches Bedauern im persönlichen Gespräch (ggf. telefonisch) äußern; sich bemühen, zumindest eine kurze persönliche Begegnung möglich zu machen. • Bei Besuchen von Geschäftspartnern Gastfreundschaft Wertschätzung ausdrücken.

Kulturunterschied-5: Sach- und Beziehungsorientierung

Man unterscheidet Kulturen, die stärker sach- bzw. aufgabenorientiert sind von stärker beziehungsorientierten Kulturen. Dies ist ein für die Vertrauensentwicklung im internationalen Management äußerst bedeutsamer Unterschied.[19] Zwar sind Beziehungsaufbau/-pflege und Umgangsformen kulturübergreifend wichtig für den Aufbau vertrauensvoller Geschäftsbeziehungen. Aber *wie wichtig* persönliche Beziehungen sind und *was es genau heißt*, eine gute Beziehung aufzubauen und zu pflegen, das ist im Kulturvergleich unterschiedlich.

---

[19] Reddin (1977) unterschied sach- von beziehungsorientierten Führungsstilen. Die Unterscheidung wurde in der kulturvergleichenden Forschung aufgegriffen (u. a. Trompenaars & Hampden-Turner 1993: „task vs. person orientation", Gesteland 1996: „relationship-focus vs. deal-focus", Schroll-Machl 2002: „Sachebene und Beziehungsebene"). In den klassischen kulturvergleichenden Modellen von Hofstede (1980) und House et al. (2004) wird der Unterschied zwischen Sach- und Beziehungsorientierung nicht direkt aufgegriffen, sondern als Aspekt in die Kategorien 'masculinity' (Hofstede 1980) bzw. 'assertiveness' (House et al. 2004) integriert.

In vielen Kulturen sind Managern der Aufbau und die Pflege persönlicher Beziehungen für die Vertrauensentwicklung wichtiger als in Deutschland. Die deutsche Kultur gilt als eine sachorientierte Kultur (z.B. Schroll-Machl 2002: 45ff.). Viele andere Kulturen sind beziehungsorientiert, insbesondere in Lateinamerika, Asien und im arabischen Raum. Als stärker sachorientiert gelten neben Deutschland beispielsweise die USA, Australien oder die Niederlande (Gesteland 1996).

Beziehungsorientierung heißt, dass zwei Aspekte des beruflichen Umgangs wichtiger sind als in sachorientierten Kulturen. Zum einen geht es um **Beziehungsaufbau und -pflege**: In beziehungsorientierten Kulturen ist es besonders wichtig, sich neben bzw. vor der aufgabenbezogenen Zusammenarbeit gezielt um die Entwicklung einer persönlichen Beziehung zu bemühen. Eine gute persönliche Beziehung gilt als Voraussetzung für Zusammenarbeit bzw. für Geschäftsbeziehungen – und als essenziell für den Aufbau von Vertrauen. Entsprechend nimmt in der Anbahnung von Geschäftsbeziehungen das persönliche Kennenlernen deutlich mehr Raum ein. Man nimmt sich Zeit, auch im Sinne eines Tests, für wie aussichtsreich man es hält, mit dem anderen eine gute persönliche Beziehung aufzubauen.

Für den weiteren Verlauf von Arbeitsbeziehungen beschreiben Manager aus beziehungsorientierten Kulturen unterschiedliche Wege, wie sie aktiv in die Entwicklung der persönlichen Beziehung investieren. Beispielsweise nehmen sie bewusst Reiseaufwand in Kauf, um ihre Kollegen oder Partner persönlich zu treffen (vgl. Fallbeispiel zur 'Treffen-nicht-nötig!'-Vertrauensfalle). Zudem räumen sie informellen Aspekten der Zusammenarbeit, beispielsweise dem gemeinsamen Mittagessen, einen höheren Stellenwert ein, und zwar auch zeitlich (vgl. Fallbeispiel 'Besprechungsende 13.00 Uhr – und kein Mittagessen', Münscher 2011: 403). Schließlich geben sie tendenziell mündlicher Kommunikation den Vorrang vor schriftlicher Kommunikation, um einen intensiveren Austausch zu ermöglichen.

Das bedeutet nicht, dass Manager in sachorientierten Kulturen keine Beziehungspflege betreiben – der Unterschied betrifft vielmehr den Stellenwert und Umfang von Beziehungspflege. Überall betreibt man Smalltalk, wenn ein Geschäftspartner anreist. Dem wird allerdings in beziehungsorientierten Kulturen viel mehr Zeit gewidmet. In sachorientierten Kulturen kann man mit einem Anliegen ins Büro des Kollegen gehen und dieses direkt ansprechen. In beziehungsorientierten Kulturen wäre dies grob unhöflich. Man wird zunächst einen unverfänglichen Smalltalk beginnen und Neuigkeiten austauschen, bevor man sein Anliegen vortragen kann.

Das zweite Kennzeichen beziehungsorientierter Kulturen ist, dass **die Beziehungsebene in der beruflichen Kommunikation** stärker berücksichtigt wird. Es gibt umfassendere kommunikative Regeln als in sachorientierten Kulturen, die dazu dienen, Höflichkeit und Respekt auszudrücken. Insbesondere wird in viel stärkerem Umfang vermieden, so zu kommunizieren, dass der andere in irgendeiner Weise in einem schlechten Licht stehen könnte (vgl. Infokasten 'Die Rolle von Face und Facework', S. 272). Konkret heißt dies, dass man mit Kritik, Widerspruch und Ablehnung kommunikativ anders umgeht, als in sachorientierten Kulturen. Kritik zu äußern oder einen Vorschlag oder eine Aufforderung abzulehnen (nicht gut zu heißen), wird häufig ganz vermieden. Alternativ wird die Kritik oder

Ablehnung so 'hübsch verpackt', dass sie sich nur aus Andeutungen herauslesen lässt. Diese Art der Kommunikation ist allerdings üblich, so dass man sowohl die Andeutungen beherrscht als auch diese sofort versteht (vgl. Infokasten 'Direktheit des Kommunikationsstils', S. 148).

Auch das bedeutet natürlich nicht, dass Manager in sachorientierten Kulturen Kollegen rücksichtslos kritisieren. Allerdings ist es für sie möglich 'Sachauseinandersetzungen' zu führen. Sowohl 'konstruktive Kritik' als auch eine offen-ehrliche Ablehnung können positiv wahrgenommen werden. Insgesamt ist der Kommunikationsstil direkter. Daher kann, was in einer sachorientierten Kultur schon als höflich und indirekt gilt, in einer beziehungsorientieren Kultur sehr direkt und verletzend sein.

Welche konkreten Verhaltensweisen in beziehungsorientierten Kulturen für Beziehungsaufbau und -pflege besonders wichtig sind, kann sich von Kultur zu Kultur unterscheiden. Beispielsweise ist in China die Einhaltung bestimmter sozialer Regeln sehr wichtig (z.B. Regelung der Sitzordnung entsprechend Position/sozialem Status oder Modalitäten der Übergabe der Visitenkarte). Demgegenüber zählt in Brasilien eher lockerer Umgang und informeller Smalltalk (vgl. Vertrauensfaktoren *Locker sein / Humor haben* und *Privates erzählen*; vgl. zum Beziehungsmanagement in China und Brasilien Hormuth & Münscher 2012a, 2012b).

12.2 Die 'Schnaps-ist-Schnaps!'-Vertrauensfalle

Die 'Schnaps-ist-Schnaps!'-Vertrauensfalle droht, wenn Manager aus beziehungsorientierten Kulturen mit Kollegen oder Partnern aus sachorientierten Kulturen zusammenarbeiten, die eine deutlichere Trennung zwischen priva-

ten und beruflichen Kontexten gewohnt sind. Denn wenn man diese Bereiche stärker trennt, dann ist es möglich, in einem außerbetrieblichen Kontext informell zusammen zu feiern, ohne dass sich der informelle Kontakt automatisch 1:1 in den beruflichen Kontext hinein fortsetzen muss. Die beziehungsorientierte Erwartungshaltung ist, dass sich ein Kollege, mit dem man privat etwas unternommen hat, auch im beruflichen Umfeld entsprechend vertrauter zeigt. Wird diese Erwartung enttäuscht, dann kann die Vertrauensfalle zuschnappen.

12.2 Die 'Schnaps-ist-Schnaps!'-Vertrauensfalle

> **Beispiel für die 'Schnaps-ist-Schnaps!'-Vertrauensfalle**
>
> *Das Eis scheint gebrochen – aber dann doch wieder nicht*
>
> Ein brasilianischer Manager berichtet von einer Erfahrung, die er mit einem deutschen Kollegen gemacht hat:
>
> *Wir hatten häufig miteinander zu tun, und ich war um Kontakt zu meinem deutschen Kollegen bemüht. Aber ich hatte das Gefühl, dass ich mit ihm nicht so richtig warm wurde. Eines Abends traf ich ihn beim Squash. Plötzlich wirkte der Deutsche ganz anders auf mich, er lachte, winkte mir, forderte mich zu einem Spiel auf und zum Schluss tranken wir noch etwas zusammen. Es war ein wirklich angenehmer Abend, und ich dachte mir: Jetzt ist das Eis geschmolzen. Ich dachte mir schon, dass dieser Deutsche eigentlich ganz nett ist, aber jetzt weiß ich sicher, dass es so ist.*
>
> *Am nächsten Tag im Büro freute ich mich, als ich ihn wieder sah, ging lächelnd auf ihn zu und sprach ihn mit einem Witz zum gestrigen Squash an. Doch der Deutsche schien wie ausgewechselt: Er war wieder kurz angebunden, erwiderte den Witz nicht, sondern sagte: 'Es tut mir leid, ich habe jetzt gleich eine Besprechung. Ich bin in Eile, denn ich muss noch etwas vorbereiten.' Und schon wendete er sich wieder ab. Ich war konsterniert: Mein deutscher Kollege hatte nicht nur wieder einen Anzug an, er war auch wieder zugeknöpft. Wie ist das möglich? War das gestern ein anderer Mensch?*
>
> Kulturstandard-Forschung / A. Thomas, vgl. Anhang 2.

Ein Beispiel aus der deutsch-brasilianischen Zusammenarbeit

12.2.1 Vertrauensanalyse: Was ist passiert?

Der brasilianische Manager versucht schon seit längerer Zeit, zu seinem deutschen Kollegen eine persönliche Beziehung aufzubauen, was ihm aber bisher nicht gelungen ist. Umso mehr freut er sich über die positive Erfahrung, die er bei dem gemeinsamen Squash-Abend macht. Der Brasilianer erwähnt verschiedene Aspekte, die er an dem Abend wahrnimmt und als Vertrauensgründe interpretiert: Der Deutsche „lachte, winkte mir zu" (vgl. Faktor *Locker sein / Humor haben*), und er war „nett" (vgl. Faktor *Freundlich und aufgeschlossen sein*). Schließlich kann auch der Umstand, dass die beiden einen gemeinsamen privaten Abend verbringen, ein Vertrauensgrund sein (vgl. Faktor *Sich privat treffen*).

Vertrauensgründe

Angesichts der netten, informell-persönlichen Beziehung, die sich während des Squash-Abends entwickelt hat, empfindet es der brasilianische Manager als brüskierend, dass sich der deutsche Kollege am nächsten Tag so 'professionell-kalt' verhält – aus Sicht des Brasilianers völlig unangemessen. Die Verhaltensweisen, die der Brasilianer beschreibt, betreffen die gleichen Vertrauensfaktoren, die er am Squashabend positiv wahrgenommen hat. Allerdings interpretiert er sie jetzt als Vertrauenswarnungen: Der Deutsche „erwidert den Witz nicht" (vgl. Faktor *Locker sein / Humor haben*) und ist „kurz angebunden",

Achtung: Locker sein / Humor haben & Freundlich und aufgeschlossen sein

sagt lediglich kurz „Ich bin in Eile" und wirkt auf den Brasilianer „zugeknöpft" (vgl. Faktor *Freundlich und aufgeschlossen sein*).

Insbesondere aber hat der Brasilianer den Eindruck, dass sich der Deutsche nicht konsistent verhält. Er setzt die begonnene informell-persönliche Beziehung nicht wie erwartet fort. Er scheint sich über Nacht verwandelt zu haben. Auch *Konsistenz im Verhalten* über die Zeit ist ein Vertrauensfaktor – wenn auch kein direkter. Eher ist es so, dass mangelnde Verhaltenskonsistenz aus unterschiedlichen Gründen ein Hinweis darauf sein kann, dass man mit Vertrauen vorsichtig sein sollte (zu den unterschiedlichen vertrauensrelevanten Arten von Verhaltenskonsistenz vgl. Münscher 2011: 252).

12.2.2 Kulturalarm: Was könnte hier kulturkritisch sein?

Verhält sich der deutsche Manager tatsächlich inkonsistent? Hat er bewusst beschlossen, die nette informell-persönliche Beziehung *doch* nicht fortzusetzen? Der brasilianische Manager fragt sich: 'War das gestern ein anderer Mensch?' Er kann sich das so unterschiedliche Verhalten nicht erklären.

Hier klingelt der Kulturalarm: Was für Gründe kann es noch dafür geben, dass sich der Deutsche am Morgen so anders verhält als am Abend zuvor? Gibt es einen deutsch-brasilianischen Kulturunterschied, der uns einen Grund für das veränderte Verhalten des deutschen Managers liefert?

12.2.3 Kulturanalyse: Welche Unterschiede führen in die Vertrauensfalle?

Trennung von Privatem und Beruflichem

Es geht hier um eine unterschiedliche Einstellung bezüglich der Frage, inwiefern man zwischen privaten und beruflichen Kontexten trennen sollte und welche Rolle in beiden Kontexten jeweils die Beziehungspflege spielt.

In der lateinamerikanischen wie auch in einigen anderen beziehungsorientierten Kulturen (z.B. Russland, China, Indien, Frankreich) verläuft die Grenze zwischen privatem und beruflichem Leben fließend, die beiden Bereiche sind ineinander verwoben. Insbesondere ist es gängige Praxis, sich auch innerhalb beruflicher Kontexte umfassend und auf eher informelle Weise über private Themen auszutauschen – was man am Wochenende gemacht hat, wie es der Familie geht, was einen privat beschäftigt und bewegt. In der deutschen Kultur ist dies nicht in diesem Maße üblich – und insbesondere ist es weniger in den beruflichen Kontext integriert. Wenn ein vom Charakter her eher informell-privater Austausch stattfindet, dann tendenziell an den Schnittstellen zwischen Beruflichem und Privatem – am Anfang und Ende des Arbeitstages oder beim Mittagessen. Montagmorgens kann man sich über das vergangene Wochenende austauschen, und freitagnachmittags kann man über entsprechende Pläne sprechen. Dies ist Ausdruck einer Trennung zwischen Privatleben und beruflichem Leben, die in der interkulturellen Managementforschung als typisches Merkmal der deutschen Kultur hervorgehoben wird. Deutsche Manager trennen tendenziell zwischen ihren beruflichen Kontakten und ihrem privatem Umgang, und sie schätzen es, wenn ihre Privatsphäre respektiert wird. Auch der Smalltalk über Wochenendaktivitäten, Freundeskreis und Familie fällt im Kulturvergleich im deutschen Unternehmenskontext knapper aus (z.B. Schroll-Machl 2002: 137-139, Nees 2000: 50-52).

In Deutschland ist es kein Standard, dass man einen Kollegen als Freund bezeichnet. Gemäß dem deutschen Verständnis ist ein 'Freund' jemand, zu dem man eine intensive und langjährige private Beziehung aufgebaut hat und mit dem man in der Regel keine formell-beruflichen Verpflichtungen verbinden. Wenn man jemanden erst einige Male getroffen hat, spricht man zunächst noch nicht von einem 'Freund', sondern von einem 'Bekannten'. Ein 'Kollege' hingegen ist ein Kollege. Vielleicht ist er irgendwann 'Kollege und Freund' – und es muss schon eine besondere Beziehung bestehen, dass man ihn allein als 'Freund' bezeichnen würde.

Die Bedeutung von 'Freund'

Im lateinamerikanischen Spanisch wird diese Unterscheidung Freund–Bekannter–Kollege nicht getroffen. Ein 'amigo' kann sowohl ein privater Freund sein, mit dem man die Freizeit verbringt, als auch ein guter Kollege, mit dem man auch mal abends ein Bier trinken geht.

Der im Vergleich zu Deutschland hohe Stellenwert der Beziehungsorientierung betrifft in Brasilien und anderen lateinamerikanischen Kulturen *alle* sozialen Kontexte. Smalltalk, gemeinsame private Aktivitäten und eine allgemeine Kontaktfreudigkeit, Aufgeschlossenheit und Freundlichkeit sind in der brasilianischen Kultur wichtige Aspekte der Beziehungspflege. Deutsche Manager differenzieren hier: Im Privaten ist die persönliche Ebene sehr wichtig, man pflegt und schätzt freundschaftliche Beziehungen und man zieht es vor, Beziehungen zu beenden oder den Kontakt zu reduzieren, wenn keine gute persönliche Beziehung besteht. Im Beruflichen hingegen ist es auch möglich, Beziehungen zu pflegen, die im Wesentlichen beruflicher Natur sind, d.h. in welchen man primär aufgabenorientiert auf sachlicher Ebene zusammenarbeitet. Aufbau und Pflege einer privat-persönlichen Dimension der Beziehung sind dann nachrangig. Im Ergebnis verbringt man dann weniger Zeit mit Smalltalk und kommt stattdessen im Arbeitsalltag oder in Meetings schneller auf inhaltliche Themen zu sprechen. Kritische Diskussionspunkte lassen sich direkt und sachlich angehen (vgl. Infokasten 'Sach- und Beziehungsorientierung', S. 246).

Ein anderer Mensch

In unserem Fallbeispiel wird der brasilianische Manager genau mit dieser ihm unbekannten Trennung zwischen beruflichem und privatem Kontext konfrontiert: Im privaten Kontext, beim Squash, ist der deutsche Kollege aufgeschlossen, freundlich und humorvoll. Der Brasilianer empfindet dies nun als einen Entwicklungssprung in ihrer Beziehung, als Auftakt für ein stärker offenes freundschaftliches Miteinander. Am nächsten Tag, zurück im beruflichen Kontext, verhält sich der Deutsche dann so, wie es aus seiner Perspektive für diesen Kontext angemessen ist: sachlich (kurz angebunden), pflichtbewusst (Termine werden eingehalten) und seriös (der Witz wird nicht erwidert).

Die rhetorische Frage des brasilianischen Managers 'War das gestern ein anderer Mensch?' ist also durchaus berechtigt. Er hat es mit einer anderen Facette des gleichen Managers zu tun. Während er ihn am Abend als Privatmann kennengelernt hat, begegnet er ihm am nächsten Morgen als Geschäftsmann. Aus der Perspektive des Brasilianers ist eine solche Trennung nicht möglich. Nachdem man sich privat angenähert hat, ist es sehr ungewöhnlich, diese Art des Umgangs im beruflichen Kontext nicht fortzusetzen. Es wirkt daher extrem unhöflich, dass der Deutsche nicht einmal ein paar nette Worte wechselt und keinen kleinen Scherz austauscht. Die Vertrauenswarnungen des brasilianischen Managers sind daher nachvollziehbar.

Merke! Wenn man also als umfassend beziehungsorientierter Mensch den scheinbar kalten Umgangston eines Kollegen oder Geschäftspartners im Arbeitskontext nach einem locker-freundlichen Umgang zuvor im Privaten als Vertrauenswarnung interpretiert, kann man in die 'Schnaps-ist-Schnaps!'-Vertrauensfalle geraten.

12.2.4 Hintergründe: Was ist die Logik der anderen Seite?

Fragen wir aus Sicht des Brasilianers: Wie ist das möglich, dass jemand am Abend so freundlich und persönlich ist und am nächsten Tag wieder so zugeknöpft und abweisend?

Wie lässt sich die deutsche Trennung zwischen Privatem und Beruflichem gegenüber einem brasilianischen Kollegen nachvollziehbar erläutern? Erstens hilft sie abzuschalten und 'Abstand' zu bekommen – zu vermeiden, am Abend und in der Freizeit mit beruflichen Themen konfrontiert zu sein. Man macht *Feierabend*. Diesen Begriff des Feierabends gibt es in vielen anderen Kulturen nicht, und er sagt viel über die deutsche Kultur aus. Er drückt in einem Wort aus, dass es ein *Nach-der-Arbeit* gibt, das sich grundsätzlich von dem *Während-der-Arbeit* unterscheidet: Arbeit ist eben Arbeit, und Schnaps ist Schnaps, wie man sprichwörtlich sagt.

Der zweite positive Effekt einer stärkeren Trennung zwischen Privatem und Beruflichem hängt mit Arbeitseffizienz zusammen: Tagsüber konzentriert man sich darauf, berufliche Projekte effizient voranzubringen – um dann 'zu einem vernünftigen Zeitpunkt' Feierabend machen zu können. Dann hat man mehr Zeit, noch 'privat was zu machen'. Den Feierabend kann man nutzen, um soziale Kontakte zu pflegen, sich privat zu treffen und sich privat auszutauschen. Die Voraussetzung für eine solche Trennung ist eine klare Sachorientierung: Will man die Beziehungspflege in den Feierabend verlegen, muss man die Möglichkeit haben, tagsüber stärker aufgabenorientiert zusammenzuarbeiten. Nach einem beziehungsorientierten Verständnis ist das nicht möglich: Beziehungspflege ist notwendig in die berufliche Zusammenarbeit integriert.

Vertrauensgründe: Privates erzählen und Sich privat treffen

Kontrastieren wir die deutsche Perspektive der Trennung 'Beruflich-Privat' noch einmal mit der brasilianischen Sichtweise: Warum gibt es diese Trennung in Brasilien nicht in ähnlicher Weise? Was die Deutschen eher während ihres Feierabends betreiben, die eher informelle, persönliche Beziehungspflege, warum machen das Brasilianer direkt am Arbeitsplatz?

Zum einen ist dies ein Erfordernis beziehungsorientierter Zusammenarbeit. In Brasilien zieht sich die gegenseitige Rückversicherung tragfähiger persönlicher Beziehungen, deren Pflege und, bei neuen Kontakten, deren Aufbau, quer durch den beruflichen Alltag. Damit schafft und erhält man eine Arbeitsgrundlage, welche einen erfolgreichen Umgang mit Konflikten, Stress oder schwierigen Situationen überhaupt erst ermöglicht. Wenn es hart auf hart kommt, sind die persönlichen Beziehungen da und es lassen sich Lösungen finden (vgl. Infokasten 'Sach- und Beziehungsorientierung', S. 246)

Zum anderen zeichnet sich die brasilianische Kultur durch eine grundsätzlich hohe Kontaktfreudigkeit aus. Man ist immer offen für Austausch, geht sehr schnell und über soziale Grenzen hinweg aufeinander zu und beginnt eine Kommunikation. Das gilt für die unterschiedlichsten sozialen Kontexte – und nicht zuletzt eben auch für die berufliche Zusammenarbeit. Manche Autoren sehen diese ausgeprägte Kontaktfreudigkeit vieler Lateinamerikaner im Zusammenhang damit, dass in den meisten lateinamerikanischen Kulturen relativ viele unterschiedliche Völker zusammenleben. Kontakt- und Kommunikationsfreudigkeit erleichtern ein solches Zusammenleben unterschiedlicher Gruppen (vgl. Infokasten 'Ethnische Vielfalt in Lateinamerika', S. 254).

12.2.5 Strategien: Was lässt sich tun?

Für die Vermeidung oder Auflösung der 'Schnaps-ist-Schnaps!'-Vertrauensfalle sind folgende Strategien hilfreich:

Tab. 29: Strategien zur 'Schnaps-ist-Schnaps!'-Vertrauensfalle

Strategien aus Sicht einer geringeren Trennung zwischen privat und beruflich z.B. Brasilianer oder auch Russen, Franzosen mit Deutschen	*Strategien aus Sicht einer größeren Trennung zwischen privat und beruflich* z.B. Deutsche mit Brasilianern oder auch Russen, Franzosen
• Aus einer guten privaten Beziehung nicht die Erwartung ableiten, dass man sich im beruflichen Alltag viel Zeit für die Beziehungspflege nimmt. • Eine größere Sachlichkeit im beruflichen Kontext nach einem netten privaten Kontakt nicht als Verschlechterung der persönlichen Beziehung interpretieren. • In diesem Fall nicht resignieren, sondern häufiger gemeinsame private Aktivitäten unternehmen; es braucht mehr Zeit, bis sich der Umgang im beruflichen Kontext informeller gestaltet.	• Sich im beruflichen Kontext insbesondere dann mehr Zeit für Beziehungspflege nehmen, wenn man zu jemandem bereits privat eine engere Beziehung aufgebaut hat. • Wenn man nicht gewillt ist, im beruflichen Kontext zu einem informelleren Umgang zu wechseln, auch im Privaten damit zurückhaltend sein.

Kulturinfo-6: Ethnische Vielfalt in Lateinamerika

Viele lateinamerikanische Länder sind Vielvölkerstaaten. Vor allem in den Großstädten, aber auch in vielen ländlichen Gebieten ist der gleichzeitige Einfluss unterschiedlicher Volksgruppen spürbar. Das insgesamt weitgehend harmonische Zusammenleben dieser Gruppen steht in Zusammenhang mit der ausgeprägten Kontakt- und Kommunikationsfreudigkeit der Lateinamerikaner.

Die Zusammensetzung der Kulturen ist von Land zu Land unterschiedlich: Sehr stark ausgeprägt ist die ethnische Vielfalt in **Brasilien**. Hier mischen sich indigene mit afrikanischen, europäischen und asiatischen Kulturen. Die indigene Bevölkerung ist in Brasilien vielfältiger als in anderen Ländern. Zur Zeit der Kolonialisierung gab es etwa 5 Mio. Einheimische in ca. 1.000 verschiedenen Völkern. Heute gibt es nur noch 350.000 indigene Menschen, daneben aber viele Nachfahren gemischt-indigener und europäisch-stämmiger Eltern. Afrikanische Einflüsse kamen vor allem durch den Sklavenhandel nach Brasilien. Die Sklaverei war innerhalb Lateinamerikas in Brasilien am stärksten ausgeprägt und wurde erst sehr spät, im Jahr 1888, abgeschafft. Daneben ist vor allem der Einfluss europäischer Einwanderer prägend: Um 1900 gab es eine große Einwanderungswelle aus Italien, später kamen Einwanderer aus Deutschland, Osteuropa und Japan hinzu.

Argentinien gilt als europäisch geprägtes Einwanderungsland. Die Einwanderer kamen vor allem aus Italien und Spanien, aber auch aus Frankreich, Österreich, Deutschland, Großbritannien, Belgien und der Schweiz. Der Einfluss der indigenen Bevölkerung ist in Argentinien relativ gering.

Grund hierfür ist, dass Argentinien vor der Kolonialzeit nur schwach und nur im Nordwesten etwas dichter bevölkert war. Außerdem wurde die verbleibende indigene Bevölkerung unter der spanischen Kolonialherrschaft stark dezimiert.

In **Mexiko** ist hingegen der Einfluss der indigenen Bevölkerung sehr groß. Fast ein Drittel der Bevölkerung ist indigenen Ursprungs. Das nationale Erbe der Azteken und der Maya spielt für die mexikanische Gesellschaft eine große Rolle. Die Einwanderung war demgegenüber in der mexikanischen Geschichte eher gering ausgeprägt.

Die folgende Tabelle gibt einen Überblick über die einzelnen Bevölkerungsgruppen im heutigen Brasilien, Argentinien und Mexiko.

	Brasilien	Argentinien	Mexiko
Weiße (v.a. Einwanderer aus Europa)	53,7%	97%	9%
Schwarze (Nachfahren afrikanischer Sklaven)	6,2%	--	--
Indios (Indigene Bevölkerung)	0,9%	3%	30%
Mestizen (Nachfahren von Weißen und Indios)	38,5 %		60%
Andere	0,7%		1%

World Fact Book, Mai 2012 (www.cia.gov)

12.3 Fazit zum Handlungsfeld 'Beziehungsaufbau und -pflege'

Zwei kulturelle Vertrauensfallen drohen im Handlungsfeld 'Beziehungsaufbau und -pflege': Die erste betrifft den Vertrauensfaktor *Kontakt pflegen / viel kommunizieren*, die zweite die Faktoren *Freundlich und aufgeschlossen sein* und *Locker sein / Humor haben*.

Die erste Falle entsteht durch den grundlegenden Kulturunterschied zwischen Sach- und Beziehungsorientierung. Wenn Manager aus einer Kultur, in der intensive und regelmäßige Beziehungspflege für die berufliche Zusammenarbeit hohen Stellenwert hat, mit Kollegen oder Partnern zusammenarbeiten, die eine eher sachliche und auf das Geschäftliche bezogene Herangehensweise gewohnt sind, droht die 'Treffen-nicht-nötig!'-Vertrauensfalle. So kann beispielsweise das Ausschlagen eines Angebots für ein persönliches Treffen, das in einem sachorientierten Kontext aus Termingründen geboten sein mag, aus beziehungsorientierter Perspektive als Vertrauenswarnung wahrgenommen werden (Faktor **Kontakt pflegen / viel kommunizieren**).

In die 'Schnaps-ist-Schnaps!'-Vertrauensfalle können umfassend beziehungsorientierte Manager geraten, wenn ein sachorientierter Kollege klar zwischen informell-privatem Kontakt und beruflichem

Überblickstabelle Vertrauensfaktoren: S. 54

'Treffen-nicht-nötig!'-Vertrauensfalle

'Schnaps-ist-Schnaps!'-Vertrauensfalle

Kontext unterscheidet. Wenn dieser nach einem informell-privaten Abend im Büro 'zurück' in den scheinbar kalten Umgangston des Arbeitskontexts wechselt, wird das als Vertrauenswarnung interpretiert (Faktoren *Freundlich und aufgeschlossen sein* und *Locker sein / Humor haben*). Da sich in sachorientierten Kulturen die Bereiche Beruflich und Privat stärker trennen lassen, ist es möglich, in einem außerbetrieblichen Kontext informell zusammen zu feiern, ohne dass sich der informelle Kontakt gleichsam automatisch in den beruflichen Kontext hinein fortsetzen muss.

Tab. 30 gibt noch einmal einen Überblick der kulturellen Vertrauensfallen im Handlungsfeld 'Beziehungsaufbau und -pflege'.

Tab. 30: Vertrauensfallen im Handlungsfeld 'Beziehungsaufbau und -pflege'

Treffen-nicht-nötig!-Vertrauensfalle		
Kulturbeispiel: Russland-Deutschland Russischer Geschäftsmann mit deutschen Lieferant: Da er gerade in Deutschland (Berlin) ist, will er spontan den Geschäftsführer seines deutschen Zulieferers in Hamburg treffen – doch der hat keine Zeit (S. 239).		
Vertrauenswarnung	**Perspektive der anderen Kultur**	**Erklärende Kulturunterschiede**
– Ist nicht bereit, in unsere Beziehung zu investieren! – Behandelt mich nicht mit Respekt – unsere Geschäftsbeziehung ist ihm offenbar nicht wichtig!	– Man trifft sich dann, wenn es inhaltlich notwendig ist! – Kann doch lange vereinbarte Termine nicht deshalb absagen! – Mein Mitarbeiter kann die inhaltlichen Dinge doch mit ihm genauso besprechen!	Sach- und Beziehungsorientierung; Zeitmanagement und Arbeitsorganisation; Hierarchieverständnis
Schnaps-ist-Schnaps!-Vertrauensfalle		
Kulturbeispiel: Brasilien-Deutschland Brasilianischer Manager mit deutschem Kollege: Nach einem gemeinsamen locker-informellen Squash-Abend ist der sachlich-professionelle Umgang des Kollegen am nächsten Morgen nicht nachvollziehbar (S. 249).		
Vertrauenswarnung	**Perspektive der anderen Kultur**	**Erklärender Kulturunterschied**
– Verhält sich inkonsistent: Erst geht er auf die privat-informelle Ebene, dann schwenkt er ohne Grund zurück ins Formelle! – Der ist unfreundlich! Der ist nicht locker, und er hat keinen Humor!	– Berufliches und Privates sind unterschiedliche Kontexte! – Informeller Kontakt im Privaten führt nicht automatisch zu einem informellen Umgang auch im beruflichen Kontext!	Sach- und Beziehungsorientierung (Trennung zwischen privat und beruflich)

13 Umgangsformen und Facework

Kommunikation bestimmt ganz wesentlich den Managementalltag. Manager informieren, delegieren, treffen Absprachen oder nehmen Anweisungen entgegen. Sie befürworten, akzeptieren oder kritisieren Vorschläge und Konzepte. Für all diese kommunikativen Verhaltensweisen gibt es Umgangsformen und Regeln der Höflichkeit, des gegenseitigen Respekts und des Fairplay. Für die Entwicklung von Vertrauen ist es ungeheuer wichtig, ob man den Eindruck gewinnt, dass ein Kollege oder Partner diesen Regeln in angemessener Weise folgt.

In unserer Forschung zu Vertrauensfaktoren zeigte sich, dass der Vertrauensfaktor *Respekt und Interesse zeigen* zusammen mit dem Fairplay-Faktor *Nichts vortäuschen* der am häufigsten beschriebene Vertrauensfaktor im Management ist (vgl. die Übersicht in Münscher 2011: 296). Ich kann kein Vertrauen in einen Kollegen oder Partner haben, der mich nicht ernst nimmt und respektlos behandelt oder der mich täuscht und belügt.

Wenn man die Vertrauensfaktoren des angemessenen Umgangs – insbesondere im internationalen Management – näher verstehen möchte, muss man den Begriff des 'Facework' kennen (Goffman 1967, 1955).

Face beschreibt, wie man vor anderen 'dasteht' – und das regeln letztlich die Umgangsformen. Wer beispielsweise vor allen Kollegen vom Chef einen Rüffel bekommt, steht schlecht da. Und das gilt generell: Wird jemand beleidigt, gedemütigt oder auch nur kritisiert, dann wird sein 'Face' beschädigt, das Bild, das andere sich von der Person machen. Die Person 'verliert ihr Gesicht' bzw. ihr 'Gesicht wird bedroht'. Internationalen Managern kann es leicht passieren, dass sie Gesichtsbedrohungen oder -verletzungen verursachen, ohne dies zu merken, da sie die kulturell geprägten Umgangsformen ihrer Partner nicht genau kennen.

Facework bezeichnet alle Aktivitäten, mithilfe derer man Gesichtsbedrohungen vermeiden, abschwächen oder nachträglich beheben kann. In jeder Kultur gibt es Praktiken des Facework, denn es ist kulturell übergreifend wichtig, innerhalb der eigenen sozialen Gruppe *nicht* schlecht dazustehen (zum Konzept des Facework vgl. Infokasten 'Die Rolle von Face und Facework', S.272). Allerdings gibt es wichtige kulturelle Unterschiede, wann und wie genau man sich um das Gesicht des anderen bemühen muss – wann welche Regeln der Höflichkeit und des Respekts zählen und wie man sie umsetzt.

Face: das Bild, das andere sich von mir machen

Facework: Gesichtsbedrohungen vermeiden

Warum wird es als vertrauensförderlich wahrgenommen, wenn Manager gegenüber Kollegen oder Geschäftspartnern respektvoll handeln und angemessenes Facework betreiben? Rufen wir uns ins Gedächtnis, was Vertrauen bedeutet: Wenn ich jemandem gegenüber vertrauensvoll handle, dann mache ich mich von ihm abhängig, denn er könnte zu meinem Nachteil handeln. Dabei umfassen seine Handlungsoptionen nun in vielen Fällen auch Möglichkeiten, mein öffentliches Ansehen, mein 'Gesicht' zu beschädigen. Wenn ich vertrauensvoll über eigene Fehler oder Probleme rede, könnte der andere dies weitergeben. Wenn mein Vertrauen, dass der andere Qualität liefert, enttäuscht wird, kann der schlechte Eindruck auf mich zurückfallen etc.

Auf der anderen Seite sind die Vertrauensfaktoren des Facework Anzeichen dafür, dass der andere neben seinen eigenen auch meine Bedürfnisse und meine Situation im Blick hat. Wenn jemand respektvoll handelt und mir oder anderen gegenüber 'gesichtswahrend' kommuniziert, dann handelt es sich offenbar um jemanden, für den nicht allein die eigenen Ziele und Bedürfnisse zählen.

Es gibt eine Reihe konkreter Verhaltensweisen, die Manager im Handlungsfeld 'Umgangsformen und Facework' als vertrauensförderlich wahrnehmen: Manager achten zunächst einmal darauf, ob der andere mir (und auch Dritten) gegenüber insgesamt respektvoll und höflich ist, ob er sich für mich als Person interessiert und meine Leistungen wahrnimmt (Faktor *Respekt und Interesse zeigen*). Im Bezug auf die Formulierung von Kritik oder Widerspruch fällt auf, ob der andere sich die Mühe macht, vorsichtig höflich-indirekt zu kommunizieren – denn Kritik oder Widerspruch sind grundsätzlich gesichtsbedrohend (Faktor *Kritik / Widerspruch höflich-indirekt äußern*). Daneben ist es für Manager auch relevant, ob sich der andere bescheiden und nicht zu selbstbewusst verhält (Faktor *Bescheiden auftreten / nicht angeben*), ob er in der Zusammenarbeit nicht zu sehr in meinen Zuständigkeitsbereich eingreift (Faktor *Zuständigkeiten respektieren*) und ob er mich in Entscheidungen einbezieht und meine Argumente berücksichtigt (Faktor *In Entscheidungen einbeziehen*).

Im Zusammenhang mit diesen Vertrauensfaktoren gibt es drei typische kulturelle Vertrauensfallen, die wir im Folgenden vorstellen: Die 'Flexibel-sein-zählt!'-Vertrauensfalle (13.1) ist auf kulturelle Unterschiede im Zeitmanagement und in der Arbeitsorganisation zurückzuführen. Die 'Konstruktive-Kritik!'-Vertrauensfalle (13.2) entsteht durch eine kulturell unterschiedliche Bedeutung von Facework-Strategien bei der Formulierung von Kritik. Verantwortlich für die 'Chef-entscheidet!'-Vertrauensfalle (13.3) sind Kulturunterschiede im Hierarchieverständnis.

13.1 Die 'Flexibel-sein-zählt!'-Vertrauensfalle

In die 'Flexibel-sein-zählt!'-Vertrauensfalle führen kulturelle Unterschiede im Zeitmanagement und in der Arbeitsorganisation. Sie droht, wenn man als gut organisierter Mensch das Verhalten eines Kollegen oder Partners, der einen scheinbar grundlos warten lässt, als respektlos interpretiert – obwohl der andere vielleicht nur einen anderen Umgang mit Zeit und Arbeitsorganisation gewohnt ist. Die Falle entsteht beispielsweise in der Zusammenarbeit deutscher oder amerikanischer Manager mit Partnern aus Lateinamerika, Spanien oder Frankreich.

Beispiel für die 'Flexibel-sein-zählt!'-Vertrauensfalle

Zum verabredeten Zeitpunkt telefoniert sie erst noch ausgiebig

Eine deutsche Managerin berichtet von einem Erlebnis mit einer französischen Kollegin, das sie dazu brachte, ihr Vertrauen in diese Kollegin zu hinterfragen:

Ich hatte mich mit dieser Dame verabredet. Das heißt, ich habe kurz vorher angerufen: 'Kann ich vorbeikommen?' 'Ja, okay.' Dann bin ich zu ihr hingegangen, und dann war sie noch am Telefon. Das kommt ja vor. Das ist kein Thema. Ich kann dann aber schon unterscheiden, ob jemand am Telefon wirklich in einem wichtigen Gespräch ist – zum Beispiel mit einem Kunden, den er nicht abwürgen kann, das ist logisch – oder aber ob er halt telefoniert, telefoniert und dann hier noch und da noch.

Das ist bei den Franzosen halt so, sage ich mal. Die sind dann öfter mal ausschweifend, wenn sie dann ins Erzählen kommen. Dass man dann allerdings... Ich sage mal: Man könnte ein Zeichen geben: 'Okay, es dauert noch 5 Minuten.' Aber, wenn das nicht kommt, das empfinde ich dann schon persönlich als unhöflich.

Ich saß da der Person gegenüber und musste dann vielleicht noch 5 bis 10 Minuten warten. Man hat ja auch nicht Zeit im Überfluss. Die hat mir Zeit gestohlen. Sie hat mich bewusst warten lassen. Das ist eine Respektsache. Und für mich ist das gleich: Respekt gleich Vertrauen. Also es ist nicht gleich, aber es liegt eng beieinander. Das war so ein kleines Machtspielchen halt. Das ist für mich ein Zeichen gewesen, wo ich gesagt habe: Okay, da muss ich aufpassen. Das ist jetzt nicht so, dass ich schon gleich super misstrauisch bin, aber das sind so Zeichen.

TRIM-Projekt / R. Münscher & J. Hormuth, vgl. Anhang 2.

Ein Beispiel aus der deutsch-französischen Zusammenarbeit

Achtung:
Respekt und Interesse zeigen

13.1.1 Vertrauensanalyse: Was ist passiert?

Wie lässt sich die Vertrauenseinschätzung der deutschen Managerin nachvollziehen? Die deutsche Managerin verabredet telefonisch mit ihrer Kollegin, die in einem anderen Büro arbeitet, dass sie sich kurz treffen, um etwas zu klären. Als sie im Büro der Kollegin ankommt, ist diese dabei zu telefonieren. Sie muss also warten. Was nun dazu führt, dass ihr Vertrauen in die Kollegin Schaden nimmt, ist eine Kombination an Ereignissen bzw. Beobachtungen:

1. Trotz ihrer Verabredung muss die deutsche Managerin noch 5-10 Minuten warten, weil ihre Kollegin noch ein Telefonat zu Ende führt. Das ist ärgerlich, kann aber vorkommen. 2. Sie stellt schnell fest, dass es sich nicht um ein wichtiges Kundengespräch handelt, sondern dass sich die Kollegin über relativ belanglose Themen unterhält. Auch das könnte sie entschuldigen, wenn die Kollegin täte, was sie nicht tut: 3. Die französische Kollegin gibt ihr noch nicht einmal ein entschuldigendes Zeichen, um zu signalisieren, dass ihr bewusst ist, dass sie sie warten lässt, und dass sie gleich fertig sei. Das Fehlen eines solchen Signals führt letztendlich dazu, dass die deutsche Managerin den Eindruck gewinnt, ihre Kollegin lasse sie „bewusst warten". Sie fühlt sich gezielt unhöflich bzw. respektlos behandelt (vgl. Vertrauensfaktor *Respekt und Interesse zeigen*), und schließt daraus, dass es sich um ein „Machtspielchen" handelt – und dass sie bei dieser Kollegin „aufpassen" muss.

13.1.2 Kulturalarm: Was könnte hier kulturkritisch sein?

Die Vertrauenswarnung der deutschen Managerin ist berechtigt, wenn man davon ausgeht, dass die französische Kollegin die Deutsche tatsächlich bewusst warten lässt. In der Erwartung der deutschen Managerin gehört es zum respektvollen Umgang, dass man andere nicht grundlos warten lässt – insbesondere dann nicht, wenn man verabredet ist. Wenn man jemanden doch einmal warten lassen muss, dann sollte man dies thematisieren, es erklären und entschuldigen.

Kulturalarm? Hat die französische Kollegin aus ihrer Perspektive die Deutsche tatsächlich grundlos und *bewusst* warten lassen? Spricht sie die Verzögerung bewusst nicht an? Würde die Französin prinzipiell einräumen, dass man ein solches Verhalten als unhöflich oder gar respektlos sehen kann? Vielleicht ist es für die französische Kollegin alles andere als außergewöhnlich, dass die deutsche Kollegin in dieser Situation etwas warten muss – diese Flexibilität setzt sie einfach voraus. Entsprechend sieht sie auch keine Notwendigkeit, sich zu entschuldigen oder die Sache überhaupt zu thematisieren.

13.1.3 Kulturanalyse:
Welche Unterschiede führen in die Vertrauensfalle?

Verantwortlich für die 'Flexibel-sein-zählt!'-Vertrauensfalle ist vor allem ein kultureller Unterschied im Umgang mit Zeit und zeitlichen Absprachen bzw. in der Art, wie man seine Arbeitsabläufe zeitlich organisiert. Dieser Unterschied wurde in der Forschung vielfach beschrieben. Er betrifft die Art und Weise, wie Kulturen mit Zeitabläufen und Planungen umgehen. Tendiert ein Manager dazu, seinen Arbeitsalltag relativ streng durchzuplanen und diese Planung nach Möglichkeit relativ streng einzuhalten, so spricht man im interkulturellen Management von einem 'monochronen' Verhalten. Im Gegensatz dazu meint die Bezeichnung 'polychrones' Verhalten, dass man zeitlich offener an den Arbeitstag herangeht und bereit ist, spontan zwischen Aufgaben zu wechseln, auch wenn dies nicht der vorgesehenen Planung entspricht (vgl. Infokasten 'Zeitmanagement und Arbeitsorganisation', S. 265).

Monochrone vs. polychrone Arbeitsorganisation

Für das deutsch-französische Management ist dieser Monochronie-Polychronie-Unterschied sehr wichtig (vgl. Hall & Hall 1984, 1990, Pateau 1998 oder Davoine 1999). Für eine polychrone Arbeitsweise ist es völlig normal, dass man, wenn kurzfristig eine andere Sache dazwischen kommt, von einer Aufgabe zur anderen wechselt und von ursprünglichen Planungen abweicht. Die französische Kollegin hat sich in dem Fallbeispiel zwar mit der deutschen Kollegin verabredet, sie bekommt aber einen Anruf, als die deutsche Kollegin noch nicht da ist. Es ist aus ihrer Perspektive nicht nötig und wäre sogar ineffizient, den Anruf nicht anzunehmen. Denn so kann sie den Moment nutzen, um etwas zu klären. Wer weiß, wann sie den Gesprächspartner sonst am Telefon erreichen kann. Dass das Gespräch 5-10 Minuten länger braucht, ist aus ihrer Perspektive nicht weiter problematisch. In polychronen Arbeitskontexten ist man kürzere oder auch mal etwas längere Wartezeiten gewohnt. Sie sind im Arbeitsalltag normal und nicht weiter der Rede wert. Denn man nutzt Wartezeiten – um kurz per Blackberry Mails zu beantworten oder etwas im Kalender zu prüfen etc. Da die Wartezeit aus der Perspektive der französischen Managerin nicht weiter außergewöhnlich ist, sieht sie auch keinen Grund darin, während des Gesprächs entschuldigende Signale zu geben.

Für die deutsche Managerin ist nicht das Warten allein der Grund, Vertrauen in Frage zu stellen. Selbst wenn man den Unterschied zwischen einer monochronen und einer polychronen Arbeitsweise kennt, ist noch nicht verständlich, warum die französische Kollegin dann nicht zumindest, sobald sie die relevanten Punkte mit ihrem Gesprächspartner geklärt hat, das Gespräch beendet. Um zu verstehen,

Sach- vs. Beziehungsorientierung

warum sich das Telefonat der Französin hinauszögert, indem sie mit ihrem Gesprächspartner scheinbare Belanglosigkeiten austauscht, muss man noch einen anderen Kulturunterschied berücksichtigen: den zwischen Sach- und Beziehungsorientierung (vgl. Infokasten 'Sach- und Beziehungsorientierung', S. 246).

In sachorientierten Kulturen wäre es möglich – und daher aus der Perspektive der deutschen Managerin auch angemessen, nach Eintreffen des Besuchs die telefonische Angelegenheit zügig zu klären und dann mit einem entschuldigenden Hinweis darauf, dass ein Besuch eingetroffen ist, das Gespräch zu beenden. *Der verabredete Termin mit der deutschen Kollegin würde mehr zählen als das spontan zustande gekommene Telefongespräch.* Für den Gesprächspartner am Telefon wäre es in einem sachorientierten Kontext auch völlig verständlich und akzeptabel, das Gespräch schnell zu beenden, wenn die zu klärenden Punkte geklärt sind.

In beziehungsorientierten Kulturen ist das anders: Hier ist es auch im beruflichen Kontext wichtig, bei einem Kontakt neben den geschäftlichen Dingen auch auf persönlicher Ebene zu signalisieren, dass einem die Beziehung wichtig ist. Es wäre extrem unhöflich von der französischen Managerin, das Gespräch unmittelbar nach Klärung der Sachfragen zu beenden, ohne sich nicht zumindest ein wenig informell auszutauschen. *Die Verpflichtung zur 'Beziehungspflege' zählt hier mehr als der verabredete Termin.* Aus der Perspektive einer beziehungsorientierten Kultur geht man davon aus, dass dies auch einem Besucher klar ist und dieser also ungefragt akzeptiert, dass man sich noch einige Minuten informell mit einem Gesprächspartner austauscht, während er warten muss.

Für die Vertrauensfalle kommen hier also zwei Kulturunterschiede zusammen: Der Monochronie-Polychronie-Unterschied und der Unterschied zwischen Sach- und Beziehungsorientierung. Die Werte der Polychronie und der Beziehungsorientierung fallen in vielen Kulturen zusammen. Neben der französischen gelten auch lateinamerikanische und viele osteuropäische Kulturen (z.B. Tschechien, Russland) als polychron und als beziehungsorientiert. Eine typische Folge des Zusammenspiels dieser beiden kulturellen Werte ist, dass zeitliche Verabredungen aufgrund von Beziehungsverpflichtungen nicht eingehalten werden können. Dies kann auch dazu führen, dass jemand zu einem Termin nicht zur verabredeten Zeit erscheint, weil er unterwegs jemand anders getroffen hat oder angerufen wurde – und diesen Kontakt so ernst und wichtig genommen hat, dass er ihn nicht einfach mit Verweis auf seinen Termin sofort wieder beenden konnte – wie es in einer sachorientierten Kultur möglich gewesen wäre.

Für die deutsche Managerin ist der entscheidende Punkt für ihre Vertrauenseinschätzung, dass die französische Kollegin ihr Verhalten (weiter telefonieren und dabei im wesentlichen private Dinge besprechen) überhaupt nicht entschuldigend kommentiert. Aus ihrer Perspektive ist dieses Verhalten aus zwei Gründen ungewöhnlich und überschreitet die Grenze zur Unhöflichkeit: Erstens lässt sie die französische Managerin warten, während sie eigentlich verabredet sind. Zweitens verlängert sie die Wartezeit noch, indem sie am Telefon scheinbare Belanglosigkeiten austauscht. Um dieses außergewöhnliche Verhalten zu rechtfertigen, wäre aus Perspektive der deutschen Managerin zumindest ein entschuldigendes Signal nötig gewesen. Sie hätte ein kurzes Zeichen erwartet, durch das die Französin sich entschuldigt und kurz zu verstehen gibt, dass sie gleich fertig ist. Für die französische Managerin ist das Telefonat jedoch völlig normal und akzeptabel. Sie sieht keine Notwendigkeit darin, die Situation irgendwie zu thematisieren oder sich zu entschuldigen.

Beim Warten-lassen signalisieren, dass man gleich bereit ist

Erst das macht die Situation für die Deutsche vertrauenskritisch. Erst das bringt sie dazu, das Verhalten der Französin als bewusstes Warten-lassen, als *Machtspielchen* und damit als Vertrauenswarnung in Bezug auf den Faktor *Respekt und Interesse zeigen* zu interpretieren. So entsteht die kulturelle Vertrauensfalle. Das Verhalten, welches die deutsche Managerin als Vertrauenswarnung in Bezug auf *Respekt und Interesse zeigen* interpretiert, würde die Französin keinesfalls als respektlos betrachten. Sie würde umgekehrt erwarten, dass die deutsche Managerin flexibel genug ist, mit dieser Situation umzugehen – indem sie später noch mal vorbeischaut, kurz selbst jemanden anruft oder eben einfach kurz abwartet.

Wenn man als gut organisierter Mensch das Verhalten eines Geschäftspartners oder Kollegen, der einen bei einem Termin aus scheinbar unwichtigen Gründen warten lässt und sich dafür nicht einmal entschuldigt, als Vertrauenswarnung in Bezug auf den Faktor *Respekt und Interesse zeigen* interpretiert, dann kann man in die 'Flexibel-sein-zählt!'-Vertrauensfalle geraten.

Merke!

13.1.4 Hintergründe: Was ist die Logik der anderen Seite?

Bei der Diskussion der 'Wohl-nicht-so-wichtig!'-Vertrauensfalle im Handlungsfeld 'Führung und Delegation' haben wir schon erläutert, inwiefern die polychrone Herangehensweise für sich genommen Sinn ergibt – und es zudem sozio-historische Ursachen für diese Verhaltenstendenz gibt: Eine polychrone Arbeitsweise schafft Flexibilität und Reaktivität. Wenn man den Arbeitsalltag 'polychron' organisiert, fällt es leichter, die Zeit effizient zu nutzen, falls sich unvorhergesehene Herausforderungen, Chancen oder Wartezeiten ergeben – wenn sich also die Rahmenbedingungen ändern (vgl. den Abschnit zu den „Hintergründen" der 'War-nicht-zumachen!'-Vertrauensfalle, S. 158).

Aufgrund des flexibleren Umgangs mit Verabredungen wird es in polychronen Kulturen nicht so schnell als Respektlosigkeit betrachtet, dass man jemanden eine gewisse Zeit warten lässt. Warum jedoch hängt Wartenlassen überhaupt mit Respekt zusammen? Der Grund drückt sich sehr schön in dem Begriff des *Machtspielchens* aus, den die deutsche Managerin in unserem Beispiel verwendet. Wartenlassen ist akzeptiert in Hierarchie- und Abhängigkeitsbeziehungen – und zwar insbesondere in Kontexten, in denen diese Hierarchien und Abhängigkeiten stark ausgeprägt sind. Der Mächtige lässt den Abhängigen warten. Herrscher autoritärer Statten lassen ihre Untergebenen warten. Verwaltungsbeamte lassen einfache Bürger warten. Ärzte haben Wartezimmer für ihre Patienten.

Wenn man jemanden warten lässt bzw. warten lassen kann, dann ist man offenbar im jeweiligen Kontext wichtiger oder hierarchisch höher gestellt als die andere Person. Wenn jemand akzeptiert, auf einen zu warten, dann zollt er einem damit Respekt. Umgekehrt wird es daher als Respektlosigkeit wahrgenommen, wenn einen jemanden außerhalb eines solchen Abhängigkeitsverhältnisses warten lässt. Dann erscheint Warten-lassen wie der Versuch, sich eine wichtigere, Respekt verlangende Position zuzuspielen. Genau das bezeichnet die deutsche Managerin in unserem Fallbeispiel als *Machtspielchen*.

Zwar gilt auch in polychronen Kulturen das Prinzip, dass man in hierarchischen Verhältnissen häufiger warten muss. Aber die Grenze, ab wann ein Warten als außergewöhnlich, als Respekterweisung betrachtet wird, ist eine andere. In polychronen Kulturen ist der Spielraum, innerhalb dessen ein Warten-lassen noch völlig normal ist, deutlich größer als in monochronen Kulturen. Daher kann es zu der Situation kommen, in der jemand das Verhalten des Partners oder Kollegen als völlig respektlos verurteilt – während dieser gar nicht der Ansicht ist, sich in irgendeiner Weise respektlos zu verhalten.

13.1.5 Strategien: Was lässt sich tun?

Für die Vermeidung oder Auflösung der 'Flexibel-sein-zählt!'-Vertrauensfalle sind folgende Strategien hilfreich:

Tab. 31: Strategien zur 'Flexibel-sein-zählt!'-Vertrauensfalle

Strategien aus Sicht einer monochron-sachorientierten Herangehensweise z.B. Deutsche mit Franzosen oder Brasilianern, Mexikanern, Russen	*Strategien aus Sicht einer polychron-beziehungsorientierten Herangehensweise* z.B. Franzosen oder Brasilianer, Mexikaner, Russen mit Deutschen
• Kalkulieren Sie von vorn herein mit unvorhergesehenen Wartezeiten, die nicht persönlich gemeint sind. • Nutzen Sie Wartezeiten für kleinere Erledigungen, z.B. SMS, Emails, kurze Anrufe (flexibel sein zählt!). • Wenn Sie unter Zeitdruck sind, signalisieren Sie das dem Gesprächspartner – allerdings nicht mit einem schlichten Verweis auf die Uhrzeit, sondern indem sie ihre individuellen Umstände/Verpflichtungen darstellen.	• Wenn Sie jemanden warten lassen, signalisieren Sie, dass Sie sich dessen bewusst sind und sich beeilen. • Wenn Sie jemanden haben warten lassen, entschuldigen Sie sich höflich und begründen Sie, was Sie dazu gezwungen hat. • Versuchen Sie, Verabredungen wenn möglich einzuhalten, selbst wenn Sie von jemandem aufgehalten werden. Begrenzen Sie die Zeit für unvorhergesehene Gespräche zugunsten geplanter Termine.

Kulturunterschied-6: Zeitmanagement und Arbeitsorganisation

Man kann berufliche Aufgaben mit einem hohen Grad an Organisiertheit erledigen: indem man die Aufgaben grundsätzlich mit einer klaren zeitlichen Planung angeht und geplante Schritte konsequent wie geplant umsetzt. Zudem kann man Kollegen oder Partnern diese Planung wie die Vorgehensschritte nachvollziehbar kommunizieren bzw. dokumentieren.

Alternativ kann man berufliche Aufgaben insofern flexibler und weniger 'organisiert' angehen, als man die Reihenfolge der Bearbeitungsschritte nicht im vorhinein zeitlich genau fixiert, sondern stattdessen eher in Reaktion auf Entwicklungen des Umfelds immer diejenigen Schritte in denjenigen Projekten angeht, die naheliegen. Man arbeitet dann an mehreren Aufgabensträngen parallel, wobei sich die Information, wann an was gearbeitet wird, schwerer kommunizieren lässt.

Die Frage, in welchem Umfang man berufliche Aufgaben und Projekte organisiert angehen sollte, wird im Kulturvergleich unterschiedlich beantwortet. Dies beschreibt ein 'Klassiker' der kulturvergleichenden Forschung: der von Hall (1983: 44-58) bzw. Hall & Hall (1984, 1990) beschriebene Unterschied zwischen 'monochroner' und 'polychroner' Arbeitsorganisation (den gleichen Sachverhalt beschreiben auch Trompenaars & Hampden-Turner 1993 mit ihrer Unterscheidung zwischen 'sequentiellem' und 'synchronem' Zeitbegriff).

In einer groben Gegenüberstellung arbeitet man beim monochronen Vorgehen einzelne Teilaufgaben auf einer Zeitlinie sukzessive ab (monochron heißt wörtlich: *eine* Zeit). Unterschiedliche Aufgaben und Teilaufgaben werden nacheinander geplant und erledigt, aber es kann natürlich eine priorisierte Aufgabe eine laufende Aufgabe unterbrechen. Aufgrund der klaren zeitlichen Organisation des Arbeitsablaufs wird großer Wert auf die Einhaltung zeitlicher Vorgaben und Planungen gelegt.

Demgegenüber sieht das polychrone Vorgehen von einer einzigen 'Hauptzeitlinie' ab und bearbeitet unterschiedliche Teilaufgaben auf parallelen Zeitlinien, zwischen denen hin- und hergewechselt wird (polychron heißt wörtlich: *mehrere* Zeiten). Wenn man mit einer akut höher priorisierten Aufgabe konfrontiert wird, führt das in der polychronen Wahrnehmung nicht zu einer *Unterbrechung der laufenden Aufgabe*, sondern schlicht zu einem *Wechsel der Zeitlinie*. Bei einer polychronen Arbeitsweise kommt es häufiger vor, dass man die Zeitlinie wechselt. Man arbeitet an mehreren Aufgaben gleichzeitig: man macht 'Multitasking'. Eine Folge ist, dass mit zeitlichen Vorgaben und Planungen relativ flexibel umgegangen wird, da man stets damit rechnet, dass andere wichtige Aufgaben dazwischenkommen können.

Aus dem Unterschied zwischen Monochronie und Polychronie ergeben sich Konsequenzen für die allgemeine Organisation des Arbeitsalltags, für den Ablauf und die Rolle der Agenda in Meetings, für den Umgang mit Deadlines bei Arbeitsaufträgen, für die Bedeutung von Pünktlichkeit etc.

Der Monochronie-Polychronie-Unterschied ist den meisten Menschen aus dem eigenen, *intra*kulturellen Kontext bekannt: Auch innerhalb der deutschen Kultur gibt es Personen, die stärker organisiert vorgehen, und andere, die dazu tendieren, stärker zwischen Aufgaben und Themen zu springen. Dennoch gilt die deutsche Kultur als eher monochron. Denn wenn man den Vergleich mit einer stärker polychronen Kultur macht (z.B. Brasilien, Argentinien, Mexiko, Indien, Tschechien, Frankreich), verändert sich das Spektrum der Verhaltensweisen, um die es geht: Es verlängert sich in Richtung des 'polychronen Extrems'. Ein 'polychroner Brasilianer' ist einfach in der Regel noch weitaus polychroner als ein 'polychroner Deutscher'.

Zwei typische kulturelle Vertrauensfallen ergeben sich aus diesem Kulturunterschied: Der aus der Sicht monochroner Manager geringere 'Organisiertheitsgrad' polychroner Manager kann zu einer Vertrauenswarnung in Bezug auf den Faktor *Respekt und Interesse zeigen* führen (vgl. 'Flexibel-sein-zählt!'-Vertrauensfalle). Eine andere Vertrauensfalle ergibt sich im Bezug auf das Thema 'Führung und Delegation' ('Wohl-nicht-so-wichtig!'-Vertrauensfalle).

---

[20] In unseren Trainings machen wir immer wieder die Erfahrung, dass es viele Deutsche gibt, die sich selbst spontan als eher polychron einschätzen. Solche Selbsteinschätzungen orientieren sich aber am Spektrum der Verhaltensweisen, die man von den Menschen kennt, mit denen man normalerweise zusammenarbeitet. Das bedeutet: Eher monochrone Deutsche machen in der Zusammenarbeit mit Kollegen aus einer polychronen Kultur die Erfahrung, dass ihre Gegenüber noch viel polychroner sind als sie das von den eher 'unorganisierten' Kollegen in Deutschland kennen. Und die eher polychronen Deutschen hingegen machen hier die Erfahrung, dass sie sich auf einmal auf der anderen Seite wiederfinden: Obwohl sie für deutsche Verhältnisse polychron sind, wirken sie auf einmal sehr monochron.

13.2 Die 'Konstruktive-Kritik!'-Vertrauensfalle

In die 'Konstruktive-Kritik!'-Vertrauensfalle führen Unterschiede in der Direktheit des Kommunikationsstils und Unterschiede hinsichtlich der Wichtigkeit von Facework in der Zusammenarbeit. Es handelt sich um eine für deutsche Manager sehr wichtige Vertrauensfalle, die sowohl zwischen Führungskräften und Mitarbeitern auftreten kann als auch auf derselben Hierarchieebene zwischen Kollegen oder Geschäftspartnern. Angehörige indirekterer Kulturen interpretieren es als sehr verletzend und 'gesichtsbedrohend', wenn ein Manager Kritik sehr direkt formuliert. Sie sehen nicht, dass dieser die Kritik möglicherweise viel weniger stark wahrgenommen und durchaus als konstruktives Feedback gemeint hat. In die 'Konstruktive-Kritik!'-Vertrauensfalle geraten insbesondere Angehörige asiatischer Kulturen (insbesondere China, vgl. die 'Offenheit-verletzt!'-Vertrauensfalle im Handlungsfeld 'Konfliktmanagement', S. 222), lateinamerikanischer Kulturen (z.B. Mexiko, Brasilien, Argentinien) und romanischer Kulturen (z.B. Frankreich, Spanien) in der Zusammenarbeit mit Deutschen.

> **Beispiel für die 'Konstruktive-Kritik!'-Vertrauensfalle**
>
> *Er hatte sein Bestes gegeben, aber der Chef war trotzdem unzufrieden*
>
> Lothar ist unzufrieden mit seinem Mitarbeiter Gerardo, weil dieser versäumt hat, einen Bericht fertig zu stellen, der nach Deutschland an das Stammhaus geschickt werden muss. Er berichtet:
>
> *Ich bat Gerardo zu mir und sprach ihn auf sein Verschulden an. Gerardo versuchte, eine Ausrede zu finden, er hätte noch etwas anderes zu tun gehabt. Ich erwiderte, er hätte mich informieren müssen, dass der Bericht wegen einer anderen Angelegenheit nicht fertig gestellt werden konnte. Ich bat Gerardo, den Bericht erneut zu bearbeiten. Jetzt bekam ich das Ergebnis sehr schnell, war aber unzufrieden damit: Es hatte nicht die Qualität, die ich erwartete. Erneut bat ich Gerardo zu mir und besprach mit ihm, inwiefern der Bericht unsorgfältig und schlecht gemacht sei. Daraufhin sagte Gerardo, er habe das Beste gemacht, und er wolle immer nur das Beste machen, er habe doch so viel anderes gut gemacht. In den folgenden Wochen bemerkte ich, dass Gerardo unmotiviert war und unsere Vertrauensbeziehung belastet war.*
>
> Kulturstandard-Forschung / A. Thomas, vgl. Anhang 2.

Ein Beispiel aus der deutsch-mexikanischen Zusammenarbeit

13.2.1 Vertrauensanalyse: Was ist passiert?

In dem Fallbeispiel, das aus der Perspektive des deutschen Managers Lothar berichtet wird, stellen sowohl der deutsche Chef als auch der mexikanische Mitarbeiter die Vertrauensbeziehung in Frage. Die 'Konstruktive-Kritik!'-Vertrauensfalle entsteht jedoch aus der Perspektive des mexikanischen Mitarbeiters.

Achtung: Kritik/Widerspruch höflich-indirekt äußern

Der Mexikaner Gerardo bekommt von seinem Chef den Auftrag, einen Bericht fertig zu stellen. Offenbar hat er jedoch andere wichtige Aufgaben zu erledigen, weswegen er den Bericht nicht innerhalb der gesetzten Frist fertig stellen kann. Er bemüht sich aber sehr, die Arbeit trotzdem so weit wie möglich voran zu bringen. Doch anstatt dass der Chef das honoriert, kritisiert der nur, dass der Bericht noch nicht fertig sei. Er zitiert Gerardo zu sich ins Büro und spricht dann dessen Versäumnis offen und direkt an. Für Gerardo ist das eine Vertrauenswarnung in Bezug auf den Faktor *Kritik/Widerspruch höflich-indirekt äußern*.

Nach der Kritik des Chefs macht sich Gerardo sofort daran, den Bericht so schnell wie möglich fertig zu stellen. Da es dem Chef drängt, legte er den Fokus auf Geschwindigkeit, nicht Qualität. Er bemüht sich zu tun, was der Chef gefordert hat: den Bericht so schnell wie möglich fertig stellen. Überrascht stellt er dann fest, dass er wieder offen und umfassend kritisiert wird: der Bericht sei „unsorgfältig und schlecht gemacht". Aus mexikanischer Perspektive ist das eine sehr scharfe Kritik, die insbesondere vor dem Hintergrund, dass bereits offen kritisiert wurde, sehr drastisch wirkt. Nicht nur ist es eine erneute Vertrauenswarnung in Bezug auf den Faktor *Kritik/Widerspruch höflich-indirekt äußern*. Es legt für Gerardo den Schluss nahe, dem Chef ginge es gar nicht um die konkrete Sache, sondern er sei aus anderen Gründen 'in Ungnade gefallen'.

Achtung: Respekt und Interesse zeigen

Hinzu kommt, dass der Chef seinen Einsatz überhaupt nicht würdigt. Immerhin hat er sich nach der ersten Kritik bemüht, den Bericht nun so schnell wie irgend möglich fertig zu machen. Das honoriert der Chef schlicht gar nicht – eine Vertrauenswarnung in Bezug auf den Faktor *Respekt und Interesse zeigen* (im Sinne von: Leistungen wertschätzen).

13.2.2 Kulturalarm: Was könnte hier kulturkritisch sein?

Ist Lothar tatsächlich unhöflich und respektlos? Übersieht er die Leistung Gerardos? Ist Gerardo 'in Ungnade gefallen'?

Die Enttäuschung und Einschätzung Gerardos ist nachvollziehbar, wenn man davon ausgeht, dass Lothar tatsächlich nur das Versäumnis Gerardos sieht und es ihm tatsächlich nur darum geht, Gerardo zurechtzuweisen und 'zusammenzustauchen'.

Hier klingelt der Kulturalarm: Gibt es einen Grund, warum Lothar die Kritik formuliert, während er den Einsatz Gerardos praktisch nicht anspricht? Es gibt kulturelle Unterschiede darin, wie Kulturen mit Kritik umgehen, welche Bedeutung Kritik besitzt, wann und wie man kritisiert – und worauf der Fokus bei der Bewertung der Arbeit anderer liegt.

13.2.3 Kulturanalyse: Welche Unterschiede führen in die Vertrauensfalle?

Was Lothar und Gerardo hier in die Vertrauensfalle führt, ist eine unterschiedliche Erwartung und Gewohnheit bezüglich der Direktheit des Kommunikationsstils (vgl. Infokasten 'Direktheit des Kommunikationsstils', S. 148). Hinzu kommt ein unterschiedliches Verständnis der Rolle von Face und Facework (vgl. dazu ausführlicher Infokasten S. 272).

Der Grad der Direktheit des Kommunikationsstils und die kommunikativen Strategien des Facework hängen eng zusammen – und zwar insbesondere bei der Formulierung von Anweisungen, Kritik oder Widerspruch. Denn in diesen Fällen besteht grundsätzlich die Gefahr, das Gesicht ('Face') des Gesprächspartners zu verletzen. Es entsteht eine Gesichtsbedrohung, wenn man Anweisungen, Kritik oder Widerspruch zu direkt und ohne Abschwächung formuliert.

Gesicht wahren durch indirekte Kommunikation

Am heikelsten ist die Formulierung von Kritik, denn hier ist die potenzielle Gesichtsbedrohung am größten. Wenn man jemanden gerade heraus kritisiert, so bedroht man damit das Gesicht dieser Person ganz erheblich. Das gilt insbesondere, wenn noch weitere Personen anwesend sind, aber auch, wenn man ein Gespräch unter vier Augen führt.

Eine Möglichkeit, um Gesichtsbedrohungen bei der Formulierung von Kritik zu vermeiden bzw. abzuschwächen, ist die 'indirekte Kommunikation'. Anstatt zu sagen „Dein Bericht ist nicht sorgfältig erstellt, nämlich…", kann man auch sagen „Um den Bericht noch weiter zu verbessern, könnte man noch…".

Angehörigen direkter Kulturen erscheinen solche Formulierungen häufig heuchlerisch oder gar lächerlich. In indirekten Kulturen sind sie jedoch völlig normal und sogar nötig, um das Gesicht – das Ansehen der Person in der Situation – zu bewahren. Die Botschaft, dass man die Arbeitsleistung kritisiert, kommt bei einem Gesprächspartner dennoch an. Angehörige indirekter Kulturen können viel besser zwischen den Zeilen lesen, als sich das Vertreter direkter Kommunikation vorstellen können.

In unserem Fallbeispiel spricht Lothar offen und direkt an, dass Gerardo die Frist für die Fertigstellung des Berichts nicht eingehalten hat, dass er ihn hätte informieren müssen – und am Ende des Fallbeispiels, dass Gerardo nicht sorgfältig gearbeitet habe. All diese Kritikpunkte würde man in einer indirekten Kommunikationskultur wie in Mexiko *viel indirekter* formulieren.

Gesicht wahren durch Lob und Anerkennung

Es gibt aber auch noch andere Möglichkeiten, eine potenzielle Gesichtsbedrohung, wie sie Kritik nun einmal bedeutet, abzuschwächen: indem man gleichzeitig auch positive Aspekte des Gesprächspartners hervorhebt. In unserem Fallbeispiel hätte Lothar positiv hervorheben können, dass Gerardo sich nach dem ersten Gespräch um eine schnelle Fertigstellung des Berichts bemüht hat. Er hätte dann anschließen können, dass der Bericht allerdings aus bestimmten Gründen eine gewisse Qualitätsanforderung erfüllen muss. So wäre die Kritik bei Gerardo sicher angekommen, Lothar hätte aber die direkte Gesichtsverletzung vermieden.

Sowohl die Verwendung indirekter Kommunikation als auch die Kombination von Kritik mit Lob können Gesichtsbedrohungen abschwächen. Beides sind kommunikative Verhaltensweisen, die der Mexikaner Gerardo erwarten würde. Dass Lothar nicht so handelt, ist aus Gerardos Sicht eine Vertrauenswarnung.

Doch so gerät Gerardo in die kulturelle Vertrauensfalle. Denn für den deutschen Manager Lothar hat Kritik in dieser Situation einen 'konstruktiven' Charakter – sie versucht etwas zu bewirken, sie versucht, Lernen zu ermöglichen, sie ist ein Führungsinstrument. Ein deutscher Manager kritisiert Mitarbeiter nicht aus Spaß, sondern aus der Führungsverpflichtung heraus, Einsichten zu vermitteln und Prozesse zu verbessern.

Ein solches positives Verständnis des konstruktiven Werts von Kritik ist allerdings nur in direkten, sachorientierten Kulturen verbreitet. In indirekten, beziehungsorientierten Kulturen ist die Gefahr von Gesichtsverletzungen zu groß, als dass man Kritik so positiv sehen könnte. Für Gerardo erscheint ein Chef, der ihn derart zurechtweist, nicht als vertrauenswürdige Person.

Merke!

Wenn man aus Sicht einer indirekten facework-orientierten Kultur eine direkt formulierte Kritik als respektlos und grundlos verletzend interpretiert, kann man in die 'Konstruktive-Kritik!'-Vertrauensfalle geraten.

13.2.4 Hintergründe: Was ist die Logik der anderen Seite?

Die Logik des Facework ist die Vermeidung von Demütigung und Verletzung. Wenn in einer Kultur offene Kritik dazu führt, dass der Kritisierte eine Demütigung erleidet, bemüht man sich darum, offene Kritik zu vermeiden. Wenn dies nicht der Fall ist und konstruktive kritische Hilfestellung zum Lernen und sich verbessern akzeptiert, ja gerade geboten ist, geht man mit Kritik anders um.

Nun kann man jedoch fragen: Woher kommt dieser Unterschied? Wie kommt es, dass in manchen Kulturen direkte Kritik extrem gesichtsbedrohend ist, während man sie in anderen Kulturen durchaus akzeptiert und geradezu positiv auffasst?

Einen wichtigen Hintergrund dieses Kulturunterschieds hat der US-Ethnologe Edvard Hall aufgedeckt: Manche Kulturen können ein besonders umfassendes 'gemeinsames Hintergrundwissen' ihrer Mitglieder voraussetzen. Hierzu gehören beispielsweise China, Mexiko oder auch Frankreich. Hall nennt solche Kulturen „High Context Cultures" (Hall 1976, Hall & Hall 1990). Die Geschichte dieser Kulturen ist in der Regel durch längere Phasen politisch-gesellschaftlicher Stabilität und Kontinuität oder durch eine geographisch bedingte Isolation gekennzeichnet, in welchen sich der gemeinsame 'Kontext' aufgebaut hat. In diesen Kulturen kann man sehr viel leichter mit Hilfe von 'indirekten' Anspielungen kommunizieren, da man mit größerer Sicherheit davon ausgehen kann, dass der andere versteht, was gemeint ist. So kann sich ein indirekter Kommunikationsstil entwickeln (vgl. Infokasten 'Direktheit des Kommunikationsstils', S. 148.)

Anders ist dies in den „Low Context Cultures", wo sich ein direkter Kommunikationsstil entwickelt hat. Direkte, explizite Kommunikation ist notwendig, wenn man kein umfassendes gemeinsames Hintergrundwissen voraussetzen kann. Dies kann der Fall sein in Kulturen, die über längere Zeiträume politisch, wirtschaftlich oder religiös zersplittert waren. Deutschland beispielsweise bestand noch im 19. Jahrhundert aus einem Staatenbund von 39 Einzelstaaten – und war zuvor zeitweise sogar in über 350 Klein- und Kleinststaaten aufgeteilt, die zudem teils katholisch und teils reformiert waren.

Ein weiterer Aspekt sind kulturelle Werte, die sich aus Religion und Weltanschauung ergeben. Sie können bedingen, ob Kritik überhaupt auch als etwas Positives gesehen wird oder eher nicht. In Ländern wie China ist der Konfuzianismus mit seinem grundlegenden Streben nach Harmonie dafür verantwortlich, dass Facework und die Vermeidung von Kritik außerordentliche Bedeutung haben.

Die für die deutsche Kultur wichtige protestantische Arbeitsethik sieht eher den Wert in der individuellen Leistung und im individuellen Vorankommen. Die soziale Harmonie steht hier nicht im Vordergrund. Stattdessen kann konstruktive Kritik ein Mittel sein, dem Einzelnen zu helfen, auf seinem Weg voranzukommen und seine individuelle Leistung zu steigern. Das gilt als wünschenswert, und man empfindet sogar eine Art Verpflichtung zu konstruktiver Kritik: Wenn dem anderen etwas auffällt, was ich falsch mache, und er entsprechende Verbesserungsvorschläge hat, dann soll er das nicht einfach für sich behalten, sondern mich darauf hinweisen. Denn das hilft mir schließlich weiter.

12.3.5 Strategien: Was lässt sich tun?

Für die Vermeidung oder Auflösung der 'Konstruktive-Kritik!'-Vertrauensfalle sind folgende Strategien hilfreich:

Tab. 32: Strategien zur 'Konstruktive-Kritik!'-Vertrauensfalle

Strategien aus Sicht stärkerer Facework-Orientierung z.B. Mexikaner oder auch Chinesen, Franzosen, Spanier mit Deutschen	*Strategien aus Sicht geringerer Facework-Orientierung* z.B. Deutsche mit Mexikanern oder Chinesen, Franzosen, Spaniern
• Versuchen Sie, geäußerte Kritik auch konstruktiv zu sehen: überlegen Sie, was Sie aus der Kritik lernen können. • Fragen Sie nach, wenn Sie bei einzelnen Kritikpunkten nicht einverstanden sind oder diese nicht verstehen. • Sie können sich durchaus rechtfertigen, indem Sie selbst die positiven Aspekte Ihrer Arbeit hervorheben; aber nehmen Sie Kritik weniger persönlich.	• Formulieren Sie Kritik *viel* indirekter, als Sie es gewohnt sind; seien Sie sich gewiss, dass der Mitarbeiter die Kritik sicher wahrnimmt. • Nutzen Sie Formulierungen wie *tendenziell, eher, relativ*, um Ihrer Kritik Schärfe zu nehmen. • Heben Sie Leistungen und Arbeitseinsatz des Mitarbeiters positiv hervor; dies hilft, potenzielle Gesichtsbedrohungen abzuschwächen.

Kulturunterschied-7: Die Rolle von Face und Facework

Die Begriffe 'Face' und 'Facework' werden in interkulturellen Kontexten häufig mit der chinesischen Kultur in Verbindung gebracht. Strategien des 'Gesicht-Gebens' und 'Gesicht-Wahrens' haben dort eine lange Tradition und gehen, wie viele chinesische Werte, auf die Lehre des Konfuzius zurück (vgl. Infokasten 'Konfuzianismus in China, Japan und Korea', S. 228). Facework muss man aber nicht nur für den Umgang mit Kollegen aus dem asiatischen Kulturraum beherrschen, sondern es spielt auch in vielen lateinamerikanischen, süd- und osteuropäischen Kulturen eine wichtigere Rolle als in Deutschland. Im Westen ist das Konzept durch die Arbeiten des US-Soziologen Ervin Goffman in den 50er und 60er Jahren populär geworden (Goffman 1955, 1967).

Face bezeichnet das öffentliche Ansehen einer Person innerhalb einer Gruppe: wie steht jemand vor anderen da? Facework hilft erstens, Verletzungen des Gesichts zu vermeiden oder abzuschwächen, und zweitens, das Gesicht positiv zu verstärken.

1. Wird jemand beleidigt oder gedemütigt, dann wird das Ansehen der Person beschädigt: die Person 'verliert ihr Gesicht' bzw. ihr 'Gesicht wird bedroht'. *Facework* dient dazu, solche Gesichtsbedrohungen zu vermeiden, abzuschwächen oder nachträglich zu beheben. Man ist höflich, man nimmt Rücksicht, man stellt den anderen als Person, seine Ideen oder Entscheidungen nicht in Frage.

2. Zum anderen geht es beim *Facework* darum, das Ansehen (Gesicht) des anderen positiv zu verstärken. Das reduziert die Anfälligkeit für Gesichtsverletzungen – beispielsweise wird dann Kritik leichter möglich. Man lobt, zollt Respekt oder hebt Leistungen und Fähigkeiten hervor. Und man interessiert sich für den anderen und seine Situation, Umstände und Ziele.

Im Handlungsfeld 'Umgangsformen und Facework' dienen die Vertrauensfaktoren *Kritik/ Widerspruch höflich-indirekt äußern* und *Zuständigkeiten respektieren* eher der Vermeidung von Gesichtsbedrohungen. Die Vertrauensfaktoren *Respekt und Interesse zeigen, Bescheiden auftreten / nicht angeben* und *In Entscheidungen einbeziehen* sind Facework im positiven Sinn: Sie helfen, Face zu verstärken.

Die folgende Tabelle zeigt Handlungsweisen, die Gesichtsbedrohungen bedeuten können, sowie entsprechende Strategien des Facework.

Beispiele für Face-Bedrohungen	
Gesichtsbedrohung	• Kritik, Widerspruch • Beleidigung, Vorwurf • Anweisung/Befehl/Bitte, Ratschlag
Beispiele für Facework-Strategien	
Face bewahren Vermeidung, Abschwächung oder Beheben einer Gesichtsbedrohung	• Relativierung/Abschwächung durch indirekte Kommunikation, Humor/Lachen • Kombination mit Kompliment/ Lob
Face stärken Verstärkung des positiven Ansehens einer Person	• Kompliment, Lob • Anerkennung, Respekterweisung • Interesse

Die Bedeutung von Facework in einer Kultur hängt eng zusammen mit dem Grad der Beziehungsorientierung (vgl. Infokasten 'Sach- und Beziehungsorientierung', S. 246) sowie mit der Verbreitung indirekter Kommunikation (vgl. Infokasten 'Direktheit des Kommunikationsstils', S. 148).

- In Kulturen, die als *beziehungsorientiert* gelten, ist die Vermeidung von Gesichtsbedrohungen besonders wichtig, denn Gesichtsbedrohungen können die Beziehung zum Gegenüber gefährden.
- *Indirekte Kommunikation* ist eine wichtige Strategie des Facework. Daher bevorzugen Kulturen, in denen Facework eine Bedeutung besitzt, meist auch insgesamt einen indirekten Kommunikationsstil.

> Die Prinzipien und Strategien des Facework sind nicht nur für die Vertrauenseinschätzung im Handlungsfeld 'Umgangsformen und Facework' von Bedeutung, sondern auch für die Erklärung der Vertrauensfallen im Handlungsfeld 'Konfliktmanagement' (vgl. Kapitel 11).

13.3 Die 'Chef-entscheidet!'-Vertrauensfalle

In die 'Chef-entscheidet!'-Vertrauensfalle führen kulturelle Unterschiede im Hierarchieverständnis. Sie entsteht, wenn man es als Mitarbeiter aus der Gewohnheit und Erwartung eines partizipativen Führungsstils heraus als Vertrauenswarnung interpretiert, dass der Chef die eigenen Ideen bei seinen Entscheidungen nicht einbezieht und noch nicht einmal erläutert, warum er dies nicht tut. Dies ist in einem stärker hierarchisch geprägten Unternehmenskontext jedoch durchaus üblich.

Ein Beispiel aus der deutsch-argentinischen Zusammenarbeit

Beispiel für die 'Chef-entscheidet!'-Vertrauensfalle

Ideen des Mitarbeiters abgefragt aber nicht einbezogen

Herr Schmidt ist Mitarbeiter einer argentinischen Firma in Buenos Aires. Er berichtet folgendes Erlebnis mit seinem argentinischen Chef:

> *Ich wurde von meinem Chef, Señor Velez, um meine Meinung im Rahmen einer wichtigen Entscheidung gebeten. Señor Velez erschien sehr interessiert an meinen Ideen. Wir diskutierten ausführlich darüber, und ich wurde für meine guten Einfälle gelobt. Später, bei der Ausführung des Projekts, nahm der Vorgesetzte jedoch keine Rücksicht auf meine Beiträge, sondern realisierte nur seine eigenen Ideen. Ich fühlte mich übergangen und fragte mich, warum Señor Velez mich zuvor überhaupt um meine Meinung gefragt hatte.*

Kulturstandard-Forschung / A. Thomas, vgl. Anhang 2.

13.3.1 Vertrauensanalyse: Was ist passiert?

Herr Schmidt wird bei einer wichtigen Entscheidung von seinem Vorgesetzten um seine Meinung gebeten. Als verantwortungsvoller Mitarbeiter bemüht er sich, seinen Chef mit seinem Fachwissen soweit möglich zu unterstützen. Selbstverständlich muss der Chef die Entscheidung treffen, aber Herr Schmidt kann doch ein paar relevante Ideen und Aspekte ergänzen – und möglicherweise eine zusätzliche Perspektive einbringen. Señor Velez, sein Chef, nimmt den Einsatz des Mitarbeiters durchaus wahr und lobt Herrn Schmidt für seine Beiträge.

Allerdings ist Herr Schmidt dann überrascht und enttäuscht, dass Señor Velez bei der eigentlichen Entscheidung seine guten Beiträge nicht im Geringsten berücksichtigt. Gerade da der Chef ihn explizit um seine Meinung gefragt hat und seine Ideen auch noch gelobt hat, geht Herr Schmidt davon aus, dass er diese auch ernst nimmt und in der Entscheidung berücksichtigen wird. Zumindest würde er erwarten, dass der Chef ihm erläutert, warum er sich doch darüber hinwegsetzt. Da dieser jedoch einfach kommentarlos nur die eigenen Ideen umsetzt, fühlt Herrn Schmidt sich übergangen. Er interpretiert das Verhalten des Chefs als Vertrauenswarnung in Bezug auf den Faktor *In Entscheidungen einbeziehen*.

Achtung: In Entscheidungen einbeziehen

13.3.2 Kulturalarm: Was könnte hier kulturkritisch sein?

Warum setzt sich Señor Velez über die guten Ideen seines Mitarbeiters hinweg? Herrn Schmidts Reaktion ist nachvollziehbar, wenn man davon ausgeht, dass der Chef den Mitarbeiter bewusst oder aus Nachlässigkeit übergeht, dass er bewusst oder aus Versehen seine Ideen nicht berücksichtigt – obwohl er sie eigentlich gut findet. Vielleicht gibt es jedoch einen Grund, warum Señor Velez die Ideen nicht berücksichtigen kann, aber dennoch keine Notwendigkeit sieht, dies dem Mitarbeiter mitzuteilen oder zu erläutern. Vielleicht fand er die Ideen auch nicht ganz so gut wie Herr Schmidt das aus dem Lob des Chefs herausliest …

Der Kulturalarm muss bei dem Fallbeispiel auf die Frage verweisen, welchen Wert die Meinung des Mitarbeiters in einem Entscheidungsprozess besitzt, welche Wertschätzung seitens des Chefs für eine Meinung des Mitarbeiters angemessen ist und was als angemessener Umgang eines Chefs mit der Meinung des Mitarbeiters angesehen wird. Offenbar unterscheidet sich hier Señor Velez' Verhalten von Herrn Schmidts Erwartung.

13.3.3 Kulturanalyse: Welche Unterschiede führen in die Vertrauensfalle?

Grundlegend für die 'Chef-entscheidet!'-Vertrauensfalle ist ein kultureller Unterschied im Bezug auf die Rolle und den Einfluss von Hierarchien. In dem Infokasten zum Kulturunterschied 'Hierarchieverständnis' (S. 171) haben wir bereits darauf hingewiesen, dass in stärker hierarchisch orientierten Kulturen eine stärkere Akzeptanz dafür besteht, dass Vorgesetze Entscheidungen treffen, ohne die Mitarbeiter in den Entscheidungsprozess einzubeziehen. Zudem werden Mitarbeitern in geringerem Maße Entscheidungsbefugnisse übertragen. In weniger hierarchisch orientierten Kulturen ist dies genau umgekehrt: Die Meinung von Mitarbeitern, insbesondere von inhaltlichen Experten,

Hierarchie und Entscheidungen

zählt bei manchen Entscheidungen fast genauso wie die ihres Vorgesetzen. Sie werden in wichtige Entscheidungen einbezogen, und ihnen wird im Sinne eines partizipativen Führungsstils mehr Verantwortung übertragen.

In seinem Verständnis einer partizipativen Führung geht Herr Schmidt davon aus, dass er – soweit möglich – mit seinen Ideen und seinem Fachwissen Entscheidungen des Chefs unterstützen kann und muss. Dass Señor Velez ihn um seine Meinung bittet, ist für ihn selbstverständlich. Er bemüht sich, möglichst fundierte Vorschläge zu machen. Dass Señor Velez seine Ideen lobt, freut ihn natürlich.

Aus der hierarchisch orientierten Perspektive von Señor Velez ist es nicht unbedingt selbstverständlich, dass er als Chef den Mitarbeiter bei einer Entscheidung nach dessen Meinung fragt. Er tut es trotzdem – vielleicht weil er wahrgenommen hat, dass Herr Schmidt gute Ideen hat, vielleicht auch einfach, weil es sich eben in der Situation so ergeben hat. Aus der Tatsache, dass er die Ideen des Mitarbeiters anhört und lobt, ergibt sich für Señor Velez allerdings nicht im Geringsten eine Verpflichtung, diese auch einzubeziehen. Es kann verschiedene Gründe geben, warum er die Vorschläge letztendlich nicht einbezieht: Möglicherweise ändert er seine Einschätzung von Herrn Schmidts Ideen oder es bestehen für ihn in der Entscheidungssituation andere Prioritäten, die Herr Schmidt nicht kennt.

Es gibt in unseren Studien eine ganze Reihe von Beispielen dafür, dass sich deutsche Manager in der Mitarbeiterrolle gegenüber einem Vorgesetzten aus einer hierarchisch orientierten Kultur nicht in Entscheidungen einbezogen fühlen und für sie daher die Vertrauenswürdigkeit des Vorgesetzten Schaden nimmt. In einem Fall war ein Manager völlig vor den Kopf gestoßen, dass er seine Jahreszielvorgaben ohne jede Diskussion vom Chef per E-Mail bekam – auch auf Rückfrage ohne die Möglichkeit, dies zu besprechen (Münscher 2011: 448f).

Begründung bei Nicht-Einbezug

In unserem Fallbeispiel geht es Herrn Schmidt etwas anders: Er wurde immerhin nach seiner Meinung gefragt. Er empfindet es aber dann aber umso kritischer, dass seine Ideen hinterher kommentarlos übergangen werden. Für Herrn Schmidt ist also vertrauenskritisch, dass Señor Velez ihn zunächst nach seiner Meinung gefragt und seine Ideen gelobt hat, diese aber anschließend nicht berücksichtigt und das nicht begründet. Für Herrn Schmidt ist es eine Frage des Respekts, dass man, wenn man auf gute Argumente eines Mitarbeiters nicht eingeht, dafür Gründe angibt. Doch diese Notwendigkeit sieht Señor Velez offenbar nicht. Für ihn ist es schon mehr als genug und ein deutliches Zeichen des Respekts, dass er Herrn Schmidt nach seiner Meinung gefragt und seine Ideen gelobt hat. Wenn er diese dann letztendlich nicht berücksichtigen kann, so liegt das in seiner Verantwortung und er sieht keinerlei Rechtfertigungszwang.

Es gibt aber noch eine weitere Möglichkeit, wie es hier zu einem Vertrauensmissverständnis kommen kann: Möglicherweise führen auch kulturelle Unterschiede in Bezug auf die 'Direktheit des Kommunikationsstils' in die Vertrauensfalle (vgl. Infokasten S. 148).

Direktheit des Kommunikationsstils

Wir wissen nicht, was genau Señor Velez zu Herrn Schmidts Ideen gesagt hat. Wir wissen nur, dass Herr Schmidt das als Lob interpretiert hat. Vielleicht hat Señor Velez etwas gesagt in der Art „*Das sind sehr gute Ideen, Herr Schmidt. Ich danke Ihnen dafür.*" – „*Estan muy buenas ideas. Muchisimas gracias, Señor Schmidt.*" Im Kontext eines indirekten Kommunikationsstils kann das auch heißen: „Nett, dass sie diese Ideen einbringen. Aber die Entscheidung muss ich leider trotzdem anders treffen."

Möglicherweise hat also Señor Velez aus seiner Perspektive Herrn Schmidt bereits in ihrem Gespräch zu verstehen gegeben, dass er die Ideen leider nicht berücksichtigen kann. Aber Herr Schmidt hat das – ohne das geübte Ohr, das man in einer 'indirekten Kultur' hat – gar nicht wahrgenommen. Dass Herr Schmidt das Wort *Ideen* verwendet, macht die Vermutung durchaus plausibel. Denn Formulierungen wie „muy buena idea" (spanisch) oder „très bonne idée" (französisch) sind durchaus typisch für indirekte Ablehnungen eines Vorschlags in der indirekten lateinamerikanischen, spanischen oder französischen Kultur.

Señor Velez hätte dann, obwohl er einer hierarchisch orientierten Kultur angehört, in der der Einbezug von Mitarbeitern in Entscheidungen unüblich ist, den Erwartungen seines Mitarbeiters durchaus entsprochen: Er hat den Mitarbeiter nach seiner Meinung gefragt, ist ausführlich auf die Ideen des Mitarbeiters eingegangen, hat dann aber signalisiert, dass er sie in der Entscheidung dennoch nicht berücksichtigt könne – allerdings auf eine sehr indirekte Weise, so dass die Botschaft bei Herrn Schmidt nicht angekommen ist.

Wenn man also als verantwortungsbewusster Mitarbeiter davon ausgeht, dass man von seinem Chef in Entscheidungen einbezogen wird, d.h. dass man nach seiner Meinung gefragt wird, dass der Chef diese Meinung anhört und, wenn er sie nicht berücksichtigen kann, einem dies erläutert – dann kann man in die 'Chef-entscheidet!'-Vertrauensfalle geraten.

Merke!

13.3.4 Hintergründe: Was ist die Logik der anderen Seite?

Warum beziehen Vorgesetzte in hierarchisch orientierten Kulturen die Meinungen und Ideen ihrer Mitarbeiter nicht ein? Es ist doch erstens durchaus sinnvoll, dass man sich die Argumente anderer anhört, zumal wenn diese kompetent und zudem detailliert mit der fraglichen Sache befasst sind. Die Leute aus dem operativen Geschäft haben schließlich häufig mehr Detailwissen im Bezug auf eine konkrete Fragestellung im Projekt oder sogar auch mehr einschlägiges Fachwissen. Das kann durchaus relevant sein, wenn man eine gute Entscheidung treffen will.

Der fehlende Einbezug von Mitarbeitern in Entscheidungen in hierarchisch orientierten Kulturen ist möglich, da in diesen Kulturen Entscheidungsprozesse völlig anders ablaufen als in stärker partizipativ orientierten Kulturen. In stärker hierarchisch orientierten Kulturen werden Entscheidungen grundsätzlich vom Chef getroffen. Es gilt das Prinzip: Der Chef hat den nötigen Weitblick und die nötigen Informationen, um Entscheidungen strategisch zu treffen.

Dabei sind diese Entscheidungen aber häufig weniger endgültig als in partizipativ orientierten Kulturen. In letzteren werden Entscheidungen intensiver vorbereitet und detaillierter getroffen. In der Vorbereitung werden möglichst die von der Entscheidung Betroffenen einbezogen. Wenn dann die Entscheidung getroffen wurde, besteht eine Art Verpflichtung für alle, die Entscheidung auch mit zu tragen, selbst wenn sie sie nicht für richtig halten.

In hierarchisch orientierten Kulturen kommt es häufiger vor, dass Entscheidungen vom Chef selbst widerrufen oder abgeändert werden – eine stärkere Hierarchieorientierung fällt hier zusammen mit einem flexibleren Umgang mit Planungen (vgl. Infokasten 'Verhältnis von Planung und Umsetzung', S. 211). Oder die Entscheidungen werden auf Mitarbeiterebene eben gerade nicht eins-zu-eins umgesetzt, sondern die Mitarbeiter nehmen nötige Anpassungen vor, die vor dem Hintergrund ihres Wissens nötig erscheinen oder ihre Meinungen spiegeln – ohne dabei die grundsätzliche Entscheidungskompetenz des Chefs in Frage zu stellen. Die Perspektive der Mitarbeiter wird also hier gewissermaßen nachträglich einbezogen. Dabei wird jedoch die Autorität der Führungskraft nicht explizit in Frage gestellt.

13.3.5 Strategien: Was lässt sich tun?

Für die Vermeidung oder Auflösung der 'Chef-entscheidet!'-Vertrauensfalle sind folgende Strategien hilfreich:

Tab. 33: Strategien zur 'Chef-entscheidet!'-Vertrauensfalle

Strategien aus Sicht einer geringeren Hierarchieorientierung z.B. deutscher Mitarbeiter mit argentinischem oder auch indischem, französischem Chef	Strategien aus Sicht einer stärkeren Hierarchieorientierung z.B. argentinischer oder auch indischer, französischer Chef mit deutschem Mitarbeiter
• Sie können erreichen, dass Ihre Ideen doch berücksichtigt werden, indem Sie sie als konkrete Vorschläge im Rahmen der Umsetzung einbringen. • Wenn Ihre Ideen nicht einbezogen wurden, fragen Sie nach dem Grund. Erwarten Sie nicht, dass der Chef von sich aus eine Notwendigkeit sieht zu kommunizieren, warum er Ihre Vorschläge nicht einbeziehen konnte.	• Beziehen Sie Ihre Mitarbeiter in Entscheidungen soweit möglich ein. Dies ist nötig, um bei der Umsetzung den nötigen Rückhalt der Mitarbeiter zu bekommen. • Fragen Sie Mitarbeiter nach ihrer Meinung und nehmen Sie sich Zeit für die Diskussion ihrer Argumente. • Wenn Sie Argumente und Ideen der Mitarbeiter nicht berücksichtigen können, erklären Sie, warum dies der Fall ist.

13.4 Fazit zum Handlungsfeld 'Umgangsformen und Facework'

Die drei kulturellen Vertrauensfallen des Handlungsfelds 'Umgangsformen und Facework' entstehen in Bezug auf die Vertrauensfaktoren *Respekt und Interesse zeigen, Kritik / Widerspruch höflich-indirekt äußern* und *In Entscheidungen eingezogen*.

    Wenn Manager, die ihren Arbeitsalltag streng organisieren und diese Organisation auch einhalten, mit Kollegen oder Geschäftspartnern zusammen treffen, die flexibler mit zeitlichen Absprachen und Planungen umgehen, dann droht die 'Flexibel-sein-zählt!'-Vertrauensfalle. Denn es kann passieren dass sie es als respektlos interpretieren, wenn sie der Partner oder Kollege scheinbar grundlos warten lässt (Faktor **Respekt und Interesse zeigen**).

    Die 'Konstruktive-Kritik!'-Vertrauensfalle kann zwischen Vorgesetzten und Mitarbeitern oder zwischen Kollegen oder Geschäftspartnern entstehen, wenn ein Partner die Kritik des anderen als gesichtsverletzend und unhöflich interpretiert (Faktor **Kritk / Widerspruch höflich-indirekt formulieren**). Der andere meinte die Kritik vielleicht aber konstruktiv im Sinne eines Verbesserungsvorschlags, und es lag ihm fern, den Partner zu verletzen.

    Wenn man es schließlich als verantwortungsbewusster Mitarbeiter, der einen partizipativen Führungsstil gewohnt ist, als Vertrauenswarnung interpretiert, dass einen der Vorgesetzte nicht in Entscheidungen

Überblickstabelle Vertrauensfaktoren: S. 54

'Flexibel-sein-zählt!'-Vertrauensfalle

'Konstruktive-Kritik!'-Vertrauensfalle

'Chef-entscheidet!'-Vertrauensfalle

einbezieht, eigene Argumente nicht berücksichtigt und dabei aber nicht begründet, warum er dies nicht tut (Faktor **In Entscheidungen einbeziehen**), dann kann man in die 'Chef-entscheidet!'-Vertrauensfalle geraten. Im Verständnis eines hierarchischen Führungsstils ist es nicht häufig und nicht erwartbar, dass der Vorgesetzte dies tut.

Tab. 34 gibt noch einmal einen Überblick der kulturellen Vertrauensfallen im Handlungsfeld 'Umgangsformen und Facework'.

Tab. 34: Vertrauensfallen im Handlungsfeld 'Umgangsformen und Facework'

Flexibel-sein-zählt!-Vertrauensfalle		
Kulturbeispiel: Deutschland-Frankreich Deutsche Managerin mit französischer Kollegin: Als ich zum verabredeten Zeitpunkt kam, telefonierte sie noch und ließ mich warten (S. 259).		
Vertrauenswarnung	**Perspektive der anderen Kultur**	**Erklärender Kulturunterschied**
– Das ist respektlos, mich so warten zu lassen!	– Sei doch flexibel! Ich kann meinen Gesprächspartner am Telefon doch nicht einfach plötzlich abwürgen!	Zeitmanagement und Arbeitsorganisation; Sach- und Beziehungsorientierung
Konstruktive-Kritik!-Vertrauensfalle		
Kulturbeispiel: Deutschland-Mexiko Gerardo mit Lothar: Er kritisiert mich sehr direkt und sieht nicht, dass ich mein Bestes gegeben habe (S. 267).		
Vertrauenswarnung	**Perspektive der anderen Kultur**	**Erklärender Kulturunterschied**
– Der formuliert Kritik unhöflich-direkt! – Der würdigt meinen Einsatz überhaupt nicht!	– Ist doch konstruktiv gemeint!	Rolle von Facework; Direktheit des Kommunikationsstils
Chef-entscheidet!-Vertrauensfalle		
Kulturbeispiel: Deutschland-Argentinien Herr Schmidt mit Herrn Velez: Erst fragt er mich nach meiner Meinung, dann berücksichtigt er meine Ideen überhaupt nicht (S. 274).		
Vertrauenswarnung	**Perspektive der anderen Kultur**	**Erklärender Kulturunterschied**
– Der bezieht meine guten Ideen nicht in seine Entscheidung ein!	– Die Entscheidungen trifft immer noch der Chef! Ich muss mich nicht rechtfertigen! – Hab ich doch gesagt, dass das nicht geht!	Hierarchieverständnis; Direktheit des Kommunikationsstils

14 Fairplay und Kooperativität

Können Sie jemandem vertrauen, der sich weder fair noch kooperativ verhält? Halten Sie selbst sich an die impliziten Regeln des Fairplays, die Spielregeln der Zusammenarbeit, und kommen Sie Ihren Kollegen oder Partnern im Zweifelsfall auch einmal ein Stück entgegen?

Für die Entwicklung von Vertrauen ist es wichtig, dass man den Eindruck hat, fair und kooperativ miteinander umzugehen. Es geht darum, dass man die impliziten Spielregeln der Zusammenarbeit einhält – die Regeln der Gerechtigkeit, Ehrlichkeit und Anständigkeit. Manager beschreiben dies häufig mit dem Begriff des Fairplays – in einem im weiteren Sinne sportlichen Verständnis des anständigen Miteinanders. Es zerstört Vertrauen, wenn man den Eindruck hat, dass nicht „Fairplay gespielt wird" (Zitat eines Managers, vgl. Münscher 2011: 246).

> Man muss die impliziten Spielregeln der Zusammenarbeit einhalten

Eher im Sinne eines 'Vertrauensplus' gilt die aktive Unterstützung, die man nicht einfordern kann. Wenn einen ein Kollege oder Partner unterstützt oder wenn er sich als außergewöhnlich kooperativ erweist, so wird dies als Vertrauensgrund wahrgenommen.

In unseren Interviews im Rahmen des TRIM-Projekts zeigt sich deutlich, dass Manager die Einhaltung von Fairplay-Regeln ebenso wie Kooperativitätsbeweise als Vertrauensfaktoren interpretieren. Ganz deutlich ist, dass es als unfair und nicht vertrauensförderlich wahrgenommen wird, wenn jemand aktiv etwas vortäuscht oder lügt (Faktor *Nichts vortäuschen*). Doch auch bereits, wenn jemand lediglich nicht sagt, was er vorhat, d.h. seine Ziele oder Absichten nicht offenlegt, kann dies als Vertrauenswarnung interpretiert werden (Faktor *Ziele / Einschätzungen offenlegen*). Auch wenn man den Eindruck gewinnt, dass der andere sich nicht wirklich für die Zusammenarbeit bzw. die gemeinsamen Aufgaben einsetzt, wenn er es also mit der Kooperation nicht wirklich ernst meint, wird Vertrauen in Frage gestellt (Faktor *Die Zusammenarbeit ernst nehmen*). Als unfair und nicht vertrauensförderlich wird es außerdem angesehen, wenn der andere Anerkennung oder Belohnungen unfair 'verteilt' (*Anerkennung / Belohnung fair verteilen*). Relativ deutlich wird schließlich Vertrauen zerstört, wenn man wahrnimmt, dass der andere betrügt oder sich durch unlauteres Vorgehen oder raffiniertes Tricksen Vorteile verschafft (Faktor *Anständig / korrekt handeln*).

In Bezug auf Kooperativität kann man für die wahrgenommene Vertrauenswürdigkeit punkten, wenn man dem anderen gemäß seinen Wünschen und Interessen entgegenkommt und sich Zeit nimmt (Faktor *Entgegenkommen / disponibel sein*) oder auf seine Anliegen besonders schnell reagiert (Faktor *Schnell reagieren bei Anfragen / Bitten*). Man kann ihm bei seinem Teil der Arbeit unter die Arme greifen, ihm gezielt beim Erreichen seiner Ziele helfen (Faktor *Helfen / unterstützen*) oder für ihn gegenüber Dritten Partei ergreifen (Faktor *Sich loyal verhalten*).

Wir konnten im Handlungsfeld 'Fairplay und Kooperativität' drei kulturelle Vertrauensfallen identifizieren: Die 'Kleiner-Schwindel!'-Vertrauensfalle (14.1) entsteht durch einen unterschiedlichen Umgang mit Ausreden und eine unterschiedliche Einschätzung der Angemessenheit von Ausreden. Kulturell unterschiedliche Erwartungen in Bezug auf die Pflicht zur Hilfeleistung gegenüber Freunden oder Bekannten können in die 'Zu-viel-verlangt!'-Vertrauensfalle (14.2) führen. Die 'Loyalität-zum-Chef!'-Vertrauensfalle (14.3) schließlich entsteht durch ein kulturell unterschiedliches Hierarchieverständnis.

14.1 Die 'Kleiner-Schwindel!'-Vertrauensfalle

In die 'Kleiner-Schwindel!'-Vertrauensfalle führt ein bekannter Kulturunterschied des Umgangs mit Regeln. Gemäß dem sogenannten 'partikularistischen' Regelverständnis ist vereinfacht gesagt die Gültigkeit von Regeln stets situativ zu klären: Auch wenn eine Regel besteht, kann es grundsätzlich immer Umstände geben, die eine Ausnahme rechtfertigen. Aus der Sichtweise des entgegengesetzten 'universalistischen' Regelverständnisses kann das partikularistische Bemühen, eine Regelausnahme zu rechtfertigen, als unaufrichtig bzw. sogar moralisch fragwürdig interpretiert werden – und die Vertrauenswürdigkeit der Person in Frage stellen.

Ein Beispiel aus der deutsch-brasilianischen Zusammenarbeit

Beispiel für die 'Kleiner-Schwindel!'-Vertrauensfalle

Mietvertrag-Entschuldigung

Herr Maier arbeitet seit vier Jahren als Führungskraft in einem deutschen Unternehmen für Motoren in Brasilia. Er berichtet folgende Begebenheit:

Als ein Mitarbeiter die Firma verließ, wurde auch dessen Mietvertrag für die von der Firma angemietete Wohnung aufgelöst. Der Mitarbeiter hatte jedoch die Kündigungsfrist für den Mietvertrag verpasst, und zugleich hatte die Firma vergessen, die letzte Monatsmiete vor seinem Auszug zu bezahlen. Um eine Geldstrafe zu umgehen, erklärte der zuständige brasilianische Finanzmitarbeiter, Pablo, der brasilianischen Vermieterin, dass die Mutter des Mitarbeiters gestorben sei und deswegen an all das nicht mehr gedacht worden sei. Ich war verwundert, wie Pablo das Problem löste und fand es ein wenig skrupellos, sich damit herauszureden, dass jemand gestorben sei.

Kulturstandard-Forschung / A. Thomas, vgl. Anhang 2.

14.1.1 Vertrauensanalyse: Was ist passiert?

Wie kommt es zu der Vertrauenseinschätzung? Aus Herrn Maiers Sicht ist die Situation klar: Es gibt einen Mietvertrag, den der brasilianische Mitarbeiter zu spät gekündigt hat. Das ist natürlich Pech für ihn, aber es ist ganz offensichtlich *sein* Verschulden. Zudem hat es die Firma versäumt, die letzte Monatsmiete zu bezahlen. Die Schuld liegt auch hier offensichtlich bei der Firma.

Nun kann Herr Maier zwar grundsätzlich nachvollziehen, dass Pablo versucht, die Vermieterin zu überreden, auf die Geldstrafe zu verzichten. Herr Maier könnte sich eine Argumentation vorstellen wie etwa: „Der Mitarbeiter hat die Firma so kurzfristig verlassen, dass so vieles zu organisieren war, dass die Kündigung leider untergegangen ist. Das tut uns sehr leid. Könnten Sie nicht, da es ja einen Anschlussmieter gibt, ein Auge zudrücken?" – Dass Pablo aber der Vermieterin in dieser Situation tatsächlich eine komplette Lügengeschichte als Ausrede auftischt, erwartet er nicht und hält er für unangemessen. Das ist für ihn eine Vertrauenswarnung (Vertrauensfaktor *Nichts vortäuschen*).

Achtung:
Nichts vortäuschen

Doch Herr Maier findet darüber hinaus die Art der Lügengeschichte nicht in Ordnung: In diesem Zusammenhang den Tod der Mutter des Mitarbeiters als vorgetäuschten Grund zu bemühen, ist für ihn „skrupellos". Er interpretiert dieses Verhalten als Vertrauenswarnung in Bezug auf den Vertrauensfaktor *Anständig / korrekt handeln*.

Achtung:
Anständig / korrekt handeln

14.1.2 Kulturalarm: Was könnte hier kulturkritisch sein?

Würde Pablo eingestehen, dass er *getäuscht und gelogen* hat? Und verhält sich Pablo bewusst *skrupellos*, um für die Firma einen Vorteil herauszuschlagen? Hier klingelt der Kulturalarm. Forschung zu deutsch-brasilianischen Unterschieden legt nahe, dass sowohl Pablo als auch die Vermieterin die Ausrede Pablos anders bewerten würden. Auch Herr Maier kann zwar nachvollziehen, dass man in Pablos Situation nach Argumenten sucht, die Geldstrafe ausnahmsweise zu verhindern. Und dass man dazu vielleicht auch einmal ein kleines bisschen schwindeln kann – und etwa die Kurzfristigkeit des Mitarbeiter-Wechsels etwas überbetont, obwohl es nicht *ganz* so kurzfristig war. Doch was ist hier noch akzeptabel und was nicht? Vielleicht gibt es aus der Perspektive Pablos ein breiteres Spektrum an Argumenten, die in der beschriebenen Situation angemessen sind. Vielleicht ist seine Geschichte für ihn keine skrupellose Lüge, sondern vielmehr eine völlig akzeptable Notlüge, genau passend für die Situation?

14.1.3 Kulturanalyse:
Welche Unterschiede führen in die Vertrauensfalle?

Was Herrn Maier und Pablo in die Vertrauensfalle führt, ist vor allem ein grundsätzlicher Kulturunterschied in Bezug auf den Umgang mit Regeln (vgl. Infokasten 'Umgang mit Regeln', S. 160). Dieser zeigt sich zudem in der spezifisch brasilianischen Vorstellung davon, was als angemessener Weg gilt, eine Ausnahme von einer Regel zu machen (vgl. Infokasten 'Der brasilianische Jeitinho', S. 288).

Gültigkeit von Regeln

Der kulturell unterschiedliche Umgang mit Regeln ist ein Klassiker der interkulturellen Managementforschung, der häufig zu Schwierigkeiten führt und auch die Vertrauensentwicklung beeinflusst. Im deutschen Unternehmenskontext beinhaltet das Prinzip der Regel, dass diese grundsätzlich in allen einschlägigen Situationen gilt ('universalistisches Regelverständnis'). Nach dem 'partikularistischen' Regelverständnis, auf das man beispielsweise in vielen lateinamerikanischen Kulturen trifft, ist für jede einschlägige Situation zu prüfen, ob die Regel Gültigkeit besitzt. Ausnahmen sind hier tendenziell leichter zu machen und es wird tendenziell häufiger versucht, eine Ausnahme von der Regel oder ein Abweichen von einer Vereinbarung argumentativ durchzusetzen.

Dieser Kulturunterschied betrifft Vertrauen nicht nur im Hinblick auf Absprachen und Vereinbarungen (vgl. die 'War-nicht-zu-machen'-Vertrauensfalle, S. 155), sondern auch im Hinblick auf die Frage, ob einem das Verhalten eines Kollegen oder Partners als fair erscheint. Es ist ein klares Ergebnis unserer Forschung zur Vertrauenseinschätzung: Ob ein Kollege oder Partner sich an die impliziten Fairness-Regeln der Zusammenarbeit hält, ist ein wichtiger Vertrauensfaktor. Wenn ich den Eindruck habe, dass der andere sich *nicht* gerecht oder nicht anständig verhält, ist es schwierig, Vertrauen zu haben.

Allerdings – und dass ist im internationalen Management zentral: Es gibt kein universelles Set an Regeln, die kulturübergreifend das anständig-korrekte Verhalten im Geschäftskontext beschreiben. Einschlägig für die individuelle Bewertung ist das Verständnis, das ein Manager *individuell* zugrunde legt – wobei natürlich jeder voraussetzt, dass er nach einem *übergreifend gültigen* Verständnis von Gerechtigkeit und Anstand bewertet. Dies trifft auch in der Regel zu, und zwar vor allem im Rahmen des verinnerlichten *eigenen kulturellen Umfelds*. Vertrauen hängt daran, dass man sich im konkreten Fall sicher ist, dass der Partner sich anständig und korrekt verhält – man könnte aber auch sagen: dass er sich gemäß der Regeln verhält, *die man selbst für einschlägig* hält.

Es geht hier nicht um die Frage, welches Verhalten von einem übergeordneten Standpunkt aus anständig ist – oder was rechtlich gesehen als kriminelle Verhaltensweisen im Sinne beispielsweise von vorsätzlicher Täuschung, Untreue oder Korruption einzustufen ist. Es geht schlicht darum, dass die sensible Qualität einer beruflichen oder geschäftlichen Beziehung, dass einer dem anderen *vertraut*, etwas Bestimmtes voraussetzt: nämlich dass man *nicht den Eindruck gewinnt*, der andere handele nicht korrekt bzw. nicht anständig.

Was nun passieren kann, ist Folgendes: Auch wenn man sich über bestimmte Regeln einig ist, kann im Kulturvergleich Uneinigkeit herrschen, wann man welche Art von Ausnahmen von der Regel machen darf. Im universalistischen Regelverständnis geht man davon aus, dass nicht regelkonformes Verhalten berechtigterweise die geltenden Sanktionen nach sich zieht – was man zu akzeptieren hat. Im partikularistischen Regelverständnis wird eine Regel als Orientierungspunkt gesehen, um *situativ* zu klären, ob die Regel einschlägig ist und akzeptiert werden muss – oder ob die Situationsumstände eher dafür sprechen, eine Ausnahme zu machen. Daher hat sich in partikularistischen Kulturen vielfach eine spezifische, nicht selten emotionale, Argumentationskunst entwickelt, um Regelausnahmen zu rechtfertigen. Diese Argumentationen werden jedoch innerhalb der Kultur als ein bestimmter Typ von Argumentation begriffen: Es sind *Regelausnahme-Argumentationen*. Aus universalistischer Sicht können diese Argumentationen jedoch schnell als *dreiste Lügen* bzw. als *unangemessen leichtfertiges Reden über Schicksalsschläge* wirken. Den Tod der Mutter vorzuschützen, erscheint Herrn Müller nicht nur als dreiste Lüge, sondern darüber hinaus als *unanständig*: das macht man nicht. Seine Eindrücke beschädigen für Herrn Maier sein Vertrauen in Pablo.

Aus Pablos Perspektive sieht dies anders aus: Er handelt nachvollziehbar nach einem partikularistischen Regelverständnis, das man in Brasilien durch das Prinzip des 'Jeitinho' beschreibt (vgl. Infokasten 'Der brasilianische Jeitinho', S. 288). Jeitinho ist das brasilianische Wort für einen 'kleinen Dreh', eine spontane kreative Lösung für ein Problem. Einen Jeitinho nutzen Brasilianer, um für scheinbar unlösbare Probleme kurzfristig doch eine Lösung zu finden. In unserem Fallbeispiel handelt es sich um eine solche Situation: Der Firma droht eine Geldstrafe, und es gibt keinen wirklichen Grund dafür, dass diese Geldstrafe nicht gerechtfertigt wäre. Um die Geldstrafe dennoch zu verhindern, setzt Pablo einen Jeitinho ein: Er ändert die Wahrheit ein bisschen ab, verstößt also ein klein wenig gegen die Regeln der Ehrlichkeit, um mit seinen – sehr emotionalen – Argumenten die Vermieterin zu überzeugen. Ein solch kleiner funktionaler Schwindel zählt in Brasilien als Jeitinho und ist akzeptiert. Pablo weiß, wie weit er bei der Ausrede gehen kann. Würde er 'nur' auf die Kurzfristigkeit des Auszugs hinweisen, wäre das Argument für die Vermieter vermutlich zu schwach. Der Tod der Mutter des Mieters ist jedoch ein Grund, der die Vermieterin überzeugen könnte, von der Geldstrafe abzusehen. Aus

Der brasilianische Jeitinho

Pablos Perspektive geht es darum, dem eigenen Anliegen (d.h. der Bitte um die Ausnahme von der Regel) möglichst viel Nachdruck zu verleihen, und dazu muss seine Geschichte schon etwas drastischer sein. Allerdings würde weder er – noch die Vermieterin – sie als dreistes Vortäuschen, als komplette Lüge bezeichnen. Es handelt sich um eine typische emotionale Notlüge, in dem Versuch, durch einen 'kleinen Dreh' doch eine Regelausnahme zu Erreichen, um einen persönlichen Nachteil abzuwenden.

Auch in regelorientierten Kulturen, werden kleine Abweichungen von Regeln durchaus akzeptiert (vgl. Infokasten 'Umgang mit Regeln', S. 160). Wer ist nicht schon einmal an einer verlassenen Ampel bei Rot über die Straße gegangen? Dies gilt auch für den Umgang mit Fairplay-Regeln. Der Unterschied zum partikularistischen Regelverständnis besteht vor allem im Spielraum, der für Regelverstöße genutzt und auch akzeptiert wird.

Das gleiche gilt für den Spielraum für 'Regelausnahme-Argumentationen': Wie weit darf man sich in einer 'Regelausnahme-Argumentation' von der Wahrheit entfernen? Dass man versucht, mit vielleicht etwas übertriebenen Argumenten einer Geldstrafe zu entgehen, ist in sehr vielen Kulturen akzeptiert. Dass man aber eiskalt eine komplette Lügengeschichte erfindet und den Tod der Mutter des Mieters vortäuscht, geht zu weit! – Das ist die deutsche Sicht auf einen brasilianischen Jeitinho, auf den Versuch einer Notlösung für eine spezifische Situation, in der es keinen formalen Ausweg gibt.

Merke! Herr Maier interpretiert das Verhalten Pablos als Vertrauenswarnung in Bezug auf die Faktoren *Nichts vortäuschen* und *Anständig / korrekt handeln* – während dieser vermutlich der Ansicht ist, sich für die Situation völlig angemessen verhalten zu haben. Wenn man aus der Perspektive eines universalistischen Regelverständnisses die 'Regelausnahme-Argumentationen' eines partikularistischen Kollegen oder Mitarbeiters als Vertrauenswarnung interpretiert, kann man in die 'Kleiner-Schwindel!'-Vertrauensfalle geraten.

14.1.4 Hintergründe: Was ist die Logik der anderen Seite?

Warum betrachten es Brasilianer nicht als unmoralisch, dass jemand eine komplette Lügengeschichte erfindet, um sich einen persönlichen – eigentlich ungerechtfertigten – Vorteil zu verschaffen? Haben die überhaupt kein Gefühl für Ehrlichkeit und Anstand?

Aus deutscher Perspektive erscheint der Jeitinho moralisch verwerflich, typisch brasilianisch: 'Da funktioniert doch alles nur über Beziehungen, Korruption und Verletzungen moralischer Regeln', wird schnell geurteilt. Innerhalb der brasilianischen Gesellschaft und Kultur hat das Prinzip des Jeitinho aber durchaus seinen Sinn. Jahrzehnte wirtschaftlicher Unsicherheit, häufiger kurzfristiger wirtschaftspolitischer Kurswechsel und galoppierende Inflation haben eine Wirtschaftselite geschaffen, die den flexiblen Umgang mit Regeln in Notlagen zu schätzen gelernt hat (O'Keefe & O'Keefe 2004). Darüber hinaus gilt die von den portugiesischen Kolonialisten errichtete brasilianische Bürokratie gemeinhin als schwerfällig und unflexibel. Die Willkürlichkeit und der Autoritarismus der Behörden wie auch brasilianischer Unternehmen, zwingt den Einzelnen bisweilen dazu, besondere Kreativität an den Tag zu legen, um die eigenen Ziele in vertretbarer Zeit zu erreichen (DaMatta 1984). Nicht zuletzt muss man sich zudem vergegenwärtigen, dass in weiten Teilen der brasilianischen Gesellschaft Armut herrscht und man sich nicht auf die Unterstützung eines funktionierenden Rechts- und Sozialstaats verlassen kann. Wer sich nicht in schwierigen Situationen selbst Lösungen schafft, wird kaum durchkommen. Not zwingt dazu, erfinderisch zu sein – auch darin, die Grenzen von Regeln manchmal etwas zu verschieben. Um sich im privaten und beruflichen Alltag durchzuschlagen, wird es daher in Brasilien als nötig und als vertretbar betrachtet, Geschichten zu erfinden und Beziehungen einzusetzen. Dieses Prinzip des Jeitinho ist kulturell verankert und auch im Geschäftskontext anzutreffen.

Mit einem Jeitinho kommt man in Brasilien auch deshalb weiter, weil kleine Alltags-Schwindel oder Versuche, Beziehungen spielen zu lassen, von anderen nicht so verurteilt werden wie anderswo. Der Jeitinho wird als legitime Weise verstanden, für den eigenen Standpunkt zu kämpfen. Es gibt beispielsweise in Brasilien einen eigenen Dienstleistungsberuf für die Abwicklung von Behördengängen und Formalitäten. Insbesondere für die zollmässige Importabwicklung beauftragt man solche 'Despachantes', offizielle Zollagenten mit der staatlichen Vollmacht, Importeure gegenüber den Behörden zu vertreten. Der Despachante unterhält gute Beziehungen zu den Beamten und bietet letztlich an, diese gegen entsprechende Bezahlung für einen Auftraggeber zu nutzen, um Formalitäten zu beschleunigen bzw. überhaupt erfolgreich abzuwickeln.

Die Kunst der Ausrede ist eine kulturell geprägte Kunst – so dass gute und akzeptable Ausreden aus Sicht einer anderen Kultur durchaus als skrupellos und unmoralisch erscheinen können. Ziel der Ausrede Pablos ist es, die Vermieterin mit Nachdruck und mit einem Verweis darauf, dass es sich um eine außergewöhnliche Situation handelt, um Nachsicht zu bitten. Was er dabei genau als Argument anbringt bzw. erfindet, ist nicht so wichtig. Denn auch der Vermieterin ist völlig klar, dass der angeführte Grund nicht unbedingt zu hundert Prozent der Wahrheit entspricht. Allerdings verstärkt Pablo mit der Ausrede seine Bitte, doch in diesem Fall eine Ausnahme zu machen – was er als einzigen Weg sieht, überhaupt mit seiner Bitte erfolgreich zu sein.

14.1.5 Strategien: Was lässt sich tun?

Für die Vermeidung oder Auflösung der 'Kleiner-Schwindel!'-Vertrauensfalle sind folgende Strategien hilfreich:

Tab. 35: Strategien zur 'Kleiner-Schwindel!'-Vertrauensfalle

Strategien aus Sicht eines universalistischen Regelverständnisses z.B. Deutsche mit Brasilianern oder Argentiniern, Russen, Franzosen	Strategien aus Sicht eines partikularistischen Regelverständnisses z.B. Brasilianer oder Argentinier, Russen, Franzosen mit Deutschen
• Argumentationen nicht (nur) inhaltlich prüfen, sondern funktional: Handelt es sich um eine Regelausnahme-Argumentation? Geht es vielleicht nicht um den inhaltlichen Grund, sondern um das Prinzip, mit Nachdruck um eine Ausnahme zu bitten? • Nicht leichtfertig selbst 'faule Ausreden' einsetzen, denn die feinen, impliziten Regeln, welcher Spielraum wann möglich ist, sind schwer zu erlernen. • Unwahrheiten nicht offensiv aufdecken und als Lüge entlarven (Vorsicht: Gesichtsverlust!), sondern das Anliegen einfach trotz des erfundenen Grunds ablehnen.	• Erfundene Ausreden nur sehr vorsichtig (wenn überhaupt) anbringen. • Der weniger dramatische wahre Kern ist völlig ausreichend als Argument, um auf die Außergewöhnlichkeit der Situation hinzuweisen und um eine Ausnahme zu bitten. • Falls man Ausreden anbringt, darauf achten, dass diese nicht unmoralisch erscheinen; kulturelle Tabus respektieren. • Generell: Zurückhaltender Einsatz von Jeitinhos!

Kulturinfo-7: Der brasilianische Jeitinho

Was macht man in Brasilien, wenn es irgendwo Schwierigkeiten gibt – man sucht nach einem passenden Jeitinho, um das Problem zu lösen. Jeitinho ist die Verkleinerungsform von 'jeito', was auf deutsch 'Ausweg' oder 'Dreh' bedeutet. Ein Jeitinho ist ein 'kleiner Dreh': Man findet eine spontane kreative Lösung für ein (unvorhergesehenes) Problem oder einen Notfall. Der Jeitinho wird eingesetzt, um scheinbar unlösbare Probleme kurzfristig zu lösen (Naumann 2008: 47). Es wird Flexibilität im Umgang mit der Situation und mit Regeln eingefordert, oft wird emotionsgeladene Kommunikation eingesetzt, nicht selten spielen persönliche Beziehungen eine Rolle.

Der Jeitinho ist ein Phänomen, das Sozialwissenschaftler als ein grundlegendes Element der brasilianischen Kultur, der brasilianischen Identität beschreiben (Barbosa 1992). Er liegt irgendwo auf einer Skala zwischen dem kleinen Gefallen und der Korruption (Almeida 2007). Brasilianer versuchen mit ihm, Regeln, Gesetze und Normen der Gesellschaft vorübergehend außer Kraft zu setzen, um persönlichen Bedürfnissen und Notfällen gerecht zu werden (DaMatta 1984). Typische Beispiele wären: Jemand muss ins Krankenhaus, in der Notaufnahme ist eine lange Warteschlange. Also ruft er einen Bekannten an, der im Krankenhaus arbeitet und für ihn organisiert, dass er früher dran kommt. Oder jemand möchte versuchen, sich eine unbenutzte Eintrittskarte erstatten zu lassen, obwohl das eigentlich nicht möglich ist. Er nutzt den Ronaldo-Aufkleber beim Kartenverkäufer als Aufhänger für ein leidenschaftliches Fußballgespräch – um so eine Gemeinsamkeit und persönliche Beziehung herzustellen, die es dann dem Kartenverkäufer ermöglicht, die Erstattung gleichsam für einen 'netten-Mann-guten-Freund' doch durchzuführen. Die Herstellung eines herzlichen sympathischen Verhältnisses ist oft Teil eines Jeitinho.

Auch wenn der brasilianische 'Jeitinho' am häufigsten zitiert wird – das Phänomen gibt es auch in anderen lateinamerikanischen Ländern: zum Beispiel als **'Ventajita'** (dt. 'kleiner Vorteil') in Argentinien oder als **'Palanca'** (dt. 'Hebel') in Mexiko. In allen lateinamerikanischen Kulturen helfen originelle Ideen und persönliche Beziehungen, die man aufgebaut hat oder auch spontan aufbaut, in schwierigen Situationen zu einer Lösung zu kommen. Anders als beispielsweise in asiatischen Kulturen (vgl. Infokasten 'Die Rolle von Guan-xi in China', S. 295) werden die Lösungen dabei stets spontan gesucht und gefunden. Es gibt keinerlei Regeln oder soziale Verpflichtung, dass der Gegenüber auf einen Jeitinho auch eingehen muss. Wenn der Kartenverkäufer gerade schlecht gelaunt ist oder keine Lust hat, sich in ein Gespräch verwickeln zu lassen, wird es eben doch nichts mit der Ticket-Erstattung. Und das kann man ihm nicht übel nehmen. Umgekehrt entsteht auch für denjenigen, der aus einem Jeitinho einen Nutzen zieht, keinerlei formale Verpflichtung, der anderen Person irgendwann ebenso zu helfen (vgl. im Gegensatz dazu das chinesische Prinzip der Gegenseitigkeit beim Guan-xi, Infokasten S. 295).

14.2 Die 'Zu-viel-verlangt!'-Vertrauensfalle

In die 'Zu-viel-verlangt!'-Vertrauensfalle führen kulturelle Unterschiede im Umgang mit Gegenseitigkeit und Verpflichtungen zur Hilfe. Soziale Beziehungen wie Familie, Freundschaft, Bekanntschaft oder Geschäftspartnerschaft gehen

mit bestimmten Erwartungen und Verpflichtungen zu gegenseitiger Unterstützung einher. Wann man hier jedoch was von seinem Gegenüber erwarten kann, ist kulturell unterschiedlich. Daher kann es sein, dass jemand eine Unterstützungsleistung erwartet – die aus Sicht des anderen nicht zu erwarten ist bzw. gar nicht erfüllbar ist. Wenn man aber den Eindruck gewinnt, dass der andere einen nicht unterstützt obwohl das in der Situation eigentlich erwartbar wäre, ist das eine Vertrauenswarnung.

Fest definierte wechselseitige soziale Verpflichtungsregeln spielen insbesondere in konfuzianischen Gesellschaften eine wichtige Rolle, etwa im chinesischen Business-Kontext (vgl. Infokasten 'Die Rolle von Guan-xi in China', S. 295). Betrachten wir daher ein Beispiel, wie man aus chinesischer Perspektive mit Deutschen in die Vertrauensfalle geraten kann. Ein deutscher Manager berichtet hier, es geht aber darum, wie auf der chinesischen Seite Vertrauen verloren geht.

Ein Beispiel aus der deutsch-chinesischen Zusammenarbeit

Beispiel für die 'Zu-viel-verlangt!'-Vertrauensfalle

Freundschaft von einem auf den anderen Tag beendet

Herr Dietel ist Repräsentant eines großen deutschen Unternehmens und schon einige Jahre in China. Folgendes Erlebnis versteht er nicht:

> *An einem Samstag war ich wieder mal mit meiner Frau auf dem Vogelmarkt. Wir brauchten noch das richtige Futter für unsere beiden Vögel. Jedoch hatten wir damals noch Schwierigkeiten, unser Anliegen dem Vogelhändler mitzuteilen. Da sprach uns eine Chinesin auf Deutsch an, ob sie uns helfen könne. Nach diesem Treffen entwickelte sich ein recht intensiver Kontakt. Die Frau besuchte uns häufig, und irgendwann lernten wir auch ihren Mann kennen.*
>
> *Über ein Jahr nachdem wir uns kennen gelernt hatten, bat mich Frau Li plötzlich, ihrem Sohn eine Stelle in meinem Unternehmen in Deutschland zu vermitteln. Das konnte ich natürlich nicht machen. Aber mit dem Hinweis, wo ihr Sohn sich bewerben könne und dass ich ihm bei den Bewerbungsunterlagen helfen könne, gab sich Frau Li nicht zufrieden. Sie sprach auch mit meiner Frau und legte ihr sogar die Zeugnisse ihres Sohnes vor, um uns von seinen Qualifikationen zu überzeugen. Sie wollte unbedingt, dass wir uns aktiv um eine Stelle in Deutschland für ihren Sohn bemühten!*
>
> *Als auch meine Frau ablehnte, war die Freundschaft von einem auf den anderen Tag beendet. Frau Li verabschiedete sich etwas plötzlich und geknickt und meldete sich nie wieder bei uns und beantwortete auch unsere Briefe nicht. Wir haben dann auch nicht gedrängt und so bis heute nie mehr etwas von ihr gehört, was wir sehr bedauern und nicht so recht verstehen.*
>
> Kulturstandard-Forschung / A. Thomas, vgl. Anhang 2.

14.2.1 Vertrauensanalyse: Was ist passiert?

Nachdem Herr Dietel dem Anliegen von Frau Li, ihrem Sohn eine Stelle in Deutschland zu verschaffen, nicht entspricht, bricht die Chinesin den Kontakt zum Ehepaar Dietel – Herr Dietel spricht von einer „Freundschaft" – komplett ab. Sie beendet damit plötzlich die von gegenseitigen privaten Besuchen gekennzeichnete Vertrauens- bzw. Freundschaftsbeziehung. Was ist passiert? Was macht das Erlebnis aus chinesischer Sicht vertrauenskritisch?

Achtung: Helfen / unterstützen

Die Lis sind germanophil, Frau Lis Sohn ist auf Stellensuche, und Herr Dietel arbeitet in einem großen deutschen Unternehmen – und, welche Chance, Frau Li und Herr Dietel stehen in einer persönlichen Beziehung. Also bittet Frau Li Herrn Dietel um eine Stellenvermittlung. Frau Li hofft nicht nur auf Unterstützung, sondern sie erwartet diese geradezu. Grund dafür ist die Vorgeschichte ihrer Beziehung: Frau Li hat mithilfe ihrer Deutschkenntnis das deutsche Ehepaar Dietel zu Beginn ihrer Zeit in China bei der Eingewöhnung unterstützt. Damit steht das Ehepaar Dietel für sie in einer besonderen Pflicht, auch ihr zu helfen. Eine Stellenvermittlung für ihren Sohn liegt aus ihrer Sicht im Rahmen der Möglichkeiten Herrn Dietels, denn eine solche Vermittlung ist bei seiner Position – aus chinesischer Sicht – für ihn sehr einfach und unproblematisch. Dass ihr Herr Dietel nicht hilft und damit nur den eigenen Nutzen aus ihrer Beziehung zieht, ist für sie eine große Enttäuschung. Es ist eine klare Vertrauenswarnung in Bezug auf den Faktor *Helfen / unterstützen*.

14.2.2 Kulturalarm: Was könnte hier kulturkritisch sein?

Nutzen die Dietels tatsächlich nur die eigenen Vorteile ihrer Beziehung zu Frau Li? Verletzen sie bewusst das grundlegende Prinzip der gegenseitigen Hilfeleistung?

Frau Lis Sichtweise ist berechtigt, wenn man annimmt, dass den Dietels die Verpflichtung zur Gegenleistung ebenso stark verspüren wie Frau Li, die verlangte Gegenleistung für ebenso unproblematisch halten und dann der Verpflichtung zur Gegenleistung bewusst nicht nachkommen. Doch die Dietels sehen in ihrer Beziehung zu Frau Li keine solche Verpflichtung. Insbesondere betrachtet Herr Dietel die Stellenvermittlung nicht als im Rahmen seiner Möglichkeiten liegend. „Das ist zuviel verlangt!" Aus seiner Sicht kann nicht die Rede von einer erwartbaren und leichtfertig abgelehnten Unterstützung sein.

14.2.3 Kulturanalyse: Welche Unterschiede führen in die Vertrauensfalle?

Was die Episode verständlich macht, ist das für die chinesische Kultur charakteristische Konzept der Guan-xi-Beziehung, das Angehörige anderer Kulturen häufig nicht kennen (vgl. Infokasten 'Die Rolle von Guan-xi in China', S. 295).

Die Guan-xi-Beziehung

'Guan-xi' bezeichnet eine Beziehung, in der man sich nach bestimmten kulturellen Regeln in einem vergleichbarem Maße gegenseitig unterstützt und hilft. Wenn man mit jemanden in einer Guan-xi-Beziehung steht, entstehen kontinuierlich wechselseitige Verpflichtungen: Wenn der andere mir hilft, dann muss auch ich ihm helfen. Wenn der andere mich zum Abendessen einlädt, dann muss ich auch ihn irgendwann einladen – und zwar in ein vergleichbares Restaurant.

In unserem Fallbeispiel hat Frau Li die Dietels bei ihrer Eingewöhnung in China unterstützt. Darauf aufbauend hat sich eine gute Beziehung entwickelt, die Herr Dietel als 'Freundschaft' bezeichnet. Für

Frau Li ist es eine Guan-xi-Beziehung. Aus ihrer Perspektive gilt es dabei als Zeichen des Vertrauens, dass die Dietels ihre Hilfe irgendwann erwidern. In der Situation, in der Frau Li Herrn Dietels Unterstützung tatsächlich brauchen kann, erwartet sie daher selbstverständlich, dass Herr Dietel ihr helfen wird. Dass er dies nicht tut, ist für sie ein deutliches Zeichen, dass er nicht vertrauenswürdig ist.

Die Guan-xi-Beziehung in unserem Beispiel steht primär in einem privaten Kontext, wobei Herr Dietel dem Sohn Frau Lis aus seiner beruflichen Position heraus einen Vorteil in seinem Unternehmen verschaffen soll. Guan-xi-Beziehungen kann es in allen Kontexten der beruflichen Zusammenarbeit geben. Ein Beispiel für die Chef-Mitarbeiter-Beziehung beschreibt ein Interviewpartner aus der deutsch-chinesischen Vertrauensstudie im Rahmen des TRIM-Projekts (vgl. Anhang 2): „Wenn Sie [einem Mitarbeiter] einen neuen Titel geben – er ist jetzt nicht nur Sachbearbeiter, sondern Manager oder sogar Senior Manager – und ihn dann fördern, ihm eine bessere Stellung in der Firma verschaffen, dann haben Sie was gut bei dem Mitarbeiter" (Zapf 2012: 75). Ein Beispiel aus einer Lieferantenbeziehung: „Wenn Sie dem Lieferanten gute Aufträge geben, ihn also auch fördern, dann haben Sie was gut. […] Auch wenn Sie gerade keine Aufträge für einen Lieferanten haben und ihm eine andere Firma vermitteln, dann bauen Sie eine Beziehung auf, und der Lieferant ist Ihnen dann auch dankbar" (Ebd.).

Freundschaftliche Hilfeleistungen

Aus Herrn Dietels Sicht sieht die Situation in unserem Fallbeispiel ganz anders aus: Er ist zwar dankbar für die Frau Lis Unterstützung und freut sich über den entstandenen privaten Kontakt zu Chinesen vor Ort. Daraus entsteht für ihn aber keinerlei konkrete Verpflichtung zu einer Gegenleistung. Ganz im Gegenteil. Im seinem Verständnis von Freundschaft erbringt man Hilfeleistungen gerade nicht in der Erwartung eines Ausgleichs. Es ist Ausdruck von Freundschaft, dass man Dinge tut und sich aktiv für den anderen einsetzt, *ohne* dabei den eigenen Vorteil im Kopf zu haben oder daraus einen konkreten Nutzen zu ziehen. Nur wenn das der Fall ist, handelt es sich um eine Freundschaft. Ansonsten würde man eher von einer Bekanntschaft oder einer funktionalen (Geschäfts-)Beziehung sprechen.

Die moralischen Grenzen des Helfens

Grundsätzlich geht es bei einer Guan-xi-Beziehung darum, eine Gegenleistung zu erbringen, die mit der ursprünglichen Leistung vergleichbar ist. Nun ist die Frage, ob eine Jobvermittlung, wie sie Frau Li erwartet, mit einer regelmäßigen aber nicht so weitreichenden Unterstützung im Alltagsleben vergleichbar ist. Für Herrn Dietel geht die erbetene Hilfeleistung ganz klar zu weit – er kann nicht einfach dem Sohn des befreundeten Ehepaars einen Job zuschanzen. Dies wäre für ihn nicht nur eine sehr außergewöhnliche und große Hilfeleistung. Es wäre auch ein unangemessener Einsatz von 'Vitamin B', der geeignet wäre, die Compliance-Abteilung auf den Plan zu rufen.

Dass jemand allein durch Beziehungen einen Job bekommt, wird in vielen Kulturen moralisch verurteilt. Sowohl der Jobvermittler als auch der Kandidat stehen unter dem Verdacht, Beziehungen ungerechtfertigt auszunutzen. In China ist es hingegen überspitzt gesagt gar nicht so einfach, *auf anderem Wege* an einen Job zu kommen. Für das Fallbeispiel spielt diese unterschiedliche Einschätzung, welche Art von Hilfeleistung in einer Beziehung möglich und erwartbar ist und wo der Übergang zum moralisch verwerflichen Geklüngel liegt, eine wichtige Rolle.

Die unterschiedliche Einschätzung im Bezug auf grundsätzlich mögliche Hilfeleistungen hängt noch mit einem anderen Kulturunterschied zusammen: dem Unterschied zwischen einer eher individualistischen Einstellung und einer stärkeren Gruppenorientierung. Die interkulturelle Managementforschung fasst diesen Unterschied unter die viel diskutierten Begriffe 'Individualismus vs. Kollektivismus' (vgl. z.B. Triandis 1995b, Hofstede 1980, House et al. 2004). Aus einer gruppenorientierten Perspektive ist es nicht nur möglich, sondern auch geboten, dass man andere Gruppenmitglieder stärker unterstützt und bevorzugt als Nicht-Gruppenmitglieder. Es geht dabei nicht nur darum, diesen zu helfen, sondern man sieht auch Vorteile darin, zum Beispiel für Stellenbesetzungen auf Familienmitglieder anderer Unternehmensmitarbeiter zurück zu greifen: Dass ein Kandidat von einem Mitglied meiner Gruppe empfohlen wird, kann man als erstes Indiz dafür sehen, dass die Person vertrauenswürdig ist und dem Unternehmen gegenüber loyal sein wird.

In einer individualistischen Kultur gilt die Bevorzugung eines Verwandten oder Freunds von Gruppenmitgliedern als moralisch verwerflich. Erstens wäre es gegenüber anderen Kandidaten unfair, jemanden zu bevorzugen – das würde das individualistische Leistungsprinzip in Frage stellen. Zweitens zählt für Stellenbesetzungen, ob jemand für den Job geeignet ist, nicht ob Beziehungen hat. Drittens zeichnet es eine Person stärker aus, wenn sie sich selbst für eine Stelle qualifiziert hat, als wenn sie sich die Stelle durch Beziehungen 'erschlichen' hat.

Nehmen wir an, man hat ein Verständnis sozialer Beziehungen, das auf gegenseitigen Verpflichtungen basiert, und eine Person kommt einer Pflicht zur Hilfeleistung nicht nach. Wenn man das in einem interkulturellen Kontext als Vertrauenswarnung interpretiert, dann kann man in die 'Zu-viel-verlangt!'-Vertrauensfalle geraten.

Individualismus vs. Kollektivismus

Merke!

14.2.4 Hintergründe: Was ist die Logik der anderen Seite?

Wie wäre Frau Li bzw. der chinesischen Seite die Position von Herrn Dietel zu vermitteln? Aus seiner Sicht ist durch ihre Beziehung keine Verpflichtung entstanden, aufgrund der Frau Li ernsthaft erwarten könnte, dass er ihrem Sohn eine Stelle verschafft. Ein solches Verständnis von Freundschaft, bei dem kleine Gefallen keine expliziten Verpflichtungen beim anderen schaffen, hat Vorteile.

Zum einen kann man nicht immer davon ausgehen, dass man in einer freundschaftlichen Beziehung eine Hilfeleistung stets mit einer vergleichbaren Gegenleistung ausgleichen kann. Wenn man absehen kann, dass man nicht in gleicher Weise 'zurückzahlen' kann, müsste man Freundschaftsdienste ablehnen bzw. könnte bestimmte Freundschaften gar nicht erst eingehen. Genau so ist das in China. Wenn Sie eine Restaurant-Einladung aussprechen, welche die gewöhnliche Finanzkraft Ihres Gegenübers übersteigt, bringen Sie ihn in die Verlegenheit, Ihre Einladung irgendwie ausschlagen zu müssen.

Zum anderen muss man in einer Beziehung, die auf gegenseitigen Verpflichtungen basiert, immer davon ausgehen, dass der andere einem möglicherweise nur hilft, weil er hofft, sich dadurch selbst später wieder einen Vorteil zu verschaffen. Dies stellt in Frage, ob der andere wirklich an mir als Person interessiert ist, ob ihm an einer 'echten' Freundschaft gelegen ist. Natürlich gilt auch in Deutschland das Prinzip der Gegenseitigkeit. Doch ist es weit weniger ausgefeilt, formalisiert und auch auf kleinere Gefallen bezogen als in China – auch was die Erwartungshaltung für reziprokes Verhalten angeht.

Kontrastieren wir dieses Verständnis von Freundschaft noch einmal mit der Perspektive von Frau Li: In ihren Augen steht Herrn Dietel nach ihrer 'Integrationshilfe' vor Ort nun in der Pflicht, auch ihr zu helfen. Sie hat bei Herrn Dietel etwas gut, und die Vermittlung eines Jobs für den Sohn ist in ihren Augen eine durchaus angemessene Gegenleistung. Ein solches auf gegenseitigen Verpflichtungen basierendes Beziehungsverständnis wie die chinesische Guan-xi-Beziehung ist vor allem in Kontexten von Vorteil, in denen Beziehungen wichtiger sind als individuelle Leistungen und vertragliche Sicherheiten. Das ist der Fall in den sogenannten kollektivistischen Gesellschaften, zumal wenn dieser Aspekt mit einem schwachen Rechtsstaat einhergeht. Dies gilt für die chinesische Kultur wie auch beispielsweise die brasilianische Kultur. Auch der brasilianische Jeitinho kann ähnlich eingesetzt werden wie eine Guan-xi-Beziehung, wenngleich nicht gemäß einem formalisierten Schema der Verpflichtungsentsprechungen wie in China, sondern spontan und unterstützt durch situative emotionale Argumentation (vgl. Infokasten 'Der brasilianische Jeitinho', S. 288).

14.2.5 Strategien: Was lässt sich tun?

Für die Vermeidung oder Auflösung der 'Zu-viel-verlangt!'-Vertrauensfalle sind folgende Strategien hilfreich:

Tab. 36: Strategien zur 'Zu-viel-verlangt!'-Vertrauensfalle

Strategien aus Sicht einer auf gegenseitigen Verpflichtungen basierenden Beziehung z.B. Chinesen oder auch Japaner mit Deutschen	*Strategien aus Sicht einer 'offiziell verpflichtungsfreien' Freundschaftsbeziehung* z.B. Deutsche mit Chinesen oder auch mit Japanern
• Informationen darüber einholen, ob die in der anderen Kultur erwartete Art der Gegenleistung für den Gegenüber möglich ist. • Die Art und den Umfang der angebotenen Unterstützung wertschätzen, auch wenn sie die Verpflichtungsregeln aus der eigenen Perspektive nicht komplett erfüllt. • Ggf. in der weiteren Beziehung die eigenen Hilfeleistungen auch einschränken.	• Sich über kulturelle Verpflichtungsregeln innerhalb von Beziehungen informieren und diese soweit möglich berücksichtigen. • Bei Inanspruchnahme von Unterstützung, eine als gleichwertig anerkannte Gegenleistung erbringen – sofern dies nicht nötig ist, die Unterstützung nicht in Anspruch nehmen. • Nur so viele Guan-xi-Beziehungen eingehen, wie man auch angemessen Verpflichtungen erfüllen kann; Vorsicht: Guan-xi verjährt nicht!

Kulturinfo-8: Die Rolle von Guan-xi in China

Gute vertrauensvolle Beziehungen spielen im chinesischen Alltag und Wirtschaftskontext eine ungleich größere Rolle als im deutschen. Sie stellen nach chinesischer Überzeugung eine zuverlässigere Grundlage für Geschäfte dar als vertragliche Vereinbarungen, die einen funktionierenden Rechtsstaat voraussetzen. Dabei ist insbesondere das Geflecht der entstehenden wechselseitigen Ansprüche auf Gegenseitigkeit weit umfassender als in Deutschland. Man nennt dieses System wechselseitiger Beziehungsverpflichtungen, das in China den Alltag wie auch das Wirtschaftsleben prägt, '**Guan-xi**', wörtlich: Verbindung, Beziehung.

'Guan-xi' bezeichnet eine Beziehung der gegenseitigen Unterstützung und wechselseitigen Verpflichtung zwischen zwei Personen (vgl. Luo 2007, Park & Luo 2001). Es gilt das Prinzip: Wenn Du mir hilfst, dann helfe ich dir – und zwar mit einer *angemessenen* Gegenleistung. Die Frage der Angemessenheit ist für viele Arten von Austauschbeziehungen kulturell geregelt – und das chinesische System für Nicht-Chinesen nicht einfach zu erlernen. Als Faustregel kann gelten, dass ein Aufwand mit einem vergleichbaren Aufwand vergolten wird. Wenn mich jemand in ein Restaurant einlädt, dann lade ich ihn anschließend in ein Restaurant der gleichen Preisklasse.

Guan-xi-Beziehungen bestehen nicht zwischen Unternehmen oder Institutionen, sondern immer zwischen Einzelpersonen. Doch chinesische Unternehmen nutzen – über ihre Mitarbeiter – Guan-xi-Beziehungen als strategisches Instrument, um Wettbewerbsvorteile zu realisieren und den notwendigen Austausch mit Regierungsstellen zu regeln (Yang 2011). „Wenn man in China dieses Guan-xi besitzt, geht es rasant vorwärts" – so einer der Interviewpartner aus der deutsch-chinesischen Vertrauensstudie im Rahmen des TRIM-Projekts (Zapf 2012: 99, vgl. Anhang 2). Er beschreibt dann auch ein Beispiel dafür, wie man aus einer Guan-xi-Beziehung Vorteile ziehen kann:

> Ein Beispiel: Ich hatte mit [einem chinesischen] Manager ein gutes Vertrauen aufgebaut. Als wir die Fabrik gebaut haben, da ging es um die Finanzierung. Und er meinte, wir könnten jederzeit zu seinem Freund gehen, der in seinem 'Guan-xi', also seinem Netzwerk war. Wir sind dann zu seinem Freund gegangen, der einer der obersten Manager der X-Bank [anonymisiert] ist, einer Bank, die Bauten fördert. Und wir haben ohne Bürgschaft, nur mit einer Unterschrift, eigentlich nur mit der Visitenkarte, haben wir die Finanzierung eines Werkes hinbekommen. Wo man in Deutschland sieben Unterschriften braucht, acht Genehmigungen etc. Das funktioniert in China ganz anders, wenn das Vertrauen da ist zwischen dem chinesischen Manager, seinem Freund und mir. Dann wird ein Werk in der Größenordnung von 10-15 Millionen mit der Visitenkarte und einem guten Vertrauen unterschrieben. Und dieses Netzwerk ist absolutes Gold wert.

Es gibt in China sehr viele gewachsene Guan-xi-Netzwerke, und jeder Chinese befindet sich in einer ganzen Reihe von Guan-xi-Beziehungen. Neue Guan-xi-Beziehungen werden typischerweise auf Basis bestehender Gemeinsamkeiten eingegangen wie Verwandtschaft, Herkunftsort oder Schule/Universität. Sie können aber auch über gemeinsame Kontakte, d.h. über Dritte, vermittelt werden, oder sich durch eine sich entwickelnde Vertrauensbeziehung aufbauen.

Man kann allerdings nicht beliebig viele Guan-xi-Beziehungen eingehen, denn sonst läuft man Gefahr, sich zu viele Verpflichtungen einzuhandeln – zumal Guan-xi-Beziehungen langfristig angelegt sind, und gegenseitige Verpflichtungen auch nach längerer Zeit fortbestehen und einzulösen sind. Ob ein Chinese in eine solche Beziehung eintritt, prüft er daher intensiv. Chinesische Manager investieren deutlich mehr Zeit und Mühe in den Aufbau und dann auch die Pflege von Vertrauensbeziehungen als deutsche. „Der Vertrauensaufbau ist in China ein sehr langwieriger Prozess – speziell mit Mitarbeitern, aber auch mit Geschäftskunden" (Zitat eines Interviewpartners aus der deutsch-chinesischen Vertrauensstudie im Rahmen des TRIM-Projekts, Zapf 2012: 104, vgl. Anhang 2). Nur wenn man zu dem Schluss kommt, dass eine Person vertrauenswürdig ist, kann man sie in ein Guan-xi-Netzwerk mit hineinnehmen.

Hinter den chinesischen Guan-xi Netzwerken steht der **Konfuzianismus**, eine die chinesische Kultur stark prägende Moralphilosophie (vgl. Infokasten 'Konfuzianismus in China, Japan und Korea', S. 228). Er unterscheidet fünf Grundtypen menschlicher Beziehungen und betont, dass alle mit bestimmten wechselseitigen Pflichten einhergehen. Auch in den anderen großen konfuzianischen Kulturen gibt es dem 'Guan-xi' vergleichbare Beziehungsnetzwerke: in **Japan 'Kankei'** und in **Korea 'Inmak'** (Yeung & Tung 1996). Das grundlegende Schema individueller Beziehungen, die langfristige gegenseitige Ansprüche und Verpflichtungen bedeuten, ist das gleiche, aber es gibt feine Unterschiede (Hit et al. 2002, Yeung & Tung 1996). So spielt etwa für Guan-xi Verwandtschaft eine größere Rolle und beim koreanischen 'Inmak' ist der Herkunftsort bzw. die Schulausbildung sehr wichtig. Demgegenüber wird in Japan freier über das Eingehen von 'Kankei'-Beziehungen entschieden. Hier ist dafür der Aufbau einer Vertrauensbeziehung umso wichtiger.

14.3 Die 'Loyalität-zum-Chef!'-Vertrauensfalle

In die 'Loyalität-zum-Chef!'-Vertrauensfalle führen Unterschiede im Hierarchieverständnis, wie sie zwischen der deutschen Kultur und der chinesischen oder auch der indischen Kultur bestehen. Sie entsteht, wenn sich das Führungs-

karussell dreht und die Verantwortlichen innerhalb der Führungslinien wechseln. Welche Loyalitäten zählen dann? Wie zählt die Loyalität nach oben im Vergleich zur langjährigen persönlichen Loyalität in einem gewachsenen Arbeitsverhältnis? Wenn ein Mitarbeiter in einem sehr hierarchisch geprägten Kontext bei einem solchen Wechsel sofort und komplett vom ehemaligen zum neuen Vorgesetzten umschwenkt und der alte Chef dies als unangemessenen persönlichen Bruch interpretiert, kann er in die 'Loyalität-zum-Chef!'-Vertrauensfalle geraten.

Beispiel für die 'Loyalität-zum-Chef!'-Vertrauensfalle

Auf den neuen Vorgesetzten umgeschwenkt

Herr Wagner, Manager eines deutschen Unternehmens der Befestigungstechnik, wurde als Entwickler nach China entsandt. Seine Aufgabe ist es, ein Entwicklerteam aufzubauen. Er berichtet, warum er sein Vertrauen in einen chinesischen Mitarbeiter verloren hat:

Als ich nach China gegangen bin, habe ich neue Mitarbeiter eingestellt. Herr Sun war der erste, den ich eingestellt habe. Mit dem hatte ich ein sehr gutes Verhältnis von Anfang an. Der war sehr loyal. Ich muss sagen: In der Anfangszeit lief es sehr gut. Wir haben uns auch bis zu einem gewissen Grad auf privater Ebene sehr gut verstanden.

Die große Enttäuschung, der Vertrauensverlust, war dann, dass er in dem Moment, als ich gesagt habe, dass ich nach vier Jahren das Unternehmen verlasse, relativ schnell auf den neuen Vorgesetzten sozusagen umgeschwenkt hat. Er hat sofort für den neuen Vorgesetzten gearbeitet und alles

Ein Beispiel aus der deutsch-chinesischen Zusammenarbeit

> *so gemacht, wie der Neue es haben wollte. Was ziemlich im Kontrast zu dem stand, wie ich die Dinge gesehen habe.*
>
> *Für mich ist dadurch innerhalb von einer Woche das Vertrauen in ihn geschwunden, weil es für mich wie eine Maske gewirkt hat, die er die letzten Jahre auf hatte. Für ihn war eigentlich nur entscheidend: 'Wer ist mein Vorgesetzter? Ich mache die Dinge so, wie mein Vorgesetzter das haben möchte.' Und nachdem mein Nachfolger die Dinge anders angegangen ist als ich, hat er von heute auf morgen umgeschwenkt. Das ist ein absoluter Vertrauensverlust, der da stattgefunden hat.*
>
> TRIM-Projekt / R. Münscher & J. Hormuth, vgl. Anhang 2.

14.3.1 Vertrauensanalyse: Was ist passiert?

Achtung:
Sich loyal verhalten

Herr Wagner ist von dem Mitarbeiter, zu dem er ein scheinbar so gutes Verhältnis hatte, äußerst enttäuscht. Er hatte angenommen, dass Herr Sun sich in umfassender Weise ihm gegenüber loyal verhält. Diese Loyalität war über längere Zeit konstant da gewesen. Herr Wagner betont zudem, dass er sich mit Herrn Sun „auch ... auf privater Ebene sehr gut verstanden" hatte – ein Vertrauensgrund in Bezug auf den Faktor *Sympathisch erscheinen*.

Daher ist es für Herrn Wagner überraschend und geradezu schockierend, dass Herr Sun, sobald er erfährt, dass Herr Wagner das Unternehmen verlässt, in seiner Loyalität kommentarlos sofort komplett auf den neuen Vorgesetzen umschwenkt – und für diesen und nach dessen Vorgaben, und im Gegensatz zu Herrn Wagners Vorstellungen, arbeitet.

Achtung:
Nichts vortäuschen

Für Herrn Wagner ist dieser drastische Loyalitätswandel sehr enttäuschend. Er wirkt als Vertrauenswarnung in Bezug auf den Faktor *Sich loyal verhalten*. Angesichts des Kontrasts zu ihrem zuvor guten Verhältnis hat Herr Wagner durch Herrn Suns Umschwenken geradezu den Eindruck, dieser habe ihm die letzten Jahre nur Loyalität vorgetäuscht – als habe er die letzten Jahre eine „Maske" aufgehabt. Der Mitarbeiter stellt sich nicht mehr hinter seine Sichtweise, sondern hinter die des zukünftigen Vorgesetzten. Als ob die Loyalität der letzten Jahre nur aufgesetzt gewesen wäre. Herr Wagner deutet damit also noch eine Vertrauenswarnung in Bezug auf den Faktor *Nichts vortäuschen* an. Insgesamt ist Herrn Wagners Schluss: „Das ist ein absoluter Vertrauensverlust."

14.3.2 Kulturalarm: Was könnte hier kulturkritisch sein?

Ist Herrn Wagners Enttäuschung gerechtfertigt? Handelt es sich hier tatsächlich um einen drastischen Loyalitätsbruch, wenn für Herr Sun die gemeinsam geteilten Werte und Ansichten plötzlich überhaupt nicht mehr zählen, weil es einen neuen Vorgesetzten gibt? Lässt das darauf schließen, dass Herrn Suns Loyalität der letzten Jahre nur vorgetäuscht war?

Welche Optionen hat ein Mitarbeiter in Loyalitätskonflikten während eines Chef-Wechsels? Gerät er in einen Konflikt zwischen dem individuell gewachsenen persönlichen Vertrauensverhältnis zum alten Vorgesetzten und der Loyalität im zukünftigen formalen Führungsverhältnis?

Herr Wagners Reaktion ist nachvollziehbar, wenn man davon ausgeht, dass Herr Sun in der beschriebenen Situation in einem solchen Loyalitätskonflikt steht. Wenn man annimmt, dass für Herrn Sun die persönlich gewachsene Loyalitätsverpflichtung zu seinem aktuellen 'alten' Chef, der ihn damals eingestellt hat, und mit dem er über die Jahre sogar ein persönliches Verhältnis entwickelt hat, fortbesteht und ihn in einen Konflikt mit der neuen Führungssituation bringt.

Doch ist das der Fall? Hat Herr Sun überhaupt Entscheidungsfreiheit, wann er sich in dieser Situation hinter wen stellt? Für Herrn Wagner ist offensichtlich, dass das persönlich gewachsene Loyalitätsverhältnis trotz des Chef-Wechsels etwas zählen muss. Doch hier klingelt der Kulturalarm. Aus Herrn Suns Perspektive ist das möglicherweise anders. Vielleicht gibt es im chinesischen Unternehmenskontext Gründe dafür, dass sich Herr Sun sich in dieser Situation sofort hinter den neuen Vorgesetzten stellen *muss* – egal wie gut sich sein persönliches Verhältnis zu Herrn Sun entwickelt hat.

14.3.3 Kulturanalyse: Welche Unterschiede führen in die Vertrauensfalle?

Was Herrn Wagner und Herrn Sun hier in die 'Loyalität-zum-Chef!'- Vertrauensfalle geraten lässt, ist ein kultureller Unterschied im Hierarchieverständnis (vgl. Infokasten 'Hierarchieverständnis', S. 171), der auch ein unterschiedliches Verständnis der Mitarbeiter-Vorgesetzten-Loyalität mit sich bringt.

Im Interview erläutert Herr Wagner selbst, dass aus seiner Kenntnis der chinesischen Kultur für das Vertrauen und die Loyalität Herrn Suns zwei Dinge wichtig waren: „Er ist loyal, erstens weil ich ihn eingestellt habe, und zweitens weil ich sein Chef bin, also von der Hierarchie höher als er. Da spielt dann die chinesische Erziehung eine Rolle, Konfuzius, die Ehrfurcht vor dem Alter und vor der Hierarchie" (Zapf 2012: 78).

Hierarchieorientierung & Konfuzianismus

Was zählt, ist vor allem der zweite Punkt: die Hierarchie. Allein die hierarchische Abhängigkeit führt dazu, dass man vom Mitarbeiter eine loyale Grundeinstellung gegenüber dem Chef erwarten kann. Herrn Wagner ist bewusst, dass er in China einem direkt unterstellten Mitarbeiter grundsätzlich vertrauen kann: „Ob ich einem chinesischen Mitarbeiter vertrauen kann, hängt davon ab, ob das jetzt mein Mitarbeiter in der Hierarchie ist, ob es jetzt wirklich mein Untergebener in der Firma ist. Wenn er also in meiner Abteilung ist, dann kann ich ihm zu einem gewissen Grad schon einmal vertrauen. Alleine schon von der Hierarchie her" (Zapf 2012: 73). Dies hängt mit der starken Hierarchieorientierung der chinesischen Kultur zusammen, die – wie Herr Wagner richtig erwähnt – auf den Konfuzianismus zurückzuführen ist. Konfuzius beschreibt drei soziale Pflichten, die alle Individuen erfüllen sollen. Eine davon ist die Loyalität gegenüber Autoritätspersonen bzw. Vorgesetzten (vgl. Infokasten 'Konfuzianismus in China, Japan und Korea', S. 228).

Pflicht oder Entscheidungsspielraum?

Und diese Loyalität gegenüber einem Vorgesetzten zählt auch stärker als die Verpflichtung, die sich daraus ergibt, dass Herr Wagner Herrn Sun ursprünglich eingestellt hat. Die Mitarbeiter-Vorgesetzten-Loyalität ist in der chinesischen Kultur in hohem Maße strukturell bedingt: Ein Mitarbeiter ist – unabhängig von der Frage, wie gut man sich persönlich versteht – zur Loyalität gegenüber dem Vorgesetzten verpflichtet. Was zählt ist, wer der Chef ist. In dieser Beziehung greift die konfuzianische Pflicht zur Loyalität.

Dieses strukturelle Loyalitätsdenken ist mit der ebenfalls strukturell bedingten Reziprozitätsverpflichtung in chinesischen Guan-xi-Beziehungen vergleichbar (vgl. Infokasten 'Die Rolle von Guan-xi in China', S. 295). Chinesen haben gegenüber anderen Personen im Rahmen von Guan-xi-Beziehungen die Verpflichtung, sich im Sinne eines 'Hilfst-du-mir-so-helf-ich-dir' gegenseitig zu unterstützen. Wie sich diese Verpflichtungen wechselseitig auslösen, und welche Unterstützungsleistungen bei welchen Personen welche Verpflichtungen erzeugen, ist recht genau geregelt. Auch hier geht es um strukturelle Verpflichtungen und nicht um individuelle Entscheidungen. Hat der Kollege oder Partner ihm in der Vergangenheit geholfen, so muss auch er entsprechende Unterstützung leisten – sonst bricht er die Regeln der kooperativen Zusammenarbeit und setzt damit die komplette Beziehung aufs Spiel.

In China hat nicht der Einzelne die Freiheit zu entscheiden, ob er einem Kollegen oder Geschäftspartner in einer bestimmten Situation hilft, sondern es ist in der Regel aus der Vorgeschichte und den Rahmenbedingungen ihrer Beziehung ableitbar, wie er sich in der Situation zu verhalten hat. Dass sich Herr Sun in seiner Loyalität unmittelbar auf den neuen Vorgesetzten umorientiert, ist aus der Perspektive einer formalen Verpflichtung zur Mitarbeiter-Vorgesetzten-Loyalität aus chinesischer Sicht völlig nachvollziehbar. Die strukturell bedingte Loyalität zählt auf jeden Fall stärker als die gewachsene persönliche Bindung zu Herrn Wagner.

Wenn man aus der Perspektive einer wenig hierarchieorientierten Kultur, in der neben den Führungslinien auch die persönlich gewachsenen Loyalitäts-Beziehungen (übrigens auch zu Kollegen) zählen, das sofortige 'Umschwenken' eines Mitarbeiters auf einen neuen Vorgesetzten als Vertrauenswarnung interpretiert, läuft man Gefahr, in die 'Loyalität-zum-Chef!'-Vertrauensfalle zu geraten.

Merke!

14.3.4 Hintergründe: Was ist die Logik der anderen Seite?

Ist das nicht ein sehr fragwürdiges Verständnis von Beziehung und Zusammenarbeit, nach dem man allein deshalb loyal zum Vorgesetzten ist, weil dieser der Vorgesetzte ist? Und nach dem man nur hilft, wenn man in einer Beziehung der wechselseitigen Hilfsverpflichtung steht, unabhängig davon ob der andere Hilfe nötig hat? Deutsche Manager sind häufig erstaunt und geradezu schockiert über das formalisierte Verständnis von Beziehung ihrer chinesischen Partner. Gerade in einer Kultur wie der chinesischen, die als stark beziehungsorientiert gilt, erwarten sie etwas anderes.

Die formellen Beziehungsregeln der chinesischen Kultur werden verständlich, wenn man sie vor dem Hintergrund des Verständnisses von sozialer Ordnung im chinesischen Weltbild sieht. In der konfuzianischen Kultur Chinas ist der zentrale Wert des Zusammenlebens die soziale Harmonie. Soziale Harmonie bedeutet, dass die Angehörigen einer sozialen Gruppe friedlich und harmonisch zusammen leben, dass alle gemäß ihrem sozialen Status und ihrem Alter behandelt werden und dass alle sich an die expliziten und impliziten Regeln des Miteinanders halten. Konfuzius beschreibt die Pflicht zur Herstellung und Aufrechterhaltung von sozialer Ordnung und Harmonie als wesentlichen Orientierungspunkt menschlichen Handelns. Jedes Mitglied der Gesellschaft soll in allen Alltags- und Berufssituationen dazu beitragen, die soziale Harmonie innerhalb der Gesellschaft aufrechtzuerhalten (vgl. Infokasten 'Konfuzianismus in China, Japan und Korea', S. 228). Eine Bedrohung der sozialen Harmonie einer Gruppe insgesamt ist schwerwiegender als eine Bedrohung einer rein individuellen Beziehung. Umgekehrt kann einem ein geordnetes Sozialgefüge mehr Sicherheit und Vorteile bieten, als einzelne rein persönliche Beziehungen.

Um die soziale Harmonie in der Gesellschaft aufrecht zu erhalten, gibt es eine Vielzahl an Regeln für die Gestaltung zwischenmenschlicher Beziehungen. Diese Beziehungsregeln betreffen nicht nur Fragen des höflichen Umgangs miteinander (vgl. Handlungsfeld 'Umgangsformen und Facework'), sondern eben auch Fragen wir die, wann man wem gegenüber zu bestimmten Hilfeleistungen oder zu Loyalität verpflichtet ist (vgl. Handlungsfeld 'Fairplay und Kooperativität'). Wenn Herr Sun die Regel der Loyalität gegenüber dem Vorgesetzten nicht strikt einhielte, würde er eine Bedrohung der sozialen Ordnung riskieren – was viel gravierender ist als die Gefährdung der individuellen persönlichen Beziehung zu seinem langjährigen ehemaligen Vorgesetzten.

14.3.5 Strategien: Was lässt sich tun?

Für die Vermeidung oder Auflösung der 'Loyalität-zum-Chef!'-Vertrauensfalle sind folgende Strategien hilfreich:

Tab. 37: Strategien zur 'Loyalität-zum-Chef!'-Vertrauensfalle

Strategien aus Sicht einer geringeren Hierarchieorientierung z.B. deutscher Chef mit chinesischem Mitarbeiter	*Strategien aus Sicht einer stärkeren Hierarchieorientierung* z.B. chinesischer Mitarbeiter mit deutschem Chef
• Loyalitätswechsel von Mitarbeitern bei Veränderungen in der Führungsstruktur einplanen. • Loyalitätswechsel bewusst steuern, z.B. durch Einflussnahme auf den Zeitpunkt der Kommunikation von Veränderungen in der Führungsstruktur. • Eher formale als persönlich-individuelle Verpflichtungen schaffen, z.B. über Anweisungen höherer Hierarchiestufen.	• Persönliche Loyalitäten neben strukturellen Loyalitätsverpflichtungen berücksichtigen und anerkennen; sich soweit möglich bei Loyalitäts-Konflikten neutral verhalten. • Strukturelle Veränderungen der Loyalitäts-Verpflichtung gegenüber der Person, zu der man sich nicht (mehr) loyal verhalten kann, erläutern.

14.4 Fazit zum Handlungsfeld 'Fairplay und Kooperativität'

Überblickstabelle Vertrauensfaktoren: S. 54

Es ist schwer, jemandem zu vertrauen, von dem man den Eindruck hat, dass er sich nicht fair verhält. Die Vertrauensfaktoren, die im Handlungsfeld 'Fairplay und Kooperativität' in kulturelle Vertrauensfallen führen können, sind vor allem: *Nichts vortäuschen, Anständig / korrekt handeln, Helfen / unterstützen* und *Sich loyal verhalten*.

'Kleiner-Schwindel!'-Vertrauensfalle

Nehmen wir an, man interpretiert es als ehrliche und aufrichtige Person als Vertrauenswarnung, dass jemand etwas erzählt, das nicht der Wahrheit entspricht (Faktor **Nichts vortäuschen**). Hinzu kommt noch, dass das, was die Person erzählt, moralisch fragwürdig ist (Faktor **Anständig / korrekt handeln**). Hier besteht im internationalen Management die Gefahr, dass man in die 'Kleiner-Schwindel!'-Vertrauensfalle gerät. Denn der Spielraum dafür, was als legitimer kleiner Schwindel akzeptiert wird, ist im Kulturvergleich unterschiedlich groß. Der kleine Schwindel ist möglicherweise kulturell üblich und akzeptiert, wenn man einem Anliegen besonderen Nachdruck verleihen möchte.

Die 'Zu-viel-verlangt!'-Vertrauensfalle droht, wenn man es als Vertrauenswarnung interpretiert, dass einem jemand nicht hilft, obwohl er eigentlich aufgrund der Vorgeschichte der Beziehung (man hat bereits umgekehrt mehrfach geholfen) zur Hilfe verpflichtet wäre (Faktor *Helfen / unterstützen*). Solche Regeln der gegenseitigen Verpflichtung sind in konfuzianischen Kulturen wie beispielsweise China sehr verbreitet und verpflichtend. Angehörige anderer Kulturen kennen sie aber häufig nicht oder nur in abgeschwächter Form.

'Zu-viel-verlangt!'-Vertrauensfalle

Die dritte Vertrauensfalle entsteht, wenn man es aus der Perspektive einer wenig hierarchieorientierten Kultur als Vertrauenswarnung interpretiert, dass eine veränderte Führungskonstellation eine langjährig persönlich aufgebaute Vertrauens- und Loyalitätsbeziehung umgehend außer Kraft setzt (Faktor *Sich loyal verhalten*). Im Kontext einer starken Hierarchieorientierung zählt die Verpflichtung zur Loyalität gegenüber dem Vorgesetzten stärker als eine Loyalität, die auf einer persönlichen Beziehung basiert.

'Loyalität-zum-Chef!'-Vertrauensfalle

Tab. 38 gibt noch einmal einen Überblick der kulturellen Vertrauensfallen im Handlungsfeld 'Fairplay und Kooperativität'.

Tab. 38: Vertrauensfallen im Handlungsfeld 'Fairplay und Kooperativität'

Kleiner-Schwindel!-Vertrauensfalle		
Kulturbeispiel: Deutschland-Brasilien Herr Maier mit dem Finanzmitarbeiter Pablo: Dieser täuscht den Tod der Mutter eines Mitarbeiters vor, um eine Geldstrafe zu umgehen (S. 282).		
Vertrauenswarnung	**Perspektive der anderen Kultur**	**Erklärender Kulturunterschied**
– Er erzählt eine Lügengeschichte! – Die Geschichte mit dem Tod der Mutter ist skrupellos!	– War doch nur ein kleiner Schwindel, das weiß der andere doch auch! – Wollte doch nur meinem Anliegen Nachdruck geben, damit der Vermieter eine Ausnahme macht!	Umgang mit Regeln (z.B. der brasilianische Jeitinho)
Zu-viel-verlangt!-Vertrauensfalle		
Kulturbeispiel: Deutschland-China Frau Li mit dem befreundeten Ehepaar Dietel: Warum unterstützt er mich nicht in angemessenem Maße bei der Jobsuche meines Sohns (S. 290)?		
Vertrauenswarnung	**Perspektive der anderen Kultur**	**Erklärender Kulturunterschied**
– Der hilft mir nicht, obwohl er eigentlich in meiner Pflicht steht!	– Die Hilfeleistung, die sie von mir erwartet, geht ganz klar zu weit!	Sach- und Beziehungsorientierung (z.B. die Rolle von Guan-xi in China)

Loyalität-zum-Chef!-Vertrauensfalle		
Kulturbeispiel: Deutschland-China Herr Wagner mit seinem Mitarbeiter Herr Sun: Als er erfährt, dass ich das Unternehmen verlasse, schwenkt er in seiner Loyalität sofort auf den neuen Vorgesetzten um (S. 297).		
Vertrauenswarnung	**Perspektive der anderen Kultur**	**Erklärender Kulturunterschied**
– Der ist nicht loyal! – Die Loyalität der letzten Jahre war nur vorgetäuscht!	– Ist doch völlig klar, dass ich zu meinem neuen Vorgesetzten 100% loyal bin!	Hierarchieverständnis (vgl. Konfuzianismus)

15 Zum Hintergrund der Beispiele

15.1 Authentische Erlebnisse: Systematik und Quellen der Fallbeispiele

Insgesamt haben wir für das vorliegende Buch knapp 1000 authentische Fallbeispiele aus der interkulturellen Zusammenarbeit deutscher Manager mit Kollegen und Partnern aus China, Indien, Japan, Brasilien, Argentinien, Mexiko, Russland, und Frankreich im Hinblick auf interkulturelle Schwierigkeiten der Vertrauensentwicklung ausgewertet.

Empirische Datenbasis für die Fallbeispiele

Basis hierfür sind mehrere empirische Studien: Viele sehr anschauliche Beispiele finden sich in der Studie von Münscher (2011) zur Vertrauensentwicklung in der deutsch-französischen Zusammenarbeit, welche mit einer aufwändigen Datenerhebung die bislang umfangreichste Studie im TRIM-Forschungskontext darstellt. Weitere Beispiele sind einer Reihe von Forschungsarbeiten entnommen, die am Lehrstuhl von Prof. Dr. Julia Hormuth an der ESB Business School der Hochschule Reutlingen entstanden sind und die Vertrauensentwicklung in unterschiedlichen Kulturbeziehungen untersuchen (v.a. Beck 2012: Deutschland-Polen, Ho 2012: Deutschland-Vietnam, Larina 2012: Deutschland-Russland, Mild 2012: Deutschland-Indien, Zapf 2012: Deutschland-China). Drittens greifen wir auf die kulturvergleichenden Forschungen von Prof. Dr. Alexander Thomas, Universität Regensburg, und Kollegen zurück, deren Ergebnisse in der Reihe „Beruflich in…" bei Vandenhoeck & Ruprecht publiziert wurden und die interkulturelle Zusammenarbeit deutscher Manager mit Kollegen und Partnern aus bislang 37 Kulturen beschreiben.[21]

In der Auswahl und Darstellung der Beispiele stützen wir uns auch auf die Erfahrungen aus unserer Trainings- und Beratungspraxis im interkulturellen Management. Wir haben zwecks Einheitlichkeit alle Fallbeispiele in die gleiche Form gebracht: Eine kurze Einleitung skizziert den Kontext, danach wird das Fallbeispiel in der ersten Person Singular und in der Vergangenheitsform dargestellt. Teilweise wurden die Beispiele auch gekürzt, um sie für die Darstellung in diesem Buch besser zugänglich zu machen.

---

[21] Zwei Fallbeispiele stammen aus anderen Quellen aus dem Kontext der Forschung von Alexander Thomas: Eines aus dem 'Handbuch Interkulturelle Kommunikation und Kooperation' (Thomas et al. 2003) und eines aus dem Band 'Die Deutschen – Wir Deutschen' von Sylvia Schroll-Machl (2002), die den Ansatz der 'Beruflich in…'-Bände auf die Perspektive anderer Kulturen auf die deutsche Kultur überträgt (vgl. Anhang 2).

Perspektiven: die deutsche Sicht vs. die Sicht auf die Deutschen

In der Mehrzahl unserer Beispiele berichten deutsche Manager, wie sie das Vertrauen in einen Kollegen oder Geschäftspartner aus einer anderen Kultur verloren haben. Wir zeigen dann, inwiefern kulturelle Unterschiede in die Vertrauensfalle geführt haben, und erläutern, wie man als deutscher Manager eine solche Falle erkennen und vermeiden kann.

Vertrauen hat jedoch zwei Seiten: Wir wollen nicht nur richtig einschätzen, ob *wir* anderen vertrauen können. Im Management ist man darauf angewiesen, dass auch die *andere Seite* Vertrauen entwickelt. Auch hier drohen kulturelle Vertrauensfallen. Wir haben daher auch eine Reihe von Beispielen ausgewählt, die zeigen, wie bestimmte typisch deutsche Verhaltensweisen im Management dazu führen können, dass der Partner aus der anderen Kultur sein Vertrauen in die deutsche Seite in Frage stellt oder verliert. Bestimmte Bereiche sind hier für deutsche Manager besonders wichtig, beispielsweise das Handlungsfeld 'Beziehungsaufbau und -pflege'. In diesem haben wir ausschließlich Fälle ausgewählt, die zeigen, wie deutsche Manager unwissentlich das Vertrauen von Kollegen oder Partnern aus dem Ausland verspielen können.

Lernen durch authentische Beispiele

Teil II des Buches folgt dem Prinzip *Lernen durch authentische Beispiele*. Es war uns wichtig, alle relevanten kulturellen Vertrauensfallen an authentischen Beispielen aus dem internationalen Management zu erläutern. Das macht die Aussagen nicht nur anschaulicher, sondern auch besser nachvollziehbar, konkreter, leichter zugänglich, sie bleiben einem besser im Kopf, und man wird zum Nachdenken angeregt. Dass dies so ist, zeigt linguistische Forschung zu der Frage, wie kulturelle Erfahrungen und interkulturelle Herausforderungen am effektivsten dargestellt und weitergegeben werden können (vgl. Hormuth 2009: 270-283).

15.2 Vom Einzelfall zum Prinzip: Der kulturallgemeine und der kulturspezifische Ansatz

Ähnlich wie es uns bei den Beispielen nicht in erster Linie um die jeweilige Situation geht, sondern vielmehr um den Typ der Vertrauensfalle, so geht es uns auch nicht nur um die jeweils im Beispiel beteiligten Kulturen. Vielmehr kann der Leser aus jedem Beispiel einer Vertrauensfalle wichtige Einsichten für die interkulturelle Zusammenarbeit mit vielen verschiedenen Kulturen gewinnen.

Allgemeine Kulturunterschiede

Wenn man erfolgreich mit Angehörigen einer bestimmten Kultur zusammenarbeiten möchte, informiert man sich natürlich gezielt über die jeweilige Kultur – über die dortige Wirtschaftssituation und die sozio-kulturellen Hintergründe des Landes, über Besonderheiten in Bezug auf Managementstil oder Arbeitsabläufe. Aus der interkulturellen Managementforschung lernen wir aber, dass es bestimmte Arten von Unterschieden gibt, die in vielen unterschiedlichen Kulturvergleichen auffallen. Dazu gehören zum Beispiel Hierarchieunterschiede: In chinesischen Unternehmen sind Hierarchien tendenziell stärker als in deutschen (z.B. Thomas et al. 2008). Japanische Unternehmen sind hierarchischer strukturiert als amerikanische (Condon & Masumoto 2011). Und in türkischen Unternehmen sind Hierarchieunterschiede größer als in dänischen (Carl et al. 2004). Wir erinnern uns: Solche Aussagen sind statistische Aussagen über kulturelle Gruppen. Daraus lassen sich keine Verhaltensvorhersagen für einzelne Mitglieder der Kultur ableiten. Die interkulturelle Managementforschung beschreibt vielmehr Tendenzen im Vergleich verschiedener Kulturen. Das heißt, ein Verhalten gemäß kultureller Standards ist von Mitgliedern einer Kultur mit höherer Wahrscheinlichkeit zu erwarten als stark abweichende Verhaltensweisen.

Wenn wir ein Beispiel betrachten, das anhand der deutsch-chinesischen Zusammenarbeit zeigt, wie Hierarchieunterschiede in eine Vertrauensfalle führen können, dann können wir daraus in zweierlei Hinsicht etwas lernen:

Allgemeine Vertrauensfallen

Erstens lernen wir etwas über Vertrauensfallen, in die deutsche und chinesische Manager in ihrer Zusammenarbeit geraten können. Anhand des Beispiels können wir die Hintergründe der Vertrauenseinschätzung in der jeweils anderen Kultur besser verstehen und Strategien diskutieren, wie man die Vertrauensfalle vermeiden kann.

Der potenzielle Lerneffekt geht aber darüber hinaus: Wenn wir uns für ein anderes Kulturenpaar interessieren, das sich ebenfalls durch einen Unterschied im Hierarchieverständnis auszeichnet, z.B. USA-Japan oder Dänemark-Türkei, dann ist anzunehmen, dass Kollegen und Geschäftspartnern dieser Kulturen in ihrer Zusammenarbeit Gefahr laufen, in denselben Typ von Vertrauensfalle zu geraten.

Innerhalb der Analysen der Fallbeispiele verweisen wir an verschiedenen Stellen auf andere Kulturen, bei denen die Beteiligten in eine ähnliche Vertrauensfalle geraten können. Es sind Kulturen, die auf der Ebene der allgemein-kulturellen Unterschiede (z.B. Hierarchieverständnis) mit derjenigen Kultur, um die es im Fallbeispiel geht, vergleichbar sind.

Selbstverständlich lassen sich Kulturunterschiede nicht eins zu eins übertragen. Was genau für die Ausprägung beruflicher Hierarchien charakteristisch ist und welche Aspekte der Vorgesetzen-Mitarbeiter-Beziehung besonders relevant sind, ist in der deutschen Kultur anders als in der chinesischen Kultur und dort wiederum anders als in der japanischen Kultur. Z.B. gelten im Vergleich zur deutschen Kultur so-

Kulturspezifische Ausprägungen

wohl die chinesische als auch die indische Kultur als stärker hierarchieorientiert. In Indien ist aber ein eher patriarchalisch geprägter Führungsstil verbreitet als in China, wo Hierarchien eher ein formales Strukturierungsprinzip für Beziehungen darstellen. Der indische Chef fühlt sich ähnlich dem Vater einer Großfamilie verantwortlich für die Mitarbeiter und unterstützt sie teilweise sogar individuell in fürsorglicher Weise. In China ist die Rolle des Vorgesetzten gegenüber Mitarbeitern distanzierter und sehr viel formalisierter (z.B. Mitterer et al. 2006, Thomas et al. 2008).

Wenn man sich für Unterschiede zwischen spezifischen Kulturen interessiert, kann man auf unterschiedliche Informationsquellen zurückgreifen:

Erstens kann man sich *Ergebnisse aus allgemeinen kulturvergleichenden Studien* anschauen und deren übergreifende Beschreibungskategorien verwenden wie z.B. starke/schwache Hierarchie, direkte/indirekte Kommunikation, Sach-/Beziehungsorientierung. Es ist sehr hilfreich, diese Kategorien zu kennen, denn die Managementherausforderungen in interkulturellen Kontexten sind häufig über verschiedene Kulturen hinweg ähnlich (z.B. Schwierigkeiten durch unterschiedliche Hierarchieorientierung).

Eine wichtige Ergänzung sind zweitens *Ergebnisse aus kulturspezifischen Studien*. Diese gehen über die kulturallgemeinen Studien in zweierlei Hinsicht hinaus:

1. Die konkrete Ausprägung allgemeiner Unterschiedskategorien in einzelnen Kulturen kann sehr unterschiedlich sein. Z.B. gelten sowohl Brasilien als auch China und Indien als hierarchische und als beziehungsorientierte Kulturen. Den Unterschied in Bezug auf das Verständnis von 'starker Hierarchie' haben wir bereits oben erläutert. Doch auch 'Beziehungsmanagement' heißt in Brasilien etwas anderes als in China oder Indien: Während in China das Einhalten sozialer Beziehungsregeln wichtig ist (z.B. Regeln zur Übergabe einer Visitenkarte, Sitzordnungsregeln), findet man in Brasilien einen eher spontan-herzlichen Umgang und große Kontaktfreudigkeit (z.B. viel Smalltalk, spontane gemeinsame Aktivitäten). In Indien wiederum sind Beziehungen emotionaler als in China, aber etwas weniger spontan-informell als in Brasilien.

2. Es gibt Aspekte, die sehr kulturspezifisch sind und über die allgemeinen Unterschiedskategorien nur unzureichend beschrieben werden können. Beispiele hierfür sind 'Guan-xi' in China (vgl. Infokasten S. 295), 'Jeitinho' in Brasilien (vgl. Infokasten S. 288) oder 'Transversalité' in Frankreich (vgl. Infokasten S. 195).

15.2 Vom Einzelfall zum Prinzip: Der kulturallgemeine und der kulturspezifische Ansatz

Um zu klären, wo in der Zusammenarbeit mit anderen Kulturen ein bestimmter Typ Vertrauensfalle droht, kann man sich daher nicht allein auf allgemeine kulturvergleichende Studien (wie z.B. Hofstede 1980, Trompenaars & Hampden-Turner 1993, House et al. 2004) verlassen. Diese Studien liefern zwar Informationen darüber, zwischen welchen Kulturen es ähnliche Kulturunterschiede gibt. Darüber hinaus muss man sich aber mit den kulturspezifischen Besonderheiten kultureller Werte und Verhaltensweisen in den jeweiligen Kulturen auseinandersetzen. Die Übertragbarkeit von Vertrauensfallen auf andere Kulturpaare gilt für manche Vertrauensfallen eher als für andere.

Übertragbarkeit der Vertrauensfallen

Aufgrund dieser Spannung zwischen allgemeinen Kulturunterschieden und kulturspezifischen Besonderheiten, haben wir die Fallbeispiele um zwei Arten von Infokästen ergänzt. Erstens erläutern wir zentrale vertrauensrelevante Kulturunterschiede, die durch die Forschung belegt und für das Verständnis kultureller Vertrauensfallen relevant sind (z.B. die Infokästen 'Direktheit des Kommunikationsstils' S. 148, 'Zeitmanagement und Arbeitsorganisation' S. 265 oder 'Hierarchieverständnis' S. 171). Es werden nur die Kulturunterschiede dargestellt, die für Vertrauensaufbau im Management relevant sind.

Infokästen: Kulturunterschiede und Kulturwissen

Zweitens ergänzen wir Infokästen zu kulturspezifischem Wissen, das für das Verständnis der Vertrauensfallen bzw. der Ausprägung bestimmter Werte oder Verhaltensweisen in bestimmten Kulturen relevant ist (z.B. die Infokästen 'Das Kastenwesen in Indien' S. 176, 'Entscheidungs- und Konsensfindung in Japan' S. 217, oder 'Der brasilianische Jeitinho' S. 288). Natürlich gibt es darüber hinaus eine Vielzahl weiterer kulturspezifischer Aspekte, geschichtlicher und sozialer Hintergründe, die für ein Verständnis der konkreten Kulturen und Vertrauensfallen herangezogen werden könnten. Unser Ziel ist es aber, erstens einige der zentralen Hintergründe für das Verständnis *kulturspezifischer* Werte und Verhaltensweisen in bestimmten Kulturen zu erläutern. Zweitens wollen wir anhand dieser Hintergrundinformationen beispielhaft deutlich machen, inwiefern geschichtliche und gesellschaftliche Kontexte die Entstehung bestimmter Werte und Verhaltensweisen in einer Kultur erklären und deren konkrete Ausprägung verständlich machen können.

Einen letzten Hinweis möchten wir noch ergänzen: Abgesehen davon, dass man aus den kulturspezifischen Beispielen nicht nur etwas für die spezifisch beteiligten Kulturen, sondern auch etwas für andere Situationen des interkulturellen Managements lernen kann, hilft ein Verständnis der kulturellen Vertrauensfallen auch für die Zusammenarbeit *innerhalb der eigenen Kultur*. Wie bereits angesprochen (vgl. Abschnitt 5.2.2 Was bedeutet kulturelle Prägung?, S. 105) kann man die gleichen Arten von Unterschieden, die zwischen Nationalkulturen bestehen, auch zwischen anderen kulturellen Gruppen finden – z.B. zwi-

Intrakulturelle Vertrauensfallen

schen verschiedenen Unternehmen, Berufsgruppen oder Regionen. Und nicht zuletzt drohen in jeglicher Zusammenarbeit Vertrauensfallen, die schlicht durch Persönlichkeitsunterschiede entstehen.

Fazit und Ausblick

16 Fazit und Ausblick

Es gibt keine erfolgreichen Geschäftsbeziehungen oder Projekte ohne Vertrauen. Das gilt nicht nur im internationalen Management, aber hier gilt es in besonderer Weise. Denn gerade hier ist Vertrauen besonders wichtig – und kann dennoch besonders leicht 'verspielt' werden. Denn Kulturunterschiede können die Entwicklung von Vertrauen blockieren oder erschweren. Wie das passieren kann, haben wir in diesem Buch erläutert. Wir haben beschrieben, wie Manager im internationalen Geschäft in 'kulturelle Vertrauensfallen' geraten können. Solche Fallen drohen, wenn einem das Verhalten eines Partners als klarer Grund dafür erscheint, dass er nicht vertrauenswürdig ist – wenn aber genau dieses Verhalten aus der kulturellen Perspektive des Partners überhaupt kein Grund ist, Vertrauen in Frage zu stellen. Wenn eine solche kulturelle Vertrauensfalle zuschnappt, dann geht Vertrauen verloren, und es entstehen Vorbehalte oder gar Misstrauen, obwohl es eigentlich keinen Grund dafür gibt.

In internationalen Kontexten drohen typische kulturelle Vertrauensfallen. Denn Manager folgen unterschiedlichen kulturellen Verhaltensnormen. Ein Verhalten, über das man gar nicht mehr nachdenkt, da es aus der Perspektive der eigenen Kultur normal erscheint, kann für den Partner aus einer anderen Kultur ein Grund für Misstrauen sein – und die *kulturelle Vertrauensfalle* schnappt zu.

Zwei Tatsachen machen kulturelle Vertrauensfallen gefährlich. Erstens sind wir uns sowohl der Prozesse der Vertrauenseinschätzung als auch der kulturellen Prägung unseres Handels normalerweise nicht bewusst. Denn gerade das ist der Vorteil von 'Kultur': dass man handeln – und auch vertrauen – kann, ohne stets bewusst darüber nachdenken zu müssen. Wir fahren im Alltag gewissermaßen mit einem 'kulturellen Autopiloten'. Zweitens haben wir eine natürliche Tendenz, Vertrauenseinschätzungen zu verallgemeinern. Stellt man das Vertrauen in einen Partner in einer bestimmten Situation in Frage, dann tendiert man dazu, auf die Person des anderen zu schließen. Der Partner erscheint nicht nur *in der konkreten Situation* als nicht vertrauenswürdig, sondern insgesamt. Daher können kleine Fehleinschätzungen große Wirkungen haben.

Was kulturelle Vertrauensfallen gefährlich macht

Die möglichen Konsequenzen kultureller Vertrauensfallen im internationalen Management sind vielfältig und potenziell kostenträchtig. Einige Beispiele haben wir in unserer Einleitung beschrieben: Auslandsentsendungen werden abgebrochen, internationale Großprojekte können sich drastisch verteuern, internationale Fusionen und Übernahmen auf ganzer Linie scheitern. Denn ohne Vertrauen gibt es nun einmal keine erfolgreichen Geschäftsbeziehungen oder Projekte.

Im Folgenden werfen wir einen Blick zurück auf die beiden Teile des Buchs und fassen zusammen, was Vertrauensfallen ausmacht (16.1) und welche Vertrauensfallen im internationalen Management drohen (16.2). Danach erläutern wir systematisch, welche Ansatzpunkte Manager haben, um kulturelle Vertrauensfallen zu vermeiden oder aufzulösen (16.3) und erläutern dies etwas ausführlicher am Beispiel der drei aus unserer Sicht wichtigsten Vertrauensfallen (16.4).

Was sich im Durchschnitt am häufigsten findet, muss jedoch nicht für mich individuell das Wichtigste sein. Wir erläutern deshalb, wie man für sich selbst, die relevantesten Vertrauensfallen identifizieren kann (16.5).

Wobei wir international tätige Manager mit diesem Buch unterstützen wollen, ist die Entwicklung einer bestimmten Fähigkeit, nämlich kulturelle Vertrauensfallen zu erkennen und zu vermeiden. Diese Kompetenz ist über das internationale Management hinaus nützlich und nötig. Wir schließen daher mit einem kurzen Blick auf die gesamtgesellschaftliche Tragweite eines kompetenten Umgangs mit der Herausforderung kultureller Vertrauensfallen (16.6).

16.1 Vertrauensfallen verstehen: Rückblick auf Teil I

Vertrauensentscheidung & Vertrauensfaktoren

Im ersten Teil des Buchs haben wir erläutert, warum und wie Vertrauensfallen entstehen. Um das zu verstehen, muss man wissen, wie Manager *Vertrauensentscheidungen* treffen: Wie entscheidet man, ob man einem Kollegen oder Partner vertraut oder nicht? Dies ist nicht so einfach zu beantworten, wie es scheint. Denn ob der andere vertrauenswürdig ist oder nicht, kann man ihm nicht ansehen – weder auf den ersten, noch auf den zweiten oder dritten Blick. Die Aspekte, die begründen, ob man jemandem vertrauen kann oder nicht, sind in der Regel unsichtbar. Es geht zum Beispiel um die Frage, ob der andere die Wahrheit sagt oder lügt *(Nichts vortäuschen)* oder ob er sich mir gegenüber respektvoll verhält *(Respekt und Interesse zeigen)*. Solche Aspekte nennen wir *Vertrauensfaktoren*. Sie sind die Grundlage für die Einschätzung der Vertrauenswürdigkeit anderer. Wenn sie Vertrauenswürdigkeit anzeigen (z.B. er handelt respektvoll), liefern sie einen *Vertrauensgrund*. Verweist der Faktor auf fehlende Vertrauenswürdigkeit (z.B. er ist respektlos), ist das eine *Vertrauenswarnung*.

Nehmen wir zum Beispiel den Vertrauensfaktor *Zusagen einhalten*. Wenn mir ein Geschäftspartner etwas zusagt und diese Zusage einhält, dann interpretiere ich dies als Hinweis darauf, dass er vertrauenswürdig ist. Hält er sie nicht ein, erscheint er mir *eher nicht* vertrauenswürdig. Ob der andere seine Zusage einhält oder nicht, lässt sich aber nicht 'sehen'. Vielmehr muss man darauf auf Basis seines Verhaltens schließen. Das heißt, wir müssen Verhalten *als Vertrauensfaktor interpretieren*.

Im Fall von *Zusagen einhalten* muss ich zunächst eine bestimmte Kommunikation als 'Zusage' interpretieren, anschließend kann ich das Verhalten des anderen als *Nicht-Einhalten der Zusage* verstehen. Dies funktioniert jedoch in manchen Kulturen ganz anders als in anderen. Insbesondere das 'Zusagen-Geben'. Beispielsweise gilt es in Kulturen mit einem direkten Kommunikationsstil als Zusage, wenn man verbal zustimmt, also 'Ja' sagt. In anderen Kulturen, die einen indirekten Kommunikationsstil pflegen, kann eine verbale Zustimmung in Wirklichkeit eine Absage sein: Obwohl man 'Ja' sagt, gibt man 'durch die Blume' zu verstehen, dass man eigentlich 'Nein' meint. Wer dies in der internationalen Zusammenarbeit nicht weiß, der glaubt zunächst, der andere habe etwas *zugesagt*, und verurteilt dann sein Verhalten als *Bruch der Zusage* – obwohl es aus Sicht des anderen gar keine Zusage gab, die er hätte einhalten müssen. Die *kulturelle Vertrauensfalle* ist zugeschnappt.

Kulturelle Vertrauensfallen

Eine Zusammenfassung unserer Theorie der Vertrauensfallen findet sich im letzten Abschnitt von Kapitel 5 (5.5, S. 130ff.).

16.2 Überblick der Vertrauensfallen: Rückblick auf Teil II

Im zweiten Teil des Buchs haben wir auf der Basis dieser grundlegenden Überlegungen zu den Prozessen der Vertrauensentwicklung zwanzig typische Vertrauensfallen beschrieben, die in internationalen Managementkontexten häufig entstehen. Illustriert haben wir diese typischen Vertrauensfallen durch Beispiele aus der Zusammenarbeit deutscher Manager mit Kollegen und Geschäftspartnern aus China, Indien, Japan, Brasilien, Argentinien, Mexiko, Russland und Frankreich. Diese Fallbeispiele stammen aus unterschiedlichen Interviewstudien zur interkulturellen Zusammenarbeit deutscher Manager im Rahmen des TRIM Projekts (vgl. Anhang 2).

Wir haben die Vertrauensfallen in acht *Handlungsfelder* gruppiert: Absprachen und Regeln, Führung und Delegation, Informationsmanagement, Aufgaben- und Projektmanagement, Konfliktmanagement, Beziehungsaufbau und -pflege, Umgangsformen und Facework sowie Fairplay und Kooperativität.

Vertrauensfallen in acht Handlungsfeldern

Zur Erklärung der Vertrauensfallen haben wir sieben zentrale *Kulturunterschiede* herangezogen: Direktheit des Kommunikationsstils, Umgang mit Regeln, Hierarchieverständnis, Verhältnis von Planung und Umsetzung, Sach- und Beziehungsorientierung, Zeitmanagement und Arbeitsorganisation und die Rolle von Face und Facework. Ergänzt haben wir an einigen Stellen Erläuterungen zu kulturspezifischen Konzepten und Verhaltensweisen (z.B. zur Rolle von Guan-xi in China, zum Kastenwesen in Indien oder auch zum brasilianischen Jeitinho).

In Tab. 39 geben wir einen Überblick der beschriebenen Vertrauensfallen inklusive der Vertrauensfaktoren und Kulturunterschiede, die für die einzelnen Vertrauensfallen eine Rolle spielen. Die Tabelle ist auch hilfreich, um systematisch zu prüfen, welches meine persönlichen Vertrauensfallen sind, in die ich im internationalen Geschäft besonders leicht hineingerate. Im nächsten Abschnitt geben wir einen grundsätzlichen Überblick, wie man kulturelle Vertrauensfallen erkennt und mit welchen Strategien man ihnen begegnen kann, und im Folgeabschnitt erläutern wir dies anhand der Top-3-Vertrauensfallen.

Tab. 39: Gesamtüberblick der Vertrauensfallen

1. Absprachen und Regeln		
Vertrauensfalle	Vertrauensfaktoren	Kulturunterschiede
War-nichts-vereinbart!-Falle	– Zusagen einhalten – Nichts vortäuschen – Respekt und Interesse zeigen	Direktheit des Kommunikationsstils (vgl. S. 148)
Chef-war-dagegen!-Falle	– Zusagen einhalten – Bei Nicht-Einhalten von Zusagen informieren	Hierarchieverständnis (vgl. S. 171) Direktheit des Kommunikationsstils (vgl. S. 148)
War-nicht-zu-machen!-Falle	– Absprachen treffen / Regeln vereinbaren – Zusagen einhalten	Umgang mit Regeln (vgl. S. 160)
2. Führung und Delegation		
Vertrauensfalle	Vertrauensfaktoren	Kulturunterschiede
Ich-regel-das-allein!-Falle	– Regelmäßig berichten	Hierarchieverständnis (vgl. S. 171)
Chef-hat-Vortritt!-Falle	– Anweisungen umsetzen – Selbständig arbeiten	Hierarchieverständnis (vgl. S. 171)
Wohl-nicht-so-wichtig!-Falle	– Anweisungen umsetzen – Selbständig arbeiten – Organisiert und klar vorgehen	Zeitmanagement und Arbeitsorganisation (vgl. S. 265); Hierarchieverständnis (vgl. S. 171)
3. Informationsmanagement		
Vertrauensfalle	Vertrauensfaktoren	Kulturunterschiede
Geht-ihn-nichts-an!-Falle	– An Wissen teilhaben lassen	Relevanzbereich von Informationen (z.B. Transversalité in Frankreich, vgl. S. 195)
Muss-man-doch-wissen!-Falle	– Ziele / Einschätzungen offen legen – Informationen vertraulich behandeln – Informationen nicht ausnutzen	Sach- und Beziehungsorientierung (langfristige Orientierung, vgl. S. 246)

4. Aufgaben-/ Projektmanagement		
Vertrauensfalle	Vertrauensfaktoren	Kulturunterschiede
Werd-erstmal-konkret!-Falle	– Anweisungen umsetzen – Kompetent sein / sich auskennen	Verhältnis von Planung und Umsetzung (vgl. S. 211)
Konsens-hat-Vorrang!-Falle	– Taktisch / strategisch vorgehen – Gegen Widerstand zu seiner Überzeugung stehen	Gruppenorientierung (z.B. Entscheidungs- und Konsensfindung in Japan, vgl. S. 217)

5. Konfliktmanagement		
Vertrauensfalle	Vertrauensfaktoren	Kulturunterschiede
Offenheit-verletzt!-Falle	– Konflikte offen und proaktiv managen	Direktheit des Kommunikationsstils (vgl. S. 148); Rolle von Face und Facework (vgl. S. 272)
Probleme-im-Griff!-Falle	– Bei kritischen Problemen informieren – Kompetent sein / sich auskennen – Fehler / Schwächen eingestehen	Hierarchieverständnis (vgl. S. 171); Rolle von Face und Facework (vgl. S. 272)

6. Beziehungsaufbau/-pflege		
Vertrauensfalle	Vertrauensfaktoren	Kulturunterschiede
Treffen-nicht-nötig!-Falle	– Kontakt pflegen / viel kommunizieren – Respekt und Interesse zeigen	Sach-/Beziehungsorientierung (vgl. S. 246); Zeitmanagement und Arbeitsorganisation (vgl. S. 265); Hierarchieverständnis (vgl. S. 171)
Schnaps-ist-Schnaps!-Falle	– Locker sein / Humor haben – Freundlich und aufgeschlossen sein	Sach- und Beziehungsorientierung (Trennung privat/beruflich, vgl. S. 246)

7. Umgangsformen & Facework		
Vertrauensfalle	Vertrauensfaktoren	Kulturunterschiede
Flexibel-sein-zählt!-Falle	– Respekt und Interesse zeigen	Zeitmanagement und Arbeitsorganisation (vgl. S. 265); Sach- und Beziehungsorientierung (vgl. S. 246)
Konstruktive Kritik!-Falle	– Kritik/Widerspruch höflich-indirekt äußern – Respekt und Interesse zeigen	Rolle von Face/Facework (vgl. S. 272); Direktheit des Kommunikationsstils (vgl. S. 148)
Chef-entscheidet!-Falle	– In Entscheidungen einbeziehen	Hierarchieverständnis (vgl. S. 171); Direktheit des Kommunikationsstils (vgl. S. 148)

8. Fairplay und Kooperativität		
Vertrauensfalle	Vertrauensfaktoren	Kulturunterschiede
Kleiner-Schwindel!-Falle	– Nichts vortäuschen – Anständig / korrekt handeln	Umgang mit Regeln (z.B. der brasilianische Jeitinho, vgl. S. 288)
Zu-viel-verlangt!-Falle	– Helfen / Unterstützen	Sach- und Beziehungsorientierung vgl. S. 246 (z.B. die Rolle von Guanxi in China, vgl. S. 295)
Loyalität-zum-Chef!-Falle	– Sich loyal verhalten – Nichts vortäuschen	Hierarchieverständnis (vgl. S. 171)

16.3 Vertrauensfallen vermeiden oder auflösen

Werfen wir noch einmal einen systematischen Blick auf den Umgang mit Vertrauensfallen: Wie lassen sie sich vermeiden oder auflösen? – Wir haben zwei grundsätzliche Strategien beschrieben (Anpassung oder dritter Weg), und beide gelten entweder für das eigene *Handeln* oder für die Frage, wie man das Handeln eines Kollegen oder Partners *bewertet* (vgl. hierzu Abschnitt 5.3.4 Interkulturelle Strategien, S. 124ff.).

Zwei Perspektiven: Bewerten und Handeln

Es ist zunächst hilfreich, sich zu vergegenwärtigen, dass immer diese zwei Perspektiven beteiligt sind, wenn eine Vertrauensfalle zuschnappt: Dann gibt es einen, dessen Vertrauenseinschätzung nicht ganz angemessen ist – nennen wir ihn A. Aber natürlich gibt es einen zweiten, nennen wir ihn B, der durch sein Verhalten A dazu veranlasst, sein Vertrauen in Frage zu stellen.

In der Diskussion der konkreten Strategien zu einzelnen Vertrauensfallen in Teil II des Buchs sind wir immer auf beide Perspektiven eingegangen. An dieser Stelle wollen wir die grundlegenden Strategieoptionen noch einmal systematisch betrachten: Wie kann man aus den zwei Perspektiven von A und B mit einerseits Bewertungsmöglichkeiten und andererseits Handlungsoptionen umgehen? Um Vertrauensfallen zu vermeiden oder aufzulösen, gibt es hier zwei grundsätzliche Strategien:

1. **Sich anpassen**. Beide Partner können sich an die Sichtweise bzw. die Verhaltensstandards der anderen Kultur *anpassen*. Im einen Fall geht es um eine Anpassung der Erwartungen/Bewertungen (A), im anderen Fall um eine Anpassung des eigenen Handelns (B).

Tab. 40: Sich anpassen – Strategien für A und B

Strategien für A (derjenige, dessen Vertrauenseinschätzung nicht angemessen ist)	*Strategien für B* (derjenige, dessen Handeln A Anlass zu einer Vertrauenswarnung gibt)
Beispiel: Wenn man weiß, dass eine Zusage in der anderen Kultur 'unter Chef-Vorbehalt' steht, lässt sich ein scheinbares 'Nicht-Einhalten' der Zusage leichter als 'Aha, der Chef war dagegen' interpretieren – anstatt als Vertrauenswarnung in Bezug auf den Faktor *Zusagen einhalten*.	Beispiel: Wenn man weiß, dass in der anderen Kultur ein indirekter Kommunikationsstil gepflegt wird, kann man sich selbst um eine indirektere Formulierung von Kritik bemühen – um dem anderen keinen Anlass für eine Vertrauenswarnung in Bezug auf den Faktor *Kritik/Widerspruch höflich-indirekt formulieren* zu geben.

2. **Dritter Weg.** In vielen Situationen geht es darum, einen *dritten Weg* zu finden: Man versucht, die Erwartungen bzw. Handlungsstandards der eigenen Kultur soweit möglich beizubehalten – aber gleichzeitig zu verhindern, dass eine ungerechtfertigte Vertrauenswarnung entsteht. Dazu muss man beispielsweise eine Handlungsoption finden, die weder dem Handlungsstandard der einen Kultur noch dem der anderen Kultur entspricht. Man entwickelt sie vielmehr gezielt zur Vermeidung eines Missverständnisses in der interkulturellen Zusammenarbeit. Hilfreich kann in manchen Fällen auch sein, das eigene Handeln in Bezug auf seine kulturelle Verankerung zu kommentieren bzw. aktiv vorzuschlagen, sich gemeinsam für einen der beiden 'kulturell möglichen' Wege zu entscheiden.

Tab. 41: Der dritte Weg – Strategien für A und B

Strategien für A (derjenige, dessen Vertrauenseinschätzung nicht angemessen ist)	*Strategien für B* (derjenige, dessen Handeln A Anlass zu einer Vertrauenswarnung gibt)
Man kann eine scheinbar nahe liegende Vertrauenseinschätzung zunächst 'aussetzen' und versuchen, durch zusätzliche Maßnahmen zu prüfen, ob kulturelle Gründe das Verhalten des anderen erklären bzw. ob man ihn nicht doch zu einem aus der eigenen Sicht wünschenswerten Verhalten bewegen kann. Beispiel: Wenn man weiß, dass der andere eine Anweisung möglicherweise nicht rechtzeitig umsetzt, kann man versuchen, durch geschicktes Nachhaken den Auftrag in der Prioritätenliste oben zu halten (vgl. Faktor *Anweisungen umsetzen)* – möglichst ohne dabei den Eindruck zu erwecken, man hielte es für nötig, den anderen zu erinnern.	Als Dritter-Weg-Strategie aus der Handlungsperspektive kann man den Handlungsstandard der eigenen Kultur zwar beibehalten, dessen kulturelle Verankerung aber gegenüber dem anderen erklären oder relativieren. Beispiel: Wenn man weiß, dass in der anderen Kultur ein indirekter Kommunikationsstil gepflegt wird, kann man direkte Kritik ergänzen, indem man das deutsche Prinzip der 'konstruktiven Kritik' erläutert – und man kann entschuldigend erklären, dass man nicht umfassend damit vertraut ist, wie Kritik angemessen im Rahmen der anderen Kultur formuliert wird – um so zu verhindern, dass der andere das eigene Vertrauen als Vertrauenswarnung in Bezug auf den Faktor *Kritik/Widerspruch höflich-indirekt formulieren* interpretiert.

Wann Anpassung, wann dritter Weg?

Wann soll man sich nun anpassen und wann einen dritten Weg suchen? Das hängt von unterschiedlichen Faktoren ab: Weiß man genug darüber, wie sich Vertrauen in der anderen Kultur entwickelt, um sich anpassen zu können? Beherrscht man überhaupt das nötige Handlungsspektrum, um sich anpassen zu können? Lässt es die Situation zu, dass man sich anpasst (z.B. Zeitbudget, Vorgaben) – bzw. erfordert es die Situation geradezu, dass man sich anpasst (z.B. Gaststatus, kulturelle Tabus)? Hat man Ideen, wie eine Dritter-Weg-Strategie aussehen könnte – und ist man in der Lage, dies umzusetzen? Auch liegt einem gemäß dem eigenen Kompetenz- und Persönlichkeitsprofil möglicherweise der eine oder der andere Weg näher. Eine Grundvoraussetzung ist jedoch in jedem Fall, dass man überhaupt ein Bewusstsein für diejenigen Situationen des internationalen Geschäfts- und Managementkontexts entwickelt, in welchen kulturelle Vertrauensfallen drohen.

16.4 Die Top-3 Vertrauensfallen

Es gibt drei kulturelle Vertrauensfallen, die für international tätige Manager besonders kritisch sind. In unseren Forschungen zur Vertrauensentwicklung zwischen deutschen Managern und Kollegen oder Geschäftspartnern aus anderen Kulturen, sind wir auf diese drei Vertrauensfallen immer wieder gestoßen. Dies hängt vermutlich mit zwei Gründen zusammen. Zum einen geht es in diesen drei Fällen um die 'Top-3 Vertrauensfaktoren' – diejenigen Faktoren, die von den Managern in unseren Studien insgesamt am häufigsten beschrieben wurden. Zum anderen entstehen diese drei Fallen aufgrund von drei sehr grundlegenden Kulturunterschieden, die in der interkulturellen Managementforschung in einer Vielzahl von Studien belegt sind.

Wir fassen nun anhand dieser drei Fallen zusammen, worauf man im interkulturellen Management erstens bei der Einschätzung der Vertrauenswürdigkeit anderer und zweitens im eigenen Handeln gegenüber Kollegen und Partnern achten sollte.

1. Die 'War-nichts-vereinbart!'-Vertrauensfalle

Die 'War-nichts-vereinbart!'-Vertrauensfalle (vgl. S. 142) ist eine grundsätzliche Herausforderung für viele deutsche Manager im internationalen Geschäft. Sie kann in der Zusammenarbeit mit Kollegen oder Partnern aus asiatischen,  lateinamerikanischen, süd- oder auch osteuropäischen Kulturen entstehen. Hintergrund ist ein kultureller Unterschied in der *Direktheit des Kommunikationsstils.* Kulturen unterscheidet, wie direkt Anweisungen, Ablehnung oder Kritik formuliert werden.

In indirekten Kulturen gilt es als unhöflich bzw. 'gesichtsbedrohend', Anweisungen, Ablehnung oder Kritik direkt bzw. explizit zu äußern. Man bevorzugt indirekte Ausdrucksformen, bei denen der andere in hohem Maße aus dem Kontext heraus erschließt, was genau gemeint ist. Allerdings empfindet man es aus der Perspektive einer direkten Kultur heraus häufig als vage und unpräzise, wenn etwas Wichtiges 'nur zwischen den Zeilen' zu verstehen gegeben wird.

Treffen nun ein direkter und ein indirekter Kommunikationsstil im internationalen Geschäft aufeinander, droht im Umgang mit Vereinbarungen die 'War-nichts-vereinbart!'-Vertrauensfalle. In unserem Fallbeispiel (S. 142) war Herr Müller einen direkten Kommunikationsstil gewohnt und nicht darin geübt herauszuhören, ob ein Argentinier etwas (indirekt) kommuniziert oder nicht – in etwas einwilligt oder ablehnt. Herrn Garcias Ankündigung anzurufen, versteht er als Zusage, sich zu melden – die Herr Garcia dann nicht einhält (Vertrauensfaktor *Zusagen einhalten*). Señor García hatte aber gar keine Zusage gegeben. Er hatte vielmehr auf die in Argentinien übliche indirekte Weise zu verstehen gegeben, dass er sich, wenn überhaupt, irgendwann in den nächsten Wochen melden würde. Dennoch gewann im Ergebnis Herr Müller den Eindruck, Señor García habe seine Zusage nicht eingehalten – eine klare Vertrauenswarnung.

Was kann man tun, um diese Falle zu vermeiden oder aufzulösen? Im letzten Abschnitt (16.3) haben wir einen systematischen Überblick der Strategien für den Umgang mit kulturellen Vertrauensfallen gegeben. Betrachten wir, was das konkret für die 'War-nichts-vereinbart!'-Vertrauensfalle heißt.

Wenn Herrn Müller die Gefahr dieser Vertrauensfalle bewusst ist, kann er bei seiner Vertrauenseinschätzung hinterfragen, ob Señor Garcías Aussage möglicherweise eine indirekte Absage darstellt. Dies hieße, dass er die ihm naheliegende Interpretation (*Der sagt erst „Ja" und macht es dann nicht!*) in Frage stellt und im Licht des Standards der anderen Kultur (indirekte Kommunikation) revidiert. Er folgt dann in seiner Einschätzung nicht seiner eigenen Kultur, sondern passt sich an *(Strategie: Anpassung)*. Er fragt: Ist die Vertrauenswarnung tatsächlich angemessen oder hat das Verhalten des anderen einen kulturellen Hintergrund?

Darüber hinaus könnte Herr Müller auch durch gezieltes Nachfragen bei Herrn Garcia versuchen, genauer herauszuhören, welche Position dieser tatsächlich vertritt. D.h. er könnte im Vergleich zu dem, was er normalerweise tun würde, *zusätzliche* Maßnahmen ergreifen, um seine Informationsbasis für die Vertrauenseinschätzung zu verbessern *(Strategie: dritter Weg)*.

Direktheit des Kommunikationsstils

Die Falle vermeiden/ auflösen

Welche Optionen hat auf der anderen Seite Señor García? Um zu verhindern, dass Herr Müller sein Vertrauen verliert, könnte auch er versuchen, sich *anzupassen*: z.B. indem er eine direktere Formulierung für seine Absage verwendet. Oder er könnte zusätzliche Maßnahmen ergreifen – und etwa sich bei der Formulierung seiner Absage vorsichtig rückversichern, ob diese bei Herrn Müller auch angekommen ist *(Strategie: dritter Weg)*. Weitere Strategien für diese Vertrauensfalle diskutieren wir auf S. 147.

2. Die 'Treffen-nicht-nötig!'-Vertrauensfalle

Schauen wir uns eine zweite wichtige Vertrauensfalle an: Grund für die 'Treffen-nicht-nötig!'-Vertrauensfalle (vgl. S. 239) ist der Kulturunterschied zwischen *Sach- und Beziehungsorientierung*. Kulturen unterscheiden sich grundsätzlich darin, wie wichtig persönliche Beziehungen für die berufliche Zusammenarbeit sind und wie viel Zeit man dem Aufbau und der Pflege persönlicher Beziehungen widmet. Da sehr viele Kulturen im Vergleich zur deutschen Kultur deutlich stärker beziehungsorientiert sind (z.B. China, Indien, Brasilien, Mexiko, Frankreich), betrifft die 'Treffen-nicht-nötig!'-Vertrauensfalle deutsche Manager in relativ vielen interkulturellen Geschäftsbeziehungen.

Sach- und Beziehungsorientierung

In beziehungsorientierten Kulturen bemühen sich Manager viel stärker als in sachorientierten Kulturen, neben bzw. vor der aufgabenbezogenen Zusammenarbeit eine persönliche Beziehung aufzubauen und zu pflegen. In sach- bzw. aufgabenorientierten Kulturen ist Beziehungspflege zwar auch wichtig, aber primär geht es darum, die inhaltliche Zusammenarbeit optimal zu gestalten. Fast könnte man sagen, die persönlichen Beziehungen entstünden dabei eher als 'Nebeneffekt'. In einem beziehungsorientierten Kontext ist dies ganz offensichtlich genau andersherum: Nur wenn man eine gute persönliche Beziehung aufbaut und angemessen pflegt, kann man gut zusammenarbeiten.

Wenn Manager aus einer beziehungsorientierten Kultur mit Kollegen oder Partnern aus sachorientierten Kulturen zusammenarbeiten, kann Folgendes passieren: Der stärker beziehungsorientierte Manager, in unserem Fallbeispiel (S. 239) war dies ein russischer Geschäftsmann, schlägt ein persönliches Treffen vor, obwohl dafür gerade keine sachliche Notwendigkeit besteht. In dieser Situation erscheint es aus der sachorientierten Perspektive des deutschen Geschäftspartners schwierig, bereits bestehende Termine abzusagen, aber es ist möglich, mit dem Verweis auf diese Termine den Wunsch nach einem Treffen auszuschlagen. Dies kann jedoch bei einem beziehungsorientierten Partner als deutliche Vertrauenswarnung ankommen (Faktor *Kontakt pflegen*). Für den russischen Geschäftsmann ist es auffällig und außergewöhnlich, dass der deutsche Geschäftspartner ein persönliches Treffen nicht möglich macht. Doch aus dessen sachorientierter Perspektive ist es zwar sehr bedauerlich aber letztlich 'normal', einen kurzfristig angefragten Termin aufgrund bestehender Terminverpflichtungen auszuschlagen. Die Vertrauenswarnung erscheint aus seiner Perspektive nicht gerechtfertigt – die 'Treffen-nicht-nötig!'-Vertrauensfalle schnappt zu.

Wie lässt sich diese Falle vermeiden oder auflösen? Natürlich könnte der Russe die eigene Einschätzung revidieren. Er könnte die in der deutschen Kultur größere Sachorientierung in Rechnung stellen, seine Erwartungen anpassen, um zu erkennen, dass er aufgrund der Terminabsage sein Vertrauen in den deutschen Partner nicht in Frage stellen muss *(Strategie: Anpassung)*. Er könnte aber auch aktiv etwas dazu beitragen, dass der deutsche Partner das Treffen möglich macht, also ein gemäß dem fraglichen Vertrauensfaktor positives Verhalten zeigt. Wenn er beispielsweise die Terminoption frühzeitiger und mit besonderem Nachdruck ins Spiel bringt oder sachliche Notwendigkeiten für das Treffen kommuniziert, wird sich sein sachorientierter Geschäftspartner stärker dafür einsetzen, ein Treffen möglich zu machen *(Strategie: dritter Weg)*.

Um umgekehrt zu verhindern, dass der andere das eigene Verhalten (ungerechtfertigt) als Vertrauenswarnung in Bezug auf den Faktor *Kontakt pflegen* interpretiert, wäre der deutsche Manager gut beraten, sich in seinem Handeln *anzupassen*: Dies hieße, dass er ernsthaft versuchen sollte, ein (ggf. kurzes) persönliches Treffen doch möglich zu machen, und zwar auch kurzfristig. Hätte er zudem eine Möglichkeit, den eigenen Verhaltensstandard durchzusetzen (d.h. die Terminanfrage abzulehnen), aber dennoch eine Vertrauenswarnung zu verhindern? Er könnte im Rahmen eines Telefongesprächs sein ehrliches Bedauern kundtun und seine besonderen persönlichen Verpflichtungen im Rahmen der kollidierenden Termine betonen *(Strategie: dritter Weg)*. Weitere Strategien für diese Vertrauensfalle diskutieren wir auf S. 246.

_{Die Falle vermeiden/ auflösen}

3. Die 'Flexibel-sein-zählt!'-Vertrauensfalle

In die 'Flexibel-sein-zählt!'-Vertrauensfalle (vgl. S. 259) führen kulturelle Unterschiede im *Zeitmanagement* und in der *Arbeitsorganisation*. Ein wichtiger und in der Forschung vielfach beschriebener Kulturunterschied betrifft die Frage, mit welchem Grad an Organisiertheit man an berufliche Aufgaben herangeht.

Tendieren Sie dazu, Ihre Aufgaben insgesamt in Form einer klaren zeitlichen Planung anzugehen und diese Planung Schritt für Schritt umzusetzen? Oder beginnen Sie eher mit einer naheliegenden Aufgabe, um anschließend so zu anderen Aufgaben zu wechseln, wie es sich sinnvoll ergibt? Den ersten Ansatz, die sequenzielle Herangehensweise, nennt man in der interkulturellen Managementforschung 'monochrones Vorgehen'. Der zweite Ansatz, das gekonnte Multitasking, wird als 'polychrone Herangehensweise' bezeichnet. In der deutschen Kultur gibt es eine Tendenz zum monochronen Vorgehen, während lateinamerikanische, süd- und osteuropäische Kulturen eher als polychron gelten.

Zeitmanagement & Arbeitsorganisation

Die 'Flexibel-sein-zählt!'-Vertrauensfalle droht, wenn man aus den Erwartungen einer monochronen Kultur heraus das Verhalten eines polychronen Partners als respektlos interpretiert (Vertrauensfaktor *Respekt und Interesse zeigen*). In unserem Fallbeispiel (S. 259) machte diese Erfahrung eine deutsche Managerin in der Zusammenarbeit mit einer französischen Kollegin. Diese ließ sie – obwohl sie verabredet waren – aufgrund eines privaten Telefongesprächs einfach warten. Obwohl die französische Managerin aus ihrem polychronen Verständnis von Arbeitsorganisation heraus überhaupt kein Problem darin sieht, dass die deutsche Kollegin etwas warten muss, interpretiert diese das Verhalten der französischen Kollegin als klare Vertrauenswarnung (*Welche Respektlosigkeit!*) – die 'Flexibel-sein-zählt!'-Vertrauensfalle schnappt zu.

Die Falle vermeiden/ auflösen

Was kann man tun, um diese Falle zu vermeiden oder aufzulösen? Betrachten wir zunächst die Option der *Anpassung*: Um ihren Ärger über die Wartezeit zu überwinden und die Zeit zu überbrücken, könnte die deutsche Managerin das tun, was man in einem polychronen Arbeitkontext in dieser Situation tut: die Situation nutzen, um an anderer Stelle weiterzukommen – E-Mails lesen/schreiben, einen Anruf tätigen etc. Auch ihre Erwartungshaltung könnte sie anpassen: indem sie von vornherein mit unvorhergesehenen Wartezeiten kalkuliert und davon ausgeht, dass diese nicht persönlich gemeint sind. Wenn sie unter besonderem Zeitdruck steht, hätte die deutsche Managerin das der Kollegin bei der Vereinbarung des Treffens deutlich signalisieren können – allerdings nicht mit einem schlichten Verweis auf die Uhrzeit, sondern indem sie erläutert, warum ihre übrigen Verpflichtungen akut wichtig sind *(Strategie: Anpassung)*.

Die französische Managerin könnte ihrerseits, wenn sie weiß, dass die Kollegin ein Warten-lassen möglicherweise sehr negativ interpretiert, noch am Telefon entgegenkommend signalisieren, dass sie sich dessen bewusst ist und sich beeilt. Es wäre sicher auch förderlich, sich hinterher höflich zu entschuldigen und zu begründen, was sie dazu gezwungen hat, die Kollegin warten zu lassen. Beides wären Handlungen, bei denen die Französin ihre gewohnte Verhaltensweise beibehielte und dennoch versuchen würde, die negative Wirkung aus deutscher Sicht abzuschwächen *(Strategie: dritter Weg)*. Natürlich wäre auch eine weitergehende Anpassung hilfreich: Wenn sie verhindern möchte, aus deutscher Sicht weniger vertrauenswürdig zu erscheinen, wäre sie gut beraten, zeitliche Verabredungen genauer einzuhalten *(Strategie: Anpassung)*. Weitere Strategien für diese Vertrauensfalle diskutieren wir auf S. 264f.

Vertrauensfallen und interkulturelle Kompetenz

Fassen wir zusammen: Die Top-3 Vertrauensfallen illustrieren typische Beispiele dafür, dass eine Person das Verhalten einer anderen Person als nicht-vertrauenswürdig interpretiert – während diese Interpretation aus der Perspektive der anderen Person nicht gerechtfertigt ist. Interkulturelle Kompetenz in Bezug auf den Umgang mit solchen Vertrauensfallen betrifft zweierlei:

Zum einen betrifft sie die Perspektive desjenigen, der Vertrauen einschätzt: Er kann durch ein Wissen um kulturelle Vertrauensfallen und die Bereitschaft, eigene Erwartungen und Einstellungen zu revidieren, Vertrauens-Fehleinschätzungen vermeiden. Zum anderen kann er durch gezielte Maßnahmen versuchen, seinen Partner dazu zu bewegen, bestimmten Vertrauensfaktoren doch positiv zu entsprechen. Für denjenigen, der Vertrauen einschätzt, ist es also wichtig, sich auf allen drei Ebenen der interkulturellen Kompetenz weiterzuentwickeln: *Wissen*, *Einstellungen* und *Verhaltensweisen*.

<small>Zwei Perspektiven: Vertrauenseinschätzung…</small>

Interkulturelle Kompetenz heißt aber auch, dass ich aus der anderen Perspektive selbst erfolgreich verhindere, dass mein Partner in kulturelle Vertrauensfallen gerät – und gleichsam grundlos sein Vertrauen in mich in Frage stellt. Um selbst zu verhindern, dass der andere mein Verhalten ungerechtfertigterweise als Vertrauenswarnung interpretiert, muss ich mein Verhalten anpassen oder zusätzliche Maßnahmen ergreifen – und zwar so, dass die Vertrauensfalle nicht

<small>…und vertrauenskritisches Handeln</small>

mehr zuschnappen kann. Es geht dabei vor allem um geeignete *Verhaltensweisen* auf der Basis eines *Wissens* über die fremde Kultur.

16.5 Meine persönlichen Vertrauensfallen

Im letzten Abschnitt haben wir die Top-3 Vertrauensfallen im internationalen Management zusammengefasst. Das sind die Vertrauensfallen, die für deutsche Manager typischerweise in der internationalen Zusammenarbeit mit Kollegen unterschiedlicher Kulturen wichtig sind. Doch *den deutschen Manager* gibt es genauso wenig wie Otto Normalverbraucher. Es handelt sich um eine fiktive Person, welche den kulturellen Standard bzw. die typischen Verhaltenstendenzen deutscher Manager in der internationalen Zusammenarbeit widerspiegelt. Doch man kann von Aussagen über die deutsche Managementkultur, auch wenn sie statistisch gut belegt sind, prinzipiell nicht auf einzelne Personen schließen (vgl. dazu Abschnitt „Von Generalisierungen und Tendenzen", S. 107f.).

Persönliche Vertrauens/muster

Manager unterscheiden sich nicht zuletzt darin, wie sie Vertrauen aufbauen und die Vertrauenswürdigkeit anderer einschätzen (vgl. Abschnitt 5.1 Unsere persönlichen Vertrauensmuster, S. 100). Das bedeutet, dass für unterschiedliche Personen auch verschiedene Vertrauensfallen besonders gefährlich sein können. Es lohnt sich daher, wenn ich für mich individuell prüfe, welches meine persönlichen Vertrauensfallen sind, in die ich im internationalen Geschäft besonders leicht unfreiwillig hineingerate. Um das zu prüfen gibt es drei Wege:

1. Welche Handlungsfelder sind für mich in meinem Arbeitskontext wichtig?

Ein erster Zugang orientiert sich an den Tätigkeiten, die man typischerweise ausübt – und den vertrauenskritischen Situationen, die mit diesen Tätigkeiten einhergehen.

Was gilt für mich?

Wir haben in diesem Buch die Vertrauensfaktoren und Vertrauensfallen in acht vertrauenskritische Handlungsfelder eingeteilt. Je nach meinem Tätigkeitsbereich habe ich mit bestimmten Handlungsfeldern mehr zu tun als mit anderen. Entsprechend sind die Vertrauensfallen dieser Handlungsfelder für mich besonders relevant. Denn mit den vertrauenskritischen Verhaltensweisen und Vertrauensfaktoren dieser Handlungsfelder bin ich besonders häufig konfrontiert.

Ein Teamleiter hat zum Beispiel häufig mit Problemen in den Handlungsfeldern *Führung und Delegation* und *Konfliktmanagement* zu tun, ein Projektmanager eher mit *Aufgaben- und Projektmanagement* und Aspekten des *Informationsmanagements* im Projekt. Für einen Vertriebler schließlich zählen besonders die Handlungsfelder

Absprachen und Regeln (Vereinbarungen mit Kunden) und *Fairplay und Kooperativität* in Verhandlungen.

> **Info 7: Die für mich kritischen Handlungsfelder**
> Sie können in der Tab. 39 „Gesamtüberblick der Vertrauensfallen" auf S. 316 nachschlagen, welches die Vertrauensfallen der einzelnen Handlungsfelder sind. Die Definitionen der Handlungsfelder finden Sie in den jeweiligen Einleitungsabschnitten in Teil II des Buchs.

2. Wo bin ich 'typisch deutsch'? Wo habe ich typisch deutsche Erwartungen, und wo verhalte ich mich typisch deutsch?

Einen zweiten Zugang zu den persönlichen Vertrauensfallen bietet die Frage: Wo bin ich typisch deutsch? Denn genau hier ist es wahrscheinlich, dass ich in die für deutsche Manager typischen Vertrauensfallen gerate.

Wir haben in Teil II dieses Buchs insgesamt sieben für deutsche Manager vertrauenskritische Kulturunterschiede beschrieben (vgl. die Kulturunterschieds-Infokästen, einen Überblick gibt Tab. 42.)

Tab. 42: Übersicht der Kulturunterschieds-Infokästen

Kulturunterschied	Als typisch deutsch gilt...	Für viele andere Kulturen gilt...	S.
1. Direktheit des Kommunikationsstils	direkte Kommunikation	indirekte Kommunikation	148
2. Umgang mit Regeln	universalistisch: Ausnahmen schwieriger	partikularistisch: Ausnahmen leichter	160
3. Hierarchieverständnis	weniger hierarchisch	stärker hierarchisch	171
4. Verhältnis von Planung und Umsetzung	umfassendere Planung	weniger Planung, schnellere Umsetzung	211
5. Sach- und Beziehungsorientierung	sachorientiert	beziehungsorientiert	246
6. Zeitmanagement und Arbeitsorganisation	monochron: Planung, dann step-by-step	polychron: Aufgabenbearbeitung parallel	265
7. Face und Facework	weniger wichtig	sehr wichtig	272

Entscheidend ist, in Bezug auf welche der sieben beschriebenen Kulturunterschiede ich 'typisch deutsche' Erwartungen habe und 'typisch deutsche' Verhaltensweisen zeige. Wo stehe ich besonders deutlich auf

Was gilt für mich?

der 'deutschen Seite'? Direktheit der Kommunikation? Regelorientierung? Geringere Hierarchieorientierung? Detailliertere Planung? Sachorientierung? Zeitliche Organisiertheit? Geringe Facework-Orientierung?

Je nachdem wie stark man in bestimmten Punkten 'typisch deutsch' ist oder nicht, ist die Wahrscheinlichkeit größer oder kleiner, dass man in bestimmte Vertrauensfallen gerät – sowohl was die eigene Vertrauenseinschätzung angeht als auch was die Frage betrifft, wie andere einen einschätzen. Um kulturelle Vertrauensfallen zu vermeiden, bin ich gut beraten, in den entsprechenden Situationen auf mögliche Fehleinschätzungen meinerseits aber auch umgekehrt auf ungewollte Effekte meines Handelns zu achten.

Info 8: Die für mich kritischen Kulturunterschiede

Sie können in der Tab. 39 „Gesamtüberblick der Vertrauensfallen" auf S. 316 nachschlagen, bei welchen Vertrauensfallen diejenigen Kulturunterschiede eine Rolle spielen, bei denen Sie sich für 'typisch deutsch' einschätzen. Beschreibungen der Kulturunterschiede finden Sie in den Kulturunterschieds-Infokästen in Teil II des Buchs (vgl. Übersicht S. 327).

Schwierigkeit der Selbsteinschätzung

Achtung: Es gibt eine grundsätzliche Schwierigkeit der Selbsteinschätzung hinsichtlich kultureller Unterschiede: Für jeden Aspekt kennt man auch innerhalb der eigenen Kultur ein gewisses Spektrum an Unterschiedlichkeit (z.B. eher sachorientierte und eher beziehungsorientierte Kollegen). Daher tendiert man dazu, sich innerhalb dieses bekannten Spektrums einzuschätzen – und zu *unterschätzen*, dass sich dieses Spektrum in anderen Kulturen meist deutlich erweitert (z.B. gibt es noch sehr viel stärker beziehungsorientierte Kollegen als man es aus Deutschland kennt).

Übrigens: Man könnte natürlich auch aus einer allgemeinen Perspektive heraus fragen, wo man individuell in seinen Erwartungen und Verhaltensgewohnheiten in Bezug auf die sieben Kulturunterschiede steht. Auch so kann man ableiten, welche Vertrauensfallen man sich besonders ansehen sollte.

Wir haben jedoch für dieses Buch ausschließlich Vertrauensfallen aus der internationalen Zusammenarbeit *deutscher* Manager ausgewählt. Daher reicht es aus, nur danach zu fragen, in welchen Punkten man 'typisch deutsch' ist und in welchen nicht. Das macht die Identifikation der persönlich relevanten Vertrauensfallen schneller und einfacher.

3. Welche Vertrauensfaktoren sind mir persönlich besonders wichtig?

Man kann sich der Frage nach den persönlichen Vertrauensfallen auch unabhängig von seinen typischen beruflichen Handlungskontexten oder von der Frage, inwiefern man 'typisch deutsch' ist, nähern. Man kann nämlich herausfinden, was die persönlichen Top-Vertrauensfaktoren sind – und sich speziell vor den kulturellen Vertrauensfallen hüten, die diese Faktoren betreffen.

Gemäß der eigenen Persönlichkeit und Biographie hat jeder sein individuelles 'Vertrauensmuster' entwickelt. Darin bilden sich die bisherigen Erfahrungen mit der Vertrauenswürdigkeit von Mitmenschen, Kollegen oder Geschäftspartnern ab. In unseren Erfahrungen mit anderen haben wir gelernt zu erkennen, wann es sich um vertrauenswürdige Zeitgenossen handelt und wann wir besser vorsichtig sind (vgl. Abschnitt 5.1 Unsere persönlichen Vertrauensmuster, S. 100).

Unsere persönlichen Vertrauensmuster

Ein bedeutender Teil unseres Vertrauensmusters besteht in unserer persönlichen Gewichtung von Vertrauensfaktoren: Worauf kommt es *unserer Erfahrung nach* wirklich an? Woran *glaubt man*, erkennen zu können, ob man jemandem vertrauen kann? Wichtig ist nun, sich klarzumachen, dass man sich genau hierin von anderen unterscheidet. Um Vertrauen entwickeln zu können, ist manchen das eine wichtiger und anderen etwas anderes. Während es für den einen zentral und unabdingbar für Vertrauen ist, dass ein Partner sein Wort hält, betont ein anderer, dass es für ihn oberste Priorität habe, dass der andere die Wahrheit sagt.

Man kann nun anhand der Gesamtliste der Vertrauensfaktoren im Management für sich selbst prüfen, welche Faktoren man für besonders wichtig hält (vgl. den Gesamtüberblick der Vertrauensfaktoren im Management, S. 54ff.). Zunächst kann man dies auch der Einfachheit halber nur für die Top-10 Liste der Vertrauensfaktoren tun, denn bereits hier zeigen sich in unseren Studien klare Unterschiede zwischen Managern (vgl. Abschnitt 3.4 Die Top-10 Vertrauensfaktoren im Management, S. 42).

Was gilt für mich?

Es reicht, sich für die Vertrauensfaktoren jeweils ein oder zwei Situationen vorzustellen, in welchen ein Partner sich *nicht entsprechend dem Faktor* verhält – und zu prüfen, was das für das eigene Vertrauen in den Partner bedeuten würde. Am besten überlegt man, ob man Vergleichbares bereits einmal erlebt hat und wie man tatsächlich darauf reagiert hat. – Viele Beispiele aus dem Arbeitskontext für Situationen, in welchen Manager sich entsprechend oder auch nicht-entsprechend den einzelnen Vertrauensfaktoren verhalten haben, finden sich auch in Münscher 2011, Kapitel 3: Vertrauensfaktoren im Management.

Wenn ich herausgefunden habe, was meine persönlichen Top-Vertrauensfaktoren sind, kann ich prüfen, welche kulturellen Vertrauensfallen diese Faktoren betreffen. Auf diese Fallen sollte man besonders aufpassen, um nicht sein Vertrauen in einen anderen aufgrund einer kulturellen Fehleinschätzung in Frage zu stellen. Denn da mir diese Aspekte besonders wichtig sind, besteht die Gefahr, dass ich hier besonders schnell unbewusst meine Vertrauenseinschätzung generalisiere: Der andere erscheint mir dann nicht nur in dem speziellen Aspekt nicht vertrauenswürdig, sondern mein Vertrauen in den anderen steht insgesamt auf dem Prüfstand oder geht verloren.

Info 9: Die für mich kritischen Vertrauensfaktoren

Sie können für die Prüfung, welche Vertrauensfaktoren Ihnen persönlich wichtig sind, die Top-10 Liste der Vertrauensfaktoren (Tab. 3, S. 42) oder die Gesamtliste der Vertrauensfaktoren im Management (Tab. 5, S. 54) heranziehen. In der Tab. 39 „Gesamtüberblick der Vertrauensfallen" auf S. 316 können Sie nachschlagen, welche Vertrauensfallen diese Faktoren betreffen.

Die eigenen 'blinden Flecke' der Vertrauenseinschätzung

Übrigens: Es lohnt auch, sich zu bemühen herauszufinden, wo die eigenen 'blinden Flecke' der Vertrauenseinschätzung liegen. Welches sind Vertrauensfaktoren, die anderen Managern offenbar wichtig sind, die ich selbst aber überhaupt nicht im Blick habe? Denn hier besteht im internationalen Management eine besondere Gefahr, dass ich selbst durch mein Verhalten einem Kollegen oder Geschäftspartner Anlass für eine Vertrauensfehleinschätzung gebe. Denn offenbar ist mir nicht bewusst, dass andere hier bestimmte Verhaltensweisen als Signal für fehlende Vertrauenswürdigkeit interpretieren können.

Achten Sie also in den in Teil II des Buchs dargestellten Vertrauensfallen vor allem auf die Handlungsperspektive: Wo und wie können Sie sich in Ihrem Handeln den in einem anderen kulturellen Kontext vorherrschenden Erwartungshaltungen anpassen, um zu vermeiden, dass Sie aus Sicht Ihres Partners nicht vertrauenswürdig erscheinen?

Wenn man seine persönlichen Vertrauensfallen identifiziert, kann man sehr viel für den Aufbau von Vertrauen lernen. Denn zum einen drohen Vertrauensfallen nicht nur im internationalen Geschäft oder in der Zusammenarbeit mit Kollegen oder Partnern aus anderen Kulturen: Auch innerhalb der eigenen Kultur gibt es eine große Bandbreite an unterschiedlichen Persönlichkeiten, Erwartungshaltungen und Gewohnheiten – die einen in Vertrauensfallen locken können. Zum anderen kann man den Blick auch über den Tellerrand des beruflichen Alltags heben: auch in privaten Kontexten oder im Engagement für Verbände oder Vereine etc. gilt der einfache Grundsatz: ohne Vertrauen gibt es letztlich keine erfolgreiche Zusammenarbeit.

16.6 Nicht nur fürs internationale Management …

Wir haben in diesem Buch gezeigt, warum und wie sich Manager in internationalen Kontexten aktiv um den Aufbau von Vertrauen bemühen sollten. Wir sind wie viele andere der Ansicht, dass dies im heutigen Wirtschaftskontext von besonderer Wichtigkeit ist. Manager in höheren Positionen tragen die Verantwortung, ihr Unternehmen voranzubringen und entsprechend auch auf dem internationalen Parkett bzw. in interkulturellen Situationen erfolgreich zu handeln. Wir haben dazu eine empirisch fundierte Theorie samt Beispielfällen und Anwendungshinweisen geliefert, wie Vertrauen im internationalen Geschäft verloren gehen kann und wie man dem entgegenwirkt und Vertrauen fördern kann.

Doch nicht nur im Management spielt Vertrauen eine wichtige Rolle und kann aufgrund interkultureller Herausforderungen behindert werden oder verloren gehen. Nicht nur für internationale Unternehmen hat es Konsequenzen, wenn Manager darin scheitern, Vertrauen zu Geschäftspartnern oder Kollegen aus anderen Kulturen aufzubauen. Die gleiche Herausforderung besteht für Führungskräfte und Mitarbeiter in internationalen Nichtregierungsorganisationen, und auch in der Politik ist der Aufbau von Vertrauen zwischen Kulturen eine sehr wichtige Herausforderung. In all diesen Kontexten ist es notwendig, Vertrauen erfolgreich über kulturelle Grenzen hinweg aufzubauen und zu stabilisieren.

<small>Vertrauen in NGOs, Politik etc.</small>

Wir können es uns heute in vielen gesellschaftlichen Kontexten nicht leisten, dass interkulturelles Vertrauen scheitert oder leichtfertig verspielt wird. Vertrauen ist unser 'soziales Kapital', wie es die Soziologie beschreibt (Coleman 1988, Putnam et al. 1993). Es ist nicht nur das 'Schmiermittel' sozialer Beziehungen im Wirtschaftskontext, sondern es ist das Bindegewebe moderner Gesellschaften schlechthin (Putnam 2001). Und diese sind in unserer globalisierten Welt so umfassend von kulturellen Grenzlinien durchzogen, dass eine Fokussierung auf wirtschaftliche Zusammenhänge in fast sträflicher Weise kurzsichtig wäre.

<small>Vertrauen als 'soziales Kapital'</small>

Natürlich hat Vertrauen einen zentralen Stellenwert für das Bestehen und gerade auch den wirtschaftlichen Erfolg von Gesellschaften (Fukuyama 1995). Doch dazu bedarf es Vertrauen nicht nur in geschäftlichen Kontexten, wenn es darum geht, Unternehmen zum Erfolg zu führen. Genauso wichtig – wenn nicht sogar viel wichtiger – ist Vertrauen an den Konfliktlinien innerhalb unserer Gesellschaft.

Man kann hier an die Integrationsdebatte denken und an das entsprechende kulturelle Missverständnis- und Konfliktpotenzial beispielsweise zwischen Polizisten und Delinquenten, Lehrern und Schülern oder Ärzten und Patienten. Man kann auch an Situationen der interkulturellen Zusammenarbeit in gesellschaftlichen Führungspositionen in Vereinen, in Verbänden oder in der Kommunalpolitik denken. In keinem dieser Fälle sollte interkulturelles Vertrauen grundlos scheitern. Auch wenn es natürlich in all diesen Beziehungen im konkreten Fall berechtigte Gründe geben kann, welche die Entwicklung von Vertrauen behindern: In all diesen Beziehungen drohen auch kulturelle Vertrauensfallen der Art, wie wir sie in diesem Buch für internationale Manager beschrieben haben: Situationen, in welchen Vertrauensverlust oder scheiternder Vertrauensaufbau grundsätzlich vermeidbar erscheinen.

Daher ist es so wichtig, sich der Gefahr kultureller Vertrauensfallen bewusst zu werden. Wir müssen lernen, wo kulturelle Vertrauensfallen entstehen und wie man sie auflöst oder vermeidet. Und wir sollten uns aktiv darum kümmern, nicht nur im Management sondern auch in anderen gesellschaftlichen Bereichen diese interkulturelle Vertrauenskompetenz zu entwickeln und zu verbessern. Denn wenn man kulturelle Vertrauensfallen kennt, kann man sehr viel dazu beitragen, dass sich tragfähige Vertrauensbeziehungen entwickeln: durch Flexibilität in der Interpretation des Verhaltens anderer wie auch durch die kluge Anpassung des eigenen Handelns.

Anhang

Anhang-1: Literaturverzeichnis

Adler, N. (2008, zuerst 1986): International Dimensions of Organizational Behavior. 5. Auflage. Mason: Thomson.

Adler, N. & Graham, J. (1989): Cross-Cultural Comparison. The International Comparison Fallacy? In: Journal of International Business Studies, 20/3, 515-537.

Almeida, A. C. (2007): A cabeça do brasileiro [Das brasilianische Denken]. 2. Auflage. Rio de Janeiro: Record.

Asch, S. E. (1946): Forming Impressions of Personality. In: Journal of Abnormal and Social Psychology, 41, 258-290.

Augsburger Allgemeine vom 10.04.2012: Vertrauen erschlichen und ausgeraubt (http://www.augsburger-allgemeine.de/augsburg/Vertrauen-erschlichen-und-ausgeraubt-id14678091.html, verfügbar am 09.02.2012).

Axelrod, R. (2005): Die Evolution der Kooperation. 6. Auflage. München: Oldenbourg.

Axelrod, R. & Hamilton, W. D. (1981): The Evolution of Cooperation. In: Science, 211, 1390-1396.

Bacharach, M. & Gambetta, D. (1997): Trust in Signs. A Signal-Theoretic Analysis of Trust Relations. In: Cook, K. S. (Hg.): Trust in Society. New York: Russell Sage Foundation, 148-184.

Bacon, F. (1597): The Essayes or Counsels, Civil and Moral.

Barbosa, L. (1992): O jeitinho brasileiro ou a arte de ser mais igual do que os outros [Der brasilianische Jeitinho oder die Kunst, gleicher zu sein als andere]. Rio de Janeiro: Campus.

Barmeyer, C. I. (1996): Interkulturelle Qualifikationen im deutsch-französischen Management kleiner und mittelständischer Unternehmen. Mit Schwerpunkt Saarland / Lothringen. St. Ingbert: Röhrig.

Barney, J. B. & Hansen, M. H. (1994): Trustworthiness as a Source of Competitive Advantage. In: Strategic Management Journal, 15/Special Issue on Competitive Organizational Behavior, 175-190.

Baruch, Y. & Altman, Y. (2002): Expatriation and repatriation in MNC. A Taxonomy. In: Human Resource Management, 41/2, 239-259.

Bausinger, H. (2000): Typisch deutsch. Wie deutsch sind die Deutschen? 2. Auflage. München: Beck.

Beck, J. (2012): Vertrauensaufbau zwischen deutschen und polnischen Kollegen und Geschäftspartnern. Unveröffentlichte Abschlussarbeit, Hochschule Reutlingen.

Becker, Th. H. (2010): Doing Business in the New Latin America. Keys to Profit in America's Next-Door Markets. Santa Barbara: Praeger.

Beneke, J. (1983): The Value of Cultural Studies in the Training of Cross-Cultural Negotiators. In: European Journal of Education, 18/2, 127-138.

Bhawuk, D. P. S. (1998): The role of culture theory in cross-cultural training. A multimethod study of culture-specific, culture-general, and culture theory-based assimilators. In: Journal of Cross Cultural Psychology, 29/5, 630-655.

Bolten, J. (1999): Grenzen der Internationalisierungsfähigkeit. Interkulturelles Handeln aus interaktionstheoretischer Perspektive. In: Bolten, J. & Oberender, P. (Hgg.): Cross Culture. Interkulturelles Handeln in der Wirtschaft. Sternenfels, Berlin: Verlag Wissenschaft und Praxis, 25-42.

Bradach, J. L. & Eccles, R. G. (1989): Price, Authority, and Trust. From Ideal Types to Plural Forms. In: Annual Review of Sociology, 15, 97-118.

Breuer, J.-P. & de Bartha, J. P. (2002): Deutsch-französische Geschäftsbeziehungen erfolgreich managen. Spielregeln für die Zusammenarbeit auf Führungs- und Fachebene. Köln: Deutscher Wirtschaftsdienst.

Brewer, M. B. & Silver. M. (1978): Ingroup Bias as a Function of Task Characteristics. In: European Journal of Social Psychology, 8, 393-400.

Brislin, R. W.; Cushner, K.; Craig, C. & Yong, M. (1986): Intercultural Interactions. Thousand Oaks: Sage.

Brökelmann, S.; Fuchs, Ch.-M.; Kammhuber, S. & Thomas, A. (2005): Beruflich in Brasilien. Trainingsprogramm für Manager, Fach- und Führungskräfte. Göttingen: Vandenhoeck & Ruprecht.

Bromiley, P. & Cummings, L. L. (1993): Organizations with Trust. Theory and Measurement. Working Paper. Minneapolis: University of Minnesota.

Brüch, A. & Thomas, A. (2004): Beruflich in Südkorea. Trainingsprogramm für Manager, Fach- und Führungskräfte. Göttingen: Vandenhoeck & Ruprecht.

Bruner, J. S. & Tagiuri, R. (1954): The Perception of People. In: Lindzey, G. (Hg.): Handbook of Social Psychology. Band 2. Cambridge: Addison-Wesley, 634-654.

Cardona, P. & Elola, A. (2003): Trust in Management. The Effect of Managerial Trustworthy Behavior and Reciprocity. Working Paper Nr. 496. IESE Business School, University of Navarra (www.iese.edu/research/ pdfs/DI-0496-E.pdf , verfügbar am 01.08.2004).

Carl, D.; Gupta, V. & Javidan, M. (2004): Power Distance in Cross-Cultural Leadership. In: House, R. J.; Hanges, P. J.; Javidan, M; Dorfman, P. W. & Gupta, V. (Hgg.): Culture, Leadership, and Organizations. The GLOBE Study of 62 Societies. Thousand Oaks: Sage, 513-563.

Castel, P.; Deneire, M.; Kurc, A.; Lacassagne, M.-F. & Leeds, C. A. (2007): Universalism and Exceptionalism. French Business Leadership. In: Chhokar, J. S.; Brodbeck, F. C. & House, R. J. (Hgg.): Culture and Leadership Across the World: The GLOBE Book of In-Depth Studies of 25 Societies: New York: Lawrence Erlbaum, 547-581.

Chater, N. & Christiansen, M. H. (2010): Language Acquisition Meets Language Evolution. In: Cognitive Science, 34, 1131–1157.

Cheng, P. W.; Holyoak, K. J.; Nisbett, R. E. & Oliver, L. M. (1986): Pragmatic versus syntactic approaches to training deductive reasoning. In: Cognitive Psychology, 18, 293-328.

Chhokar, J. S.; Brodbeck, F. C. & House, R. J. (Hgg.) (2008): Culture and Leadership Across the World: The GLOBE Book of In-Depth Studies of 25 Societies. New York: Lawrence Erlbaum.

Child, J. (2001): Trust: the Fundamental Bond in Global Collaboration. In: Organizational Dynamics, 29/4, 274-288.

Chomsky, N. (1965): Aspects of the Theory of Syntax. Campridge: MIT Press.

Coleman, J. (1988): Social Capital in the Creation of Human Capital. In: American Journal of Sociology, 94 (Supplement), 95-120

Colman, A. M. (2001): A Dictionary of Psychology. Oxford: Oxford University Press

Condon, J. D. & Masumoto, T. (2011): With Respect to the Japanese. Going to Work in Japan. 2. Auflage. Yarmouth: Intercultural Press.

Conelly, B. L.; Certo, S. T.; Ireland, R. D. & Reutzel, Chr. R. (2011): Theory. A Review and Assessment. In: Journal of Management, 37/1, 39-67.

Cooper, W. H. (1981): Ubiquitous Halo. In: Psychological Bulletin, 90, 218-244.

Cosmides, L. (1989): The Logic of Social Exchange. Has Natural Selection Shaped How Humans Reason? Studies with the Wason Selection Task. In: Cognition, 31, 187–276.

Cosmides, L. (1985): Deduction or Darwinian Algorithms? An Explanation of the "Elusive" Content Effect on the Wason Selection Task. Doctoral Dissertation, Department of Psychology, Harvard University (UMI No. 86–02206).

Cosmides, L. & Tooby, J. (2005): Neurocognitive Adaptations Designed for Social Exchange. In. Buss, D. M. (Hg.): Evolutionary Psychology Handbook. New York: Wiley, 584-627.

Cosmides, L., & Tooby, J. (1992): Cognitive Adaptations for Social Exchange. In: Barkow, J.; Cosmides, L. & Tooby, J. (Hgg.): The Adapted Mind. Evolutionary Psychology and the Generation of Culture. Oxford: Oxford University Press, 163-228.

Cronbach, L. J. (1955): Processes Affecting Scores on 'Understanding of Others' and 'Assumed Similarity'. In: Psychological Bulletin, 52, 177-193.

DaMatta, R. (1984): O que faz o brasil, Brasil? [Was macht Brasilien zu Brasilien?]. Rio de Janeiro: Rocco.

Davoine, E. (2007): Un concept n'est pas un Konzept. In: Universitas, März 2007: 27-29.

Davoine, E. (1999): Zeitmanagement. Kulturelle oder organisationsstrukturelle Herausforderung? In: Brink, H.-J.; Davoine, E. & Schwengel, H. (Hgg.): Management und Organisation im deutsch-französischen Vergleich. Berlin: Arno Spitz, 143-162.

De La Fuente, J.; Casasanto, D.; Román, A. & Santiago, J. (2011): Searching for cultural influences on the body-specific association of preferred hand and emotional valence. In: Carlson, L.; Holscher, C. & Shipley, T. (Hgg.): Proceedings of the 33rd Annual Meeting of the Cognitive Science Society. Austin: Cognitive Science Society, 2616-2620.

Devine, P. G. (2001): Implicit Prejudice and Stereotyping: How Automatic are they? Introduction to the Special Section. In: Journal of Personality and Social Psychology, 81/5, 757-759.

Dixit, A. K. & Nalebuff, B. J. (1997): Spieltheorie für Einsteiger. Strategisches Know-how für Gewinner. Stuttgart: Schäffer-Poeschel.

dpa-AFX / onWirtschaft am 27.08.2007: Betrüger erleichtert LBBW um Millionen (http://wirtschaft.t-online.de/landesbank-baden-wuerttemberg-betrueger-erleichtert-lbbw-um-millionen/id_12982890/index, verfügbar am 10.09.2012)

Dyer, J. H. & Chu, W. (2003): The Role of Trustworthiness in Reducing Transaction Costs and Improving Performance. Empirical Evidence from the United States, Japan, and Korea. In: Organization Science, 14/1, 57-68.

Rusman, E.; van Bruggen, J.; Sloep, P. & Koper, R. (2010): Fostering trust in virtual project teams. Towards a design framework grounded in a Trust-Worthiness ANtecedents (TWAN) schema. In: International Journal of Human-Computer Studies, 68/11, 834-850.

Erikson, E. H. (1968): Identity, Youth and Crisis. New York: Norton.

Erikson, E. H. (1950): Childhood and Society. New York: Norton.

Fenton-O'Creevy, M.; Nicholson, N.; Soane, E. & Willman, P. (2003): Trading on illusions. Unrealistic Perceptions of Control and Trading Performance. In: Journal of Occupational and Organizational Psychology, 76, 53–68.

Ferres, R.; Meyer-Belitz, F.; Röhrs, B. & Thomas, A. (2005): Beruflich in Mexiko. Trainingsprogramm für Manager, Fach- und Führungskräfte. Göttingen: Vandenhoeck & Ruprecht.

Festinger, L. (1957): A Theory of Cognitive Dissonance. Stanford: Stanford University Press.

Fiedler, F. F.; Mitchell, T. & Triandis, H. C. (1971): The Culture Assimilator. An Approach to Cross-Cultural Training. In: Journal of Applied Psychology, 55, 95-112.

Fiske, S. T. & Taylor, S. E. (1984): Social Cognition. Reading: Addison-Wesley.

Foellbach, S.; Rottenaicher, K. & Thomas, A. (2002): Beruflich in Argentinien. Trainingsprogramm für Manager, Fach- und Führungskräfte. Göttingen: Vandenhoeck & Ruprecht.

Förster, J. (2010): Die Sozialpsychologie des Schubladendenkens: Vorurteile, Stereotype und Diskriminierung. In: Baer, S.; Smykalla, S. & Hildebrandt, K. (Hgg): Schubladen, Schablonen, Schema F. Stereotype als Herausforderung für Gleichstellungspolitik. München: Kleine-Verlag, 23-35.

Förster, J. (2007): Kleine Einführung in das Schubladendenken: Über Nutzen und Nachteil des Vorurteils. München: Goldmann.

Fukuyama, F. (1995): Trust. The Social Virtues and the Creation of Prosperity. New York: Free Press.

Gawronski, B. & Strack, F. (Hgg.) (2012): Cognitive Consistency: A Fundamental Principle in Social Cognition. New York: Guilford Press.

Gesteland, R. (1996): Cross-cultural business behavior. Marketing, negotiating and managing across cultures. Copenhagen: Copenhagen Business School Press.

Gilbert, D. (2008): Ins Glück stolpern. München: Goldmann.

Gilbert, D. T. & Malone, P. S. (1995): The Correspondence Bias. In: Psychological Bulletin, 117, 21-38.

Gmür, M. (1999): Organisation in Deutschland – Organiser à la française. Die kulturelle Spezifizierung der Organisationslehre. In: Die Unternehmung.

Schweizerische Zeitschrift für betriebswirtschaftliche Forschung und Praxis, 53, 193-212.

Goffman, E. (1967): Interaction Ritual. Essays in Face-to-face Behavior. New York, Anchor Books.

Goffman, E. (1955): On Face-Work. An Analysis of Ritual Elements in Social Interaction. In: Psychiatry. Journal for the Study of Interpersonal Processes, 18/3, 213-231.

Grabher, G. (2002): Cool Projects, Boring Institutions. Temporary Collaboration in Social Context. In: Regional Studies, 36/3, 205-214.

Graumann, C.-F. (1960): Eigenschaften als Problem der Persönlichkeitsforschung. In: Lersch, Ph. & Thomae, H. (Hgg.): Persönlichkeitsforschung und Persönlichkeitstheorie. Handbuch der Psychologie. Band 4. Göttingen: Hogrefe, 87-154.

Greenberger, D. B.; Strasser, S.; Cummings, L. L. & Dunham, R. B. (1989): The Impact of Personal Control on Performance and Satisfaction. In: Organizational Behavior and Human Decision Processes, 43/1, 29-51.

Greenwald, A. G.; Banaji, M. R.; Rudman, L. A.; Farnham, S. D.; Nosek, B. A. & Mellott, D. S. (2006): A Unified Theory of Implicit Attitudes, Stereotypes, Self-Esteem, and Self-Concept. In: Psychological Review, 109/1, 3-25.

Greenwald, A. G. & Banaji, M. R. (1995): Implicit Social Cognition. Attitudes, Self-esteem, and Stereotypes. In: Psychological Review, 102/1, 4-27.

Grice, H. P. (1968): Utterer's Meaning, Sentence-Meaning, and Word-Meaning. In: Foundations of Language, 4, 1-18.

Griffin, A. & Hauser, J. R. (1996): Integrating R&D and Marketing. A Review and Analysis of the Literature. In: Journal of Product Innovation Management, 13/3, 191-215.

Gudykunst, W. B. (2004) (Hg.): Theorizing about Intercultural Communication. Thousand Oaks: Sage.

Gudykunst, W. B. (2003): Bridging Differences. Effective Intergroup Communication. 4th Edition. Thousand Oaks: Sage.

Guerin, B. & Innes, J. (1993): Social Facilitation. Cambridge: Cambridge University Press.

Günthner, S. (1993): Diskursstrategien in der interkulturellen Kommunikation. Analysen deutsch-chinesischer Gespräche. Tübingen: Niemeyer.

Hall, E. T. (1983): The Dance of life. The Other Dimension of Time. New York: Anchor.

Hall, E. T. (1976): Beyond Culture. New York: Anchor.

Hall, E. T. (1966): The Hidden Dimension. New York: Anchor.

Hall, E. T. (1959): The Silent Language. New York: Anchor.

Hall, E. T. & Hall, M. R. (1990): Understanding Cultural Differences. Germans, French and Americans. Yarmouth: Intercultural Press.

Hall, E. T. & Hall, M. R. (1984): Verborgene Signale. Studien zur internationalen Kommunikation. Über den Umgang mit Franzosen. Hamburg: Gruner + Jahr.

Hall, P. D. & Norburn, D. (1987): The Management Factor in Acquisition Performance. In: Leadership and Organization Development Journal, 8, 23–30.

Hamilton, D. L. & Sherman, J. W. (1994): Stereotypes. In: Wyer, R. S. Jr. & Srull, T. K. (Hgg.): Handbook of Social Cognition. 2. Band. 2. Auflage. Hillsdale: Lawrence Erlbaum, 1-68.

Handelsblatt vom 05.09.2012: Bosch und Samsung begraben Gemeinschaftsprojekt (http://www.handelsblatt.com/unternehmen/it-medien/batteriegeschaeft-bosch-und-samsung-begraben-gemeinschaftsprojekt/7097792.html, verfügbar am 10.09.2012).

Handelsblatt vom 29.06.2012: Finale im Scheidungskrieg (http://www.handelsblatt.com/unternehmen/handel-dienstleister/suzuki-und-vw-finale-im-scheidungskrieg-/6815920.html, verfügbar am 20.09.2012).

Handelsblatt vom 17.05.2012: Nabucco-Konsortium reicht kleineres Angebot ein (http://www.handelsblatt.com/unternehmen/industrie/pipeline-projekt-nabucco-konsortium-reicht-kleineres-angebot-ein/6644402.html, verfügbar am 25.09.2012).

Handelsblatt vom 18.03.2012: Bosch-Samsung-Partnerschaft könnte scheitern (http://www.handelsblatt.com/unternehmen/industrie/medienbericht-bosch-samsung-partnerschaft-koennte-scheitern/6343086.html, verfügbar am 10.09.2012).

Handelsbaltt vom 23.04.2004: BMW wurde Rover-Ausstieg längst verziehen (http://www.handelsblatt.com/unternehmen/industrie/daimler-chrysler-ist-kein-einzelfall-bmw-wurde-rover-ausstieg-laengst-verziehen/2322946.html, verfügbar am 20.04.2012).

Hendry, J. & Watson, C. W. (2001): An Anthropology of Indirect Communication. ASA Monographs. London, New York: Routledge.

Hertel, G. & Fiedler, K. (1998): Effects of Semantic and Evaluative Priming on the Ring Measure of Social Values. In: European Journal of Social Psychology, 28, 49-70.

Hit, M. A.; Uklee, H. & Ucel, E. (2002): The Importance of Social Capital to the Management of Multinational Enterprises. Relational Networks Among Asian and Western Firms. In: Asia Pacific Journal of Management, 19, 353-372.

Ho, T. (2012): Empirische Untersuchung deutsch-vietnamesischer Kulturunterschiede im Arbeitsalltag und Wege für einen erfolgreichen Umgang mit vietnamesischen Geschäftspartnern und Kollegen. Unveröffentlichte Abschlussarbeit, Hochschule Reutlingen.

Hobe, St.; Kunzmann, K.; Reuter, Th. & Neumann, J. (2006): Rechtliche Rahmenbedingungen einer zukünftigen kohärenten Struktur der europäischen Raumfahrt. Münster: LIT.

Hofstede, G. (1980): Culture's Consequences. International Differences in Work-Related Values. Thousand Oaks: Sage.

Hofstede, G. & Bond, M. H. (1988): The Confucius connection. From cultural roots to economic growth. In: Organizational Dynamics, 16/4, 5-21.

Höhne, S. (1995): Vom kontrastiven Management zum interkulturellen. Ein Überblick über konstrastive und interkulturelle Management Analysen. In: Jahrbuch Deutsch als Fremdsprache, 21, 75-106.

Holtbrügge, D. & Friedmann, C. B. (2011): Geschäftserfolg in Indien. Strategien für den vielfältigsten Markt der Welt. Heidelberg: Springer.

Hormuth, J. (2009): Erfahrungsweitergabe unter Auslandsentsandten. Eine gesprächsanalytische Studie am Beispiel deutscher Manager in Spanien. Wiesbaden: VS Verlag für Sozialwissenschaften.

Hormuth, J. & Münscher, R. (2012a): Von Sitzordnungen und Beziehungsnetzwerken. Relationship Management in China. In: Sales Business, 7/8.12, 18-20.

Hormuth, J. & Münscher, R. (2012b): Von Schulterklopfen, Herzlichkeit und Smalltalk. Relationship Management in Brasilien. In: Sales Business, 9.12, 22-23.

Horsch, J. (1995): Auslandseinsatz von Stammhaus-Mitarbeitern. Eine Analyse ausgewählter personalwirtschaftlicher Problemfelder multinationaler Unternehmen mit Sitz in der Bundesrepublik Deutschland. Frankfurt/M.: Lang.

House, R. J.; Hanges, P. J; Javidan, M.; Dorfman, P. W. & Gupta, V. (2004) (Hgg.): Culture, Leadership, and Organizations: The GLOBE Study of 62 Societies. Thousand Oaks: Sage.

Hunt, J. W. (1990): Changing Pattern of Acquisition Behaviour in Takeovers and the Consequences For Acquisition Processes. In: Strategic Management Journal, 11, 69–77.

Inglehart, R. F. (1997): Modernization and Postmodernization. Cultural, Economic and Political Change in 43 Societies. Princeton: Princeton University Press.

Inglehart, R. F. (1990): Culture Shift in Advanced Industrial Society. Princeton: Princeton University Press.

Jansen, S. A. (1999): Mergers & Acquisitions. Unternehmensakquisitionen und -kooperationen. Wiesbaden: Gabler.

Jarvenpaa, S. L. & Leidner, S. E. (1999): Communication and Trust in Global Virtual Teams. In: Organization Science, 10/6, 791-815.

Keim, L. (1994): Interkulturelle Interferenzen in der deutsch-spanischen Wirtschaftskommunikation. Frankfurt/M.: Lang.

Klayman, J. & Ha, Y. W. (1997): Confirmation, Disconfirmation, and Information in Hypothesis Testing. In: Goldstein, W. M. & Hogarth, R. M. (Hgg.): Research on Judgment and Decision Making. Currents, Connections, and Controversies. Cambridge: Cambridge University Press.

Kluckhohn, F. A. & Strodtbeck, F. L. (1961): Variations in Value Orientation. Evanston: Row & Peterson.

Koole, T. & ten Thije, J. D. (2001): The Reconstruction of Intercultural Discourse. Methodological Considerations. In: Journal of Pragmatics, 33, 571-87.

Korsgaard, M. A.; Brodt, S. E. & Whitener, E. M. (2002): Trust in the Face of Conflict. The Role of Managerial Trustworthy Behavior and Organizational Context. In: Journal of Applied Psychology, 87, 312-319.

KPMG (1999): Unlocking shareholder value: the keys to success. Mergers &Acquisitions, A Global Research Report, London: KPMG.

Kramer, R. M. (1994): The Sinister Attribution Error. Paranoid Cognition and Collective Distrust in Organisations. In: Motivation and Emotion, 18, 199-230.

Kramer, R. M. & Tyler, T. R. (1996) (Hgg.): Trust in Organizations: Frontiers of Theory and Research. Thousand Oaks: Sage.

Kühlmann, T. M. (2008): Mitarbeiterführung in internationalen Unternehmen. Stuttgart: Kohlhammer.

Kühlmann, T. M. (2004): Vertrauen und Kontrolle in internationalen Unternehmenskooperationen. In: Maier, J. (Hg.): Vertrauen und Marktwirtschaft. Die Bedeutung von Vertrauen beim Aufbau marktwirtschaftlicher Strukturen in Osteuropa. forost Arbeitspapier Nr. 22. München: forost, 67-82.

La Palombara, J. & Blank, S. (1977): Multinational Corporations in Comparative Perspective. New York: The Conference Board.

Lambert, A. J.; Payne, B. K.; Jacoby, L. L.; Shaffer, L. M.; Chasteen, A. L. & Khan, S. K. (2003): Stereotypes as dominant responses. On the "social facilitation" of Prejudice in Anticipated Public Contexts. In: Journal of Personality and Social Psychology, 84/2, 277–295.

Landis, D. & Bhagat, R. (1996): Handbook of Intercultural Training. Thousand Oaks: Sage.

Langer, E. J. (1975): The Illusion of Control. In: Journal of Personality and Social Psychology, 32, 311-328.

Larina, N. (2012): Vertrauensaufbau zwischen deutschen und russischen Kollegen und Geschäftspartnern. 2 Bände. Unveröffentlichte Abschlussarbeit, Hochschule Reutlingen.

Lee, K.; Cameron, C. A.; Xu, F.; Fu, G. & Board, J. (1997): Chinese and Canadian Children's Evaluations of Lying and Truth Telling. Similarities and Differences in the Context of Pro- and Antisocial Behaviors. In: Child Development, 68/5, 924-934.

Levin, I. P.; Schneider, S. L. & Gaeth, G. J. (1998): All Frames are not Created Equal. A Typology and Critical Analysis of Framing Effects. In: Organizational Behavior and Human Decision Processes, 76/2, 149-188.

Levine, R. (1999): Eine Landkarte der Zeit. München: Piper (englische Originalausgabe 1997: A Geography of Time. New York: Basic Books).

Lewicki, R. J. & Bunker, B. B. (1996): Developing and Maintaining Trust in Work Relationships. In: Kramer, R. M. & Tyler, T. R. (Hgg.): Trust in Organizations: Frontiers of Theory and Research. Thousand Oaks: Sage, 114-139.

Lindner, D. (1999): Bestimmungsfaktoren der „Abbruchbereitschaft" von Auslandsentsandten. Eine theoretische und forschungspragmatische Analyse. In: Zeitschrift für Personalforschung, 3, 246-268.

Linhart, D. (1993): The Shortcomings of an Organizational Revolution that is Out of Step. In: Industrial Democracy, 14/1, 49-64.

Luhmann, N. (1968): Vertrauen. Ein Mechanismus der Reduktion sozialer Komplexität. Stuttgart: Enke.

Luo, G. (2007): Guanxi and Business. 2. Auflage. Singapore: World Scientific Publishing.

Manager Magazin vom 14.10.2011: Der deutsch-japanische Rosenkrieg (http://www.manager-magazin.de/unternehmen/autoindustrie/ 0,2828,791856,00.html, verfügbar am 20.09.2012).

Manktelow, K. I. & Evans, J. St. B. T. (1979): Facilitation of Reasoning by Realism. Effect or Non-Effect. In: British Journal of Psychology, 70, 477-488.

Mauritz, H. (1996): Interkulturelle Geschäftsbeziehungen. Eine interkulturelle Perspektive für das Marketing. Wiesbaden: Deutscher Universitätsverlag.

Mayer, R. C.; Davis, J. H. & Schoorman, D. F. (1995): An Integrative Model of Organisational Trust. In: Academy of Management Review, 20/3, 709-734.

McKnight, D. H. & Chervany, N. L. (1996): The Meanings of Trust. Arbeitspapier. MISRC Working Paper Series 96-04, University of Minnesota (verfügbar unter: http://misrc.umn.edu/workingpapers/fullPapers/1996/9604_040100.pdf, 20.08.2004).

McNulty, Y. M. & Tharenou, P. (2004): Expatriate return on investment. In: International Studies of Management & Organization, 34/3, 68-95.

Meyerson, D.; Weick, K. E. & Kramer, R. M. (1996): Swift Trust and Temporary Groups. In: Kramer, R. M. & Tyler, T. R. (Hgg.): Trust in Organizations. Frontiers of Theory and Research. Thousand Oaks: Sage, 166-195.

Mild, J. (2012): Vertrauensaufbau deutscher Manager zu indischen Kollegen und Geschäftspartnern. 2 Bände. Unveröffentlichte Abschlussarbeit, Hochschule Reutlingen.

Mitterer, K.; Mimler, R. & Thomas, A. (2006): Beruflich in Indien. Trainingsprogramm für Manager, Fach- und Führungskräfte. Göttingen: Vandenhoeck & Ruprecht.

Moosmüller, A. (2004): Das Kulturkonzept in der Interkulturellen Kommunikation aus ethnologischer Sicht. In: Lüsebrink, H.-J. (Hg.): Konzepte der Interkulturellen Kommunikation. Theorieansätze und Praxisbezüge in interdisziplinärer Perspektive. St. Ingbert: Röhrig, 45-67.

Müller-Jacquier, B. (2004): 'Cross cultural' versus Interkulturelle Kommunikation. Methodische Probleme der Beschreibung von Inter-Aktionen. In: Lüsebrink, H.-J. (Hg.): Konzepte der Interkulturellen Kommunikation. Theorieansätze und Praxisbezüge in interdisziplinärer Perspektive. St. Ingbert: Röhrig, 69-113.

Müller-Jacquier, B. (2000): Linguistic Awareness of Cultures. Grundlagen eines Trainingsmoduls. In: Bolten, J. (Hg.): Studien zur internationalen Unternehmenskommunikation. Leipzig: Popp, 20-50.

Münscher, R. (2011): Vertrauensentwicklung im interkulturellen Management. Ein empirischer Beitrag am Beispiel der deutsch-französischen Zusammenarbeit. Wiesbaden: Gabler.

Münscher, R. (2008): Relationship Management für Führungskräfte. Ein Modul für das interkulturelle Training deutscher und französischer Manager. In: Jammal, E. (Hg.): Vertrauen im interkulturellen Kontext. Wiesbaden: VS Verlag für Sozialwissenscahften, 151-192.

Münscher, R. & Kühlmann, T. M. (2012): Using Critical Incident Technique in Trust Research. In: Lyon, F.; Möllering, G. & Saunders, M. (Hgg.): Handbook of Research Methods on Trust. Cheltenham: Edward Elgar, 161-172.

Naumann, K. K. (2008): Wirtschaftsboom am Zuckerhut. Strategien für langfristigen Erfolg in Brasilien. München: Redline.

Nees. G. (2000): Germany. Unravelling an Enigma. Yarmouth: Intercultural Press.

Nelson, T. E.; Oxley, Z. M. & Clawson, R. A. (1997): Toward a Psychology of Framing Effects. In: Political Behavior, 19/3, 221-246.

Nickerson, R. S. (1998): Confirmation Bias: A Ubiquitous Phenomenon in Many Guises. In: Review of General Psychology, 2, 175-220.

Noorderhaven, N. G. (1994): Opportunism and trust in transaction cost economics. In: Dietrich, M. (Hg.): Transaction cost economics and beyond. London, New York: Routledge, 105-128.

O'Keefe, H. & O'Keefe, W.M. (2004): Business behaviors in Brazil and the USA. Understanding the gaps. In: International Journal of Social Economics, 31/5-6, 614-622.

Organ, D. W. (1990): The Motivational Basis of Organizational Citizenship Behavior. In: Staw, B. M. & Cummings, L. L. (Hgg.): Research in Organizational Behavior. Band 12. Greenwich: JAI Press, 43-72.

Organ, D. W. (1988): Organizational Citizenship Behavior. The Good Soldier Syndrome. Lexington: Lexington Books.

O'Sullivan, M. (2003): The Fundamental Attribution Error in Detecting Deception. The Boy-Who-Cried-Wolf Effect. In: Personality and Social Psychology Bulletin, 29/10, 1316–1327.

Oswald, M. E. & Grosjean, S. (2004): Confirmation Bias. In: Pohl, R. F. (Hg.): Cognitive Illusions. A Handbook on Fallacies and Biases in Thinking, Judgement, and Memory. London: Psychology Press, 79-96.

Paese, P. W. & Sniezek, J. A. (1991): Influences on the Appropriateness of Confidence in Judgment. Practice, Effort, Information, and Decision-making. In: Organizational Behavior and Human Decision Processes, 48, 100-130.

Park, S.H. & Luo, Y. (2001): Guanxi and organizational dynamics: organizational networking in Chinese firms. In: Strategic Management Journal, 22, 455-477.

Parsons, T. & Shils, E. A. (1951) (Hgg.): Toward a General Theory of Action. New York: Harper Torchbooks.

Pateau, J. (1998): Une Etrange Alchimie. La Dimension Interculturelle dans la Cooperation Franco-Allemande. Levallois-Perret: Circac.

Pennings, J. M. & Woiceshyn, J. (1987): A Typology of Organizational Control and its Metaphors. In: Bacharach, S. B. & Mitchell, S. M. (Hgg.): Research in the Sociology of Organizations. Band 5. Greenwich: JAI Press, 75-104.

Pettigrew, T. (1979): The Ultimate Attribution Error: Extending Allport's Cognitive Analysis of Prejudice. In: Personality and Social Psychology Bulletin 5, 461-476.

Petzold, I.; Ringel, N. & Thomas, A. (2005): Beruflich in Japan. Trainingsprogramm für Manager, Fach- und Führungskräfte. Göttingen: Vandenhoeck & Ruprecht.

Putnam, R.; Leonardi, R. & Nanetti, R. (1993): Making Democracy Work. Civic Traditions in Modern Italy. Princeton: Princeton University Press.

Putnam, R. (Hg.) (2001): Gesellschaft und Gemeinsinn. Sozialkapital im internationalen Vergleich. Gütersloh: Verlag Bertelsmann-Stiftung.

Reddin, W. J. (1977): An Integration of Leader-Behavior Typologies. In: Group & Organization Studies, 2/3, 282-295.

Ripperger, T. (1998): Ökonomik des Vertrauens. Analyse eines Organisationsprinzips. Tübingen: Mohr Siebeck.

Robinson, W. S. (1950): Ecological Correlations and the Behavior of Individuals. In: American Sociological Review, 15/3, 351-357.

Röspel, René (2011): Mehrkosten de ITER-Projekts, Rede im Bundestag am 01.12.2011 (http://www.roespel.de/reden/111201Rede_MehrkostenITER.htm, verfügbar am 10.05.2012).

Ronen, S. (1986): Comparative and Multinational Managment. New York: Wiley.

Roth, J. (1996): Interkulturelle Kommunikation als universitäres Lehrfach. Zu einem neuen Münchner Studiengang. In: Roth, K. (Hg.): Mit der Differenz leben. Münster: Waxmann, 253-270.

Ross, L. (1977): The Intuitive Psychologist and his Shortcomings. Distortions in the Attribution Process. In: Berkowitz, L. (Hg.): Advances in Experimental Social Psychology. Band 10. New York: Academic Press, 173-220.

Roth, J. & Roth, K. (2001): Interkulturelle Kommunikation. In: Brednich, R. W. (Hg.): Grundriss der Volkskunde. Einführung in die Forschungsfelder der Europäischen Ethnologie. 3. Auflage. Berlin: Reimer, 391-422.

Roth, K. (2004): Kulturwissenschaften und Interkulturelle Kommunikation. Der Beitrag der Volkskunde zur Untersuchung interkultureller Interaktion. In: Lüsebrink, H.-J. (Hg.): Konzepte der Interkulturellen Kommunikation. Theorieansätze und Praxisbezüge in interdisziplinärer Perspektive. St. Ingbert: Röhrig, 115-143.

Rotter, J. B. (1971): Generalized Expectancies for Interpersonal Trust. In: American Psychologist, 26, 443-452.

Rotter, J. B. (1967): A New Scale for the Measurement of Interpersonal Trust. In: Journal of Personality, 35/4, 651-665.

Rusmann, E., van Bruggen, J., Sloep, P. & Koper, R. (2010): Fostering Trust in Virtual Project Teams. In: International Journal of Human-Computer Studies, 68, 834–850.

Sako, M. (1998): Does Trust Improve Business Performance? In: Lane, C. & Bachmann, R. (Hgg.): Trust Within and Between Organizations: Conceptual Issues and Empirical Applications. Oxford: Oxford University Press, 88-117.

Schewe, G.; Kleist, S. & Drave, P. (2000): Post Merger Integration. Der Fall BMW/Rover. Arbeitspapier Nr. 11 des Lehrstuhls für BWL, insb. Organisation, Personal und Innovation der Westfälischen Wilhelms-Universität Münster (ISSN 1618-2219).

Schlöder, B. (1994): Vorurteile, Stereotype und die Verständigung zwischen Gruppen. In: Thomas, A. (Hg.): Psychologie und multikulturelle Gesellschaft. Problemanalysen und Problemlösungen. Göttingen: Hogrefe, 109-114.

Schneider, D. J. (1973): Implicit Personality Theory. A Review. In: Psychological Bulletin, 79, 294-309.

Schneidewind, D. (1991): Das Japanische Unternehmen. Uchi no kaisha. Berlin, Heidelberg: Springer.

Schroll-Machl, S. (2002): Die Deutschen – Wir Deutschen. Göttingen: Vandenhocck & Ruprecht.

Schwanfelder, W. (2006): Konfuzius im Management. Werte und Weisheit im 21. Jahrhundert. Frankfurt/M.: Campus.

Schwartz, S. H. (1994). Are There Universal Aspects in the Content and Structure of Values? In: Journal of Social Issues, 50, 19-45.

Schweer, M. K. W. (1997): Eine differentielle Theorie interpersonalen Vertrauens: Überlegungen zur Vertrauensbeziehung zwischen Lehrenden und Lernenden. In: Psychologie in Erziehung und Unterricht, 44, 2-12.

Schweer, J. K. W. & Thies, B. (2003): Vertrauen als Organisationsprinzip: Perspektiven für komplexe soziale Systeme. Bern: Huber.

Schweer, M. K. W. (1996): Vertrauen in der pädagogischen Beziehung. Bern: Huber.

Searle, J. R. (1979): Expression and Meaning. Studies in the Theory of Speech Acts. Cambridge: Cambridge University Press.

Semin, G. & Fiedler, K. (1991): The Linguistic Category Model. Its Bases, Applications and Range. In: European Review of Social Psychology, 2, 1-30.

Shapiro, D.; Sheppard, B. H. & Cheraskin, L. (1992): Business on a Handshake. In: The Negotiation Journal, 8/4, 365-378.

Slate, E. J. & Schroll-Machl, S. (2009): Beruflich in den USA. 2. Auflage. Göttingen: Vandenhoeck & Ruprecht.

Spence, M. A (1974): Market Signaling: Informational Transfer in Hiring and Related Screening Processes. Cambridge: Harvard University Press.

Spence, M. (1973): Job Market Signaling. In: Quarterly Journal of Economics, 87/3, 355–374.

SpiegelOnline vom 06.11.2011: „Iter"-Projekt. Bundesregierung spart für Kernfusionsreaktor (http://www.spiegel.de/wissenschaft/technik/iter-projekt-bundesregierung-spart-fuer-kernfusionsreaktor-a-796138.html, verfügbar am 10.05.2012).

Stahl, G. K. (2001): Management der sozio-kulturellen Integration bei Unternehmenszusammenschlüssen und -übernahmen. In: Die Betriebswirtschaft, 61, 61-80.

Stangor, C. & Lange, J.E. (1994): Mental Representations of Social Groups. Advances in Understanding Stereotypes and Stereotyping. In: Zanna, M. P. (Hg.): Advances in Experimental Social Psychology. Band 26. San Diego: Academic Press, 357-416.

Stevens, L. E. & Fiske, S. T. (1995): Motivation and Cognition in Social Life. A Social Survival Perspective. In: Social Cognition, 13, 189-214.

Straub, J. & Thomas, A. (2003): Positionen, Ziele und Entwicklungslinien der kulturvergleichenden Psychologie. In Thomas, A. (Hg.): Kulturvergleichende Psychologie, 2., überarbeitete und erweiterte Auflage. Göttingen: Hogrefe, 29-80.

Stumpf, S. (2005): Synergie in multikulturellen Arbeitsgruppen. In: Stahl, G. K.; Mayrhofer, W. & Kühlmann, T. M. (Hg.), Internationales Personalmanagement. Neue Aufgaben, neue Lösungen. Mering: Rainer Hampp Verlag, 115-144.

Süddeutsche Zeitung vom 09.11.2011: Kostenreaktor Iter. 7,2 Milliarden statt 2,7 Milliarden (http://www.sueddeutsche.de/wissen/kostenreaktor-iter-milliarden-statt-milliarden-1.1184433, verfügbar am 10.05.2012).

Sugiyama L. S.; Tooby, J. & Cosmides, L. (2002): Cross-cultural Evidence of Cognitive Adaptations for Social Exchange Among the Shiwiar of Ecuadorian Amazonia. In: Proceedings of the National Academy of Sciences, 99, 11537–11542.

Sung, K.-T. (2001): Elder respect. Exploration of ideals and forms in East Asia. In: Journal of Aging Studies, 15, 13-26.

Talwar, V. & Lee, K. (2008): Social and Cognitive Correlates of Children's Lying Behavior. In: Child Development 79, 866-881.

Thomas, A. (2011). Das Kulturstandardkonzept. In: Dreyer, W. & Hößler, U. (Hg.): Perspektiven interkultureller Kompetenz. Göttingen: Vandenhoeck & Ruprecht, 97-124.

Thomas, A. (2005a): Kultur und Kulturstandards. In: Thomas, A.; Kinast, E.-U. & Schroll-Machl, S. (Hgg.): Handbuch Interkulturelle Kommunikation und Kooperation. Band 1: Grundlagen und Praxisfelder. 2. Auflage. Göttingen: Vandenhoeck & Ruprecht, 19-31.

Thomas, A. (2005b): Interkulturelle Wahrnehmung, Kommunikation und Kooperation. In: Thomas, A.; Kinast, E.-U. & Schroll-Machl, S. (Hgg.): Handbuch interkulturelle Kommunikation und Kooperation. Band 1: Grundlagen und Praxisfelder. 2. Auflage. Göttingen: Vandenhoeck & Ruprecht, 94-116.

Thomas, A. (2005c): Vertrauen im interkulturellen Kontext aus Sicht der Psychologie. In: Maier, J. (Hg.): Die Rolle von Vertrauen in Unternehmensplanung und Regionalentwicklung: Ein interdisziplinärer Diskurs. München: forost, 19-48.

Thomas, A. (2000). Forschungen zur Handlungswirksamkeit von Kulturstandards. In: Handlung Kultur Interpretation, 9/2, 231-279.

Thomas, A. (1999). Kultur als Orientierungssystem und Kulturstandards als Bauteile. Migrationsforschung und Interkulturelle Studien. In: Institut für Migrationsforschung und Interkulturelle Studien (Hg.): IMIS-Beiträge 10/1999. Bramsche: Rasch Druckerei und Verlag GmbH, 91-130.

Thomas, A.; Kinast, E.-U. & Schroll-Machl, S. (Hgg.) (2005): Handbuch Interkulturelle Kommunikation und Kooperation. Band 1: Grundlagen und Praxisfelder. 2. Auflage. Göttingen: Vandenhoeck & Ruprecht.

Thomas, A.; Kinast, E.-U. & Schroll-Machl, S. (Hgg.) (2003): Handbuch Interkulturelle Kommunikation und Kooperation. Band 2: Länder, Kulturen und interkulturelle Berufstätigkeit. Göttingen: Vandenhoeck & Ruprecht.

Thomas, A.; Schenk, E. & Heisel, W. (2008): Beruflich in China. Trainingsprogramm für Manager, Fach- und Führungskräfte. Göttingen: Vandenhoeck & Ruprecht.

Thorndike, E. L. (1920): A Constant Error in Psychological Ratings. In: Journal of Applied Psychology, 4, 25-29.

Triandis, H. C. (1995a): Culture-Specific Assimilators. In: Fowler, S. M. & Mumford, M. G. (Hgg.) Intercultural Sourcebook. Cross-Cultural Training Methods. Band 1. Yarmouth: Intercultural Press, 179-186.

Triandis, H. C. (1995b): Individualism and Collectivism. Boulder: Westview.

Triandis, H. C. (1994): Culture and Social Behavior. New York: McGraw-Hill

Triandis, H. C. (1972): The Analysis of Subjective Culture. New York: Wiley.

Triandis, H. C. & Brislin, R. W. (Hgg.) (1980): Handbook of Cross-Cultural Psychology. Band 1-6. Boston: Allyn & Bacon.

Trompenaars, A. & Hampden-Turner, C. (1993): Riding the Waves of Culture. Understanding Cultural Diversity in Global Business. London: Nicholas Brealey.

Tung, R. (1982): Selection and Training Procedures of US, European and Japanese Multinationals. In: California Management Review, 25/1, 57-71.

Tversky, A. & Kahneman, D. (1986): Rational Choice and the Framing of Decisions. In: Journal of Business, 59, 251-278.

Tyler, T. R. (2003): Trust Within Organisations. In: Personnel Review, 32/5, 556-568.

Vasek, M. E. (1986): Lying as a Skill. The Development of Deception in Children. In: Mitchell, T. W. & Thompson, N. S. (Hgg.): Deception. Perspectives on Human and Nonhuman Deceit. Albany: Suny Press, 271-292.

von Helmolt, K. (1997): Kommunikation in internationalen Arbeitsgruppen. Eine Fallstudie über divergierende Konventionen der Modalitätskonstituierung. München: Iudicium.

Wason, P. C. (1983): Realism and Rationality in the Selection Task. In: Evans, J. (Hg.): Thinking and Reasoning. Psychological Approaches. London, New York: Routledge, 44-75.

Wason, P. C. (1966): Reasoning. In: Foss, B. M. (Hg.): New Horizons in Psychology. Harmondsworth: Penguin, 135-151.

Wason, P. C. & Johnson-Laird, P. N. (1972): Psychology of Reasoning. Structure and content. London: Batsford.

Watzlawick, P.; Beavin, J. H. & Jackson, D. D. (1969): Menschliche Kommunikation. Formen, Störungen, Paradoxien. Bern: Huber (englische Originalausgabe 1967: Some Tentative Axioms of Communication. In: Pragmatics of Human Communication. A Study of Interactional Patterns, Pathologies and Paradoxes. New York: Norton, 48-71).

Wheeler, S. C. & Petty, R. E. (2001): The Effects of Stereotype Activation on Behavior. A Review of Possible Mechanisms. In: Psychological Bulletin, 127, 797-826.

Whitener, E.; Brodt, S.; Korsgaard, A. & Werner, J. (1998): Managers as Initiators of Trust. An Exchange Relationship Framework for Understanding Managerial Trustworthy Behaviour. In: Academy of Management Review, 23/3, 513-530.

Wight, A. R. (1995). The Critical Incident as a Training Tool. In: Fowler, S. M. & Mumford, M. G. (Hg.): Intercultural Sourcebook. Cross-cultural Training Methods. Yarmouth: Intercultural Press, 127-140.

Yang, F. (2011): The Importance of Guanxi to Multinational Companies in China. In: Asian Social Science, 7/7, 163-168.

Yeung, I. Y. M. & Tung, R. L. (1996): Achieving Business Success in Confucian Societies. The Importance of Guanxi (Connections). In: Organizational Dynamics, 25/2, 54-65.

Zahavi, A. (1975): Mate Selection: A Selection for a Handicap. In: Journal of Theoretical Biology, 53, 205-214.

Zajonc, R. (1966): Social Facilitation of Dominant and Subordinate Responses. In: Journal of Experimental Social Psychology. 2/2, 160-168.

Zand, D. E. (1977): Vertrauen und Problemlöseverhalten von Managern. In: Lück, H. E. (Hg.): Mitleid, Vertrauen, Verantwortung. Ergebnisse der Erforschung prosozialen Verhaltens. Stuttgart: Klett, 61-74.

Zapf, K. (2012): Vertrauensaufbau deutscher Manager zu chinesischen Kollegen und Geschäftspartnern. Unveröffentlichte Abschlussarbeit, Hochschule Reutlingen.

Zeutschel, U. & Thomas, A. (1999): Towards Intercultural Synergy. In: Global Player. International Management and Business Culture, 9/5, 41.

Zucker, L. G. (1986): Production of Trust. Institutional Sources of Economic Structure 1840-1920. In: Staw, B. M. & Cummings, L. L. (Hgg.): Research in Organizational Behavior. Band 8. Greenwich: JAI Press, 53-111.

Zucker, L. G.; Darby, M. R.; Brewer, M. B. & Peng, Y. (1996): Collaboration Structure and Information Dilemmas in Biotechnology. Organizational Boundaries as Trust Production. In: Kramer, R. M. & Tyler, T. R. (Hgg.): Trust in Organizations. Frontiers of Theory and Research. Thousand Oaks: Sage, 90-113.

Anhang-2:
Quellen für die Fallbeispiele in Kapitel 7-14

Die zur Illustration der Vertrauensfallen in den Kapiteln 7-14 dargestellten Fallbeispiele sind alle authentisch. Sie entstammen verschiedenen Forschungsarbeiten zur Zusammenarbeit deutscher Manager mit Kollegen und Geschäftspartnern aus anderen Kulturen. Insgesamt haben wir für das vorliegende Buch knapp 1000 Fallbeispiele aus der interkulturellen Zusammenarbeit deutscher Manager mit Kollegen und Partnern aus China, Indien, Japan, Brasilien, Argentinien, Mexiko, Russland und Frankreich im Hinblick auf interkulturelle Schwierigkeiten der Vertrauensentwicklung ausgewertet.

Bei der Darstellung der Fallbeispiele verweisen wir jeweils auf einen von zwei Forschungskontexten, in denen die Fallbeispiele erhoben wurden:

- **TRIM-Projekt (Trust Relations in Intercultural Management)**
Umfangreiche Studie zum Spektrum relevanter Vertrauensfaktoren im Management und zur Vertrauensentwicklung in der interkulturellen Zusammenarbeit, insbesondere zur Rekonstruktion kultureller Vertrauensfallen.

    Hauptstudie von Dr. R. Münscher (2011) zur deutsch-französischen Zusammenarbeit: 100 Interviews mit Managern oberer und mittlerer Führungsebenen aus internationalen Konzernen.

    Weitere Forschungsarbeiten am Lehrstuhl von Prof. Dr. J. Hormuth an der ESB Business School der Hochschule Reutlingen zur Vertrauensentwicklung in verschiedenen Kulturbeziehungen (z.B. Beck 2012: Deutschland-Polen, Ho 2011: Deutschland-Vietnam, Larina 2012: Deutschland-Russland, Mild 2011: Deutschland-Indien, Zapf 2012: Deutschland-China).

- **Kulturstandard-Forschung, Alexander Thomas**
Fallbeispiele aus Forschungsprojekten von und bei Prof. Dr. A. Thomas, publiziert in der Reihe „Beruflich in…" bei Vandenhoeck & Ruprecht (interkulturelle Zusammenarbeit deutscher Manager mit bislang 37 Kulturen), im 'Handbuch Interkulturelle Kommunikation und Kooperation' (Thomas et al. 2003) und in dem Band 'Die Deutschen – Wir Deutschen' (Schroll-Machl 2002).

Die folgende Liste gibt die exakte Quelle der einzelnen Fallbeispiele an. Zwecks Einheitlichkeit haben wir für dieses Buch alle Fallbeispiele in die gleiche Form gebracht: Sie enthalten jeweils eine kurze Einleitung nach der dann das Fallbeispiel in der ersten Person Singular und in der Vergangenheitsform dargestellt wird. Teilweise wurden die Beispiele leicht gekürzt, um sie für die Darstellung in diesem Buch besser zugänglich zu machen.

7. Absprachen und Regeln

7.1 Die 'War-nichts-vereinbart!'-Vertrauensfalle
Foellbach, S.; Rottenaicher, K. & Thomas, A. (2002): Beruflich in Argentinien. Trainingsprogramm für Manager, Fach- und Führungskräfte. Göttingen: Vandenhoeck & Ruprecht, S. 108 („Das Vorgespräch").

7.2 Die 'Chef-war-dagegen!'-Vertrauensfalle
Münscher, R. (2011): Vertrauensentwicklung im interkulturellen Management. Ein empirischer Beitrag am Beispiel der deutsch-französischen Zusammenarbeit. Wiesbaden: Gabler, S. 344.

7.3 Die 'War-nicht-zu-machen!'-Vertrauensfalle
Thomas, A.; Schenk, E. & Heisel, W. (2008): Beruflich in China. Trainingsprogramm für Manager, Fach- und Führungskräfte. Göttingen: Vandenhoeck & Ruprecht, S. 144 („Vertragsabschluss").

8. Führung und Delegation

8.1 Die 'Ich-regel-das-allein!'-Vertrauensfalle
Münscher, R. (2011): Vertrauensentwicklung im interkulturellen Management. Ein empirischer Beitrag am Beispiel der deutsch-französischen Zusammenarbeit. Wiesbaden: Gabler, S. 365.

8.2 Die 'Chef-hat-Vortritt!'-Vertrauensfalle
Mitterer, K.; Mimler, R. & Thomas, A. (2006): Beruflich in Indien. Trainingsprogramm für Manager, Fach- und Führungskräfte. Göttingen: Vandenhoeck & Ruprecht, S. 31 („Qualitätskontrolle").

8.3 Die 'Wohl-nicht-so-wichtig!'-Vertrauensfalle
Brökelmann, S.; Fuchs, Chr.-M.; Kammhuber, S. & Thomas, A. (2005): Beruflich in Brasilien. Trainingsprogramm für Manager, Fach- und Führungskräfte. Göttingen: Vandenhoeck & Ruprecht, S. 111 („Softwaredesign").

9. Informationsmanagement

9.1 Die 'Geht-ihn-nichts-an!'-Vertrauensfalle
Münscher, R. (2011): Vertrauensentwicklung im interkulturellen Management. Ein empirischer Beitrag am Beispiel der deutsch-französischen Zusammenarbeit. Wiesbaden: Gabler, S. 350.

9.2 Die 'Muss-man-doch-wissen!'-Vertrauensfalle
Petzold, I.; Ringel, N. & Thomas, A. (2005): Beruflich in Japan. Trainingsprogramm für Manager, Fach- und Führungskräfte.

Göttingen: Vandenhoeck & Ruprecht, S. 66 („Verhandlung mit einem Neukunden").

10. **Aufgaben- und Projektmanagement**
10.1 Die 'Werd-erstmal-konkret!'-Vertrauensfalle
Münscher, R. (2011): Vertrauensentwicklung im interkulturellen Management. Ein empirischer Beitrag am Beispiel der deutsch-französischen Zusammenarbeit. Wiesbaden: Gabler, S. 358-359.
10.2 Die 'Konsens-hat-Vorrang!'-Vertrauensfalle
Petzold, I.; Ringel, N. & Thomas, A. (2005): Beruflich in Japan. Trainingsprogramm für Manager, Fach- und Führungskräfte. Göttingen: Vandenhoeck & Ruprecht, S. 24-25 („Die Werbebroschüre").

11. **Konfliktmanagement**
11.1 Die 'Offenheit-verletzt!'-Vertrauensfalle
Thomas, A.; Schenk, E. & Heisel, W. (2008): Beruflich in China. Trainingsprogramm für Manager, Fach- und Führungskräfte. Göttingen: Vandenhoeck & Ruprecht, S. 84-85 („Aircondition").
11.2 Die 'Probleme-im-Griff!'-Vertrauensfalle
Mitterer, K.; Mimler, R.; Thomas, A. (2006): Beruflich in Indien. Trainingsprogramm für Manager, Fach- und Führungskräfte. Göttingen: Vandenhoeck & Ruprecht, S. 103-104 („Falsches Mansanilo").

12. **Beziehungsaufbau und -pflege**
12.1 Die 'Treffen-nicht-nötig!'-Vertrauensfalle
Lyskov-Strewe, V. & Schroll-Machl, S. (2003): Russland. In: Thomas, A.; Kammhuber, St. & Schroll-Machl, S. (Hg.): Handbuch Interkulturelle Kommunikation und Kooperation. Band 2: Länder, Kulturen und interkulturelle Berufstätigkeit. Göttingen: Vandenhoeck & Ruprecht, S. 103-104.
12.2 Die 'Schnaps-ist-Schnaps!'-Vertrauensfalle
Schroll-Machl, S. (2002): Die Deutschen – Wir Deutsche. Fremdwahrnehmung und Selbstsicht im Berufsleben. Göttingen: Vandenhoeck & Ruprecht, S. 136.

13. **Umgangsformen und Facework**
13.1 Die 'Flexibel-sein-zählt!'-Vertrauensfalle
Münscher, R. (2011): Vertrauensentwicklung im interkulturellen Management. Ein empirischer Beitrag am Beispiel der deutsch-französischen Zusammenarbeit. Wiesbaden: Gabler, S. 386-387.
13.2 Die 'Konstruktive-Kritik!'-Vertrauensfalle
Ferres, R.; Meyer-Belitz, F.; Röhrs, B. & Thomas, A. (2005): Beruflich in Mexiko. Trainingsprogramm für Manager, Fach- und

Führungskräfte. Göttingen: Vandenhoeck & Ruprecht, S. 71-72 („Das Kritikgespräch").

13.3 Die 'Chef-entscheidet!'-Vertrauensfalle
Foellbach, S.; Rottenaicher, K.; Thomas, A. (2002): Beruflich in Argentinien. Trainingsprogramm für Manager, Fach- und Führungskräfte. Göttingen: Vandenhoeck & Ruprecht, S. 53 („Ideen").

14. Fairplay und Kooperativität

14.1 Die 'Kleiner-Schwindel!'-Vertrauensfalle
Brökelmann, S.; Fuchs, Chr.-M.; Kammhuber, St. & Thomas, A. (2005): Beruflich in Brasilien. Trainingsprogramm für Manager, Fach- und Führungskräfte. Göttingen: Vandenhoeck & Ruprecht, S. 119 („Mietvertrag").

14.2 Die 'Zu-viel-verlangt!'-Vertrauensfalle
Thomas, A.; Schenk, E. & Heisel, W. (2008): Beruflich in China. Trainingsprogramm für Manager, Fach- und Führungskräfte. Göttingen: Vandenhoeck & Ruprecht, S. 103-104 („Jobvermittlung").

14.3 Die 'Loyalität-zum-Chef!'-Vertrauensfalle
Zapf, K. (2012): Vertrauensaufbau deutscher Manager zu chinesischen Kollegen und Geschäftspartnern. Unveröffentlichte Abschlussarbeit, Hochschule Reutlingen, S.78-79.

Die Autoren

Dr. Robert Münscher leitet die Abteilung Beratung des Centrums für soziale Investitionen (CSI) der Universität Heidelberg. Daneben ist er seit 2003 Geschäftsführer von JHRM Interkulturelle Kompetenz in Heidelberg. Für seine Doktorarbeit zum Thema *Vertrauensentwicklung im interkulturellen Management* wurde er mit dem Fürther Ludwig Erhard Preis 2010 ausgezeichnet.

Seit 2002 arbeitet Robert Münscher als Trainer und Berater für Führungskräfte und Unternehmen zu Fragestellungen des interkulturellen Managements. Seine Tätigkeitsschwerpunkte sind das interkulturelle Training und Coaching, die Analyse von Relationship Management Prozessen und insgesamt die Anwendung wirtschaftspsychologischer Forschungsergebnisse im Management.

Dr. Julia Hormuth ist Professorin für interkulturelles Management und Wirtschaftskommunikation an der ESB Business School, Hochschule Reutlingen. Daneben ist sie seit 2003 Geschäftsführerin von JHRM Interkulturelle Kompetenz in Heidelberg. Für ihre Doktorarbeit zur *Erfahrungsweitergabe unter Auslandsentsandten* wurde sie von der Stiftung der Deutschen Wirtschaft gefördert.

Julia Hormuth leitet professionelle interkulturelle Seminare und Kompetenztrainings. Sie verfügt über langjährige Lehr- und Trainingserfahrung im Wirtschaftskontext sowie an Hochschulen im In- und Ausland. An der ESB Business School ist sie verantwortlich für das strategische Management des Partnerhochschulnetzwerks von 40 Business Schools in 21 Ländern auf 5 Kontinenten.

Website zum Buch / Ihre Erfahrungen

Unter **www.vertrauensfallen.de** stellen wir für interessierte Leser weiterführende Informationen zum Buch und zu den Vertrauensfallen im internationalen Management bereit.

Haben auch Sie Erfahrungen mit kulturellen Vertrauensfallen gemacht? Wir interessieren uns sehr für Ihre Erfahrungen und Einschätzungen. Kontaktieren Sie uns über www.vertrauensfallen.de oder direkt per Email, wir freuen uns auf Ihre Kommentare und Berichte.

Dr. Robert Münscher: muenscher@jhrm.de
Dr. Julia Hormuth: hormuth@jhrm.de

Printed by Printforce, the Netherlands